ÍNDICE

PRESENTACIÓN

En la sociedad actual, el desarrollo de la Tecnología por parte de las Ingenierías se ha convertido en uno de los ejes en torno a los cuales se articula la evolución sociocultural. En los últimos tiempos, la Tecnología, entendida como el conjunto de conocimientos y técnicas que pretenden dar solución a las necesidades, ha ido incrementando su relevancia en diferentes ámbitos de la sociedad, desde la generación de bienes básicos hasta las comunicaciones.

En este sentido, la materia de Tecnología e Ingeniería pretende aunar los saberes científicos y técnicos con un enfoque competencial para contribuir a la consecución de los objetivos de la etapa de Bachillerato y a la adquisición de las correspondientes competencias clave del alumnado. A este respecto, desarrolla aspectos técnicos relacionados con la competencia digital, con la competencia matemática y la competencia en ciencia, tecnología e ingeniería, así como con otros saberes transversales asociados a la competencia lingüística, a la competencia personal, social y aprender a aprender, a la competencia emprendedora, a la competencia ciudadana y a la competencia en conciencia y expresiones culturales.

Las competencias específicas se orientan a que el alumnado, mediante proyectos de diseño e investigación, fabrique, automatice y mejore productos y sistemas de calidad que den respuesta a problemas planteados, transfiriendo saberes de otras disciplinas con un enfoque ético y sostenible. Todo ello se implanta acercando al alumnado, desde un enfoque inclusivo y no sexista, al entorno formativo y laboral propio de la actividad tecnológica e ingenieril.

Asimismo, se contribuye a la promoción de vocaciones en el ámbito tecnológico entre los alumnos y alumnas, avanzando un paso en relación a la etapa anterior, especialmente en lo relacionado con saberes técnicos y con una actitud más comprometida y responsable, impulsando el emprendimiento, la colaboración y la implicación local y global con un desarrollo tecnológico accesible y sostenible. La resolución de problemas interdisciplinares ligados a situaciones reales, mediante soluciones tecnológicas, se constituye como eje vertebrador y refleja el enfoque competencial de la materia.

El libro posee los contenidos adecuados para que los aspirantes preparen con garantía de éxito la asignatura de Tecnología e Ingeniería II del Bachillerato de Ciencias y Tecnología, así como las pruebas de acceso a los Ciclos Formativos de Grado Superior o la obtención del título del citado Bachiller en las pruebas libres. A este respecto se han incluido también algunos ejercicios de las antiguas pruebas de Selectividad de diversas Comunidades Autónomas, al objeto de adaptarse lo más posible a todo el ámbito nacional. El contenido se adapta a las exigencias curriculares y está estructurado de manera didáctica y sencilla, resultando asequible para todo tipo de alumnos/as e insistiendo en aquellos aspectos que recurrentemente forman parte de las pruebas. En este sentido, la obra se articula en torno a siete bloques temáticos de saberes básicos, cuyos contenidos deben interrelacionarse a través del desarrollo de situaciones de aprendizaje competenciales y actividades o proyectos de carácter práctico.

Todos los bloques comienzan con un resumen de contenidos mínimos del tema a estudiar, recordando aquellos conceptos, principios y fórmulas más importantes que se van a aplicar en la resolución de los ejercicios. Dicho recordatorio tiene por objeto principal servir de guía resumen de la teoría estudiada, con el fin de que el alumno/a pueda acceder directamente de forma rápida a aquellas expresiones, unidades, esquemas, diagramas, teoremas y demás conceptos que no recuerde a la hora de resolver un problema y sin necesidad de recurrir al libro de texto o a otros recursos didácticos.

Finalmente quiero agradecer de antemano todas aquellas sugerencias de los lectores que me ayuden a corregir posibles erratas o a enriquecer más el libro en un futuro.

ENSAYOS Y MATERIALES

CONTENIDOS MÍNIMOS

ENSAYOS MECÁNICOS

Permiten conocer las propiedades mecánicas de los materiales (elasticidad, plasticidad, dureza, fragilidad, tenacidad, fatiga, etc.)

Ensayo de tracción

Depende de la carga aplicada (F) y de la deformación de la probeta (Δl).

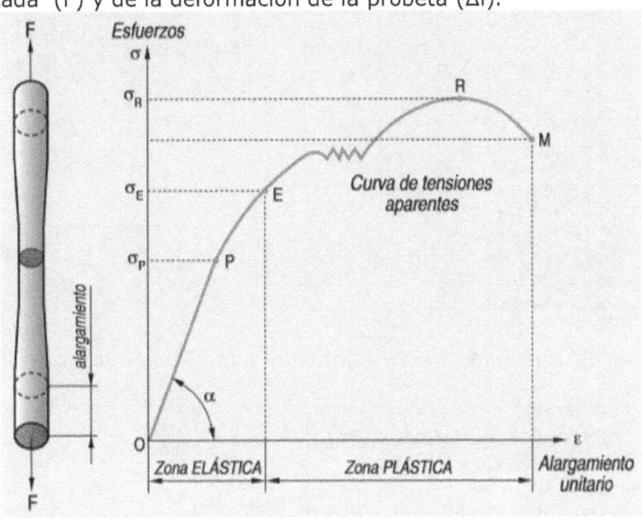

Donde:

R:Límite de rotura; E: Límite de elasticidad; P:Límite de proporcionalidad
σ_E: Tensión en el límite elástico (N/m^2, kp/mm^2)
σ_R: Tensión en el límite de rotura (N/m^2, kp/mm^2)
σ_P: Tensión en el límite de proporcionalidad (N/m^2, kp/mm^2)

$$tag\alpha = \frac{\sigma}{\varepsilon} = E$$

$$\sigma = \frac{F}{S_0}$$

$$\varepsilon = \frac{\Delta l}{l_0}$$

$$Z = \frac{S_0 - S_R}{S_0} \times 100$$

Magnitudes y unidades:

E= Modulo de elasticidad o de Young (N/m^2, kp/cm^2)
F= Fuerza en Newton (N, kp)
S_0, S_R=Sección inicial y sección de rotura (m^2, cm^2)
ε= Alargamiento unitario
l_0=Longitud inicial (m, cm, mm)
Δl=Alargamiento real (m, cm, mm)
Z=Coeficiente de estricción (%)

Ensayos de dureza

a) **Dureza Brinell (HB):** depende de la sección (S) de la huella y se utiliza para materiales blandos.

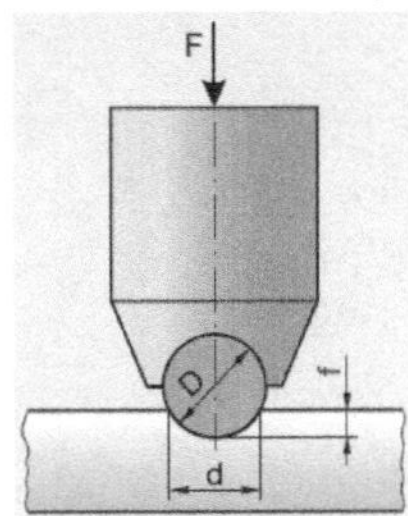

$$F = K \cdot D^2$$

$$S = \pi \cdot D \cdot f$$

$$f = \frac{1}{2}(D - \sqrt{D^2 - d^2})$$

$$HB = \frac{F}{S} = \frac{2F}{\pi \cdot D \cdot (D - \sqrt{D^2 - d^2})}$$

$$\frac{D}{4} < d < \frac{D}{2}$$

Expresión normalizada: *Dureza HB-Diámetro de la bola-Carga aplicada -Tiempo de aplicación.*

Magnitudes y unidades:

HV= Dureza Brinell (N/m^2, kp/mm^2)
F= Fuerza en Newton (N, kp)
K= Constante de carga (N/m^2, kp/mm^2)
S=Sección de la huella (m^2, mm^2)
D= Diámetro de la bola (m, mm)
d= Diámetro de la huella (m, mm)
f=Profundidad de la huella (m, mm)

b) **Dureza Vikers (HV):** depende de la sección (S) de la huella y se utiliza para materiales duros.

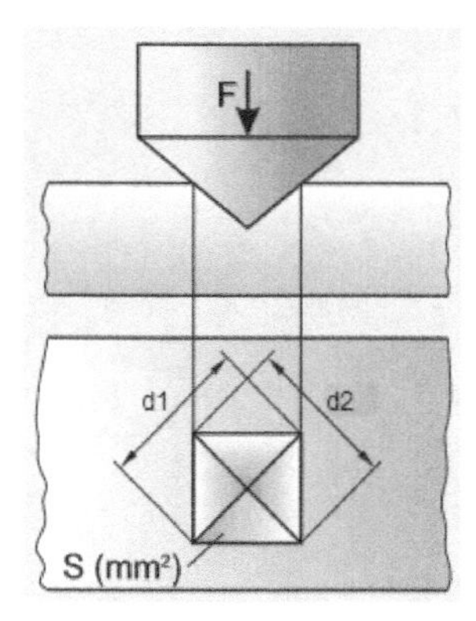

$$HV = \frac{F}{S} = \frac{1{,}854 \cdot F}{d^2}$$

$$d = \frac{d_1 + d_2}{2}$$

Expresión normalizada: *Dureza HV - Carga aplicada -Tiempo de aplicación.*

Magnitudes y unidades:

HV= Dureza Vickers (N/m^2, kp/mm^2)
F= Fuerza en Newton (N, kp)
S=Sección (m^2, mm^2)
d= Diagonal de la huella (m, mm)

c) Dureza Rockwel de Bola (HRB) y Dureza Rockwel de Cono (HRC): depende de la profundidad de la huella (d) y se utiliza para todo tipo de materiales en general.

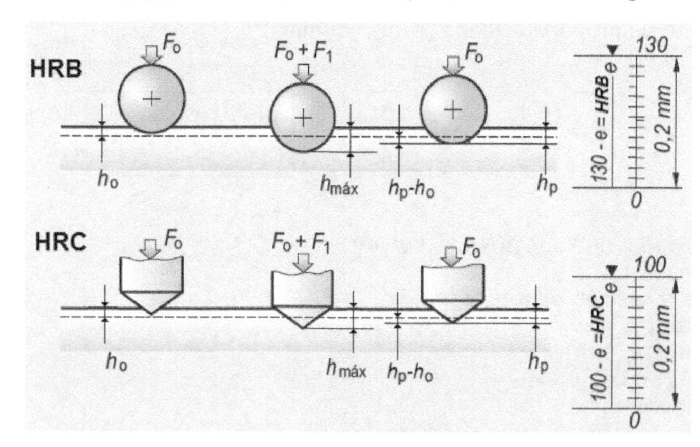

$$d = h_p - h_0 (mm)$$

$$e = \frac{d}{0{,}002} (mm/div)$$

Expresión normalizada: ***HRB=130-e; HRC=100-e.***

Magnitudes y unidades:

HRB= Dureza Rockwel de Bola
HRC= Dureza Rockwel de Cono
h_0= Huella inicial producida por la carga F_0 (mm)
h_{max}= Huella máxima producida por la carga total o máxima F_0+F_1(mm)
h_p= Huella permanente después de suprimir la carga adicional F_1(mm)
d= Deformación permanente (mm)
e= Coeficiente de correlación (mm/div)

Ensayo de resiliencia con péndulo de Charpy

La resiliencia (ρ) se cuantifica mediante el cociente entre la energía absorbida en la rotura de la probeta (E) y la sección resistente (S) de ésta.

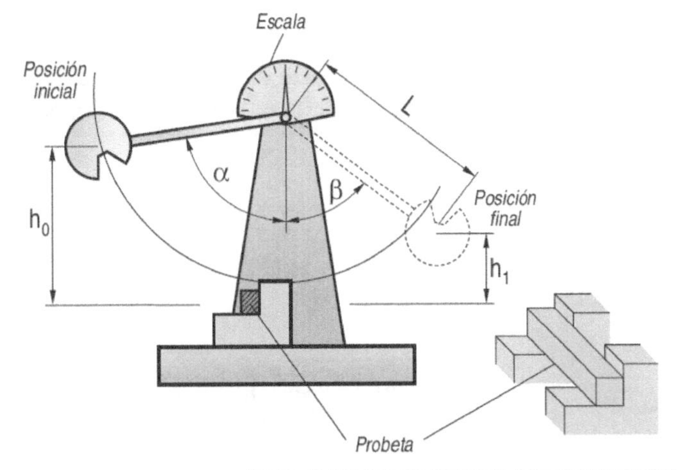

$$E = E_{Pi} - E_{Pf} = mg(h_0 - h_1)$$

$$\rho(KCV) = \frac{E}{S} = \frac{mgL(\cos\beta - \cos\alpha)}{S}$$

Magnitudes y unidades:

- ρ= Resiliencia KCV (J/m^2, J/cm^2)
- E= Energía absorbida en la rotura (J)
- h_0= Altura inicial del martillo (m)
- h_1= Altura final del martillo (m)
- L= Longitud del brazo del péndulo (m)
- m= Masa del martillo (Kg)
- α= Ángulo inicial
- β= Ángulo final

DIAGRAMAS DE EQUILIBRIO DE FASES

Los diagramas de fases nos permiten conocer la composición de cada una de las fases (regla de la palanca) así como la composición química de dichas fases (regla de la horizontal).

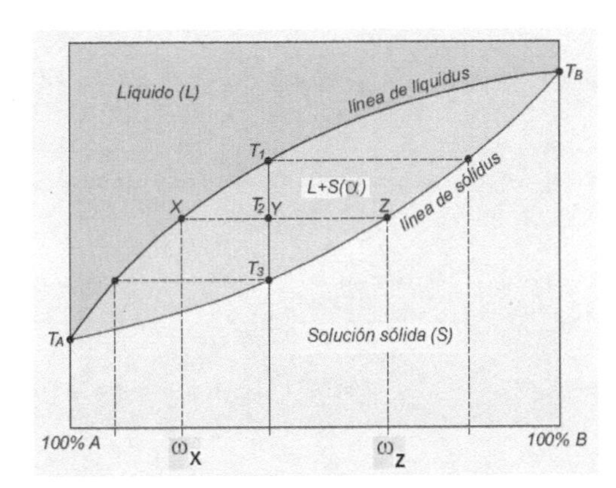

- *Regla de la horizontal*: se traza una recta horizontal por el punto Y (T_2) y en los puntos de corte con la línea de líquidus (X) y de sólidus (Z) se construyen rectas perpendiculares verticales; los puntos de corte con el eje de abscisas (ω_X y ω_Z) indican la composición de ambas fases.
- *Regla de la palanca o de los segmentos inversos*: si llamamos "ω_L" al tanto por ciento de la fase líquida y "ω_S" al tanto por ciento de la fase sólida, se ha de cumplir que la suma del contenido de metal A en la fase líquida, más el correspondiente al mismo metal en la fase sólida, será igual al porcentaje total de dicho metal en la aleación. Lo mismo ocurrirá para el metal B.

$$\omega_L = \frac{\omega_Z - \omega_Y}{\omega_Z - \omega_X} \times 100 \Rightarrow \omega_S = (1 - \omega_L) \times 100 = \frac{\omega_Y - \omega_X}{\omega_Z - \omega_X} \times 100$$

CLASIFICACIÓN DE LOS ENSAYOS

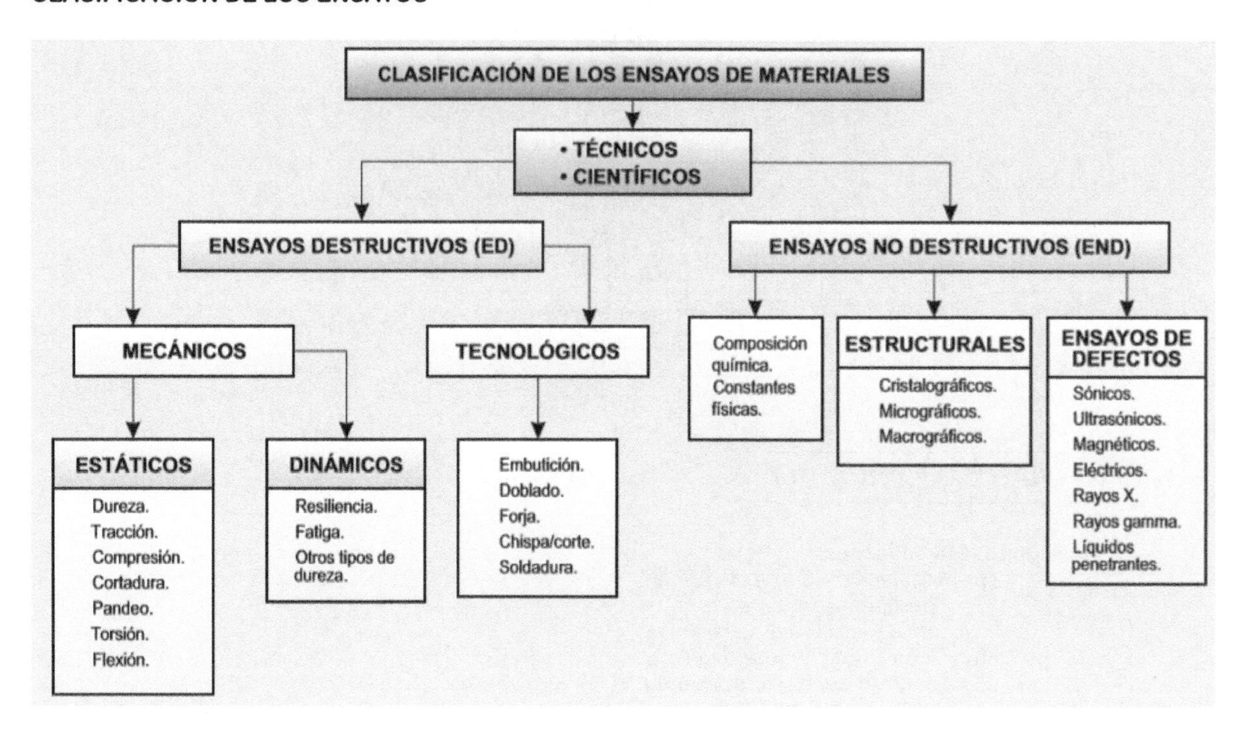

TRATAMIENTOS DE LOS METALES

EJERCICIOS RESUELTOS DE "ENSAYOS Y MATERIALES"

1. Un latón tiene un módulo de elasticidad de 120 GN/m^2 y un límite elástico de 250×10^6 N/ m^2. Una varilla de este material de 10 mm^2 de sección está colgada verticalmente y lleva en su extremo una carga de 1500N. Determina:
a) ¿Recuperará el alambre su longitud inicial si se le quita la carga?.
b) ¿Cuál será su alargamiento unitario en estas condiciones?.
c) ¿Cuál será la carga máxima que debe soportar para trabajar con una $\sigma_{admisible}=0,2\sigma_E$?
d) ¿Qué diámetro mínimo habrá de tener la barra de éste material para que, sometida a una carga de 8×10^4 N, no experimente deformación permanente?.

a) Calculamos en primer lugar la tensión de trabajo de la barra:

$$\sigma_t = \frac{F}{S_0} = \frac{1500\,N}{10^{-5}\,m^2} = 150000000\,\frac{N}{m^2} = 150\,MPa$$

Por tanto, el alambre recuperará su longitud inicial al no sobrepasar el límite elástico.

b) Teniendo en cuenta el concepto de alargamiento unitario:

$$\varepsilon = \frac{\sigma}{E} = \frac{150\times10^6\,\frac{N}{m^2}}{120\times10^9\,\frac{N}{m^2}} = 0{,}00125$$

c) La tensión máxima admisible será:

$$\sigma_{ad} = 0{,}2\cdot\sigma_E = 50\times10^6\,\frac{N}{m^2}$$

$$F_{\max} = \sigma_{ad}\cdot S_0 = 50\times10^6\,\frac{N}{m^2}\times10^{-5}\,m^2 = 500\,N$$

d) Por último, el diámetro mínimo para que no se deforme permanentemente:

$$S = \frac{F}{\sigma_E} = \frac{8\times10^4\,N}{250000000\frac{N}{m^2}} = 0{,}00032m^2 = 320mm^2$$

$$D = \sqrt{\frac{4S}{\pi}} = \sqrt{\frac{4\cdot320}{\pi}} = 20{,}18\,mm$$

2. Una pieza de acero de 4 mm de radio y 400 mm de longitud está sometida a una fuerza estática de tracción. Calcula:
a) La fuerza máxima que soporta la pieza sabiendo que la tensión en el límite elástico σ_E=6.600 kp/cm^2 y el módulo de elasticidad E=$2{,}1\times10^6$ kp/cm^2. Aplicar un coeficiente de seguridad n=3.
b) La longitud de la pieza cuando actúa una fuerza de 3000 kp.
c) En qué zona está trabajando el material en el caso anterior. Justifica la respuesta.

a) Teniendo en cuenta el coeficiente de seguridad calculamos en primer lugar la tensión de trabajo (σ_t):

$$\sigma_t = \frac{\sigma_E}{n} = \frac{6600\,kp}{3} = 2200\frac{kp}{cm^2};\quad S_0 = \pi\cdot r^2 = \pi\cdot0{,}4^2\,cm^2 = 0{,}502\,cm^2$$

La fuerza máxima (F) que soporta la pieza será igual a:

$$F = \sigma_t\cdot S_0 = 2200\frac{kp}{cm^2}\cdot0{,}502\,cm^2 = 1105{,}8\,kp$$

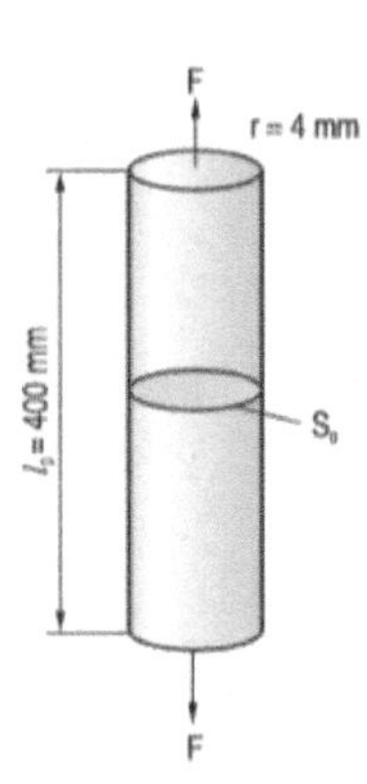

b) El alargamiento real de la pieza será igual a:

$$\Delta l = \frac{F\cdot l_0}{S_0\cdot E} = \frac{3000\,kp\cdot40\,cm}{0{,}502\,cm^2\cdot2{,}1\times10^6\,\frac{kp}{cm^2}} = 0{,}11\,cm = 1{,}1\,mm$$

La longitud total de la pieza será por tanto:

$$l = \Delta l + l_0 = 1{,}1\,mm + 400\,mm = 401{,}1\,mm$$

c) Para saber en qué zona está trabajando el material calculamos la nueva tensión (σ) de trabajo:

$$\sigma = \frac{F}{S_0} = \frac{3000\,kp}{0{,}502\,cm^2} = 5968{,}3\frac{kp}{cm^2} < \sigma_E$$

Por tanto al no superar la tensión en el límite elástico (6.600 Kp/cm^2) estamos en la zona elástica.

3. Una pieza de acero de secciones circulares diferentes tiene un límite elástico σ_E=6200 Kp/cm^2 y un módulo de elasticidad E=2,1×10^6 Kp/cm^2. Calcular el valor máximo de la fuerza a aplicar y el alargamiento total de la barra. Aplicar un coeficiente de seguridad n=4.

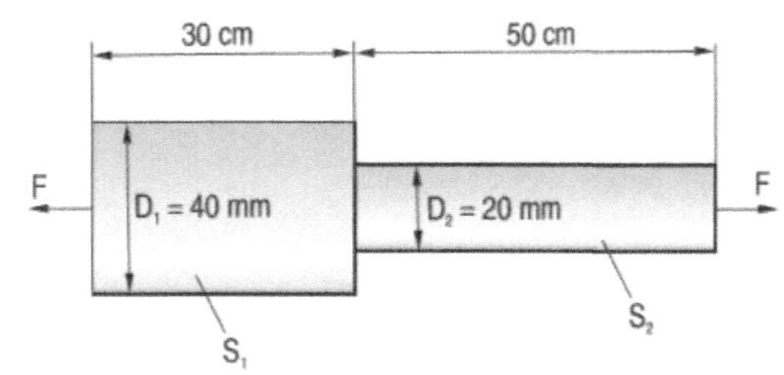

Calculamos en primer lugar las secciones iniciales (S_1 y S_2) y la tensión de trabajo (σ_t) de la barra:

$$S_1 = \frac{\pi \cdot D_1^2}{4} = \frac{\pi \cdot 16}{4} = 12{,}56\,cm^2; \quad S_2 = \frac{\pi \cdot D_2^2}{4} = \frac{\pi \cdot 4}{4} = 3{,}14\,cm^2$$

$$\sigma_t = \frac{\sigma_E}{n} = \frac{6.200\frac{kp}{cm^2}}{4} = 1550\frac{kp}{cm^2}$$

Para no sobrepasar el límite elástico de tensión, la fuerza máxima a aplicar la calcularemos para la mínima sección de la pieza (S_2):

$$F_{max} = \sigma_t \cdot S_2 = 1550\frac{kp}{cm^2} \cdot 3{,}14\,cm^2 = 4867\,kp$$

Finalmente el alargamiento total de la barra será la suma de los alargamientos parciales:

$$\Delta l = \frac{F}{E}\left(\frac{l_1}{S_1} + \frac{l_2}{S_2}\right) = \frac{4867\,kp}{2{,}1\times 10^6\frac{kp}{cm^2}}\left(\frac{30}{12{,}56} + \frac{50}{3{,}14}\right)\frac{cm}{cm^2} = 0{,}042cm = 0{,}42\,mm$$

4. A la vista de la siguiente gráfica tensión-deformación obtenida en un ensayo de tracción
a) Explique qué representan los puntos P, E y R.
b) Determine el Módulo de Elasticidad de Young.
c) Calcule el valor de la tensión máxima de trabajo si el coeficiente de seguridad es de 2, aplicado sobre el límite de elasticidad proporcional.
d) Determine la carga máxima de trabajo si la sección de la probeta es de 140 mm^2.
e) Calcule el alargamiento experimentado por la pieza para la carga máxima si la longitud de ésta es de 800 mm.

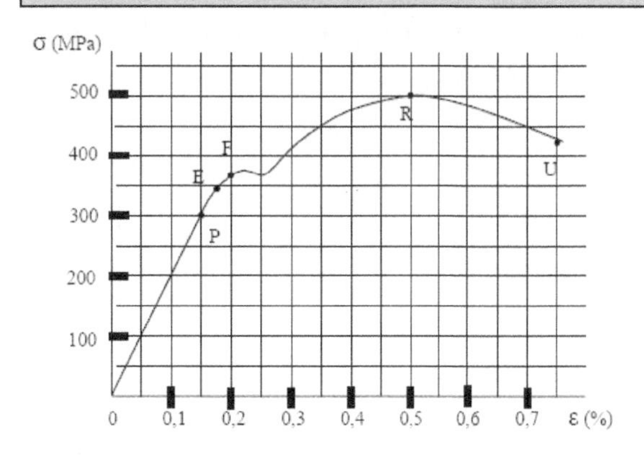

a) P: límite proporcional o intervalo en el que se cumple la "Ley de Hooke"; E: Límite de elasticidad; R: punto de tensión máxima o "tensión de rotura".
b) El módulo de elasticidad o de "Young" viene dado por la pendiente de la recta OP, y es una característica propia de cada material.

$$E = \frac{\sigma_t}{\varepsilon} = \frac{\Delta Y}{\Delta X} = \frac{200 \times 10^6 Pa}{0{,}001} = 200\,GPa$$

c) La tensión máxima de trabajo considerando un coeficiente de seguridad de 2 será:

$$\sigma_t = \frac{\sigma_P}{2} = \frac{300\,MPa}{2} = 150\,MPa$$

d) Si la sección es S = 140 mm^2 = 140·10^{-6} m^2, entonces la carga máxima de trabajo será:

$$F = \sigma_t \cdot S_0 = 150 \times 10^6 \frac{N}{m^2} \cdot 1{,}4 \times 10^{-4}\ m^2 = 21000\,N$$

e) El alargamiento real será:

$$\Delta l = \frac{F \cdot l_0}{S_0 \cdot E} = \frac{21000\,N \cdot 800\,mm}{1{,}4 \times 10^{-4} m^2 \cdot 200 \times 10^6 \dfrac{N}{m^2}} = 0{,}6\,mm$$

5. Una barra de acero con un límite elástico de 310 MPa y módulo de elasticidad E=20,7×10^4 MPa, está sometida a una carga de 10 000 N. Si la longitud inicial de la barra es de 400 mm, ¿cuál deberá ser su diámetro si no queremos que alargue más de 0,2 mm?.

Calculamos en primer lugar el alargamiento unitario de la barra:

$$\varepsilon = \frac{\Delta l}{l_0} = \frac{0{,}2\,mm}{400\,mm} = 0{,}0005$$

Por su parte la tensión de trabajo y la sección de la barra serán igual a:

Finalmente el diámetro de la barra será igual a:

$$\sigma_t = E \cdot \varepsilon = 20{,}7 \times 10^4\ MPa \cdot 0{,}0005 = 103{,}5\ MPa = 103{,}5 \times 10^6\ \frac{N}{m^2} < \sigma_E$$

$$S_0 = \frac{F}{\sigma_t} = \frac{10000\,N}{103{,}5 \times 10^6 \dfrac{N}{m^2}} = 9{,}66 \times 10^{-5}\ m^2$$

$$D = \sqrt{\frac{4 \cdot S_0}{\pi}} = \sqrt{\frac{4 \cdot 9{,}66 \times 10^{-5}\ m^2}{\pi}} = 0{,}011\,m = 11\,mm$$

6. Un ensayo de tracción lo realizamos con una probeta de 15 mm de diámetro y longitud inicial de 150 mm, obteniendo los resultados que se muestran en la tabla siguiente. Sabiendo que el diámetro de la probeta en el momento de la rotura es D_R= 14,3mm. Calcula:

a) El módulo de elasticidad "E".
b) La carga en el límite de fluencia.
c) El coeficiente de estricción "Z".
d) El alargamiento de rotura.

Tensión (kp/cm^2)	Longitud medida (mm)	Esfuerzo (kp/cm^2)	Longitud medida (mm)
0	150	4.000	150,05
500	150,01	4.500	150,06
1.000	150,02	5.000	151,28
2.000	150,03	4.000	151,87
3.000	150,04	3.750 (rotura)	153,28

a) Teniendo en cuenta la zona inicial de la curva donde los alargamientos son proporcionales a las deformaciones:

$$\varepsilon_1 = \frac{\Delta l_1}{l_0} = \frac{0{,}01mm}{150mm} = 6{,}\widehat{6} \times 10^{-5}$$

$$tag\,\alpha = cte = E = \frac{\sigma_1}{\varepsilon_1} = \frac{500\frac{kp}{cm^2}}{6{,}\widehat{6} \times 10^{-5}} = 7{,}5 \times 10^6 \frac{kp}{cm^2}$$

b) La carga en el límite de fluencia será:

$$F = \sigma_F \cdot S_0 = 4.500\frac{kp}{cm^2} \cdot \frac{\pi \cdot 1{,}5^2}{4} cm^2 = 7952kp$$

c) Se define el coeficiente de estricción "Z" como:

$$Z = \frac{S_0 - S_R}{S_0} = \frac{\frac{\pi \cdot D^2}{4} - \frac{\pi \cdot D_R{}^2}{4}}{\frac{\pi \cdot D^2}{4}} = \frac{D^2 - D_R{}^2}{D^2} = \frac{15^2 - 14{,}3^2}{15^2} = 0{,}091 \Rightarrow 9{,}1\%$$

d) El alargamiento en el momento de la rotura será:

$$\Delta l = \frac{l_F - l_0}{l_0} = \frac{153{,}28 - 150}{150} = 0{,}0218 \Rightarrow 2{,}18\%$$

7. Un elemento resistente, fijado al techo, está formado por la unión rígida de dos barras, ambas de sección recta cuadrada, la superior de aleación de aluminio y la inferior de acero.
a) Calcule la magnitud de la fuerza de tracción P aplicada que produzca un alargamiento en el elemento de 0,24 mm.
b) Si se retira la carga P anterior, ¿la barra recuperará sus dimensiones iniciales? Razone la respuesta.

DATOS	Acero	Aleación de aluminio
Módulo de elasticidad	210 000 Mpa	70 000 Mpa
Tensión en el límite elástico	250 Mpa	75 Mpa

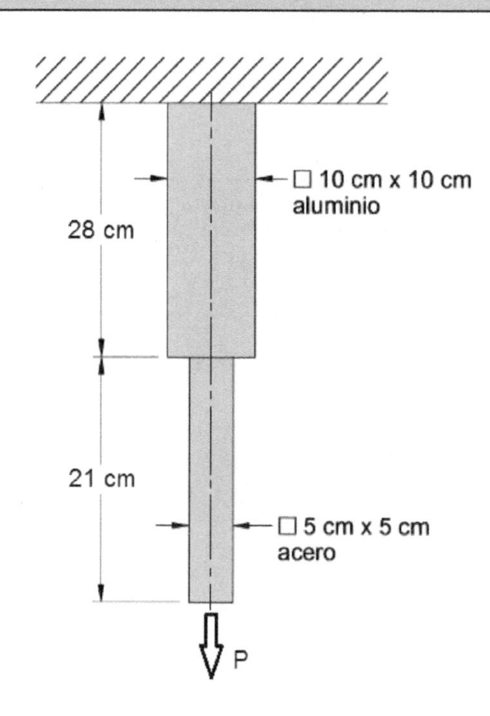

a) La magnitud de la fuerza de tracción (P) será igual:

$$\Delta l = P\cdot(\frac{l_1}{S_1\cdot E_1}+\frac{l_2}{S_2\cdot E_2}) \Rightarrow 0{,}24mm = P\cdot[\frac{280\,mm}{10^{-2}m^2\cdot 70\times10^9\,\frac{N}{m^2}}+\frac{210\,mm}{2{,}5\times10^{-3}m^2\cdot 210\times10^9\,\frac{N}{m^2}}]$$

$$P = 300000\,N = 300\,kN$$

b) Para saber si la barra recuperará sus dimensiones iniciales necesitamos saber la tensión de la barra:

$$\sigma_1 = \frac{P}{S_1} = \frac{300000N}{10^{-2}\,m^2} = 30MPa < \sigma_E(Alum.)$$

$$\sigma_2 = \frac{P}{S_2} = \frac{300000N}{2{,}5\times10^{-3}\,m^2} = 120\,MPa < \sigma_E(Acero)$$

Por tanto si recuperará la barra su longitud inicial.

8. Una barra de acero de 5 cm^2 de sección transversal se somete a una carga de tracción. Se aplica la misma carga de 3000 kp sobre una barra de aluminio de la misma longitud y se obtiene el mismo alargamiento que en el caso de la barra de acero. Sabiendo que ambas barras tienen una longitud de 50 cm y que trabajan en el rango elástico, se pide:
a) Calcula la sección transversal de la barra de Aluminio.
b) Alargamiento producido en las barras.
c) Tensión en la barra de acero y en la de aluminio.
Considerar el módulo de elasticidad del acero y del aluminio del ejercicio anterior.

a) Teniendo en cuenta que el alargamiento de las dos barras al igual que las cargas son iguales:

$$\Delta l = \frac{F\cdot l_1}{S_1\cdot E_1} = \frac{F\cdot l_2}{S_2\cdot E_2} \Rightarrow \frac{3000\,kp\cdot 9{,}8\frac{N}{kp}\cdot 0{,}5m}{5\times10^{-4}m^2\cdot 210\times10^9\,\frac{N}{m^2}} = \frac{3000\,kp\cdot 9{,}8\frac{N}{kp}\cdot 0{,}5m}{S_2\cdot 70\times10^9\,\frac{N}{m^2}}$$

$$S_2 = 1{,}5\times10^{-3}m^2 = 15\,cm^2$$

b) El alargamiento real de las barras será:

$$\Delta l_1 = \Delta l_2 = \frac{F\cdot l_1}{S_1\cdot E_1} = \frac{F\cdot l_2}{S_2\cdot E_2} = \frac{3000\,kp\cdot 9{,}8\frac{N}{kp}\cdot 0{,}5m}{5\times10^{-4}m^2\cdot 210\times10^9\,\frac{N}{m^2}} = 0{,}00014m = 0{,}14\,mm$$

c) Aplicando el concepto de tensión:

$$\sigma_1 = \frac{F}{S_1} = \frac{3000\,kp\cdot 9{,}8\frac{N}{kp}}{5\cdot10^{-4}\,m^2} = 58800000\frac{N}{m^2} = 58{,}8\,MPa$$

$$\sigma_2 = \frac{F}{S_2} = \frac{3000\,kp\cdot 9{,}8\frac{N}{kp}}{1{,}5\cdot10^{-3}\,m^2} = 19600000\frac{N}{m^2} = 19{,}6\,MPa$$

9. Explica en qué consiste el ensayo de dureza "*Brinell*" y como se obtiene la expresión final de la dureza. Indica las restricciones del ensayo.

Consiste en marcar sobre la superficie a examinar una huella permanente mediante un penetrador esférico de acero templado, al que se le aplica una carga (F) prefijada durante un determinado tiempo, para finalmente medir el diámetro (d) de la huella mediante un microscopio con escala. Se utiliza principalmente para materiales blandos y no es recomendable para piezas de poco espesor, ni con forma cilíndrica o esférica.
En este ensayo la carga a aplicar depende del tipo de material y del cuadrado del diámetro (D) de la bola del penetrador y el tiempo de aplicación de la carga es función de la dureza del material a ensayar (oscila entre 10 y 30 segundos aproximadamente) por lo que a mayor dureza, menor tiempo de aplicación.
El valor de la carga (F) será por tanto igual a:

$F = K\cdot D^2$, donde "K" es la *constante de carga* que dependerá del tipo de material a examinar y que generalmente se expresa en kp/mm^2.

Se define la dureza Brinell (HB) como el cociente entre la carga aplicada (F) y la superficie (S) de la huella:

$$HB = \frac{F}{S}$$
$$S = \pi \cdot D \cdot f$$
$$f = \frac{D}{2} - OA \Rightarrow \quad OA = \sqrt{\left(\frac{D}{2}\right)^2 - \left(\frac{d}{2}\right)^2} = \sqrt{\frac{D^2}{4} - \frac{d^2}{4}} = \frac{1}{2}\sqrt{D^2 - d^2}$$
$$f = \frac{D}{2} - \frac{1}{2}\sqrt{D^2 - d^2} = \frac{1}{2}(D - \sqrt{D^2 - d^2})$$
$$S = \pi \cdot D \cdot \frac{1}{2}(D - \sqrt{D^2 - d^2})$$
$$HB = \frac{F}{S} = \frac{F}{\pi \cdot D \cdot \frac{1}{2}(D - \sqrt{D^2 - d^2})} = \frac{2F}{\pi \cdot D \cdot (D - \sqrt{D^2 - d^2})}[\frac{Kp}{mm^2}]$$

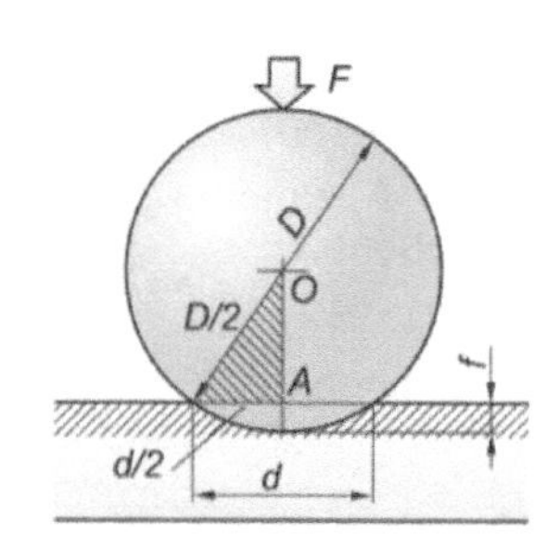

Restricciones:
- Para durezas superiores a 500 HB es recomendable que la bola del penetrador sea de carburo de volframio en lugar de acero templado y al variar la carga es necesario sustituir siempre el penetrador.
- Sólo es adecuado para materiales de espesor grueso, ya que las huellas que se obtienen son nítidas y de contornos bien delimitados. Si se aplica a materiales de espesores pequeños se deforma el material y los resultados obtenidos son erróneos.
- Para que el ensayo sea fiable se recomienda que el diámetro "d" de la huella esté comprendido entre D/4 y D/2.
- Cuando la deformación es pequeña, se cometen errores significativos al medir el diámetro de la huella.

10. En un ensayo de dureza "Brinell" para un acero al carbono, se utiliza una bola de diámetro D=10 mm, obteniéndose una huella de diámetro d=4 mm. Si la constante de proporcionalidad para los aceros es K=30 kp/mm^2, determina:
a) La carga utilizada durante un tiempo de 15 segundos.
b) La dureza obtenida y su expresión.

a) Teniendo en cuenta que la carga a aplicar debe ser proporcional al cuadrado del diámetro de la bola, para que las huellas obtenidas sean semejantes:

$$F = K \cdot D^2 = 30\frac{kp}{mm^2} \cdot 10^2 mm^2 = 3000 kp$$

b) Teniendo en cuenta la expresión de la dureza Brinell:

$$HB = \frac{2 \cdot F}{\pi \cdot D(D - \sqrt{D^2 - d^2})} = \frac{2 \cdot 3000 kp}{\pi \cdot 10 \cdot (10 - \sqrt{10^2 - 4^2}) mm^2} = 228{,}76\frac{kp}{mm^2}$$

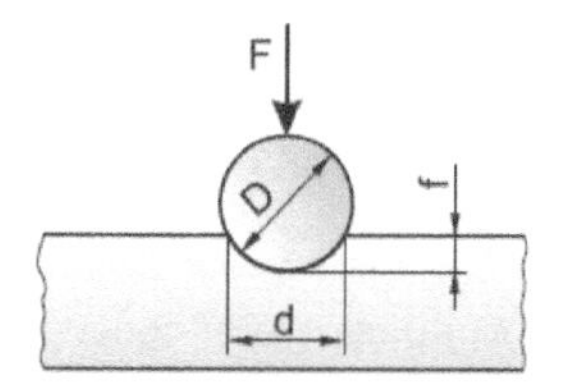

La expresión de la dureza será por tanto igual a: **229HB-10-3000-15**

11. En un ensayo de dureza "Brinell" de valor 120 kp/mm^2 se observa que la profundidad de la huella f=0,74 mm, cuando se aplica una carga de 55 kN. Calcula la constante del ensayo, el diámetro de la bola (D) y el diámetro de la huella (d). ¿Es fiable el ensayo?.

Teniendo en cuenta el concepto de dureza en función de la carga aplicada y del área del casquete de la huella, tenemos:

$$D = \frac{F}{\pi \cdot HB \cdot f} = \frac{\frac{55000 N}{9{,}81\frac{N}{kp}}}{\pi \cdot 120\frac{kp}{mm^2} \cdot 0{,}74 mm} = 20\, mm$$

$$k = \frac{F}{D^2} = \frac{\frac{55.000}{9{,}81}}{20^2} = 14\frac{Kp}{mm^2}$$

Sustituyendo ahora en la expresión de la dureza Brinell obtenemos el diámetro de la huella:

$$f = \frac{D}{2} - \frac{1}{2}\sqrt{D^2 - d^2} = \frac{1}{2}(D - \sqrt{D^2 - d^2}) \rightarrow 0{,}74 = \frac{1}{2}(20 - \sqrt{20^2 - d^2}) \rightarrow d = 7{,}55 mm$$

Por tanto si es fiable ya que: $5 < d < 10$

12. Se dispone de una pieza de latón cuya dureza corresponde a la norma 60 HB-5-250-20, y se quiere saber qué fuerza máxima se puede aplicar, para que la profundidad de la huella dejada no supere 1mm. Comprobar la fiabilidad del ensayo.

Teniendo en cuenta el concepto de dureza Brinell en función de la carga aplicada y de la superficie (S) del casquete de la huella:

$$HB = \frac{F}{S} = \frac{F}{\pi \cdot D \cdot f}; \quad F_{\max} = HB \cdot \pi \cdot D \cdot f = 60\frac{kp}{mm^2} \cdot \pi \cdot 5\ mm \cdot 1\ mm = 942{,}7kp$$

Calculamos ahora el diámetro de la huella

$$HB = \frac{2 \cdot F}{\pi \cdot D(D - \sqrt{D^2 - d^2})}; \quad 60 = \frac{2 \cdot 250\,Kp}{\pi \cdot 5(5 - \sqrt{25 - d^2})mm^2}$$

$$5 - \sqrt{25 - d^2} = \frac{500}{\pi \cdot 5 \cdot 60}; \quad 4{,}47 = \sqrt{25 - d^2}; \quad d = 2{,}23\,mm$$

Comprobamos ahora la fiabilidad del ensayo: D/4 < d< D/2 → 1,25 < d < 2,5. Por tanto el ensayo si es fiable.

13. Explica en qué consiste el ensayo de dureza "Vickers" y como se obtiene la expresión final de la dureza. Indica las ventajas que presenta el ensayo de dureza "Vickers" sobre el "Brinell".

Al igual que el ensayo "Brinell", consiste en marcar sobre la superficie a examinar una huella permanente mediante un penetrador de diamante en forma de pirámide regular de base cuadrada (136º entre cara opuestas), a la que se le aplica una carga F(kp) durante un determinado tiempo, para posteriormente con la ayuda de una lente graduada medir las diagonales de la huella.

La diagonal (d) es el valor medio de las diagonales de la huella (d_1 y d_2): $d = \frac{d_1 + d_2}{2}$

Aunque resulta válido para todo tipo de materiales se emplea principalmente para materiales duros y de poco espesor, y en este caso las cargas aplicadas están comprendidas entre 5kp y 120 kp aproximadamente, mientras que el tiempo varía entre 10 y 15 segundos.

Teniendo en cuenta que las caras laterales de la pirámide forman entre si un ángulo de 136º, al igual que en el caso anterior se define la dureza Vickers (HV) como el cociente entre la carga aplicada (F) y la superficie (S) de la huella que deja la pirámide sobre el material:

$$HV = \frac{F}{S}$$

$$S = 4\frac{L \cdot h}{2} = 2Lh$$

$$sen\,68^{\circ} = \frac{\frac{L}{2}}{h} = \frac{L}{2h} \Rightarrow h = \frac{L}{2 \cdot sen68^{\circ}}$$

$$S = 2Lh = 2L\frac{L}{2 \cdot sen68^{\circ}} = \frac{L^2}{sen68^{\circ}}$$

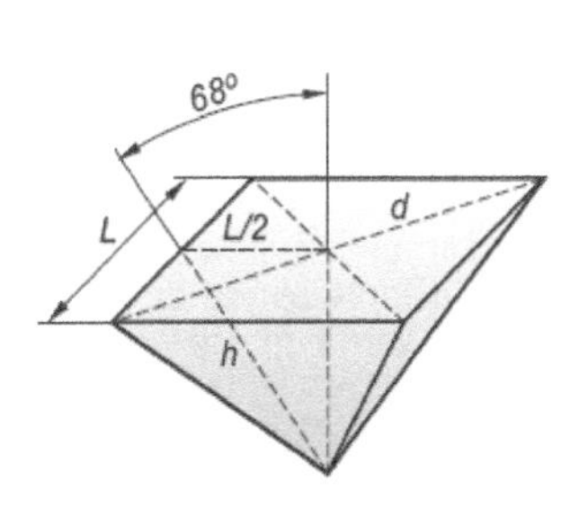

Por otra parte tenemos que:

$$d^2 = L^2 + L^2 = 2L^2 \Rightarrow L^2 = \frac{d^2}{2}; S = \frac{d^2}{2 \cdot sen68^{\circ}}$$

$$HV = \frac{F}{\frac{d^2}{2 \cdot sen68^{\circ}}} = \frac{F \cdot 2 \cdot sen68^{\circ}}{d^2} = \frac{1{,}854 \cdot F}{d^2}[\frac{Kp}{mm^2}]$$

Los ensayos Brinell y Vickers dan resultados similares hasta valores de 300HB(HV) aproximadamente, a partir de aquí la dureza Vickers es ligeramente superior a la Brinell, ya que la deformación de la bola falsea la medida. Se suele aplicar a materiales que previamente han sufrido algún tipo de tratamiento de endurecimiento tales como aceros templados, aceros cromados, aceros inoxidables, etc.

Algunas ventajas sobre el Brinell son:

- Se puede utilizar en superficies cilíndricas y esféricas.
- Se puede utilizar en piezas de espesores reducidos (hasta 0,2mm) para medir dureza superficial aunque la huella sea poco profunda.
- No es necesario sustituir el penetrador al variar la carga, ya que el valor de la dureza es independiente de ésta.

14. Para conocer la dureza de un acero al carbono realizamos un ensayo "Vickers" con una punta piramidal de diamante, aplicando para ello una carga de 490 N durante 20 segundos y obteniendo una huella de 0,3 mm de lado. Calcula el valor de la dureza del acero (kp/mm^2) e indica cómo se expresa.

Teniendo en cuenta la expresión final de la dureza Vickers tenemos:

$$d^2 = L^2 + L^2 = 2L^2 = 2 \times 0{,}3^2 = 0{,}18\,mm^2$$

$$F = 490N = 50kp$$

$$HV = \frac{F}{S} = \frac{F \cdot 2 \cdot sen68^o}{d^2} = \frac{1{,}854 \cdot F}{d^2} = \frac{1{,}854 \times 50Kp}{0{,}18\,mm^2} = 515\frac{Kp}{mm^2}$$

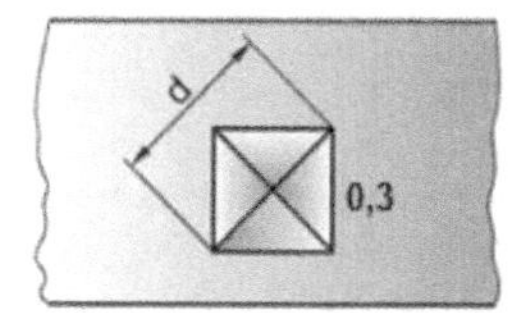

La expresión de la dureza será por tanto igual a: **515HV-50-20**

15. En la realización de un ensayo de "Vickers" se ha obtenido una dureza de 300 al aplicarle a la muestra una fuerza de 60kp durante 15 segundos. ¿Cuánto medirá la diagonal de la marca? Exprese la dureza según la norma.

De la propia expresión final de la dureza Vickers obtenemos el valor de la diagonal:

$$HV = \frac{1{,}854 \cdot F}{d^2} \Rightarrow 300\frac{kp}{mm^2} = \frac{1{,}854 \cdot 60\,kp}{d^2} \Rightarrow d = 0{,}6mm$$

La expresión de la dureza según la norma será: **300HV-60-15**

16. Explica en qué consiste el ensayo "Rockwel" de cono y como se obtiene la expresión final de la dureza. Indica las características fundamentales del ensayo.

El ensayo de dureza Rockwell se utiliza tanto para materiales duros en cuyo caso utilizaremos un cono de diamante (120º), como para materiales blandos (plomo, cobre, plásticos…) que utilizaremos una bola de acero templado (Ø=¼"), en el que la dureza se obtiene en función de la profundidad de la huella y no de la superficie como en el *Brinell* y el *Vickers*. Es por tanto un ensayo menos preciso que los dos anteriores, pero más rápido.

Para realizar este ensayo de cono se siguen los siguientes pasos:

- En primer lugar se aplica una precarga de F_0=10 kp al penetrador (*bola*), con el fin de provocar la deformación elástica del material a ensayar, a continuación se mide la profundidad de esta huella inicial (h_0) y se toma como referencia, colocando a cero el comparador de la máquina.

- En segundo lugar se aplica una carga adicional (F_1) de 140 kp si se emplea el penetrador de cono (10kp+140kp), manteniendo la carga durante un tiempo (entre 1 y 6 segundos aproximadamente), produciendo así una deformación plástica en el material y a continuación se mide la profundidad máxima de la huella producida (h_{max}).

- Finalmente se retira la carga adicional y se mantiene la precarga, con lo que el material tratará de recuperar su posición inicial y el penetrador sube hasta una profundidad final o permanente (h_p).

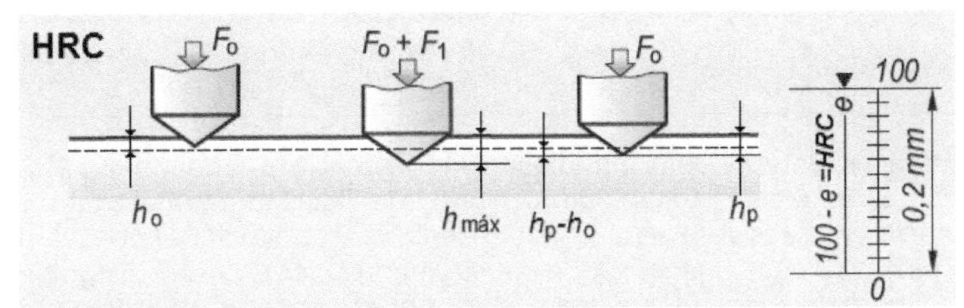

La diferencia entre la profundidad final o permanente (h_p) y la inicial (h_0) se denomina *deformación permanente* (d) y será: $d=h_p-h_0$

Teniendo en cuenta ahora que la amplitud de la escala Rockwell es de 0,2 mm y que cada unidad de medida de esta escala equivale a 2 micras (0,002 mm), el número de divisiones "e" de la escala o *coeficiente de correlación* será: e=d/0,002 (mm/div); siendo este valor tanto menor cuanto más duro sea el material, no así el valor de la dureza.

Finalmente la dureza Rockwell no se expresa directamente en unidades de penetración, sino como diferencia de dos números de referencia: **HRB = 100 – e**

17. Para determinar la dureza de un material blando se realiza un ensayo Rockwel de bola (HRB). La profundidad de la huella cuando se aplica la precarga de 10 kp es de 0,01 mm, y la que permanece tras aplicar la carga de penetración de 100 kp y restituir el valor de precarga (10 kp) es de 0,150 mm. Se pide:
  a) Realiza un esquema y una breve descripción del ensayo.
  b) Resultado del ensayo (deformación permanente, coeficiente de correlación y dureza Rockwel)

a) Se aplica la carga inicial de F_0= 10 Kp y se toma h_0=0,01 mm (período de deformación elástica). Se aumenta la carga hasta 100 Kp (deformación plástica). Se retira la carga anterior y se vuelve a aplicar la carga inicial de 10 Kp y se mide h_p=0,15 mm (deformación plástica residual)

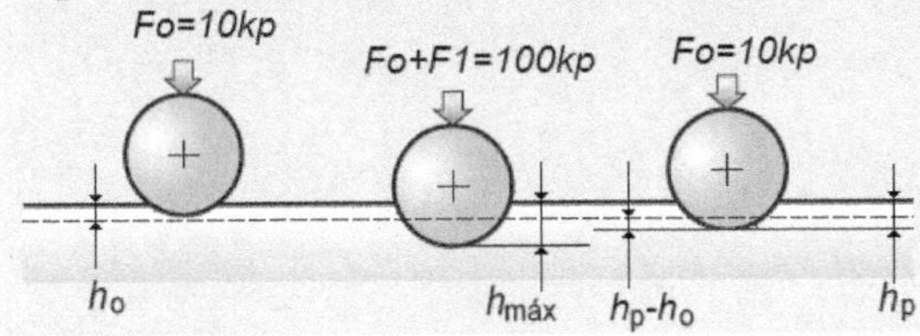

b) La deformación permanente "d" será:

$$d = h_p - h_0 = 0{,}15mm - 0{,}01mm = 0{,}14mm$$

Teniendo en cuenta que cada división (unidad) de la escala Rockwel equivale a 2μ (0,002 mm), el *coeficiente de correlación* "e" será:

$$e = 0{,}14mm \times \frac{1}{0{,}002\frac{mm}{div}} = 70\,div$$

Aplicando finalmente la expresión de la dureza Rockwel de cono:

$$HRB = 130 - e = 130 - 70 = 60\,unid.\,Rockwel$$

18. En un ensayo Rockwel de cono (HRC) al aplicar la carga inicial de 10 kp, el penetrador avanza 5 μm, mientras que al incrementar la carga en 140 kp avanza 90μ más y al retirar esta última carga retrocede 4 μm. Indica el resultado del ensayo: deformación, correlación de escala Rockwell y dureza.

En este tipo de ensayo la penetración inicial h_0=5μm se realiza para poner la escala a cero, y por tanto se desprecia. Por su parte, la deformación permanente "d" respecto a la inicial será:

$$h_p = 95 - 4 = 91\,\mu m$$

$$d = h_p - h_0 = 91 - 5 = 86\mu m$$

Teniendo en cuenta que cada división de la escala Rockwel equivale a 2μ (0,002 mm), el coeficiente de correlación "e" será:

$$e = 0{,}086\,mm \times \frac{1}{0{,}002\frac{mm}{div}} = 43\,div$$

Aplicando finalmente la expresión de la dureza Rockwel de cono:

$$HRC = 100 - e = 100 - 43 = 57\,unid.\,Rockwel$$

19. Explica en qué cosiste el ensayo de resiliencia y como se obtiene el valor de ésta en función de las alturas del martillo y de los ángulos.

Cuando sobre un objeto se ejerce una fuerza, éste se deforma absorbiendo energía y llegando incluso a romperse. Esta propiedad se conoce con el nombre de tenacidad. Cuando la aplicación de la fuerza se realiza en un instante, lo que tenemos es un impacto, y la resistencia al impacto se llama resiliencia. El ensayo de resiliencia más ampliamente utilizado es el método "*Charpy*", que consiste en romper de un solo golpe una probeta entallada en su punto medio y apoyada en sus dos extremos, con el fin de determinar la energía absorbida en la rotura. Para realizar el ensayo se coloca el martillo a una altura "h_0" en su posición inicial y se deja caer libremente por gravedad, de manera que golpee la cara opuesta a la entallada, rompiéndola. Una vez rota, parte de la energía inicial del martillo se ha absorbido en la rotura y la otra en seguir la oscilación hasta "h_1". Permite determinar si un material es frágil o tenaz ya que los materiales tenaces absorben más energía en la rotura por lo que su resiliencia será mayor.
Para comparar la energía absorbida respecto al grosor de la pieza, la resiliencia se cuantifica mediante el cociente entre la energía absorbida (E) y la sección resistente (S); se representa por ρ(KCV) y se mide comúnmente en J/cm² o en J/m²

$$\rho(KCV) = \frac{E}{S} = \frac{Epi - Epf}{S} = \frac{mgh_0 - mgh_1}{S} = \frac{mg(h_0 - h_1)}{S}$$

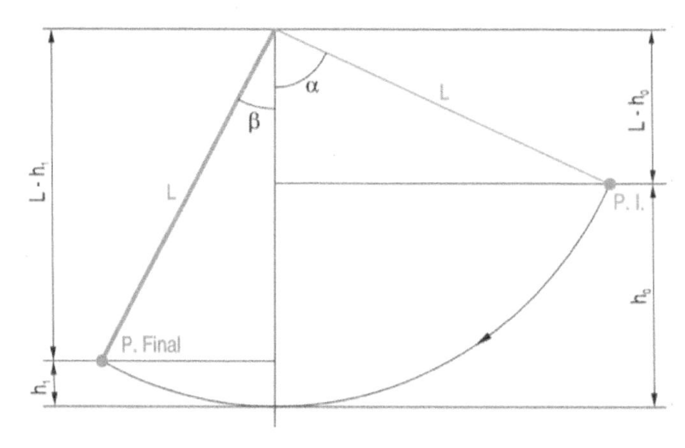

La resiliencia también la podemos obtener en función de los ángulos inicial (α) y final (β) teniendo en cuenta que:

$$\cos\beta = \frac{L - h_1}{L}; \quad \cos\alpha = \frac{L - h_0}{L} \Rightarrow h_0 - h_1 = L(\cos\beta - \cos\alpha)$$

$$\rho(KCV) = \frac{mg(h_0 - h_1)}{S} = \frac{mgL(\cos\beta - \cos\alpha)}{S}$$

20. En un ensayo de "Charpy" se deja caer una maza de 25 kg de masa y sección cuadrada de 10 mm de lado, desde una altura de 1,20 m. Después de romper la probeta el péndulo asciende una altura de 50 cm. Calcule la energía empleada en la rotura de la pieza y la resiliencia del material, expresada en J/cm^2.

La energía necesaria es la perdida de energía potencial de la maza:

$$E_{abs} = \Delta E = mgh_0 - mgh_1 = mg(h_0 - h_1) = 25kg \times 9{,}8\frac{m}{s^2}(1{,}2 - 0{,}5)m = 171{,}5\ N \times m\,[J]$$

Por su parte la resiliencia del material será igual a:

$$\rho = \frac{E_{abs}}{S} = \frac{171{,}5\ J}{1\ cm^2} = 171{,}5\frac{J}{cm^2}$$

21. En el estudio de la resiliencia de un material mediante péndulo de "Charpy", se ha utilizado una probeta como la de la figura. ¿Cuál será la resiliencia del material y la altura final hasta la que sube el péndulo, si la masa del péndulo es de 32 kg, la longitud del mismo de 150 cm y alcanza un ángulo final de 60º con la vertical cuando se deja caer desde la horizontal.

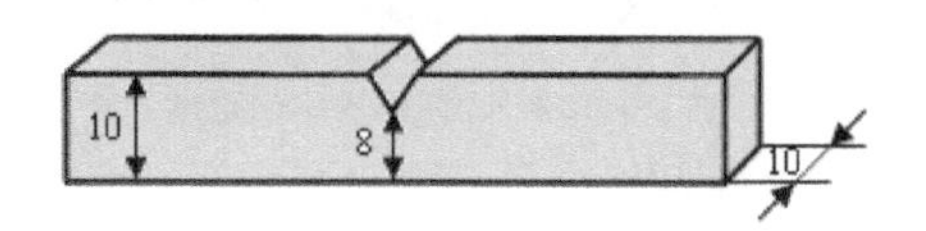

Calculamos el valor de la resiliencia en función del ángulo final de elevación (β=60º) y del ángulo inicial de caída (α=90º):

$S = 0{,}8\,cm \times 1\,cm = 0{,}8\,cm^2$

$$\rho(KCV) = \frac{E}{S} = \frac{mgL(\cos\beta - \cos\alpha)}{S} = \frac{32kg \cdot 9{,}8\frac{m}{s^2} \cdot 1{,}5m\,(\cos 60^o - \cos 90^o)}{0{,}8\,cm^2} = 294\frac{J}{cm^2}$$

$$\cos\beta = \frac{L - h_1}{L} \Rightarrow \cos 60^o = \frac{1{,}5 - h_1}{1{,}5} \Rightarrow 0{,}5 = \frac{1{,}5 - h_1}{1{,}5} \Rightarrow h_1 = 0{,}75m$$

22. En un ensayo con péndulo de "Charpy", se sabe que el martillo de 30 kg de masa y 1 metro longitud se dejó caer desde un ángulo de 101,53º. Teniendo en cuenta que la energía sobrante después de romper una probeta de 100 mm^2 de sección fue de 205,8 J, calcula el ángulo final "β" de subida y la resiliencia del material.

La energía "E_{abs}" absorbida en la rotura de la probeta será igual a:

$$E_{abs} = E_{Pi} - E_{Pf} = mgh_0 - mgh_1 = mg(h_0 - h_1)$$

$$E_{Pf} = mgh_1 = 30kg \times 9{,}81\frac{m}{s^2} \times h_1 = 205{,}8\,J \Rightarrow h_1 = 0{,}7m$$

$$\cos\alpha = \frac{L - h_0}{L} \Rightarrow \cos(101{,}53^o) = \frac{1 - h_0}{1} \Rightarrow h_0 = 1{,}2m$$

Por su parte la resiliencia del material será igual:

$$\rho = \frac{E}{S} = \frac{mg(h_0 - h_1)}{S} = \frac{30kg \cdot 9{,}8\frac{m}{s^2}(1{,}2 - 0{,}7)m}{1\,cm^2} = 147\frac{J}{cm^2}$$

$$\cos\beta = \frac{L - h_1}{L} \Rightarrow \cos(\beta) = \frac{1 - 0{,}7}{1} \Rightarrow \beta = 72{,}54^o$$

23. En un determinado proceso, se mide la resiliencia de un material, para lo que se usa un péndulo de "Charpy". La probeta que se utiliza tiene una sección cuadrada de 225 mm^2, la energía empleada en la rotura de la pieza ha sido de 50,625 J, la altura después de la rotura de 0,678 m y longitud del martillo de 1,2 m. Si el martillo empleado tiene una masa de 30 kg, calcula la resiliencia del material, la altura inicial desde donde se lanzó el martillo y el ángulo inicial α.

De la propia definición de resiliencia obtenemos la altura inicial desde donde se lanzó el martillo:

$$\rho = \frac{E}{S} = \frac{50{,}625J}{2{,}25\,cm^2} = 22{,}5\frac{J}{cm^2}$$

$$\rho = \frac{mg(h_0 - h_1)}{S} = \frac{30kg \cdot 9{,}81\frac{m}{s^2}(h_0 - 0{,}678)m}{2{,}25\,cm^2} = 22{,}5\frac{J}{cm^2} \Rightarrow h_0 = 0{,}85\,m$$

Por su parte el ángulo inicial (α) será:

$$\cos\alpha = \frac{L - h_0}{L} \Rightarrow \cos\alpha = \frac{1{,}2 - 0{,}85}{1{,}2} \Rightarrow \cos\alpha = 73^o$$

24. Explica en qué consiste el ensayo de fatiga, indicando sus principales características y los factores de que depende ésta.

A veces algunas piezas metálicas que están sometidas a esfuerzos variables (repetitivos o cíclicos) fallan con esfuerzos mucho más pequeños que los calculados para esfuerzos constantes, motivo por el cual es necesario considerar y analizar la rotura por fatiga en aquellas piezas donde las cargas aplicadas varían con el tiempo. Cuando un material se somete a una tensión repetitiva, que siendo variable en sentido y magnitud, e inferiores a la tensión de rotura o incluso por debajo del límite elástico, puede provocar su rotura (ejes, bielas, engranajes, cable de una grúa, piezas de máquinas herramientas, etc.), decimos que está sometido a un esfuerzo de fatiga. En este caso, tenemos una probeta que da vueltas a la cual se le está aplicando al mismo tiempo una carga y donde la máquina además es capaz de medir el número de vueltas que soporta hasta su rotura final.

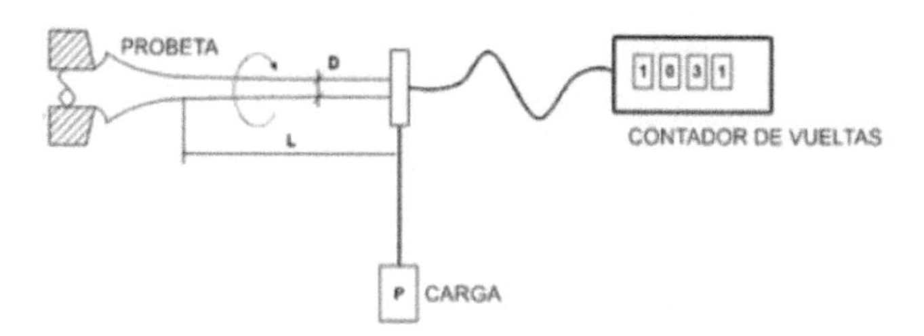

Si analizamos que le ocurre a la probeta al girar, observamos que las fibras están sometidas alternativamente a esfuerzos de tracción, de compresión, torsión y de flexión, de manera que si representamos la variación de cargas con respecto al tiempo, obtenemos la gráfica de la variación cíclica de carga.

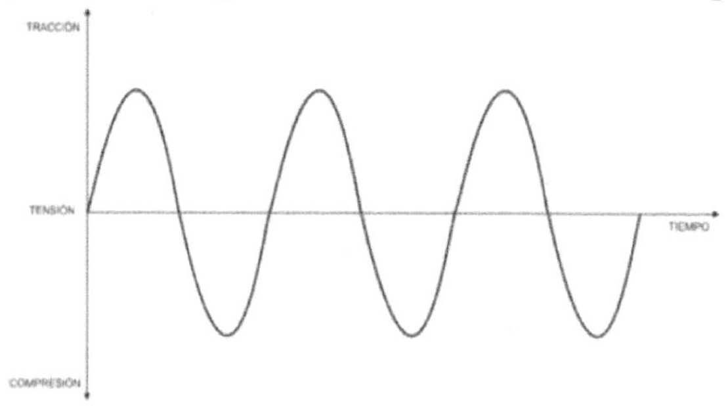

Ensayando diversas probetas del mismo material pero con distintas cargas podemos obtener la curva de "Woehler" o correlación gráfica entre la tensión soportada (Mpa) y el número de ciclos (r.p.m.) que soporta el material hasta la fractura. Es lógico pensar que a mayor nivel de tensión soportado por la probeta, menor número de vueltas será capaz de soportar el material hasta la fractura, y dependiendo del tipo de material la curva tendrá una forma determinada. Para el caso A (Acero) observamos que a medida que disminuye la tensión, el número de ciclos aumenta, hasta llegar a un nivel de tensión (σ_m) en el que se mantiene constante. Se define *límite de fatiga* (σ_m) como la tensión por debajo de la cual no se produce la rotura por fatiga nunca, independientemente del número de vueltas a las que gire. Sin embargo en el caso del B (Al) no observamos ese límite de fatiga y sigue disminuyendo la tensión a medida que aumenta el número de ciclos; en este caso hablaremos entonces de *resistencia a la fatiga*, donde se considera un número de ciclos elevado y se determina que tensión le corresponde.

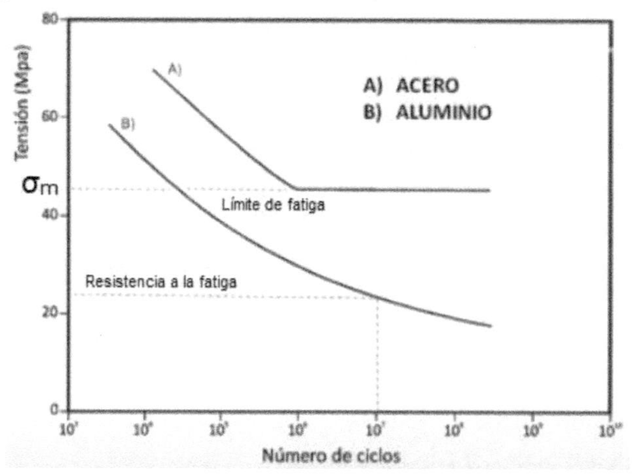

Además del número de ciclos, los factores que afectan a la fatiga son los siguientes:

- La concentración de tensiones: la resistencia a la fatiga se ve reducida por la presencia de puntos de concentración de tensión (entalles, grietas, orificios, etc.).
- La rugosidad superficial: a menor rugosidad menor respuesta a la fatiga ya que ésta actúa como concentrador de tensiones.
- El estado superficial: los tratamientos superficiales de endurecimiento (cementación, nitruración, carburación, etc.) incrementan la vida del material a la fatiga.
- El medio ambiente: a veces determinados ambientes agresivos (corrosión) disminuyen la resistencia a la fatiga al incrementar la velocidad de propagación de la grieta

Generalmente la rotura de una pieza por fatiga se produce en tres fases: proceso de incubación (aparece una fisura en las proximidades de un defecto), fisuración progresiva (aparecen grietas cada vez más grandes) y rotura definitiva.

25. Observa el diagrama de fases de la aleación Cu-Ni de la siguiente figura y contesta a las siguientes cuestiones:
a) ¿Indica de qué tipo de tipo de aleación se trata y calcula el número de fases, la composición de cada una y las cantidades relativas de cada fase, para una aleación de 55% de Ni a 1300 ºC.
b) ¿Cuál será la composición de los cristales que se forman cuando comienza a solidificar una aleación del 30% de Cu y a qué temperatura comienza a solidificar?.

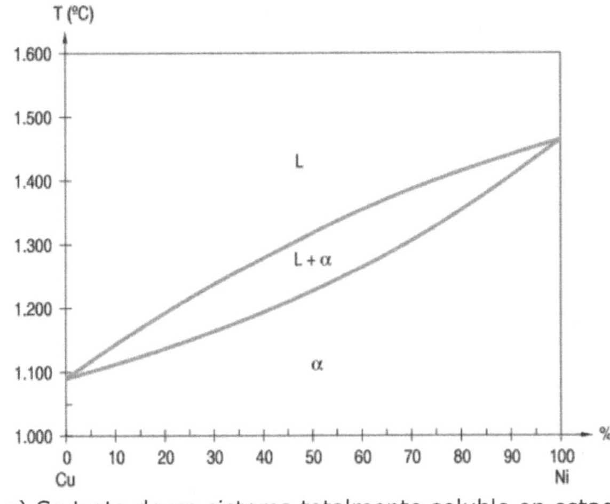

a) Se trata de un sistema totalmente soluble en estado líquido y sólido (isomorfo). Para una aleación con el 55% de Ni (45% Cu), tenemos dos fases una líquida (L) y otra sólida (α) de composición:

Porcentaje de líquido: $\omega_L = \dfrac{68-55}{68-45} \times 100 = 56{,}5\%$

Porcentaje sólido: $\omega_S(\alpha) = \dfrac{55-45}{68-45} \times 100 = 43{,}5\%$

Aplicando la regla de la palanca obtenemos que el 56,5% está en estado líquido y el 43,5% en estado sólido. Por su parte aplicando ahora la regla de la horizontal, del propio diagrama obtenemos que de la parte líquida, el 45% es de Ni y el 55% es de Cu, mientras que de la parte sólida, el 68% es de Ni y el 32% de Cu.

b) Comienza a solidificar a unos 1380 ºC y la composición de los cristales será de 85% de Ni y 15% de Cu.

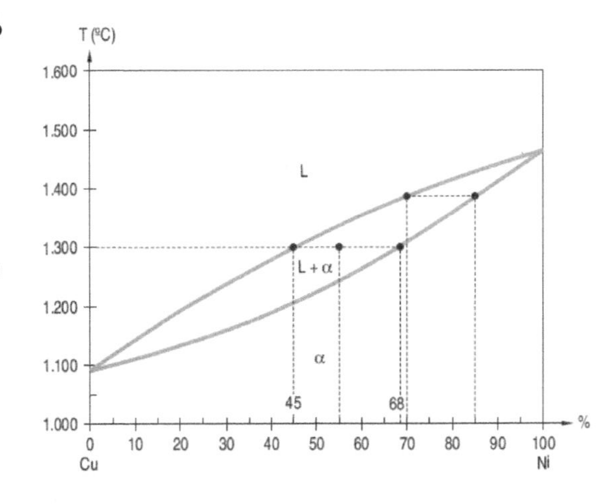

26. El diagrama de la figura se corresponde con una aleación totalmente soluble en estado sólido y líquido, formada por dos metales A y B. Disponemos de 300kg de una aleación que a la temperatura de 512 ºC el 50% del total de su masa es líquido. Calcula:
a) La composición "h" de la aleación.
b)¿Cuál es la temperatura mínima en la que encontraremos una aleación en estado líquido para cualquier composición?. ¿Y la máxima en estado sólido para cualquier composición?.
c)¿A partir de que tanto por ciento de A una aleación estará totalmente líquida a 512 ºC?. ¿Y sólida?.
d) Masa del metal A y metal B en estado sólido y en estado líquido en el punto 1.

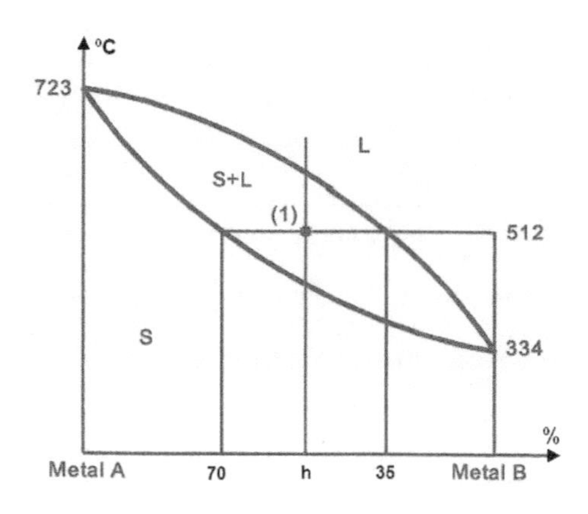

a) Composición de "h" será:

$$0{,}5=\frac{70-h}{70-35}\Rightarrow h=52{,}5\%(A),47{,}5(B)\Rightarrow 0{,}5=\frac{h-35}{70-35}\Rightarrow h=52{,}5\%(A),47{,}5(B)$$

b) La temperatura mínima será 723ºC y la máxima 334ºC.
c) Estará totalmente líquida entre un 0 y un 35% de A, y sólida entre un 70 y un 100% de A.
d) Teniendo en cuenta que en el punto 1 a 512 ºC tenemos el 50% de la masa en estado líquido y el otro 50% en estado sólido, la parte líquida, estará formada por un 35% de A y un 65% de B, mientras que el otro 50% de la parte sólida estará formado por un 70% de A y un 30% de B; es decir:

$M_A(L)=300kg\times0{,}5\times0{,}35=52{,}5kg$
$M_A(S)=300kg\times0{,}5\times0{,}7=105kg$
$M_B(L)=300kg\times0{,}5\times0{,}65=97{,}5kg$
$M_B(S)=300kg\times0{,}5\times3=45kg$;
TOTAL: 52,5+105+97,5+45=300kg

Comprobación: [(52,5+105)/300] ×100=52,5% de A; [(97,5+45)/300] ×100=47,5% de B

27. Para el diagrama de fases Cd-Bi de la figura, se pide:
a) ¿De qué tipo de aleación se trata y cuál es la composición del eutéctico?
b) Indica la composición y la cantidad relativa de fases que se tiene en el proceso de enfriamiento para una aleación con un 70% Cd desde 350ºC hasta los 145 ºC (puntos 1,2 y 3)

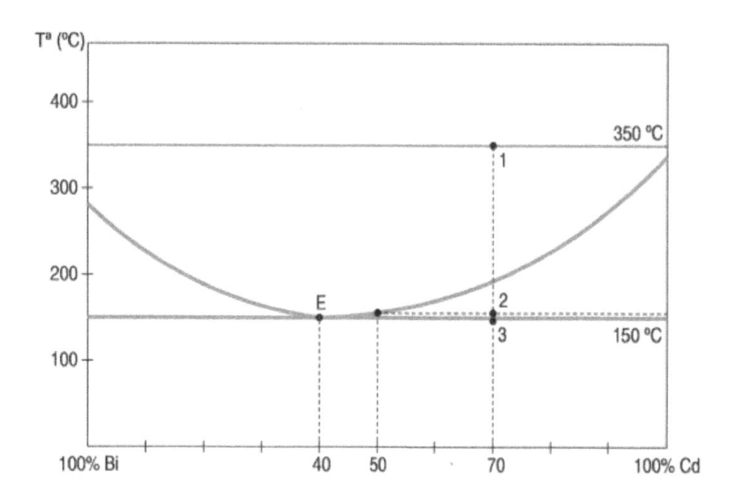

a) Se trata de una aleación con solubilidad total en estado líquido y completamente insoluble en estado sólido. La composición eutéctica (E) es del 40% de Cd y 60 % de Bi.

b) Analizando la línea de enfriamiento:

- Punto 1: una sola fase líquida (L) de composición 70% Cd y 30% Bi.
- Punto 2: dos fases, una líquida (L) y otra sólida (S) de cristales primarios o "*preutécticos*" de Cadmio, de composición:

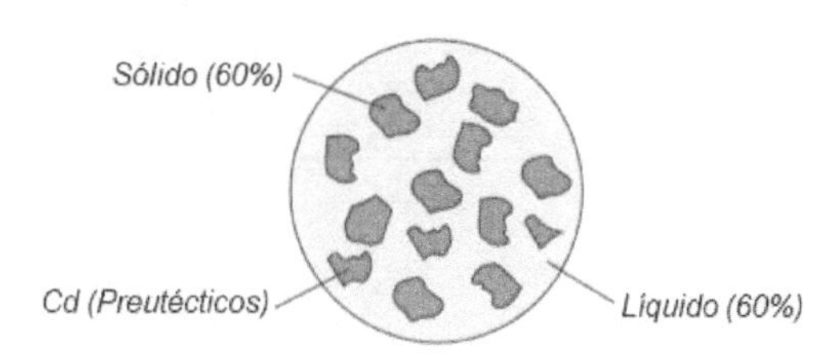

$$\omega_L = \frac{100-70}{100-50}\times 100 = 60\% \Rightarrow (50\%Cd, 50\%Bi)$$

$$\omega_S = \frac{70-50}{100-50}\times 100 = 40\% \Rightarrow (100\%Cd, 0\%Bi)$$

- Punto 3: calculamos ahora el porcentaje total de cristales de Cd preutécticos o primarios que se crean por encima de la línea eutéctica (150ºC+ΔT), el reto será mezcla eutéctica (ME):

$$\%\,Cd(primaros) = \frac{70-40}{100-40}\times 100 = 50\% \Rightarrow (100\%\,Cd, 0\%Bi)$$

$$\%\,ME = \frac{100-70}{100-40}\times 100 = 50\% \Rightarrow (20\%\,Cd, 30\%Bi)$$

Por tanto, la mezcla eutéctica (50%) estará formada por un 30% de cristales de Bi (eutécticos) y un 20% de cristales de Cd (eutécticos). Finalmente la composición de la mezcla eutéctica como tal será de un 40% de Cd [(20/50)*100] y un 60% de Bi [(30/50)*100]. Comprobación: 50% de Cd (primarios)+20% Cd (secundarios)=70% Cd

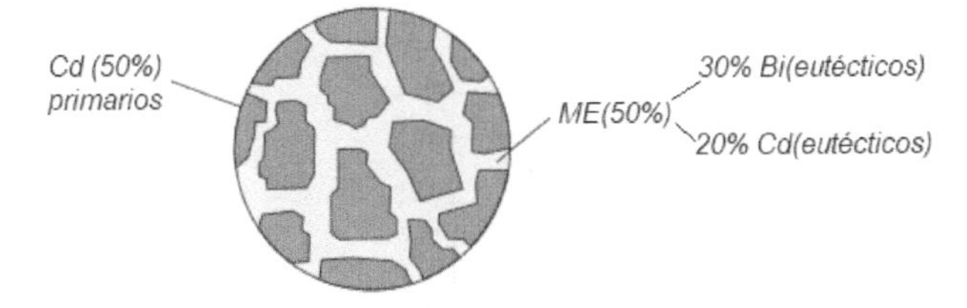

> 28. El Antimonio (Sb) funde a 630 ºC y el Plomo (Pb) a 327 ºC. La aleación de dichos metales es totalmente soluble en estado líquido y totalmente insoluble en estado sólido, resultando una mezcla eutéctica con un 15% de Antimonio y un 85% de Plomo que funde a 246 ºC.
> a) Represente el diagrama de equilibrio de fases simplificado de la aleación, considerando rectas las líneas de sólidus y líquidus.
> b) Identifique los puntos característicos y los componentes en cada zona definida por el diagrama.
> c) Trace la curva de enfriamiento de la mezcla eutéctica desde los 350 ºC hasta la temperatura ambiente y describa dicho proceso.
> d) Determine las temperaturas de comienzo y finalización del proceso de solidificación para una mezcla con un 25% de Plomo.
> e) ¿Cuál será la composición y el número de fases para la mezcla anterior a la temperatura de 246-ΔT?.

a) Ver diagrama de fases.
b) Ver diagrama de fases.

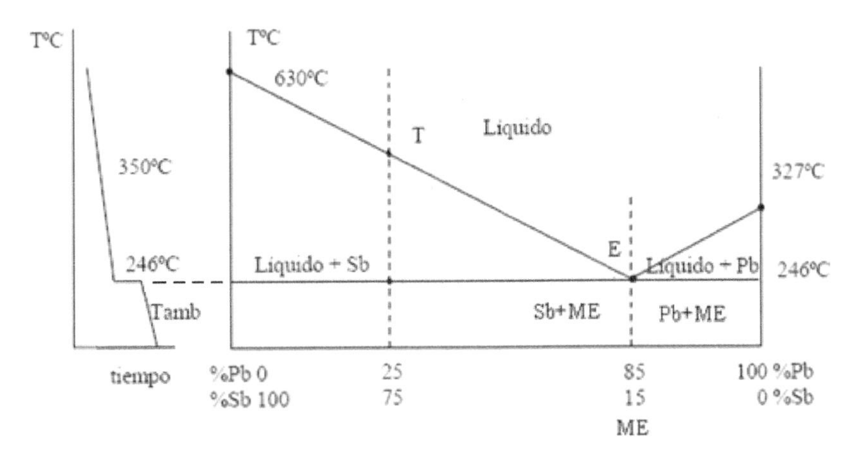

c) En la mezcla eutéctica a 350 ºC ambos metales se encuentran totalmente disueltos en estado líquido. Al enfriar hasta 246ºC solidifica completamente a temperatura constante, dando lugar a un sólido formado por una mezcla de cristales de Sb y de Pb.
d) El proceso de solidificación de la mezcla citada finaliza a 246ºC y comienza a la temperatura "T" de 517ºC, obtenida de la ecuación de la recta siguiente:

$$\frac{630-246}{85} = \frac{T-246}{85-25} \Rightarrow T = 517^{o}C$$

e) En este caso tendremos dos constituyentes que serán por un lado cristales de Sb primarios o preeutécticos y por otro lado mezcla eutéctica formada por cristales de Sb y de Pb eutécticos. Aplicando la regla de la palanca por encima de la línea de 144 ºC (144 ºC+ΔT), tenemos:

$$Sb(primarios) = \frac{85-25}{85-0}\times 100 = 70{,}6\% \Rightarrow \%Sb\,(secundarios) = 75\% - 70{,}6\% = 4{,}4\%$$

Por tanto la mezcla eutéctica (29,4%) estará formada por un 4,4% cristales secundarios o *"eutécticos"* de Sb y un 25% de Pb *"eutécticos"*.

29. Utilizando el diagrama de equilibrio del sistema Ag-Cu, determine:
a) Las fases presentes en las distintas regiones.
b) Composición y relación de fases en la eutéctica.
c) Transformaciones que experimenta una aleación con un 20 % de Cu, calculando el porcentaje de los constituyentes estructurales y fases a 780 ºC, 779 ºC y 500 ºC.

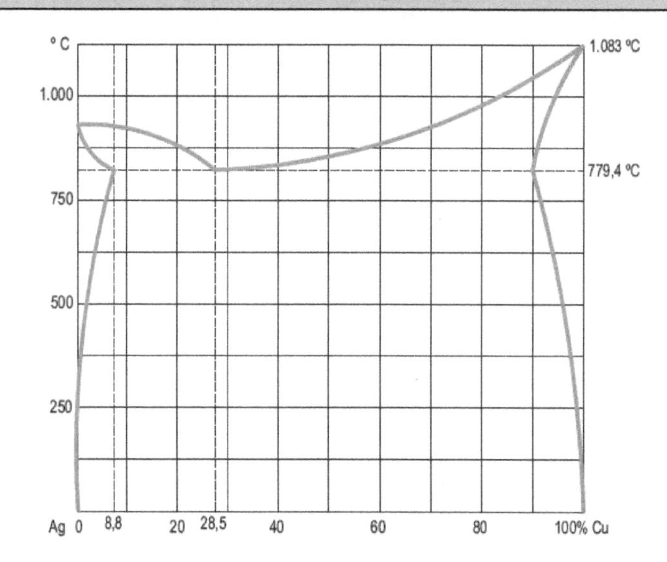

a) Señalamos sobre el diagrama las fases presentes en las distintas regiones, siendo:
α= cristales ricos en Ag y pobres en Cu.
B= cristales ricos en Cu y pobres en Ag.

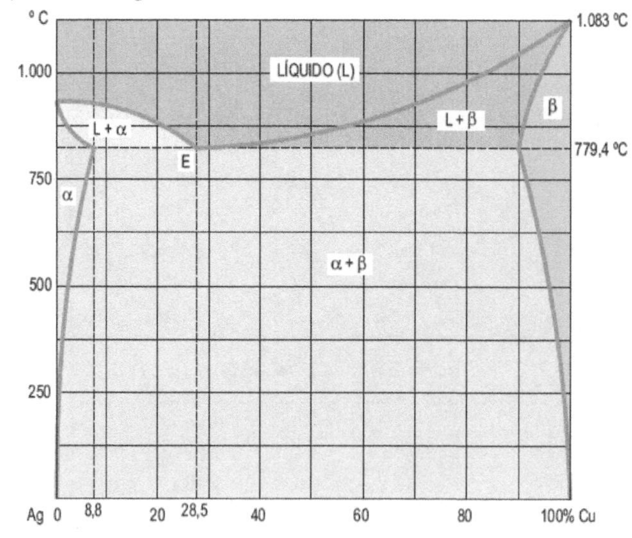

b) En el punto eutéctico (E) de composición 28,5% de Cu y 71,5% de Ag, la relación de fases es la siguiente:

$$\alpha\,(eutéctico) = \frac{90-28{,}5}{90-8{,}8}\times 100 = 75{,}7\%$$

$$\beta\,(eutéctico) = \frac{28{,}5-8{,}8}{90-8{,}8}\times 100 = 24{,}3\%$$

Los cristales de "α" eutécticos estarán formados a su vez por un 8,8% de Cu y un 91,2% de Ag, mientras que los cristales de "β" eutécticos estarán formados por un 90% de Cu y un 10% de Ag.

Comprobación: 75,7×0,088Cu+24,3×0,9Cu=28,5Cu.

c) Transformaciones que experimenta una aleación con un 20 % de Cu:

- Para 780 ºC tenemos dos fases, una líquida (L) y otra sólida (α) de composición:

$$\omega_L = \frac{20-8,8}{28,5-8,8}\times 100 = 56,85\% \quad \Rightarrow \quad \omega_\alpha(preutécticos) = 43,15\% \Rightarrow \quad M.E. = 56,85\%$$

La parte líquida está compuesta por un 28,5% de Cu y un 71,5% de Ag, mientras que la parte sólida "α (preutécticos)" está compuesta por un 8,8% de Cu y un 91,2% de Ag.

- Para 779 ºC tenemos dos fases sólidas (α+β) de composición:

$$\omega_\alpha(total) = \frac{90-20}{90-8,8}\times 100 = 86,2\% \quad \Rightarrow \quad \omega_\beta(eutécticos) = 100\% - 86,2\% = 13,8\%$$

$$\omega_\alpha(eutécticos) = \omega_\alpha(total) - \omega_\alpha(preutécticos) = 86,2\% - 43,15\% = 43,05\%$$

La parte "α (preutécticos)" está compuesta por un 8,8% de Cu y un 91,2% de Ag, la parte "α (eutécticos)" está compuesta por un 8,8 % de Cu y un 91,2% de Ag, mientras que la parte "β(eutécticos)" está compuesta por un 90 % de Cu y un 10% de Ag. Por su parte la mezcla eutéctica compuesta por "α (eutécticos)" y "β(eutécticos)" será del 56,85%. Comprobación: 13,8%(0,9+0,1)+43,05%(0,088+0,912)=56,85% de mezcla eutéctica.

- Para 500 ºC tenemos también dos fases sólidas (α+β) de composición:

$$\omega_\alpha(total) = \frac{96-20}{96-3}\times 100 = 81,72\% \quad \Rightarrow \quad \omega_\beta(eutécticos) = 100\% - 81,72\% = 18,28\%$$

$$\omega_\alpha(eutécticos) = \omega_\alpha - \omega_\alpha(preutécticos) = 81,72\% - 43,15\% = 38,57\%$$

Igualmente, la parte "α (preutécticos)" está compuesta por un 8,8% de Cu y un 91,2% de Ag, la parte "α (eutécticos)" está compuesta por un 3 % de Cu y un 97% de Ag, mientras que la parte "β(eutécticos)" está compuesta por un 96 % de Cu y un 4 % de Ag. Por su parte, la mezcla eutéctica al igual que en el caso anterior está compuesta por "α (eutécticos)" y "β(eutécticos)" y será también del 56,85%.

30. A la vista del diagrama de equilibrio de fases simplificado de la aleación de dos metales A y B:
a) Indique el número de constituyentes de las diferentes zonas y el número de fases.
b) La línea discontinua se corresponde con una aleación con un 15% de B, describa el proceso que sigue su enfriamiento desde los 350 ºC hasta la temperatura ambiente.
c) Calcule la proporción de las fases y su composición presentes en una aleación con un 40 % de B a 200 ºC.
d) ¿Cuál será la composición de los cristales de "α" eutécticos y de "β" eutécticos, en una aleación con un 40 % de B a 100 ºC.

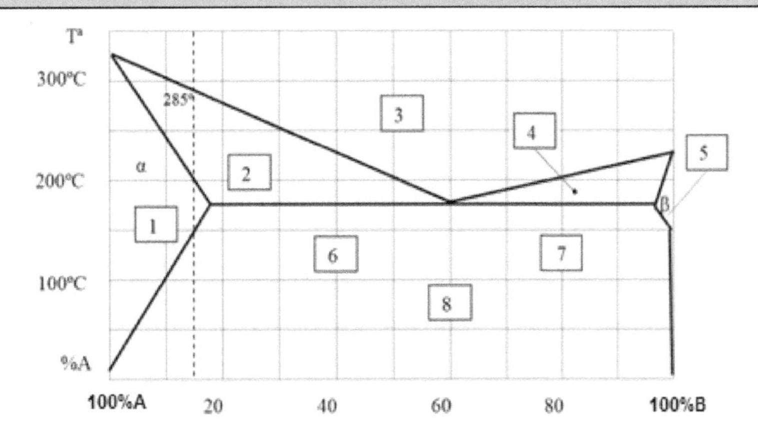

a) Constituyentes y fases:

Zona	1	2	3	4	5	6	7	8
Constituyentes	1	2	1	2	1	2	2	1
Fases	1(α)	2(L+ α)	1(L)	2(L+ β)	1(β)	3(α+ME)	3(β+ME)	2(ME)

b) Entre 350º-285º(Líquido); Entre 285º-200º (Líquido+Sólido α;); Entre 200º-150º (Sólido α); Entre 150º-0º (Sólido α+Mezcla eutéctica).

c) Aplicando la regla de la regla de la palanca para 200ºC obtenemos el porcentaje de cristales:

$$\omega_L = \frac{40-15}{50-15} \times 100 = 71{,}42\%$$

$$\omega_\alpha = 100 - 71{,}42 = 28{,}58\% \, (\text{Preutécticos})$$

La parte líquida "L" está compuesta a su vez de un 50% de A y de un 50% de B, mientras que la parte sólida "α" está compuesta de un 85% de A y de un 15% de B.

d) Aplicando la regla de la palanca para 175ºC+ΔT obtenemos el porcentaje de cristales de "α" proeutécticos o primarios que tenemos:

$$\omega_\alpha = \frac{60-40}{60-17{,}5} \times 100 = 47\% \, (\text{Preutécticos})$$

Aplicando ahora la regla de la palanca para 100ºC obtenemos:

$$\omega_\alpha(Total) = \frac{99-40}{99-10} \times 100 = 66{,}3\% \Rightarrow \omega_\alpha(Eutécticos) = 66{,}3\% - 47\% = 19{,}3\%$$

$$\%ME = 100\% - 47\% = 53\%$$

$$\omega_\beta(Eutécticos) = 100\% - 66{,}3\% = 53\% - 19{,}3\% = 33{,}7\%$$

Por tanto la mezcla eutéctica (53%) estará formada por un 19,3% de cristales de "α" eutécticos y un 33,7% de cristales de "β" eutécticos. En este caso los cristales de "α" eutécticos estarán formados por un 10% de B y un 90% de A, mientras que los de "β" eutécticos estarán formados por un 99% de B y un 1% de A.

Comprobación: 19,3×0,1B+33,7×0,99B+19,3×0,9ª+33,7×0,01ª=53%

31. A partir del diagrama Hierro-Carbono que se indica a continuación, contesta a las siguientes preguntas:
a) Enumera los puntos más significativos del diagrama Fe-C e indícalos sobre el diagrama.
b) Enumera los constituyentes más importantes de las aleaciones Fe-C y sus principales características. (Indícalos en el diagrama).

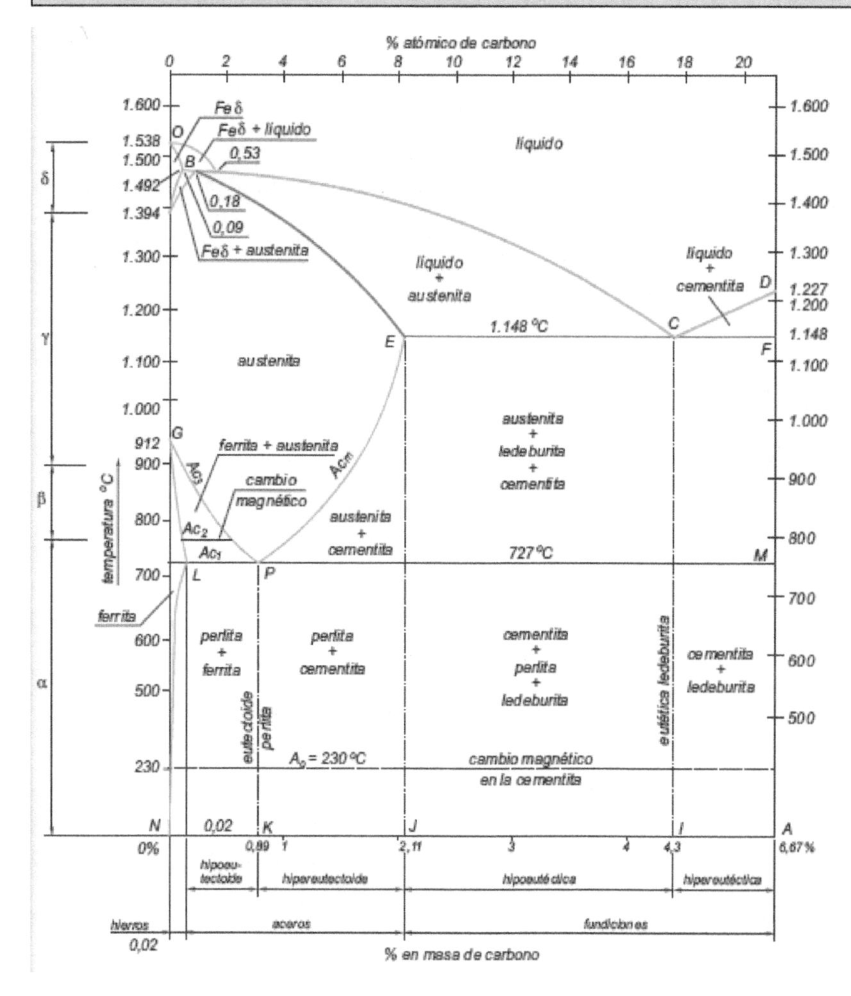

a) Puntos más significativos:
- Punto eutéctico "C" (4,3%C): marca la formación de la *ledeburita* y es la aleación de punto de fusión más bajo (1.148 ºC). Al ser un eutéctico, toda la masa de la aleación funde o solidifica a una misma temperatura, en lugar de hacerlo a dos temperaturas como sucede con otras aleaciones Fe-C con distinto contenido de *carbono*.
- Punto eutectoide "P" (0,89%C): este punto es análogo al punto anterior "C", pero aquí la transformación no se produce de sólido a líquido o viceversa, sino que hay un cambio de fases pero siempre en estado sólido. Toda la masa de *austenita* de un acero de composición eutecoide se transforma íntegramente en *perlita* al pasar por este punto.
- Punto "E" (2,11%C): divide las aleaciones Fe-C en aceros y fundiciones.

b) Los constituyentes más importantes de las aleaciones Fe-C son:
- *Ferrita (α)*: solución sólida de *carbono* en hierro alfa, con una solubilidad máxima de 0,02%C a 727 ºC, por lo que prácticamente se le considera hierro puro. Es el constituyente más blando y maleable de los aceros y presenta buenas propiedades magnéticas. Cristaliza según una red BCC (cúbica centrada en el cuerpo).
- *Cementita (Fe_3C)*: contiene un 6,67%C (93,33% Fe) y por tanto es el constituyente más duro y frágil de los aceros y de las fundiciones, por lo que prácticamente carece de alargamiento y resiliencia. A bajas temperaturas es magnética y pierde esta propiedad a unos 230 ºC.
- *Perlita*: está formada por una mezcla eutectoide de dos fases (*ferrita* y *cementita)* y se forma por debajo de 727ºC.
- *Austenita (γ)*: solución sólida de carbono en hierro γ, con una solubilidad máxima de 2,11%C a 1148 ºC, lo cual le convierte en el constituyente más denso de los aceros. En las aleaciones Fe-C la *austenita* sólo es estable a temperaturas superiores a 727 ºC, aunque a veces en ciertos aceros aleados (p. e. 18%Cr y 8%Ni) puede estabilizarse a temperatura ambiente y formar aceros austeníticos.
- *Ledeburita*: es un constituyente de las fundiciones y es una aleación eutéctica formada por *austenita* y *Cementita* que se produce por debajo de 1148ºC.
- *Martensita*: se obtiene por enfriamiento muy rápido de un acero austenizado, con una proporción máxima de 0,89%C; es decir, es necesario calentar el acero por encima de 912 ºC y enfriarlo rápidamente (*temple*). Es el constituyente más duro de los aceros y presenta forma de agujas visibles al microscopio.
- *Bainita*: al igual que la *martensita* se obtiene a partir de la *austenita* mediante transformación isotérmica. En este caso el acero austenizado se enfría rápidamente (en baños de sales por ejemplo) hasta una temperatura comprendida entre 250-550 ºC, manteniéndolo un tiempo suficiente para conseguir la transformación de la *austenita* en *bainita.*

32. A partir del diagrama Hierro-Carbono anterior, contesta a las siguientes preguntas:
a) Porcentaje máximo de solubilidad de C en Feγ (austenita) y temperatura a la que se produce.
b) Temperaturas máximas de solidificación del hierro puro y de la ledeburita (eutéctico).
c) Porcentaje de fases (ferrita y cementita) que componen el eutectoide (perlita). Indica la temperatura a la que se forma el eutectoide.
d) Porcentaje de constituyentes (ferrita y perlita) de un acero con un 0,5% de C a la temperatura ambiente.
e) Porcentaje de austenita y cementita que contiene la ledeburita y su composición.

a) El porcentaje máximo de carbono será del 2,11% a 1.148ºC

b) El hierro puro solidifica a 1.500ºC y la ledeburita a 1.148ºC.

c) La perlita está formada por una mezcla eutectoide de dos fases, *ferrita* (α) y *cementita* (Fe_3C) y se forma a 727ºC:

$$\omega_\alpha = \frac{6{,}67-0{,}89}{6{,}67-0{,}02}\times 100 = 87\%\ (0{,}02C,\ 99{,}98Fe)$$

$$\omega_{Fe_3C} = 13\%\ (6{,}67C,\ 93{,}33Fe)$$

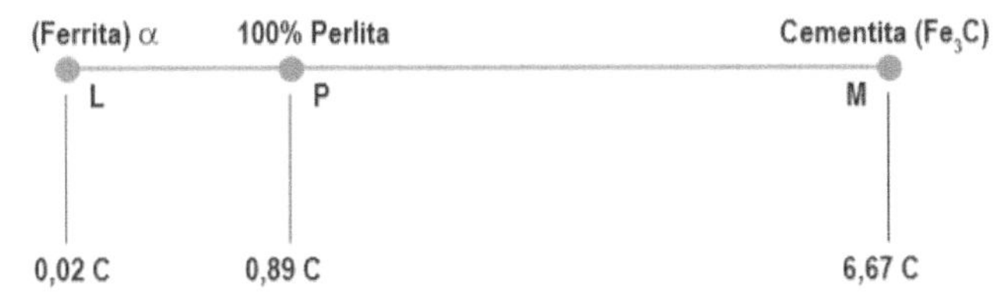

d) A la temperatura ambiente, para un acero con un 0,5% de carbono tenemos:

$$\omega_{\alpha} = \frac{0{,}89 - 0{,}5}{0{,}89 - 0{,}02} \times 100 = 45\%$$

$$\omega_{Perlita} = 55\%$$

e) La composición de la ledeburita pura será:

$$\%\,\gamma = \frac{6{,}67 - 4{,}3}{6{,}67 - 2{,}11} \times 100 = 52\%\ (2{,}11C,\ 98{,}89Fe)$$

$$\%\,Fe_3C = 48\%\ (6{,}67C,\ 93{,}37Fe)$$

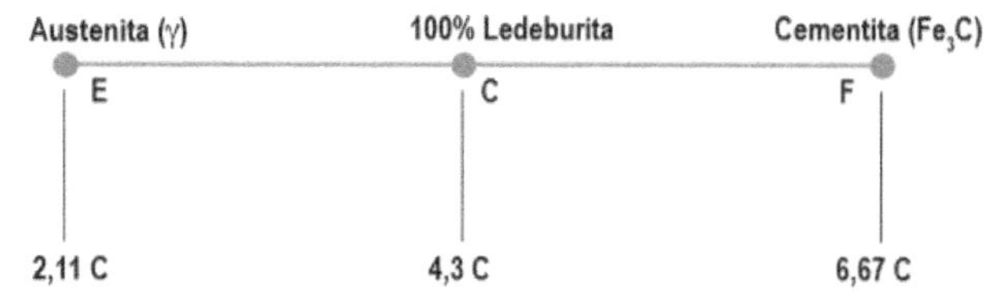

33. Un acero hipoeutectoide (0,4%C) se enfría lentamente desde 970 ºC hasta la temperatura ambiente. Calcula a partir del diagrama Hierro-Carbono simplificado:

a) La cantidad de *austenita (γ)* para 970ºC y su composición.

b) Las fracciones de *austenita (γ)* y *ferrita (α)* proeutectoide que contendrá dicho acero cuando se halle a una temperatura justo por encima de la eutectoiude (727+ΔT).

c) Las fracciones de *ferrita (α)* y *cementita (Fe_3C)* que contendrá el acero cuando se halle a una temperatura justo por debajo de la eutectoiude (727-ΔT).

d) Las cantidades de *ferrita* eutectoide (secundaria) que contendrá la *perlita* a una temperatura justo por debajo de la eutectoiude (727-ΔT).

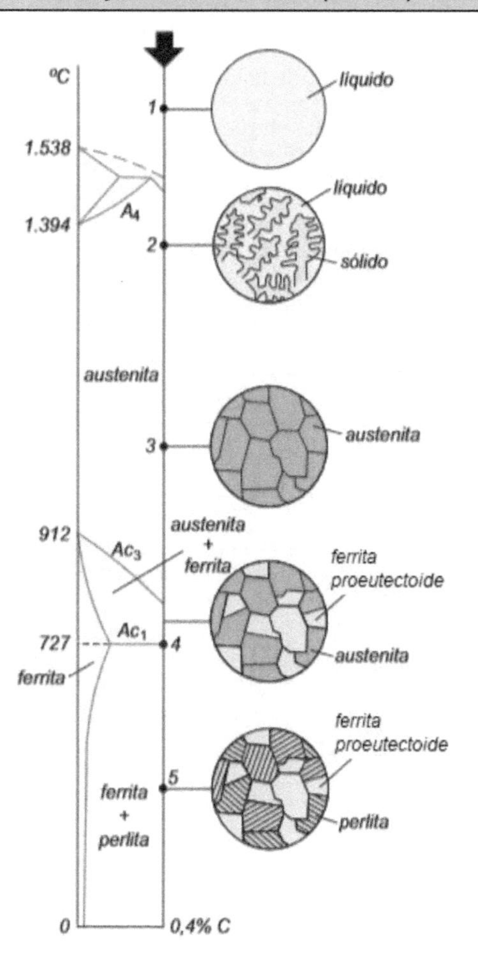

a) Para 970ºC tendremos un 100% de austenita (γ) de composición 0,4%C y 99,6% de Fe.

b) Aplicando la regla de la palanca para 727+ΔT:

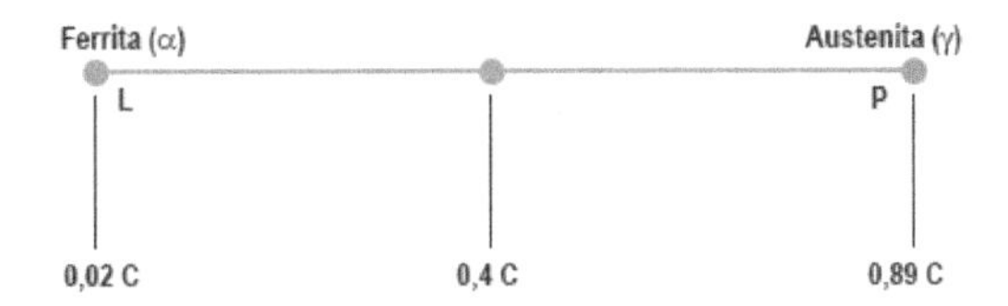

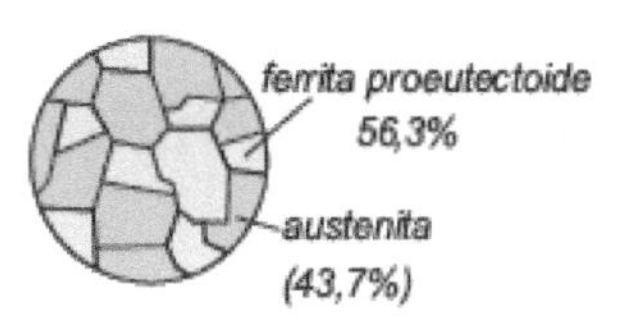

$$Ferrita(\alpha) = \frac{0{,}89 - 0{,}4}{0{,}89 - 0{,}02} \times 100 = 56{,}3\% \ (Proeutectoide) \ con \ 0{,}02\%C \ y \ 99{,}98\%Fe$$

$$Austenita(43{,}7\%) \ con \ 0{,}89\%C \ y \ 99{,}1\%Fe$$

c) Para 727-ΔT tenemos:

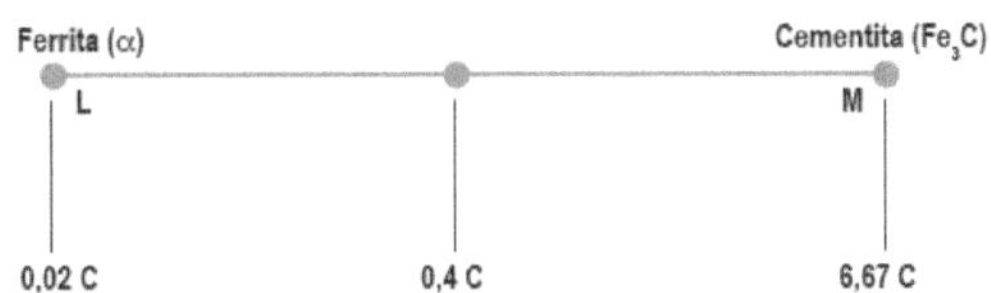

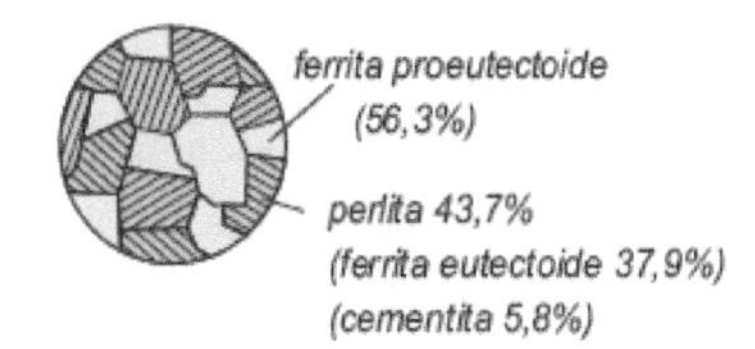

$$Ferrita\,(total) = \frac{6{,}67 - 0{,}4}{6{,}67 - 0{,}02} \times 100 = 94{,}2\% \ \ con \ 0{,}02\%C \ y \ 99{,}98\%Fe$$

$$Cementita(5{,}8\%) \ con \ 6{,}67\%C \ y \ 93{,}33\%Fe$$

d) Teniendo en cuenta que la "austenita" se transforma en "perlita" y que la cantidad total de ferrita es del 94,2%, la cantidad de ferrita eutectoide que contiene la perlita la obtenemos restando el 94,2% total menos el 56,3% de ferrita proeutectoide (primaria): 37,9%.

34. Un acero hipereutectoide (1,2% C) se enfría lentamente desde 970 ºC hasta la temperatura ambiente. Calcula:

a) Las fracciones de austenita (g) y Cementita (Fe_3C) proeutectoide que contendrá dicho acero cuando se halle a una temperatura justo por encima de la eutectoide (727 + ΔT).

b) Las fracciones de ferrita (α) y cementita (Fe_3C) que contendrá el acero cuando se halle a una temperatura justo por debajo de la eutectoide (727 - ΔT).

c) La cantidad de cementita eutectoide que contendrá la perlita a una temperatura justo por debajo de la eutectoide (727 - ΔT).

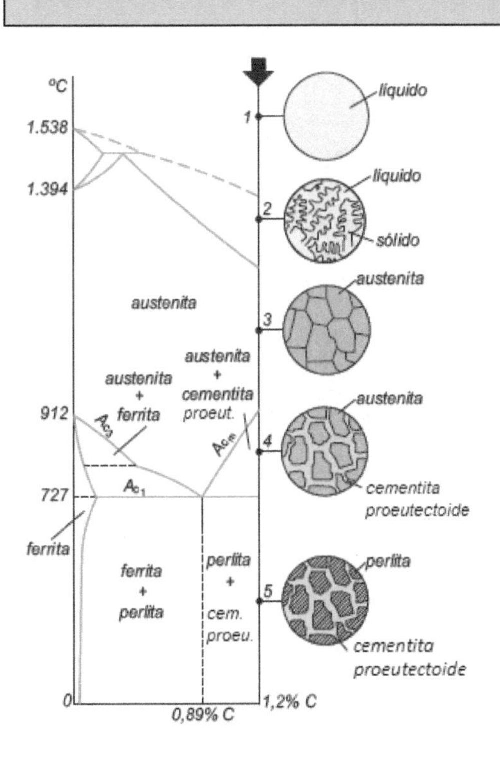

a) Aplicando la regla de la palanca para 727 + ΔT tenemos:

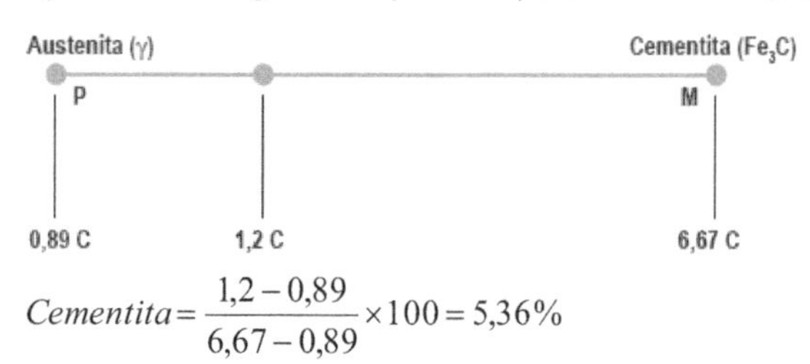

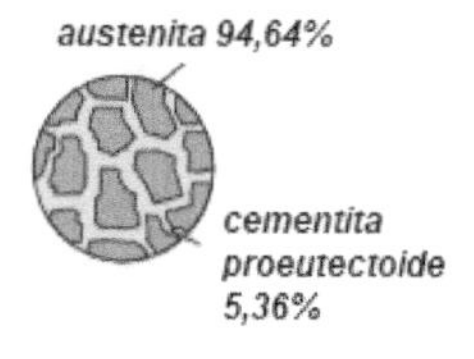

$$Cementita = \frac{1{,}2 - 0{,}89}{6{,}67 - 0{,}89} \times 100 = 5{,}36\%$$

$$Austenita\ (\gamma) = 94{,}64\%$$

Téngase en cuenta que la austenita (γ), por debajo de la línea eutéctica se transforma en perlita (ferrita + cementita).

b) Para 727 - ΔT calculamos las cantidades totales de ferrita y de cementita:

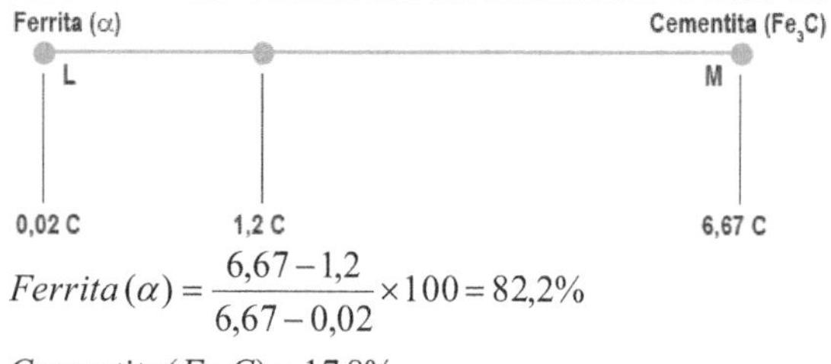

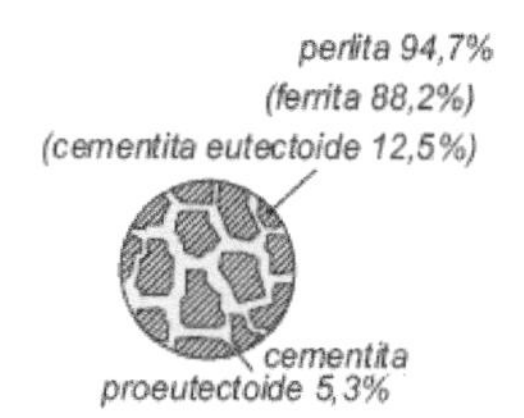

$$Ferrita(\alpha) = \frac{6{,}67 - 1{,}2}{6{,}67 - 0{,}02} \times 100 = 82{,}2\%$$

$$Cementita(Fe_3C) = 17{,}8\%$$

c) Teniendo en cuenta que la cantidad total de cementita es del 17,8% y que la cantidad de cementita proeutectoide es del 5,3%, la cantidad de cementita eutectoide que contiene la perlita será por tanto del 12,5%; es decir:
Fe_3C(eutectoide)= Fe_3C(total)- Fe_3C(proeutectoide)=17,8-5,3=12,5%
Fe_3C(eutectoide)= Perlita(total)- Ferrita=94,7-82,2=12,5%

> 35. Una fundición de composición hipoeutéctica (3 %C) se enfría lentamente desde 1.200 ºC hasta la temperatura ambiente. Calcula a partir del diagrama Fe-C simplificado:
> a) El número de fases y su composición para una temperatura de (1.148+ΔT).
> b) Las fracciones de austenita (γ) y cementita (Fe_3C) que contendrá la aleación cuando se halle a una temperatura justo por debajo de la eutéctica (1.148-ΔT).
> c) Los distintos constituyentes que contendrá la fundición a una temperatura justo por encima de la eutectoide (727+ΔT).
> d) Los distintos constituyentes que contendrá la fundición cuando la fundición se halle a una temperatura justo por debajo de la eutectoide (727-ΔT).

a) Para una temperatura de (1.148+ΔT) tenemos una fase líquida (L) y otra sólida de austenita proeutéctica o primaria (γ) de composición:

$$\%\,Líquido = \frac{3 - 2{,}11}{4{,}3 - 2{,}11} \times 100 = 40{,}6\%\ (4{,}3\%C;\ 95{,}7\ \%Fe)$$

$$\%\ \gamma(proetéctica) = 59{,}4\%\ (2{,}11\%C;\ 97{,}89\ \%Fe)$$

NOTA: en este caso el 40,46% líquido se convertirá posteriormente en ledeburita.

b) A una temperatura justo por debajo de la eutéctica (1.148-ΔT) tendremos dos constituyentes: austenita primaria o proeutéctica, y ledeburita (austenita eutéctica y cementita eutéctica) de composición:

$$\%\,\gamma(total) = \frac{6{,}67 - 3}{6{,}67 - 2{,}11} \times 100 = 80{,}5\%$$

$$\left.\begin{array}{l} \%\,Fe_3C(eutéctica) = 19{,}5\% \\ \%\,\gamma(eutéctica) = 80{,}5 - 59{,}4 = 21{,}1\% \end{array}\right\} Ledeburita = 40{,}6\%$$

Por tanto tendremos dos constituyentes: ledeburita con dos fases (40,6%) y austenita proeutéctica (59,4%). Téngase en cuenta que las cementitas una vez que aparecen ya se mantienen hasta la temperatura ambiente.

c) A una temperatura justo por encima de la eutectoide (727+ΔT)

$$\% \gamma(total) = \frac{6{,}67-3}{6{,}67-0{,}89} \times 100 = 63{,}5\% \Rightarrow \% \gamma(proeutectoide) = 63{,}5\% - 21{,}1\% = 42{,}4\%$$

$$\% Fe_3C(total) = 36{,}5\% \Rightarrow \% Fe_3C(proeutectoide) = 36{,}5\% - 19{,}5\% = 17\%$$

Por tanto tendremos tres constituyentes: ledeburita (40,6%) que está compuesta de cementita eutéctica (19,5%) y austenita eutéctica (21,1%), y por otro lado tendremos cementita proeutectoide (17%) y austenita proeutectoide o secundaria (42,4%).
La cementita aparece ahora de dos formas: como cementita eutéctica (19,5%) que forma parte de la ledeburita y como cementita proeutectoide (17%).

d) A una temperatura por debajo de la eutectoide (727-ΔT) tendremos:

$$\% \alpha(total) = \frac{6{,}67-3}{6{,}67-0{,}02} \times 100 = 55{,}2\% \Rightarrow \% \gamma(proeutectoide) = 63{,}5\% - 21{,}1\% = 42{,}4\%$$

$$\% Fe_3C(total) = 44{,}8\% \Rightarrow \% Fe_3C(eutectoide) = 44{,}8\% - 19{,}5\% - 17\% = 8{,}3\%$$

Por tanto tendremos también tres constituyentes: perlita (63,5%) (formada a su vez por un 52,5% de ferrita eutéctoide y un 8,3% de cementita eutectoide), cementita proeutectoide (17%), más cementita eutéctica (19,5%).

36. Explica en qué consiste el tratamiento térmico del temple, cuales son los factores que influyen en él. y que tipos de temple existen fundamentalmente.

Consiste en calentar las piezas de acero ya conformadas en el mecanizado hasta una temperatura superior a la de austenización (unos 50ºC por encima de Ac_3 o de Ac_1 (según sean hipoeutectoides o hipereutectoides) l tens un determinado tiempo al objeto de transformar toda la masa en *austenita (γ-FCC),* seguido de un enfriamiento rápido (con velocidad superior a la crítica) lo que permite que toda la *austenita* se transforme en *martensita* e impidiendo de este modo la formación de *perlita* y/o *ferrita* que son más blandos. Esta temperatura es mayor para los aceros hipoeutectoides que para los hipereutectoides y con este tratamiento se consigue mejorar la *dureza, resistencia mecánica, elasticidad (disminuye), magnetismo, resistencia eléctrica*, etc. Ejemplos: herramientas de corte, brocas, sierras, cuchillos, rodamientos, engranajes, etc. Finalmente se enfría el sistema en un medio adecuado a una velocidad superior a la crítica de temple con objeto de obtener una estructura martensítica, y así mejorar la dureza y resistencia del acero tratado.
Se conoce como "velocidad crítica de temple" a la velocidad de enfriamiento mínima para que toda la masa de *austenita* se transforme en *martensita* (oscila entre 200-600 ºC/seg). La velocidad de enfriamiento también influye en el tamaño medio del grano, siendo éste tanto menor cuanto mayor haya sido la velocidad de enfriamiento.
Los factores que influyen en el temple son los siguientes:

- **Composición del acero**: a mayor contenido de carbono o de otros elementos si se trata de aceros aleados (Mo, Al, Si, W y V), menor velocidad de enfriamiento se necesita (menor tamaño del grano) y mayor dureza y profundidad de temple se consigue. El acero tiene capacidad de ser templado si contiene más de un 0,2% de carbono y además tiene más templabilidad el acero de grano grueso que el fino.
- **Temperatura de temple**: los aceros hipoeutectoides será necesario calentarlos por encima de Ac3+50 ºC ya que el producto preutectoide es más blando (ferrita), mientras que los aceros hipereutectoides bastará con hacerlo por encina de Ac1+50 ºC ya que la *cementita proeutectoide* que contienen en este caso es más dura.
- **Tiempo de calentamiento**: depende del tamaño de la muestra (pieza) ya que si el tiempo es corto no se produce la austenización completa de la pieza, y si es excesivo, se puede producir un grano grueso que empobrece el temple.
- **Velocidad de enfriamiento**: debe ser superior a la crítica para impedir que se produzcan otras transformaciones indeseables de la *austenita* y conseguir así la máxima dureza. Por su parte, la velocidad de enfriamiento depende a su vez de la temperatura de temple, del medio refrigerante y de las dimensiones de la pieza. Así mientras el calentamiento se hace en hornos especiales, el enfriamiento se puede hacer empleando: agua, aceites, sales fundidas minerales, soluciones salinas, aire, etc.
- **Características del medio donde se realiza el temple y tamaño de la pieza**: cuanto más espesor tenga la pieza más hay que aumentar el tiempo de duración del proceso de calentamiento y de enfriamiento.

37. Indica los tipos de temple que existen y a qué tipo de aceros se aplican fundamentalmente.

Existen varios tipos de temple entre los que podemos destacar (ver figura siguiente):

- **Temple continuo de austenización completa**: se aplica en aceros hipoeutectoides, calentando el material (*ferrita+perlita*) hasta Ac3+50 ºC, seguido de un enfriamiento rápido hasta conseguir un único constituyente: la *martensita*.
- **Temple continuo de austenización incompleta**: se aplica en aceros hipereutectoides, calentando el material (*perlita+cementita*) hasta Ac1+50 ºC transformando la perlita en austenita y dejando la

cementita intacta (es más dura). Se enfría posteriormente a temperatura superior a la crítica, con lo que la estructura resultante es *martensita y cementita*.

- **Temple bainitico (austempering)**: consiste igualmente en calentar la pieza de acero hasta la austenización completa y se sumerge en un baño de sales hasta una temperatura superior a "Ms", donde se mantiene (isotérmicamente a 250-550ºC) un tiempo determinado (entre 0,5 y 1,5 horas) con el fin de homogeneizar la temperatura en toda la pieza hasta que se transforma totalmente en *bainita*. Posteriormente se saca del baño y se enfría al aire hasta la temperatura ambiente. Se utiliza para piezas como engranajes, ejes, y en general, partes sometidas a fuerte desgaste que también tienen que soportar cargas. Recuerda que " Ms y Mf" son las temperaturas a las cuales comienza_y finaliza la transformación de *austenita* en *martensita* durante el enfriamiento. Se aplica a los aceros hipoeutectoides con un contenido de carbono alto y con él se pretende dotar a los aceros de menor dureza que con los anteriores pero mayor tenacidad y resistencia al desgaste (engranajes).
- **Temple escalonado martensítico (martempering)**: se aplica también a los aceros hipoeutectoides y consiste en calentar la pieza hasta la austenización completa, seguido de un enfriamiento interrumpido que se realiza normalmente en baños de sal fundida, a una temperatura justo por encima de la temperatura de formación de martensita (Ms), donde se mantiene (entre 200-400ºC) un pequeño tiempo (unos minutos) con el fin de homogeneizar la temperatura en toda la pieza, pero sin que comience a transformarse la austenita. Posteriormente se saca del baño y se enfría al aire hasta la temperatura ambiente para que toda la pieza se transforme durante el enfriamiento en *martensita homogénea*. Se utiliza principalmente para minimizar la distorsión y eliminar la formación de grietas. Los aceros aleados son generalmente más adaptables al temple martensítico (hojas de sierra).
- **Temple superficial**: se calienta rápida y superficialmente el material de forma que solo una capa delgada (entre 1 y 3 mm) alcanza la temperatura de transformación austenítica; a continuación de enfría rápidamente de forma que el núcleo permanece inalterable y la superficie martensítica se transforma en dura y resistente. El calentamiento se puede hacer por medio de soplete o por inducción eléctrica.

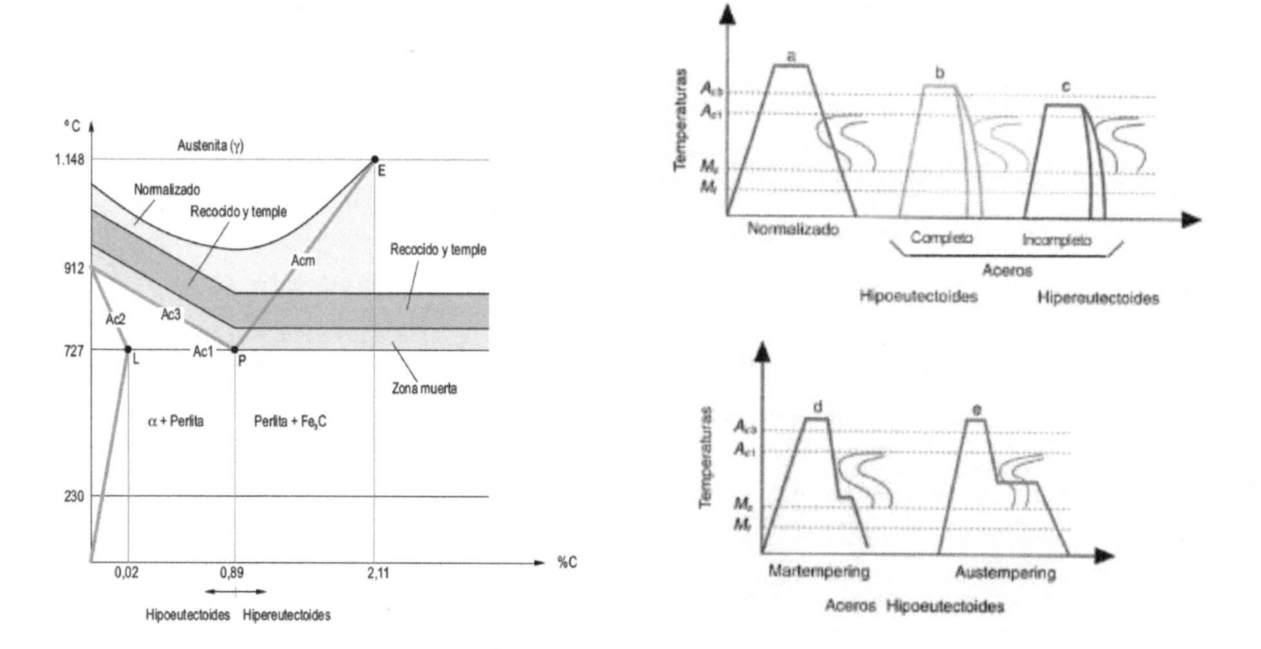

En la figura siguiente se muestran las curvas TTT (Temperatura, Tiempo, Transformación) para un acero hipereutectoide, las cuales reflejan la temperatura y el tiempo que abarca la transformación desde que se inicia hasta que se completa, así como el tipo de estructura obtenida en función de la velocidad de enfriamiento.

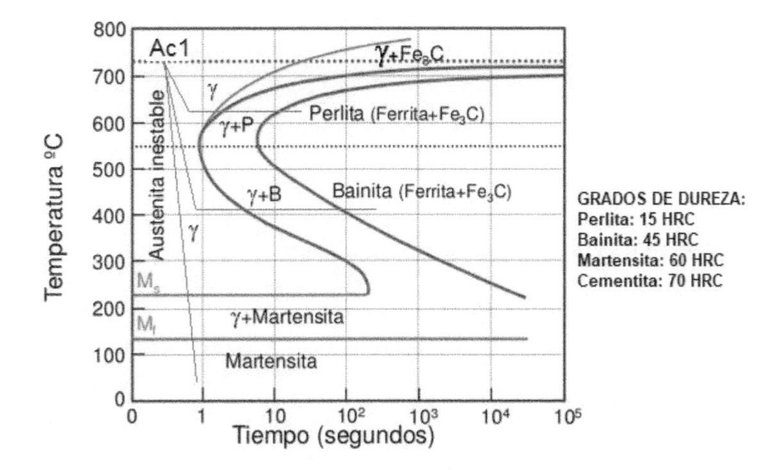

> 38. Indica los principales tipos de tratamientos térmicos que existen además del temple y sus principales características.

Además del temple tenemos los siguientes tratamientos térmicos:

a) Recocido: significa *"ablandamiento por calor"* y consiste en calentar la pieza de acero entre 15 y 45 ºC por encima de Ac3 para los aceros hipoeutectoides y de Ac1 para los hipereutectoides, mantenerla un tiempo a esa temperatura y enfriarla lentamente (por lo general se apaga el horno y se deja que el material enfríe en su interior). De esta forma la velocidad de enfriamiento no es muy elevada como para formar *martensita*, y lo que se obtiene es *perlita+ ferrita* de grano fino en el caso de los aceros hipoeutectoides o *perlita+cementita* de grano fino en el caso de los hipereutectoides. El recocido se aplica al acero para ablandarlo y proporcionarle la tenacidad, ductilidad y maleabilidad suficientes para conformarlo plásticamente, facilitando el mecanizado de las piezas (aumenta la elasticidad y la tenacidad y disminuye la dureza) al homogeneizar la estructura y afinar el grano. Los factores de que depende el recocido son básicamente tres: temperatura de calentamiento, tiempo de calentamiento y velocidad de enfriamiento. Se aplica para eliminar los defectos del conformado en frío; es decir, para ablandar y ductilizar un material agrio, como por ejemplo en la fabricación de alambre negro recocido, en tubos de acero inoxidable o en el estampado del latón por ejemplo.
Cuando las piezas son de poco espesor se pueden introducir directamente en el horno a una temperatura entre 750 y 850ºC, mientras que si son más gruesas el calentamiento debe ser progresivo y uniforme. El tiempo de permanencia oscila aproximadamente entre media hora y una hora por cada pulgada de espesor de la pieza.

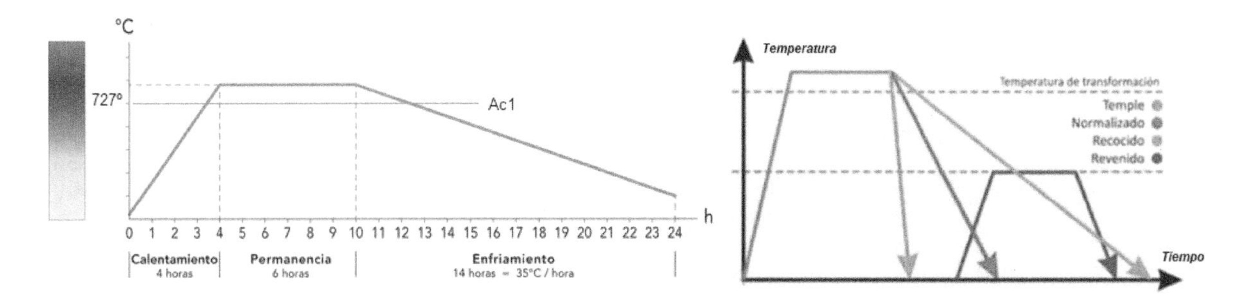

b) Normalizado: consiste en calentar el acero entre 20 y 40 ºC por encima de la temperatura crítica de transformación superior (Ac3 para los aceros hipoeutectoides y de Ac1 para los hipereutectoides), seguido de un enfriamiento al aire hasta la temperatura ambiente, dando lugar a la recristalización y afino de la perlita. Con este tratamiento se elimina la estructura demasiado gruesa del grano y se origina una nueva de grano fino (*o refinada*), ya que al no ser muy elevada la velocidad de enfriamiento en lugar de formarse *martensita* lo que se obtiene es *perlita+ ferrita* de grano fino en el caso de los aceros hipoeutectoides o *perlita+cementita* de grano fino en el caso de los hipereutectoides.
El objetivo que se pretende con este tratamiento es volver al acero a su estado *"normal"*, y se suele aplicar a los aceros que se han deformado plásticamente por laminación o forja (tienen una microestructura perlítica de grano fino) con el fin regenerar la estructura del material (afinar el tamaño del grano), eliminar tensiones internas y preparar el material para un mecanizado posterior. Para afinar el grano bastará con calentar la pieza a una temperatura lo más justo por encima de la crítica y luego enfriar más o menos rápidamente al aire. Este tratamiento se considera como un temple parcial, ya que en menor medida aumenta la dureza del material, consiguiendo una estructura interna del acero más uniforme y aumentando la tenacidad.

c) Revenido: es un tratamiento que se suele aplicar a los aceros después de ser templados para disminuir la fragilidad y las tensiones internas e incrementar la ductilidad. Consiste en calentar gradual y uniformemente las piezas en un horno después de templadas hasta una temperatura inferior a la crítica (Ac1), seguido de un enfriamiento más bien lento (al aire o al aceite) con el fin de que la martensita del temple se transforme en una estructura más estable (martensita revenida BCC).
Su efecto depende de la temperatura de calentamiento, del tiempo de permanencia en ella y de la estructura de la pieza (generalmente *martensita*). Con este tratamiento conseguimos disminuir la dureza (ya que se destruye parte del temple porque se reduce la cantidad de carbono) y la resistencia mecánica y por el contrario aumentar la tenacidad y la plasticidad de la pieza. El revenido reduce por tanto la dureza del material y aumenta la solidez, de manera que permite adaptar propiedades de los materiales (relación dureza/resistencia) para una aplicación específica, según la temperatura de calentamiento alcanzada (entre 200 y 500 ºC) y el tiempo (2horas). Ejemplos: matrices y punzones para prensar, moldes para plásticos, etc.

39. Explica en qué consisten los tratamientos termoquímicos y explica los principales tipos.

Son operaciones de calentamiento y enfriamiento de los aceros, durante los cuales se modifica la composición química del material, adicionando al mismo tiempo otros elementos para mejorar sus propiedades superficiales tales como la dureza, la resistencia a la corrosión, al desgaste y a los esfuerzos de fatiga. Los principales son:
a) Cementación con carbono: Se aplica en piezas de acero con un bajo contenido en *carbono* (<0,25%), sometidas a desgaste y a golpes que trabajan en condiciones de contacto bajo la acción de una carga (ejes, levas, engranajes, cadenas, cigüeñales, etc.), con el fin de alcanzar mayor dureza superficial, conservando al mismo tiempo la tenacidad de su núcleo. Para la cementación en *medio sólido*, las piezas limpias y libres de óxido se sumergen (dentro de una caja permanente) en una mezcla cementante (carbón vegetal y carbón de coque), y ésta a su vez se introduce en un horno a la temperatura de 900-950 ºC aproximadamente. De esta forma al austenizar la pieza el carbono se difunde por la superficie de la misma y en función del tiempo de exposición y de la temperatura varía el espesor a conseguir (a razón de 0,1 mm por cada hora de exposición); téngase en cuenta que cuanto menos carbono contenga el acero mayor debe ser la temperatura de calentamiento.
Si la cementación se hace en *medio gaseoso*, se inyecta como gas cementante algún hidrocarburo saturado tales como metano, butano, propano y otros. Al calentar a unos 900 ºC y 1000 ºC aproximadamente, se desprende el carbono elemental que cementa el acero (por ejemplo al calentar metano).

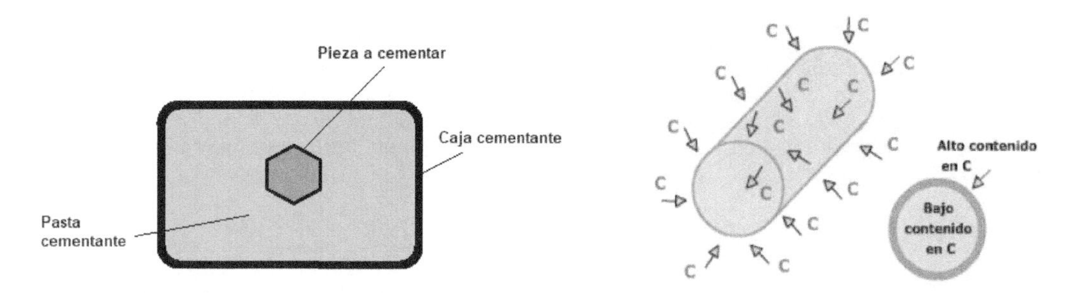

b) Nitruración: es igualmente un tratamiento de endurecimiento superficial aplicado a ciertos aceros aleados que contienen además otros elementos como cromo, aluminio, vanadio, molibdeno, etc. Dicho tratamiento se efectúa también en hornos especiales eléctricos exponiendo las piezas a una corriente gaseosa de amoniaco ($2NH_3$) a una temperatura de 450 a 650 ºC. Durante la nitruración, la pieza sometida ve aumentada su dureza superficial mediante el aporte de *nitrógeno* a la misma en una atmósfera nitrurante, principalmente compuesta de vapores de amoníaco descompuesto en nitrógeno e hidrógeno. El objetivo de la nitruración de los aceros es elevar la resistencia al desgaste y a la corrosión de la capa superficial de las piezas saturándolas con nitrógeno. Se utilizan para endurecer piezas sometidas a permanente fricción, golpes y vibraciones a temperaturas de trabajo altas como camisas de cilindros, herramientas de corte, camisas de cilindros, etc. La penetración de este tratamiento es muy lenta, del orden de un milímetro de espesor por cada 100 horas de duración, aunque después de esto, la pieza no precisará de temple. También puede ser líquida introduciendo las piezas en un baño de sales (entre 500 y 575ºC) fundidas compuestas por cianuros y cianatos.

c) Cianuración: se trata un mezcla de los dos anteriores ya que consiste en endurecer la superficie de las piezas de acero a través de una capa superficial rica en *carbono* (cementación) y en *nitrógeno* (nitruración) con el fin de aumentar también la resistencia al desgaste. Las piezas a tratar se introducen en un baño líquido (mezcla de *cloruro de cianuro* y *carbonato sódico*) a una temperatura entre 750-900 ºC y en presencia de oxígeno del aire. Una vez que se consigue la capa adecuada en función del tiempo de exposición, es conveniente darle un temple superficial para aumentar su dureza, enfriándolo para ello rápidamente en agua o en un baño de sales. Se utiliza en herramientas de corte para mecanizado de torno y fresa por ejemplo o en matrices de extrusión y de inyección.

d) Sulfinización: permite incorporar una capa superficial de *carbono*, *nitrógeno* y en especial *azufre*, a los aceros, a las aleaciones férricas y al *cobre*. El objetivo además mejorar las propiedades mecánicas, es mejorar también su comportamiento frente al mecanizado. Se realiza en piezas ya terminadas y consiste en elevar la temperatura de la pieza a 575 ºC aproximadamente en un baño de sales que ceden carbono, nitrógeno y azufre. Se utiliza en aceros con bajo contenido de carbono, donde la viruta no se corta sino que se deforma. Después de este proceso las dimensiones de la pieza aumentan ligeramente, aumentando la resistencia al desgaste y favoreciendo la lubricación.

40. Explica en qué consisten los tratamientos mecánicos de los metales y explica los principales tipos.

Son operaciones de deformación del material, que permiten mediante esfuerzos mecánicos, mejorar su estructura interna al eliminar fisuras (cavidades) y tensiones internas. Se aplican fundamentalmente a los aceros y los más importantes son:
a) Laminación: consiste en hacer pasar un material (lingote) entre dos rodillos o cilindros que giran a la misma velocidad en sentidos contrarios y reducir la sección transversal mediante la presión ejercida por éstos. Para ello se debe calentar previamente el material antes de que éste sufra una serie de pasadas por varios rodillos, para posteriormente cortar el material y finalmente enfriarlo.

b) Forja: es un proceso que modifica la forma de los metales por la deformación plástica producida por presión o impacto. Dicha deformación controlada del metal se produce en caliente (1250 ºC) y mejora notablemente sus propiedades mecánicas. Al calentar la pieza es importante conseguir la uniformidad de temperatura en toda la pieza, ya que si el núcleo está más frío, pueden aparecer roturas internas al no tener la misma plasticidad que la superficie. Se puede hacer con martillo, golpeando la pieza calentada sobre un yunque hasta conseguir la forma deseada o con una presa hidráulica formada por un yunque superior y otro inferior entre los cuales se sitúa la pieza.

También existe la forja por estampación, donde la fluencia del material queda limitada a la cavidad de la estampa. En este caso el material se coloca entre dos matrices que tienen los huecos gravados con la forma de la pieza final a conseguir. El proceso de estampación termina cuando las dos matrices llegan a ponerse casi en contacto y se puede realizar en frío y en caliente (1000 ºC).

c) Moldeo: consiste en verter o colar el acero o la fundición en un molde hueco, cuya forma reproduce la forma deseada de la pieza a obtener. Consta de los siguientes pasos: construcción del molde, colada del acero en dicho molde, desmoldeo de la pieza, limpieza de la pieza y tratamiento térmico posterior. Los moldes suelen ser metálicos o de arena.

d) Extrusión: es un procedimiento de conformación por deformación plástica, que consiste en moldear el acero mediante una prensa, en caliente o frío, por compresión en un recipiente obturado en un extremo con una matriz o hilera que presenta un orificio con las dimensiones aproximadas del producto que se desea obtener y por el otro extremo un disco macizo, llamado disco de presión (émbolo). El metal expulsado o extruido toma la forma del orificio de la matriz, donde el émbolo está sobre el lingote en el lado opuesto a la matriz y el metal es empujado hacia ésta por el movimiento del émbolo.

41. Explica en qué consisten los tratamientos superficiales de los metales y explica los principales tipos.

Permiten mejorar la superficie del material sin alterar su composición química. Cualquier tratamiento de este tipo requiere que la superficie a tratar se someta previamente a un proceso de decapado, pulido y desengrasado. Los más comunes son:

a) Cromado: se deposita *cromo* sobre la superficie del material a proteger con el fin de aumentar además de su dureza superficial, su resistencia al desgaste, al rayado y a la corrosión. Se suele hacer por electrolisis en un medio ácido. El cromo se adhiere bien al acero, al cobre y al níquel pero no al cinc ni tampoco a la fundición.

b) Metalización: se proyecta con una pistola sobre la superficie en cuestión, metal fundido pulverizado (*oxígeno+acetileno+polvo metálico*)

c) Recubrimientos por inmersión: la pieza se somete en un baño de metal fundido durante un tiempo, hablando entonces de galvanizado (*cinc*) y estañado (*estaño*). Los recubrimientos también se pueden hacer con productos orgánicos (pinturas y lacas) o con inorgánicos como el vidrio fundido.

d) Electrolisis (galvanizado): controlando el tiempo de inmersión y la intensidad de corriente (I) en función del número de piezas a revestir y del tamaño de éstas, se puede controlar la cantidad de metal depositado sobre ellas. En este caso, el metal protector (Zn) se utiliza como ánodo (+) y el metal a proteger como cátodo (-), empleando como electrolito una solución del metal que se ha de depositar en forma de sulfatos (en este caso *sulfato de cinc*). Por este procedimiento se realiza el cromado, cobreado, niquelado, cincado, etc. Ver figura siguiente.

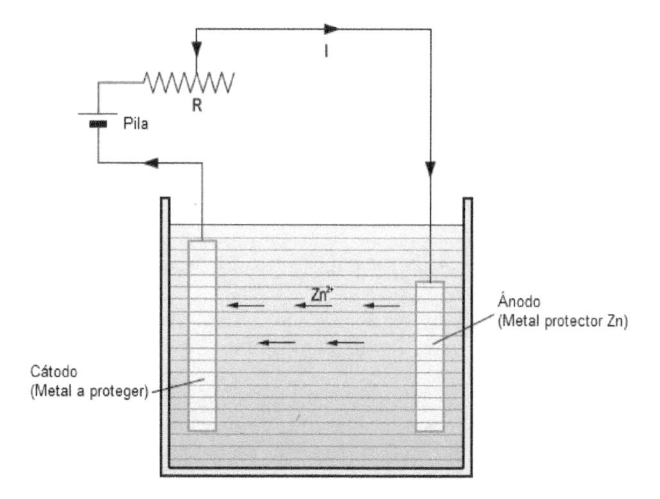

42. Define el fenómeno de la oxidación de los metales y explica cómo se produce.

La oxidación es una reacción de un material con el ambiente, pero en ausencia de líquido; es decir, es una reacción de un material con el oxígeno. Básicamente es una reacción química en la que el elemento que se oxida (metal) cede electrones al elemento oxidante. Normalmente, son los metales los que ceden electrones y el oxígeno el que los recibe. Se forma así una capa de óxido que se deposita sobre la superficie del metal e impide que el oxígeno penetre en el metal y siga oxidándolo. En muchos materiales, a temperatura ambiente, este proceso es muy lento y no ocasiona problemas, pero sí a temperaturas altas.

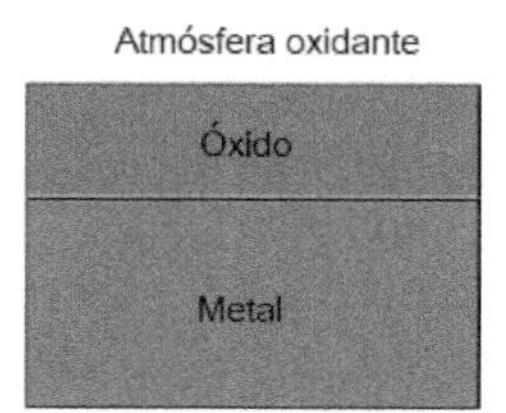

43. Explica el fenómeno de la corrosión e indica los principales tipos de corrosión que existen.

La corrosión también es una reacción de un material con su ambiente pero en presencia de una solución líquida como consecuencia del ataque electroquímico y consiste igualmente en la reacción de un metal con el oxígeno o con otros elementos. Basta solamente con la humedad ambiental por ejemplo, que forma en los materiales una pequeña capa. Hay muchos tipos de corrosión. En el caso de los metales, el metal pasa a su estado oxidado y se disuelve en la solución (en el líquido que se dio la reacción) es decir que se va perdiendo material. La corrosión se produce por alguno de los siguientes efectos: por ataque químico de sustancias corrosivas, por reacciones galvánicas entre metales de distinta electronegatividad en contacto con un electrolito conductor, por reacción con el oxígeno del aire en presencia de humedad, etc.
Los principales tipos de corrosión son:
a) Corrosión uniforme: actúa sobre toda la superficie del material expuesta a la corrosión, disminuyendo su sección de forma gradual. Se puede controlar por medio de recubrimientos.

b) Corrosión galvánica: tiene lugar cuando dos metales con potenciales distintos, que están en contacto con un electrolito (agua, aire húmedo, etc.) se ponen a su vez en contacto entre sí. En este caso, los materiales que tienen potenciales más electronegativos, tendrán mayor facilidad a la corrosión, por lo que no se deben juntar metales que estén muy separados en la serie galvánica.

c) Corrosión por grietas: se suele dar en grietas y rendijas en las que penetra la suciedad y la humedad, con lo que las zonas exteriores estarán más aireadas y las interiores quedarán más empobrecidas de oxígeno al gastarse en la oxidación y no poder ser renovado.

d) Corrosión intergranular: afecta a la unión de los granos de los constituyentes de los metales, debilitando la resistencia del conjunto. Se da cuando en los límites del grano tenemos dos fases (por ejemplo *ferrita* + *cementita*), con lo cual se crea una celda galvánica en la cual la *ferrita* es anódica con respecto a la *cementita* y se reduce.

e) Corrosión selectiva: el caso más común es el de la corrosión del cinc en el latón (Cu-Zn), de tal forma que en la zona descincada sólo queda cobre poroso de color rojizo, pues el Zn es anódico con respecto al Cu.

f) Corrosión por erosión: se produce en las superficies que se encuentran en contacto con un líquido que circula a gran velocidad (tubos, válvulas, bombas, etc.), que debido a la acción mecánica (desgaste) del fluido, va eliminando la capa protectora de óxido que se forma en los metales. Para corregirlo, es necesario evitar turbulencias y burbujas así como elementos en suspensión.

ESTRUCUTRAS

CONTENIDOS MÍNIMOS

DEFINICIÓN DE ESTRUCTURA

Se define como un conjunto de elementos unidos entre sí, destinados a soportar las fuerzas que actúan sobre ellos, conservando su forma. Su principal función es soportar cargas ya que en toda estructura, las fuerzas o cargas siempre están presentes: la propia carga que debe soportar, la gravedad, el viento, el oleaje, etc.

CONCEPTO DE FUERZA

Se define como toda aquella acción capaz de deformar un cuerpo (efecto estático) o de alterar su estado de reposo o de movimiento (efecto dinámico). Ejemplos: la fuerza de la gravedad, la fuerza del viento, las fuerzas mecánicas o cargas que soportan las estructuras, etc. Las fuerzas que actúan sobre una estructura se llaman cargas.
La unidad de fuerza en el Sistema Internacional es el Newton (N). También se utiliza el Kilogramo-fuerza (kgf), siendo 1 kgf=9,8N, y otras tales como la Dina (din) y la Libra-fuerza (lbf).
Una fuerza se representa mediante un vector, que tiene punto de aplicación (origen de la fuerza), módulo (valor de la fuerza), dirección (posición en la que se encuentra la fuerza) y sentido (lo marca la flecha del vector).
Las cargas que se aplican sobre una estructura se representan por tanto mediante vectores; estas pueden ser fijas (no varían con el paso del tiempo) o variables, si varían con el paso del tiempo (en intensidad y/o en dirección y/o en punto de aplicación).

Descomposición de una fuerza en componentes cartesianos

La descomposición de fuerzas en componentes rectangulares consiste en hallar las proyecciones de una fuerza sobre sus dos ejes cartesianos; es decir, la fuerza se transforma en otras dos componentes que se encuentren sobre los ejes y que sumadas dan la fuerza original F.

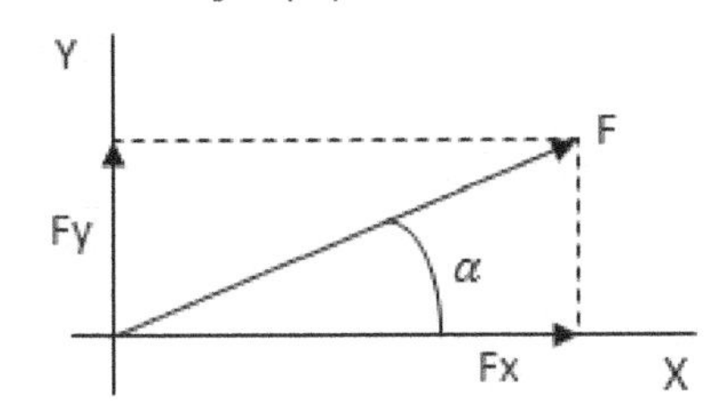

Donde:
F_x: Componente sobre el eje X de la fuerza F
F_y: Componente sobre el eje Y de la fuerza F

$$tag\alpha = \frac{F_y}{F_x} \qquad F_x = F \cdot \cos\alpha \qquad F_y = F \cdot sen\alpha$$

$$F = \sqrt{F_x^2 + F_y^2}$$

MOMENTO ALREDEDOR DE UN PUNTO

El momento de una fuerza se calcula como el producto vectorial entre la fuerza aplicada y el vector distancia que va desde el punto para el cual calculamos el momento hasta el punto en dónde se aplica la fuerza. Puede recibir el nombre de momento flector si el momento intenta flectar el cuerpo. También recibe el nombre de momento torsor (torque) si el momento intenta torcer el cuerpo.
Donde:

M: es el vector del momento, la tendencia de giro (unidades de fuerza por distancia).
F: es el vector de la fuerza (unidades de fuerza).
R: es el vector del radio o distancia (unidades de distancia).

El momento al rededor de un punto representa la intensidad de la fuerza con la que se intenta hacer girar a un cuerpo rígido. El momento aumenta tanto si aumenta la fuerza aplicada como si aumenta la distancia desde el eje hasta el punto de aplicación de la fuerza.

CONDICIONES DE EQUILIBRIO

Se dice que un objeto está en equilibrio cuando la suma de todas las fuerzas que actúan sobre él es cero y existen dos tipos:

a) Equilibrio estático: también conocido como equilibrio del cuerpo rígido y hace referencia a cuando una estructura se encuentra en estado de reposo.

b) Equilibrio dinámico: hace referencia a cuando una estructura responde con un movimiento o vibración (aceleración) y se ve intervenida por un movimiento natural como por ejemplo el viento.

CARGAS EN UNA ESTRUCTURA

Las cargas como ya hemos visto son fuerzas que actúan sobre una estructura. Hay dos tipos principalmente:

a) Cargas fijas o permanentes: afectan siempre de la misma manera a la estructura, no varían con el paso del tiempo. Por ejemplo el peso propio de la estructura; es decir, el peso de los materiales de los que está constituida la estructura. Otro ejemplo es el peso de los objetos que siempre están sobre la estructura.

b) Cargas variables: varían con el paso del tiempo o solo aparecen en ocasiones y no tienen el mismo valor. Por ejemplo la fuerza del viento, el peso de la nieve y el peso de los vehículos sobre un puente.

Las cargas afectan a la estructura de diferente manera, pues depende del tipo de estructura, del material del que está construida, de la intensidad de la carga, de la dirección de la misma y del punto de aplicación.

TIPOS DE CARGAS EN VIGAS

a) Carga puntual: se representa por una carga (P) en un punto determinado de la viga.

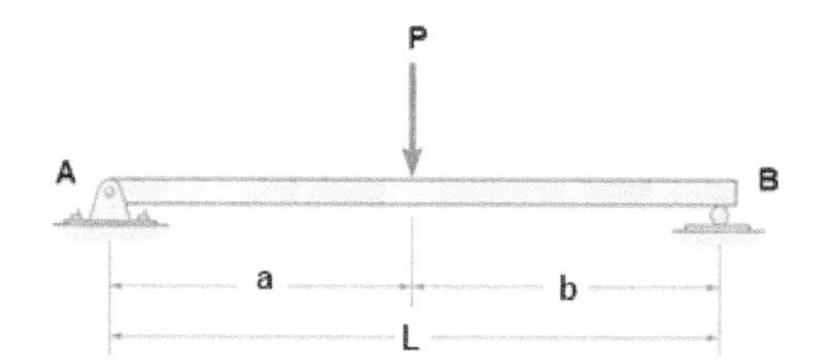

b) Cargas uniformemente distribuidas rectangulares: se caracteriza por distribuirse sobre una longitud L, pudiendo o no cubrir toda la viga. Para convertir esta carga en puntual, se multiplica la carga distribuida (Q) por la longitud (L), y se coloca a la mitad de la misma (L/2).

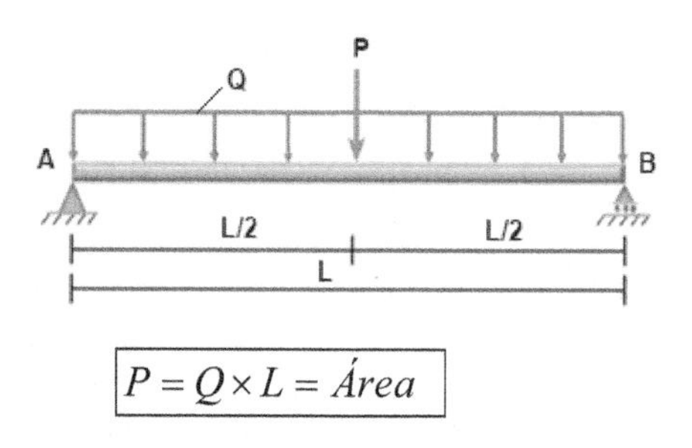

$$P = Q \times L = \acute{A}rea$$

c) Cargas distribuidas triangulares: se caracteriza por su forma triangular que puede cubrir o no toda la longitud de la viga (L). Para convertir esta carga en puntual, se multiplica la carga distribuida (Q) por la mitad de la longitud (L) que ocupa, y se coloca a L/3 del ángulo recto y a 2L/3 del ángulo agudo.

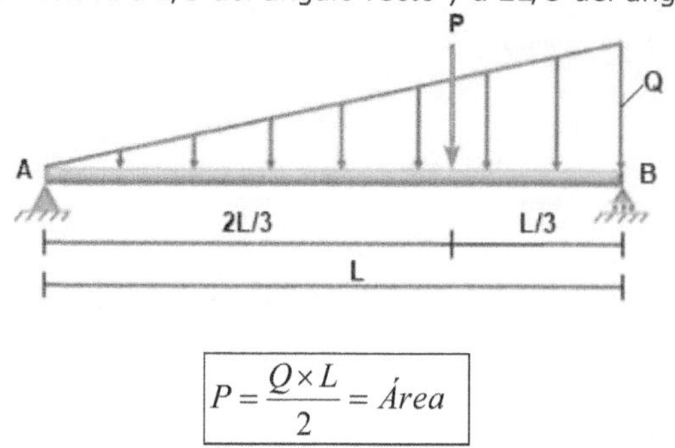

$$P = \frac{Q \times L}{2} = \acute{A}rea$$

TIPOS DE APOYOS EN VIGAS

Los apoyos en una estructura transfieren la carga al suelo y proporcionan estabilidad a la estructura apoyada en ella. Los diversos tipos de apoyos que se utilizan en las estructuras son:

a) Apoyo fijo o de bisagra: es un tipo de apoyo que resiste las cargas horizontales y verticales, pero no puede resistir el momento. El apoyo fijo tiene dos reacciones de soporte y estas son reacciones verticales (**RAy**)y horizontales (**RAx**). Permite que el miembro estructural gire, pero no permite desplazarse en ninguna dirección. Permite la rotación solo en una dirección y resiste la rotación en cualquier otra dirección. Usando las ecuaciones de equilibrio, se pueden encontrar los componentes de las fuerzas horizontales y verticales.

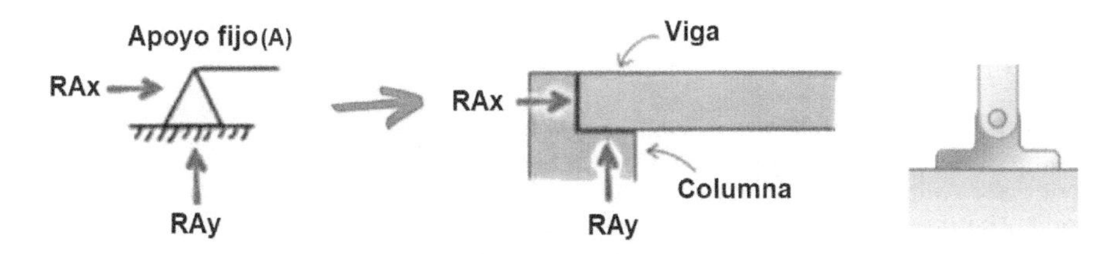

b) Apoyo móvil o de rodillo: es un apoyo que es libre de girar y de desplazarse a lo largo de la superficie sobre la que descansan. La superficie sobre la que se instalan los apoyos de los rodillos puede ser horizontal, vertical e inclinada a cualquier ángulo.

La razón para proporcionar apoyos de rodillos en un extremo es permitir la contracción o expansión de la cubierta de puentes con respecto a las diferencias de temperatura en la atmósfera. Si no se proporciona soporte para rodillos, causará graves daños a en los extremos de estructuras como puentes. Estos apoyos solo tienen una reacción **(RAy)**; esta reacción actúa perpendicularmente a la superficie y lejos de ella.

Los apoyos de rodillos no pueden resistir las cargas laterales (las cargas laterales son las cargas vivas cuyos componentes principales son las fuerzas horizontales), solo resisten cargas verticales.

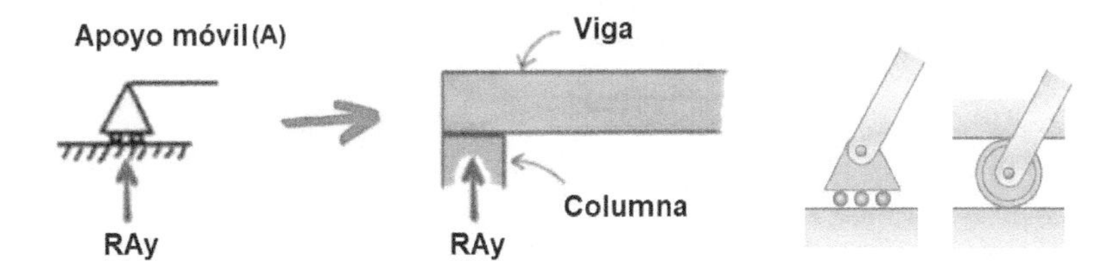

c) Apoyo empotrado o rígido: es un apoyo capaz de resistir todo tipo de cargas; es decir, horizontales (RAx), verticales (RAy) y momentos de empotramiento (M). El apoyo empotrado no permite el movimiento de rotación y traslación a los miembros estructurales. Proporciona una mayor estabilidad a la estructura en comparación con todos los demás soportes.

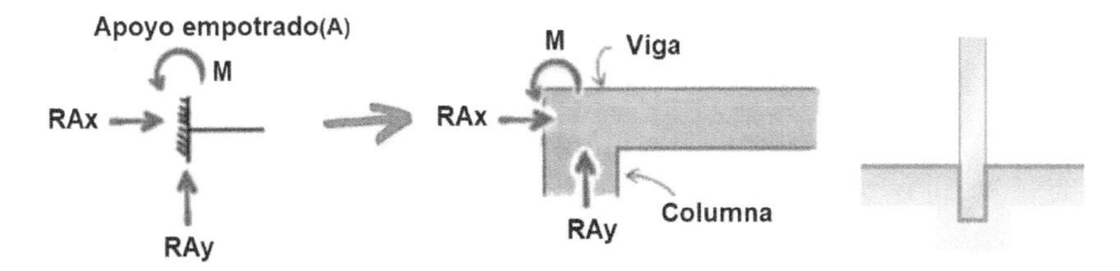

DIAGRAMA DE SOLIDO LIBRE

El primer paso en el análisis de equilibrio de un cuerpo (o de un sistema formado por varios cuerpos) es identificar todas las acciones externas (fuerzas y momentos) que actúan sobre dicho cuerpo. Esto se logra mediante el llamado diagrama de sólido libre.

Concretamente, el diagrama de sólido libre (DSL) de un cuerpo es un croquis de éste que muestra todas las acciones externas (fuerzas y momentos) que actúan sobre él. El término libre implica que se han retirado todos los apoyos del cuerpo y que estos se han reemplazado por las reacciones (fuerzas y momentos) que éstos ejercen sobre el cuerpo. En definitiva, es un esquema que nos permite plantear un modelo mecánico, que posteriormente puede servir para el cálculo de las variables desconocidas. El DSL puede realizarse: de un sólido libre, de un conjunto de sólidos libre y de un fragmento de un sólido libre.

Como ejemplo, se muestran los diagramas de sólido libre para una viga empotrada (en voladizo) con carga uniformemente distribuida:

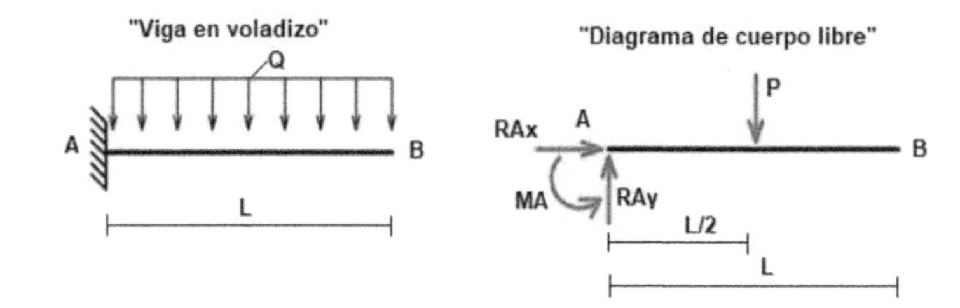

En el diagrama de cuerpo libre se evidencia que todas las reacciones externas se concentran en el empotramiento, ya que este punto no permite ningún movimiento y la restricción del movimiento genera reacciones ante la aplicación de cargas. Las reacciones puntuales RAx y RAy concurren en el punto "A", por lo que mediante una sumatoria de momentos en dicho punto se puede hallar el momento de empotramiento M_A. Verticalmente solo se observa una incógnita (RAy), mientras que horizontalmente sucede lo mismo con RAx. Una sumatoria de fuerzas en cada dirección nos permitirá determinar las reacciones puntuales de "A".

$$\sum M_A = 0 \rightarrow M_A - Q \cdot L \cdot \frac{L}{2} = 0$$

$$\sum F_y = 0 \rightarrow RA_y - Q \cdot L = 0 \qquad \sum F_x = RA_x = 0$$

ESFUERZOS MECÁNICOS

Es la fuerza interna que experimenta los elementos de una estructura cuando son sometidos a fuerzas externas. Los elementos de una estructura deben ser capaces de soportar estos esfuerzos sin romperse.

Tipo de esfuerzo	Definición	Ejemplo
Tracción	Resistencia que ofrece un material a la hora de ser estirado en el sentido longitudinal de sus fibras. Es el esfuerzo contrario a la compresión. Un cuerpo está cometido a un esfuerzo de tracción cuando se le aplican dos fuerzas en sentido opuesto que tienden a alargarlo.	F F
Compresión	Resistencia que ofrece un material a la hora de ser aplastado en el sentido longitudinal de sus fibras. Es el esfuerzo contrario a la tracción. Un cuerpo está cometido a un esfuerzo de compresión cuando se le aplican dos fuerzas en sentido opuesto que tienden a aplastarlo.	F F
Flexión	Resistencia que ofrece un material a la hora de ser doblado en el sentido longitudinal de sus fibras. Un cuerpo está cometido a un esfuerzo de flexión cuando recibe una o más fuerzas que tienden a doblarlo.	F
Torsión	Resistencia que ofrece un material a la hora de ser retorcido en el sentido longitudinal de sus fibras. Un cuerpo está cometido a un esfuerzo de torsión cuando se le aplican dos fuerzas en sentido opuesto que tienden a retorcerlo.	F F
Cortante	Resistencia que ofrece un material a la hora de ser cortado en el sentido perpendicular a sus fibras. Un cuerpo está cometido a un esfuerzo de cortadura cuando se le aplican dos fuerzas en sentido opuesto que tienden a cortarlo. Al esfuerzo combinado entre compresión y flexión que se puede dar en elementos comprimidos esbeltos se llama "**pandeo**".	F F

CONDICIONES QUE DEBE TENER UNA ESTRUCTURA

a) Estabilidad: las estructuras deben mantenerse erguidas y no volcar. Para conseguir la estabilidad en una estructura, su centro de gravedad debe estar lo más centrado posible respecto a su base y cercano al suelo.La estabilidad en un cuerpo o estructura se puede conseguir añadiendo masa a su base, atirantándolo o empotrando la parte inferior del mismo en el suelo.

b) Rigidez: las estructuras cuando reciben una fuerza se deforman, pero esta deformación no debe ser excesiva pues impediría a la estructura cumplir su función. Para conseguir la rigidez en una estructura se pueden soldar sus uniones, hacer **triangulaciones** con sus barras y dar una forma apropiada a la estructura. Por ejemplo en las vigas al aumentar el canto conseguiremos mayor rigidez y en los pilares al aumentar su ancho se aumentará su rigidez. La deformación de una viga sometida al esfuerzo de flexión se llama **flecha.**

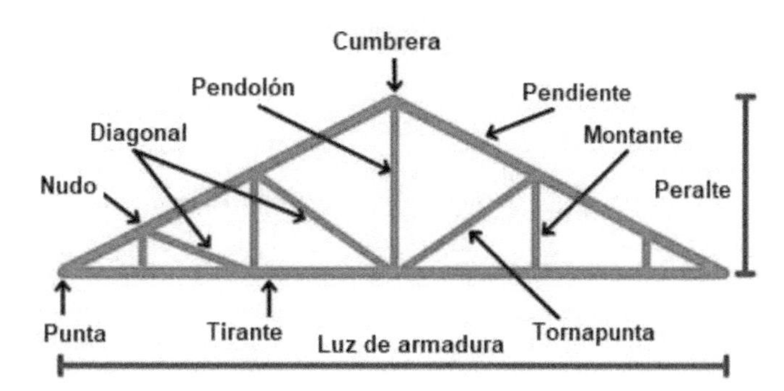

c) Resistencia: es la capacidad de una estructura de soportar las tensiones a las que está sometida sin romperse. La resistencia depende directamente de la forma de la estructura y del material con el que se haya construido. Las estructuras deben ser lo más ligeras posible con el objetivo de disminuir la carga fija (peso propio) y ahorrar material.

MÉTODO DE LOS NUDOS

El método de los nudos (nodos) es un procedimiento para resolver estructuras de barras articuladas. Se basa en dos etapas:

- Planteamiento del equilibrio en cada barra de la estructura. El caso más normal es cuando las barras son biarticuladas, obteniéndose las reacciones en los extremos de cada barra en dirección cortante y una relación entre las reacciones normales en ambos extremos (iguales y opuestas si la barra no está sometida a cargas externas intermedias)

- Planteamiento del equilibrio en cada nudo: sea, por ejemplo, A un nudo o articulación de una estructura de ese tipo, al cual llegan tres barras y sobre el que hay aplicada una carga externa P. Por simplicidad, se ha supuesto que las secciones transversales de todas las barras trabajan a tracción (caso en que no hay cargas intermedias en las barras). El diagrama de sólido libre para dicho nudo será el mostrado en la siguiente figura.

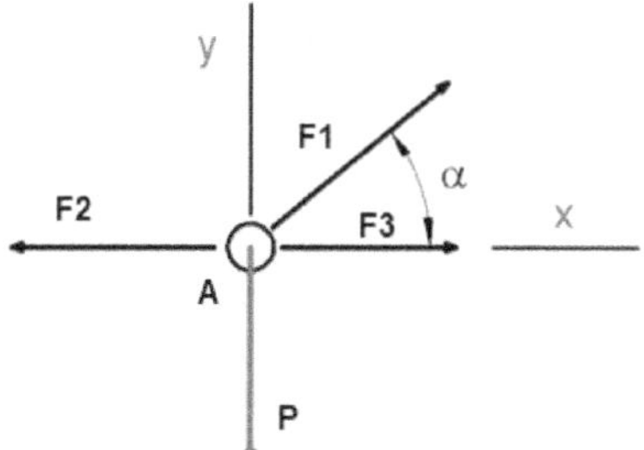

Cargas aplicadas en el nudo A

Las reacciones normales en cada barra se suponen a tracción (saliendo del nudo). Un signo negativo en la solución supondrá, pues, que cualquier sección transversal de dicha barra trabaja realmente a compresión.

Al aplicar las condiciones de equilibrio sobre el nudo **A**, se obtienen las siguientes ecuaciones:

$$\sum F_x = 0 \rightarrow -F_2 + F_1 \cdot \cos\alpha + F_3 = 0$$

$$\sum F_y = 0 \rightarrow F_1 \cdot sen\alpha - P = 0$$

La tercera condición de equilibrio no proporcionaría información por ser todas las fuerzas concurrentes en un mismo punto.

Aplicando las condiciones de equilibrio a los "**n**" nudos de la estructura, se obtiene un sistema de **2·n** ecuaciones, cuyas incógnitas serán los esfuerzos normales en la sección transversal de las "**b**" barras de la estructura. Es recomendable empezar por un nudo en el que sólo concurran 2 barras, para no llegar a un sistema de ecuaciones grande. En el caso de que la estructura sea internamente isostática, se puede demostrar que se cumple la siguiente relación: **b = 2·n-3**, por lo que se dispondrá de 3 ecuaciones más que incógnitas. Estas ecuaciones serán combinación lineal del resto, y pueden emplearse para comprobar la validez de los resultados obtenidos.

ELEMENTOS DE LAS ETRUCTURAS

LAS ARMEDURAS

Es un montaje de elementos delgados y rectos que soportan cargas axiales de tensión o compresión. Estos elementos son llamados *«elementos a dos fuerzas»*. Como los elementos o miembros son delgados e incapaces de soportar cargas laterales, todas las cargas deben estar aplicadas en las uniones o nodos. Se dice que una armadura es rígida si está diseñada de modo que se deformara mucho bajo la acción de una carga pequeña.

Las armaduras constan de subelementos triangulares y están apoyados de manera que se impida todo el movimiento. Los soportes de puentes son armaduras. Su estructura ligera puede soportar una fuerte carga con un peso estructural relativamente pequeño.

Como los elementos están conectados por nodos, las fuerzas que actúan en cada uno de los extremos del elemento se reducen a una sola fuerza y no existe un par. Por eso son llamados elementos a dos fuerzas.

Si las fuerzas tienden a estirar al elemento, éste está en tensión (tracción). Si las fuerzas tienden a comprimir al elemento, éste se encuentra a compresión. Por tanto, no importa donde se evalúe el elemento, en otras palabras, donde se realice el corte, éste se encontrará a tracción o compresión.

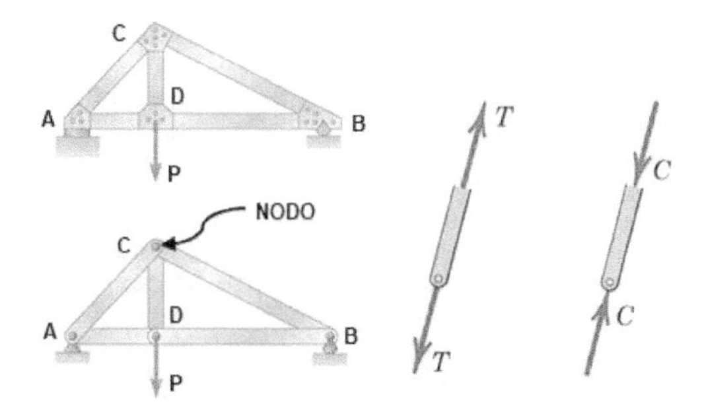

GRADO DE DETERMINACIÓN DE UNA ESTRUCTURA

a) Estructura estáticamente determinada o isostática: cuando todas las fuerzas de la estructura (reacciones y esfuerzos de sección) se pueden determinar empleando única y exclusivamente las ecuaciones de equilibrio.
b) Estructura estáticamente indeterminada o hiperestática: cuando el número de fuerzas desconocidas (incógnitas) es superior al de ecuaciones de equilibrio.
Para identificar si una estructura es estática o hiperestática externamente (desde el punto de vista del cálculo de las reacciones en los apoyos), se debe establecer como siempre el diagrama de sólido libre (cuerpo libre) de toda ella. Obviamente este tipo de estructuras no serán objeto de estudio en este nivel educativo.

EJERCICIOS RESUELTOS DE "ESTRUCTURAS"

1. Para la viga mostrada, encuentra las ecuaciones de la fuerza cortante y el momento flector y además trace los diagramas de fuerza cortante y momento flector. Considerar $P_1=P_2=800Kg$, a=5m y L=12m.

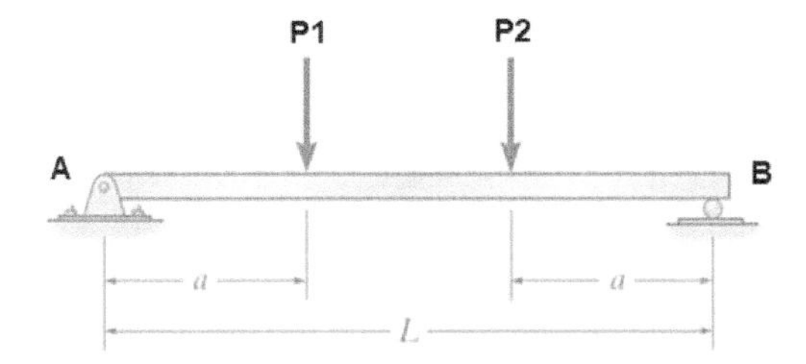

Como podemos observar tenemos una viga con dos cargas puntuales, por un lado con un soporte móvil donde está simplemente apoyada (B) y por el otro lado (A) con un apoyo fijo donde está impedido el movimiento en "x" y en "y". A continuación obtenemos el diagrama de cuerpo libre correspondiente:

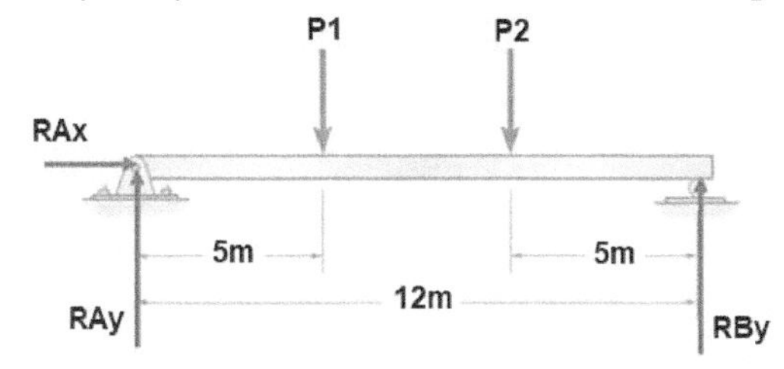

Considerando los momentos positivos en sentido contrario a las agujas del reloj, obtenemos el sumatorio de momentos en el punto A:

$$\sum M_A = 0$$

$$-P1\cdot 5m - P2\cdot 7m + RB_y \cdot 12m = 0 \rightarrow RB_y = \frac{P1\cdot 5m + P2\cdot 7m}{12m} = \frac{9600\ Kg\cdot m}{12m} = 800kg$$

Aplicando ahora el sumatorio de fuerzas y considerando positivas las fuerzas hacia arriba, obtenemos:

$$\sum F_y = 0$$

$$RA_y - P1 - P2 + RB_y = 0 \rightarrow RA_y = P1 + P2 - RB_y = 1600Kg - 800kg = 800\ Kg$$

$$\sum F_x = RA_x = 0 \rightarrow RA_x = 0$$

Al ser una viga simétrica, resulta obvio pensar que el valor de las dos reacciones debe ser igual a la suma de las dos cargas.

Antes de calcular las fuerzas internas, recordamos el convenio de signos a tomar para el momento flector y esfuerzo cortante positivos, según el corte se produzca a la izquierda o a la derecha de la viga.

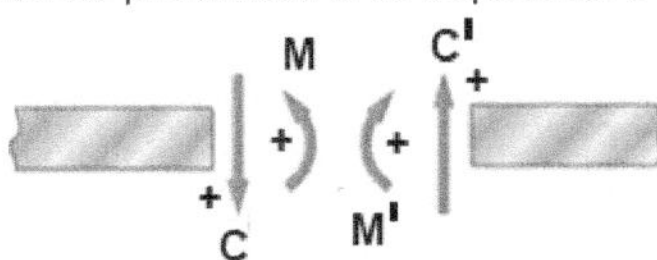

Considerando ahora un primer corte para una distancia "x" entre $0 \le x \le 5$, en ese tramo tenemos en el interior de la viga una fuerza cortante C_1 y un momento flector M_1. Calculamos ahora ambos valores para el punto de corte considerado:

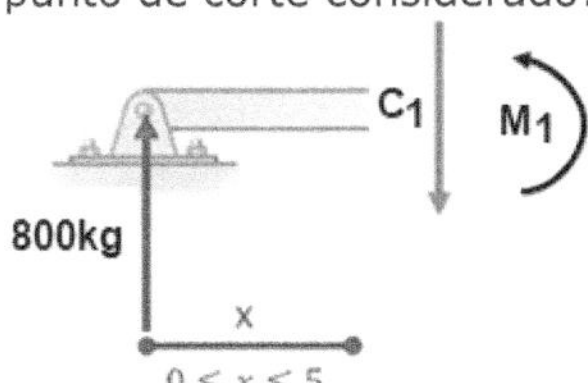

$$\sum F_y = 0 \rightarrow 800kg - C_1 = 0 \rightarrow C_1 = 800\ kg$$

$$\sum M = 0 \rightarrow -800\cdot x + M_1 = 0 \rightarrow M_1 = 800\cdot x\ \ kgm$$

Considerando ahora un segundo corte para una distancia "x" entre $5 \le x \le 7$, en ese tramo tenemos:

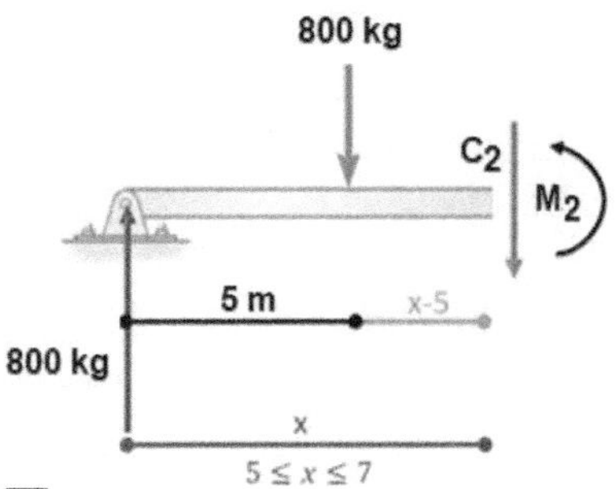

$$\sum F_y = 0 \rightarrow 800kg - 800\ kg - C_2 = 0 \rightarrow C_2 = 0$$

$$\sum M = 0 \rightarrow -800 \cdot x + 800(x-5) + M_2 = 0 \rightarrow M_2 = 4000\ kgm$$

Considerando por último un tercer corte para una distancia "x" entre $7 \leq x \leq 12$, en ese tramo tenemos:

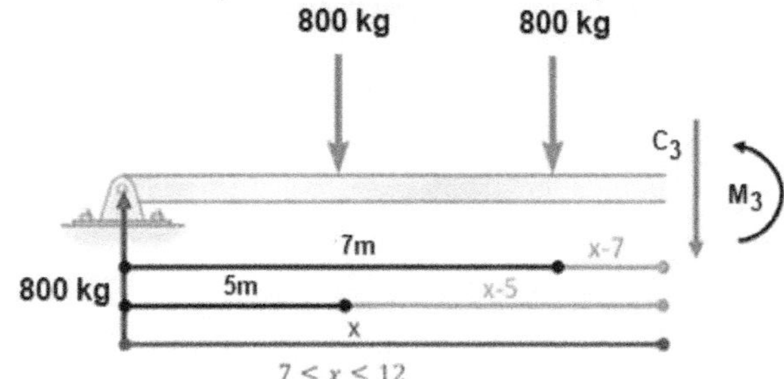

$$\sum F_y = 0 \rightarrow 800kg - 800\ kg - 800\ kg - C_3 = 0 \rightarrow C_3 = -800\ kg$$

$$\sum M = 0 \rightarrow -800 \cdot x + 800(x-5) + 800(x-7) + M_3 = 0 \rightarrow M_3 = -800 \cdot x + 9600\ kgm$$

Resumiendo tenemos:

	$0 \leq x \leq 5$	$5 \leq x \leq 7$	$7 \leq x \leq 12$
Fuerza cortante	C_1=800 Kg	C_2=0	C_3=-800 kg
Momento flector	$M_1 = 800 \cdot x\ kgm$	M_2=4000 kgm	$M_3 = -800 \cdot x + 9600\ kgm$

Representando ambos diagramas obtenemos:

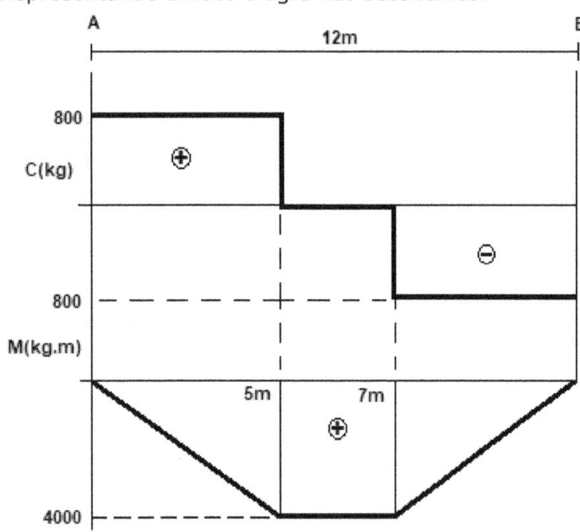

Se observa que cuando la fuerza cortante es positiva el momento sube y cuando es negativa el momento baja, mientras que cuando es cero se mantiene constante, pues no olvidemos que la fuerza cortante es la derivada del momento flector.

2. Calcula las reacciones en los apoyos de la siguiente viga con una carga uniformemente distribuida de 1260 N/m, así como el diagrama de esfuerzos cortantes y momentos flectores. ¿Cuál será el momento flector máximo?.

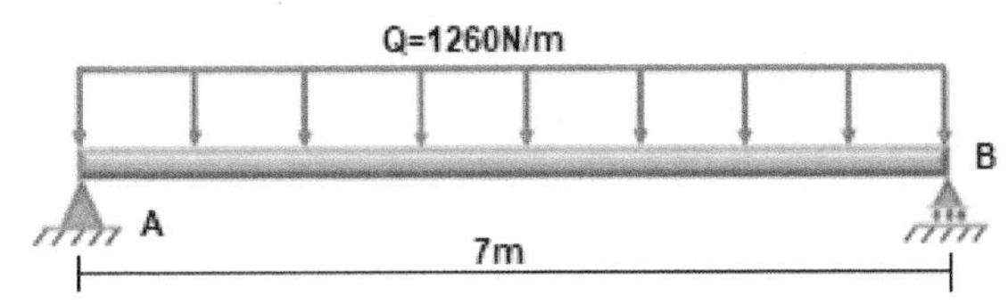

El diagrama de cuerpo libre equivalente con la carga (Q) puntualizada en el centro de la misma será igual al área:

$$P = Q \cdot x = 1260\frac{N}{m} \cdot 7m = 8820N$$

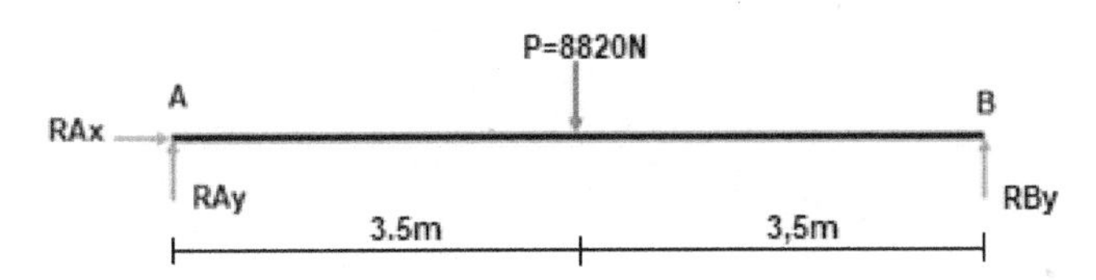

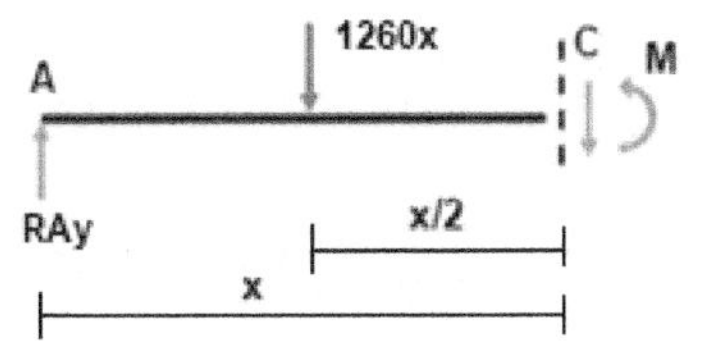

Considerando los momentos positivos en sentido contrario a las manecillas del reloj, obtenemos el sumatorio de momentos en el punto "A":

$$\sum M_A = 0 \rightarrow -P \cdot 3{,}5m + RB_y \cdot 7m = 0 \rightarrow RB_y = \frac{P \cdot 3{,}5m}{7m} = \frac{8820N \cdot 3{,}5m}{7m} = 4410N$$

Aplicando ahora el sumatorio de fuerzas y considerando positivas las fuerzas hacia arriba, obtenemos:

$$\sum F_y = 0 \rightarrow RA_y - P + RB_y = 0 \rightarrow RA_y = P - RB_y = 8820N - 4410N = 4410N$$

Si realizamos un corte para una distancia "x" entre $0 \leq x \leq 7$ y tomamos momentos en ese punto:

$$\sum F_y = 0 \rightarrow 4410N - 1260x - C = 0 \rightarrow C = 4410 - 1260x$$

$$\sum M = 0 \rightarrow -4410 \cdot x + 1260\frac{x^2}{2} + M = 0 \rightarrow M = 4410x - 630x^2$$

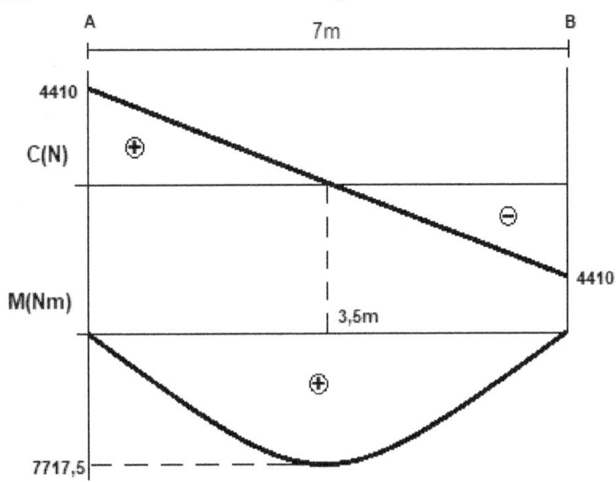

El momento flector máximo será para C=0, por tanto: $0 = 4410 - 1260x; x = 3{,}5m$

$$M_{Fmax} = 4410 \cdot 3{,}5 - 630 \cdot 3{,}5^2 = 7717{,}5\ N \cdot m$$

3. Calcula las reacciones en los apoyos y el diagrama de esfuerzo cortante y de momento flector para la viga mostrada en la figura siguiente. ¿Cuál será el momento flector máximo?.

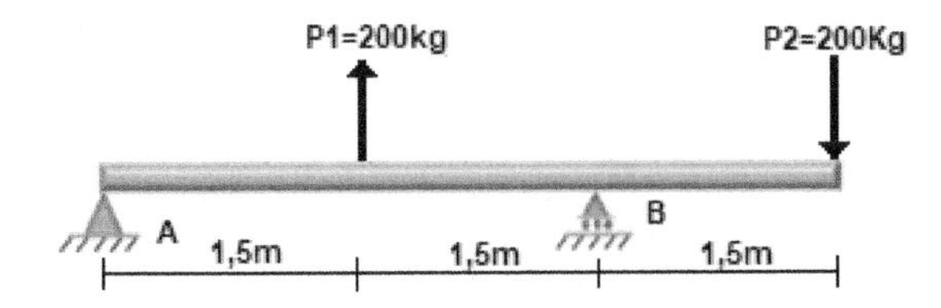

El diagrama de cuerpo libre de la viga será:

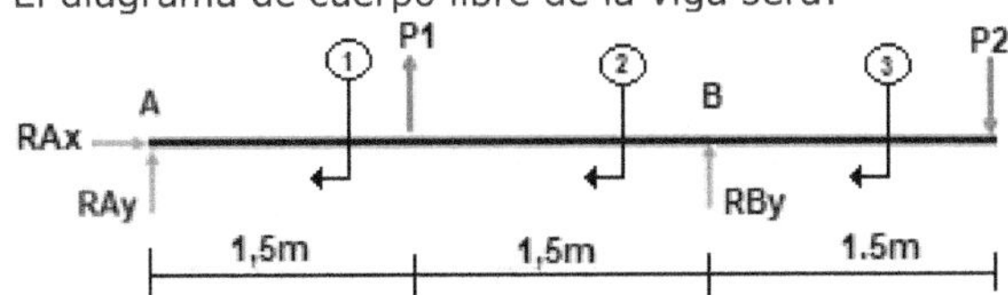

Considerando los momentos positivos en sentido contrario a las agujas del reloj, obtenemos el sumatorio de momentos en el punto A:

$\sum M_A = 0 \rightarrow P_1 \cdot 1{,}5m + RB_y \cdot 3m - P_2 \cdot 4{,}5m = 0 \rightarrow RB_Y = 200kg$

Aplicando ahora el sumatorio de fuerzas y considerando positivas las fuerzas hacia arriba, obtenemos:

$\sum F_y = 0 \rightarrow RA_y + P1 - P2 + RB_y = 0 \rightarrow RA_y = -200\ Kg\ (Va\ al\ contrario)$

Considerando ahora un primer corte (1) para una distancia "x" entre $0 \leq x \leq 1{,}5$, en ese tramo tenemos en el interior de la viga una fuerza cortante C_1 y un momento flector M_1:

$M_1 + 200x = 0 \rightarrow M_1 = -200x\ kgm \rightarrow C_1 = \frac{dM_1}{dx} = -200\ Kg$

Considerando ahora un segundo corte (2) para una distancia "x" entre $1{,}5 \leq x \leq 3$, tenemos:

$M_2 + 200x - 200(x - 1{,}5) = 0 \rightarrow M_2 = -300\ Kgm \rightarrow C_2 = 0$

Por último, considerando un tercer corte (3) para una distancia "x" entre $3 \leq x \leq 4{,}5$, tenemos:

$M_3 + 200x - 200(x - 1{,}5) - 200(x - 3) = 0 \rightarrow M_3 = -900 + 200x\ Kgm \rightarrow C_3 = 200\ kg$

Tomando valores y representando obtenemos los siguientes diagramas:

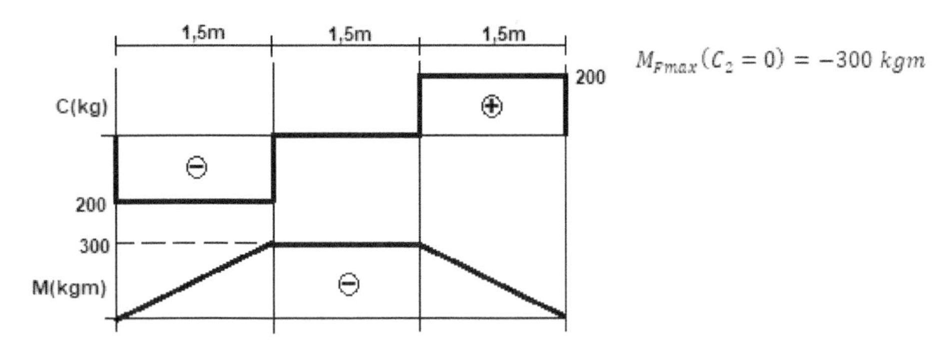

$M_{Fmax}(C_2 = 0) = -300\ kgm$

4. Para la viga mostrada, calcula las reacciones en los apoyos y representa los diagramas de esfuerzo cortante y momento flector.

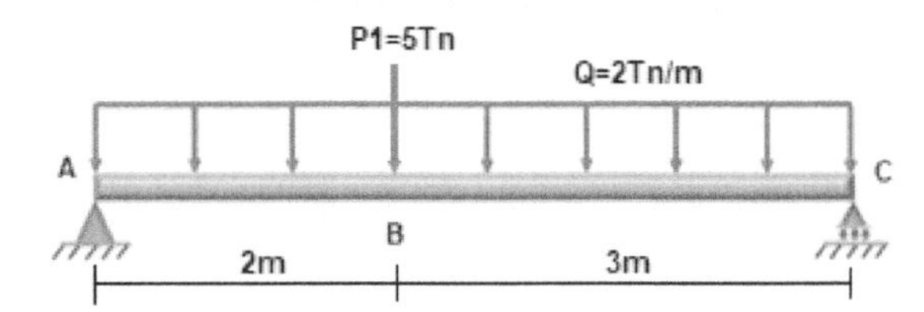

En primer lugar dibujamos el diagrama de cuerpo libre correspondiente con la carga (Q) puntualizada:

$P_2 = Q \cdot x = 2\frac{Tn}{m} \cdot 5m = 10\ Tn$

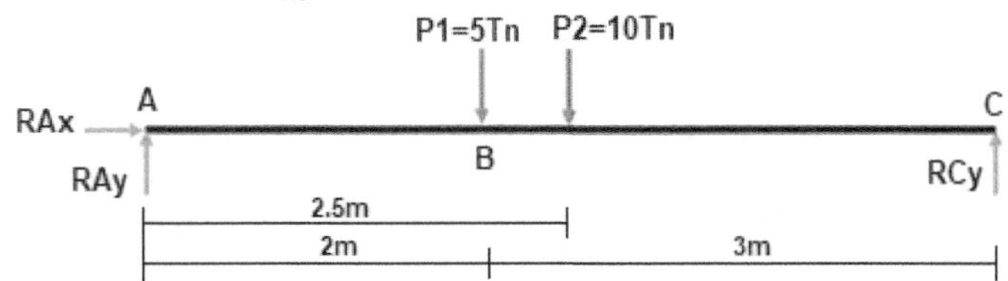

Considerando los momentos positivos en sentido contrario a las agujas del reloj, obtenemos el sumatorio de momentos en el apoyo "A" tenemos:

$\sum M_A = 0$

$-P_1 \cdot 2m - P_2 \cdot 2{,}5m + RC_y \cdot 5m = 0 \rightarrow RC_y = \frac{P_1 \cdot 2m + P_2 \cdot 2{,}5m}{5m} = \frac{35\ Tn \cdot m}{5m} = 7\ Tn$

Aplicando ahora el sumatorio de fuerzas y considerando positivas las fuerzas hacia arriba, obtenemos:

$\sum F_y = 0$

$RA_y - P1 - P2 + RC_y = 0 \rightarrow RA_y = P1 + P2 - RC_y = 5Tn + 10\ Tn - 7Tn = 8\ Tn$

$\sum F_X = RA_x = 0 \rightarrow RA_x = 0$

Considerando ahora un primer corte para una distancia "x" entre $0 \leq x \leq 2$, en ese tramo tenemos en el interior de la viga una fuerza cortante interna C_1 y un momento flector interno M_1. Recordar que si el corte lo realizamos a la izquierda de la viga, el esfuerzo cortante tendrá una dirección hacia abajo y el momento flector una dirección anti horaria (sino positivo). Calculamos ahora ambos valores con respecto al punto de corte:

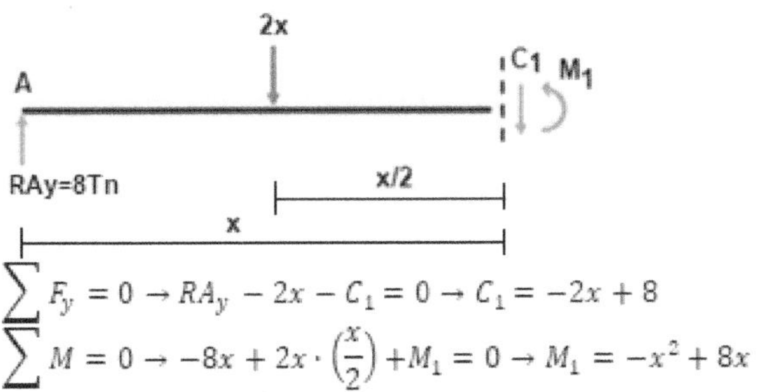

$$\sum F_y = 0 \rightarrow RA_y - 2x - C_1 = 0 \rightarrow C_1 = -2x + 8$$

$$\sum M = 0 \rightarrow -8x + 2x \cdot \left(\frac{x}{2}\right) + M_1 = 0 \rightarrow M_1 = -x^2 + 8x$$

Considerando ahora un segundo corte para una distancia "x" entre $2 \leq x \leq 5$, en ese tramo tenemos:

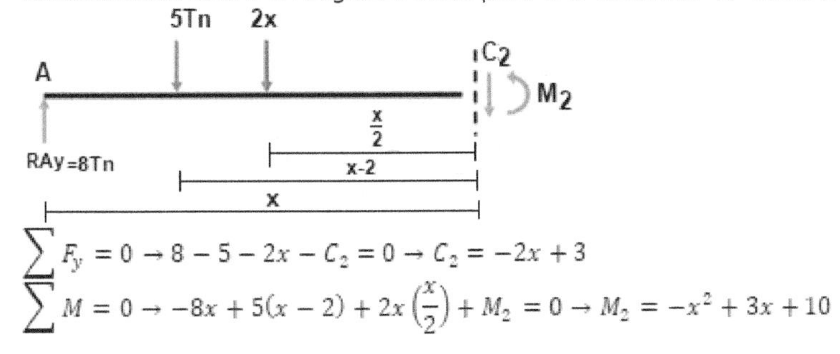

$$\sum F_y = 0 \rightarrow 8 - 5 - 2x - C_2 = 0 \rightarrow C_2 = -2x + 3$$

$$\sum M = 0 \rightarrow -8x + 5(x-2) + 2x\left(\frac{x}{2}\right) + M_2 = 0 \rightarrow M_2 = -x^2 + 3x + 10$$

Tomando valores tenemos:

Primera sección $0 \leq x \leq 2$	x=0	x=2
$C_1 = -2x + 8$ $M_1 = -x^2 + 8x$	8 0	4 12
Segunda sección $2 \leq x \leq 5$	**x=2**	**x=5**
$C_2 = -2x + 3$ $M_2 = -x^2 + 3x + 10$	-1 12	-7 0

Representando ambos diagramas obtenemos:

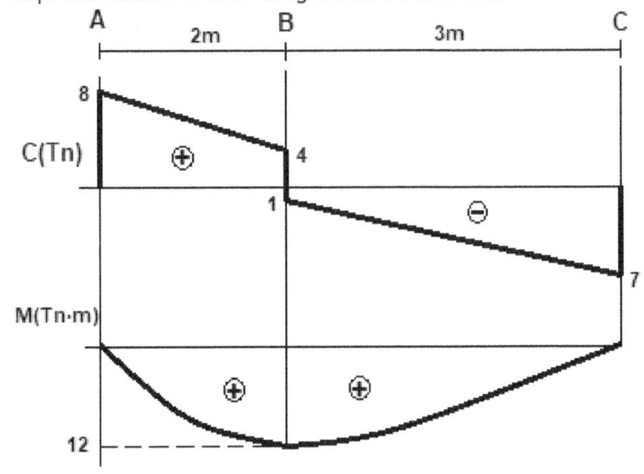

5. Calcula las reacciones en los apoyos y el valor máximo del esfuerzo cortante y del momento flector. ¿Cuáles serán la dimensiones de la viga de sección cuadrada si la σ_{adm}=1400 kg/cm^2.

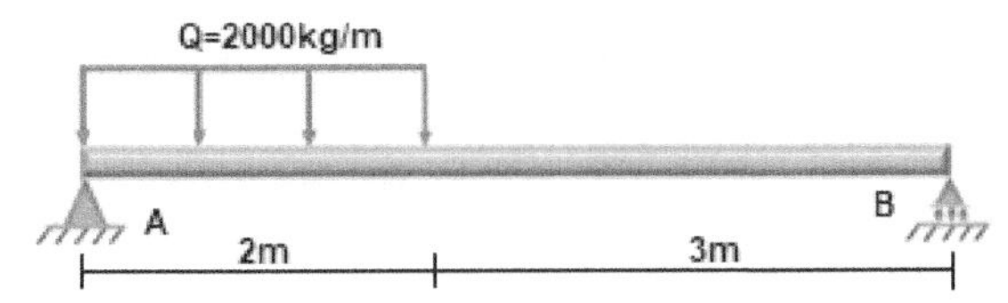

El diagrama de cuerpo libre correspondiente con la carga (Q) puntualizada será:

$$P = Q \cdot x = 2000\frac{kg}{m} \cdot 2m = 4000kg$$

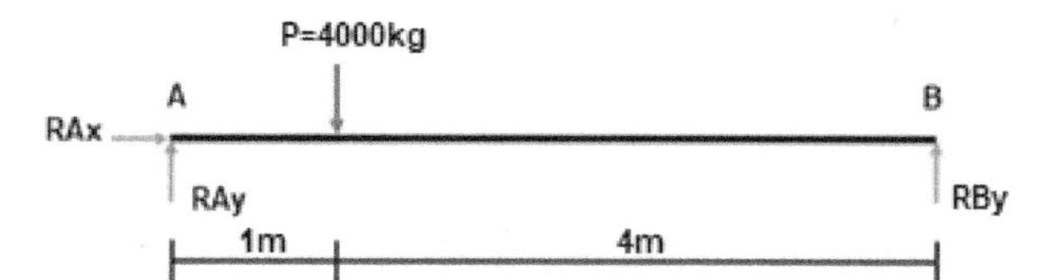

Tomando momentos en A tenemos:

$$\sum M_A = 0 \rightarrow RB_y \cdot 5m - 4000 \cdot 1m = 0 \rightarrow RB_y = 800Kg$$

$$\sum F_Y = 0 \rightarrow RA_y + RB_y - 4000 = 0 \rightarrow RA_y = 4000 - 800 = 3200\ Kg$$

$$\sum F_X = RA_x = 0 \rightarrow RA_x = 0$$

Considerando ahora un primer corte para una distancia "x" entre $0 \leq x \leq 2$, el momento flector interno M_1 y el esfuerzo cortante C_1 serán:

$$-3200x + 2000 \cdot x\frac{x}{2} + M_1 = 0 \rightarrow M_1 = 3200x - 1000x^2$$

$$C_1 = \frac{dM_1}{dx} = 3200 - 2000x$$

Consideramos ahora un segundo corte para una distancia "x" entre $2 \leq x \leq 5$, el momento flector interno M_2 será y el esfuerzo cortante C_2 serán:

$$-3200x + 4000(x-1) + M_2 = 0 \rightarrow M_2 = -800x + 4000$$

$$C_2 = \frac{dM_2}{dx} = -800$$

El momento flector máximo será para cuando el esfuerzo cortante toma el valor cero, por tanto:

$$0 = 3200 - 2000x \rightarrow x = 1{,}6m$$

$$MF_{max} = 3200 \cdot 1{,}6 - 1000 \cdot 1{,}6^2 = 2560\ kgm$$

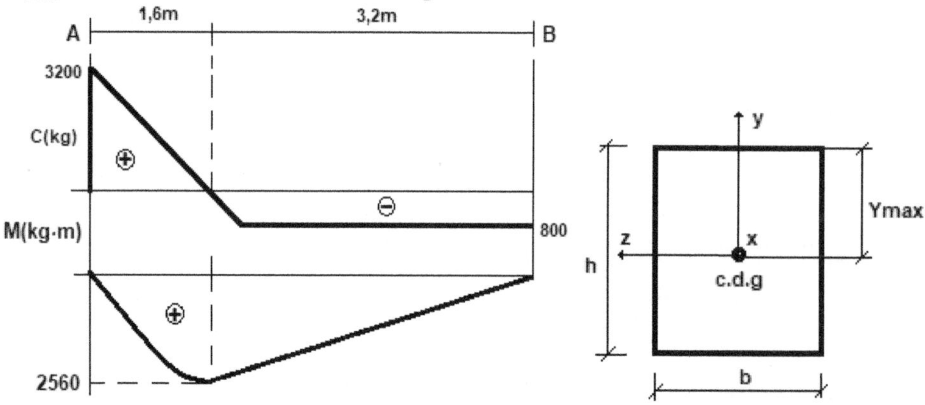

Calculamos finalmente el perfil de la viga para lo cual necesitamos conocer el momento de inercia con respecto al eje Z:

$$I_Z = \frac{b \cdot h^3}{12} \rightarrow b = h \rightarrow I_Z = \frac{h^4}{12}$$

$$\sigma_{adm} = \frac{MF_{max}}{W_Z} \rightarrow W_Z = \frac{256000\ kg \cdot cm}{1400\ \frac{kg}{cm^2}} = 182{,}85cm^3$$

Una vez conocido el módulo resistente (W_Z) ya estamos en condiciones de saber la altura "h" de la viga:

$$I_Z = W_Z \cdot Y_{max} \rightarrow \frac{h^4}{12} = 182{,}85cm^3 \cdot \frac{h}{2} \rightarrow h = 10{,}31cm$$

6. Para la viga mostrada con carga triangular, calcula las reacciones en los apoyos y representa los diagramas de fuerza cortante y momento flector.

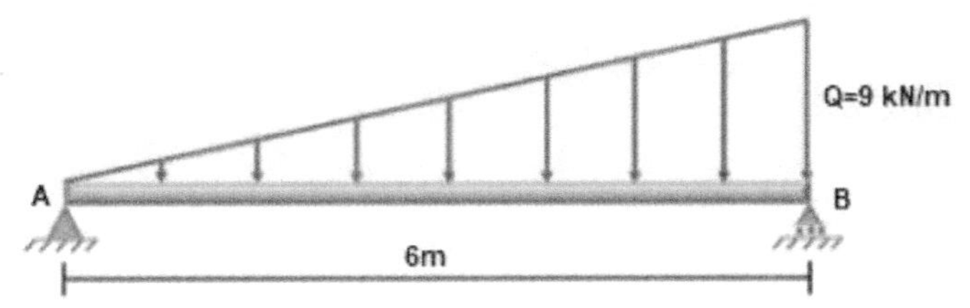

Antes de hacer el sumatorio de fuerzas y de momentos debemos puntualizar la carga triangular, la cual la ubicaremos en el centro de gravedad del triángulo, que está situado a 1/3 de la base del ángulo rectángulo (2m) o bien a 2/3 del ángulo agudo (extremo A):

$$\acute{A}rea = \frac{b \cdot h}{2} = \frac{6m \cdot 9\frac{kN}{m}}{2} = 27\ kN$$

El diagrama de cuerpo libre con la carga puntualizada será:

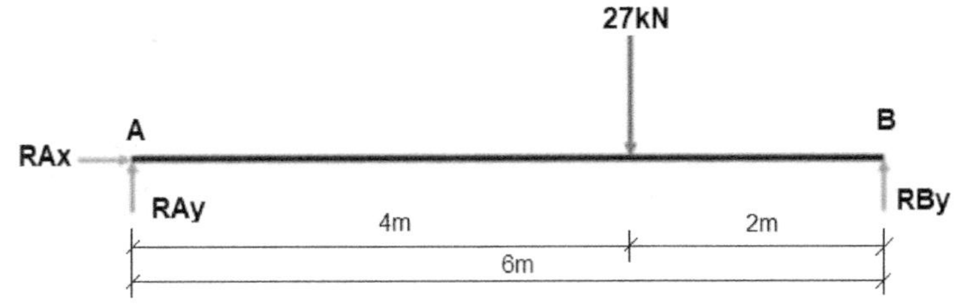

Considerando los momentos positivos en sentido contrario a las agujas del reloj, obtenemos el sumatorio de momentos en el punto "A":

$$\sum M_A = 0$$

$$-27kN \cdot 4m + RB_y \cdot 6m = 0 \rightarrow RB_y = 18kN$$

Aplicando ahora el sumatorio de fuerzas y considerando positivas las fuerzas hacia arriba, obtenemos:

$$\sum F_y = 0 \rightarrow RAy - 27kN + RBy = 0 \rightarrow RAy = 9kN$$

$$\sum F_x = RA_x = 0 \rightarrow RA_x = 0$$

Realizamos ahora un corte a la viga y a la carga a una distancia "x" del extremo A de la viga, para el intervalo $0 \leq x \leq 6$. Calculamos ahora el valor de la altura por semejanza de triángulos:

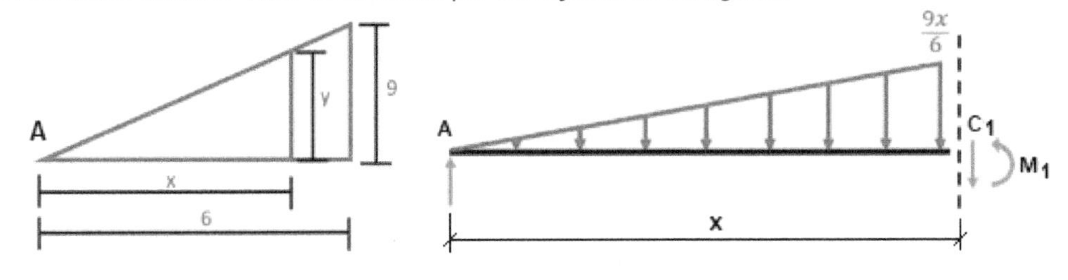

$$\frac{y}{x} = \frac{9}{6} \rightarrow y = \frac{9}{6}x = \frac{3}{2}x$$

Puntualizar la carga corresponde como ya sabemos a obtener su área, en este caso en función de "x":

$$\acute{A}rea = x\frac{\frac{3x}{2}}{2} = x\frac{3x}{4} = \frac{3x^2}{4}$$

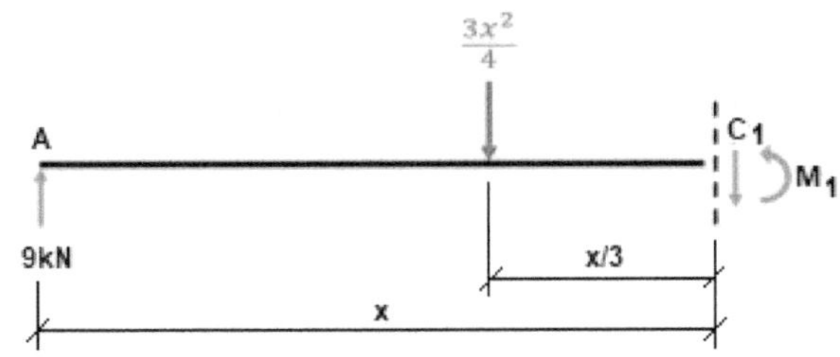

La ecuación del esfuerzo cortante interno será:

$$\sum F_y = 0;\ -9\ kN + \frac{3x^2}{4} + C_1 = 0 \rightarrow C_1 = -\frac{3x^2}{4} + 9$$

Si hacemos ahora el sumatorio de momentos para el mismo corte, obtenemos el momento flector interno:

$$\sum M = 0 \rightarrow -9x + \frac{3x^2}{4}\left(\frac{x}{3}\right) + M_1 = 0 \rightarrow M_1 = -\frac{x^3}{4} + 9x$$

Tomando valores tenemos:

Primera sección $0 \leq x \leq 6$	x=0	x=6
$C_1 = -\frac{3x^2}{4} + 9$	9	-18
$M_1 = -\frac{x^3}{4} + 9x$	0	0

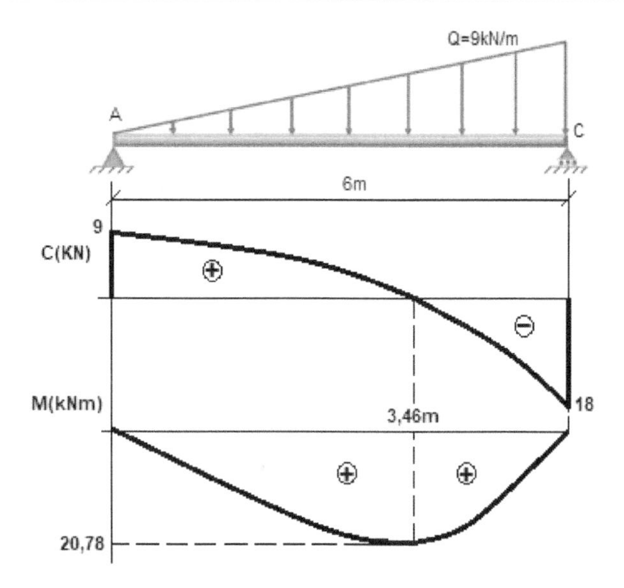

Para obtener el valor del momento flector máximo derivamos la ecuación del momento e igualamos a cero:

$\frac{dM}{dx} = -3\frac{x^2}{4} + 9 \rightarrow -3\frac{x^2}{4} + 9 = 0 \rightarrow x^2 = 12 \rightarrow x = \mp\sqrt{12} = \mp 3{,}46$

$$M_{max} = -\frac{3{,}46^3}{4} + 9 \cdot 3{,}46 = 20{,}78\ kNm$$

7. Calcula las reacciones en los apoyos así como el diagrama de momentos flectores y esfuerzos cortantes para la viga de la figura.

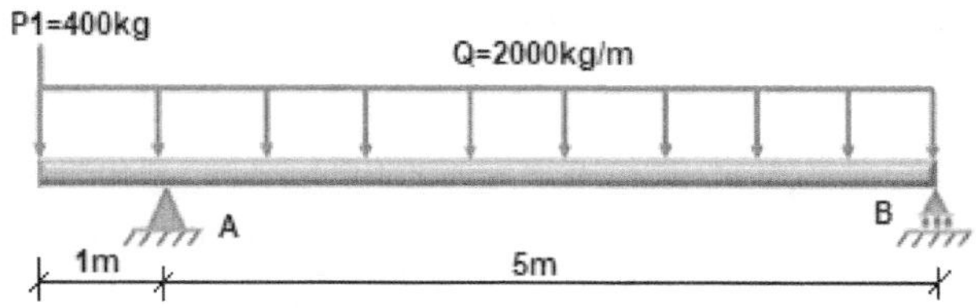

En primer lugar dibujamos el diagrama de cuerpo libre correspondiente con la carga (Q) puntualizada:

$P_2 = Q \cdot x = 2000 \frac{kg}{m} \cdot 6m = 12000\ kg$

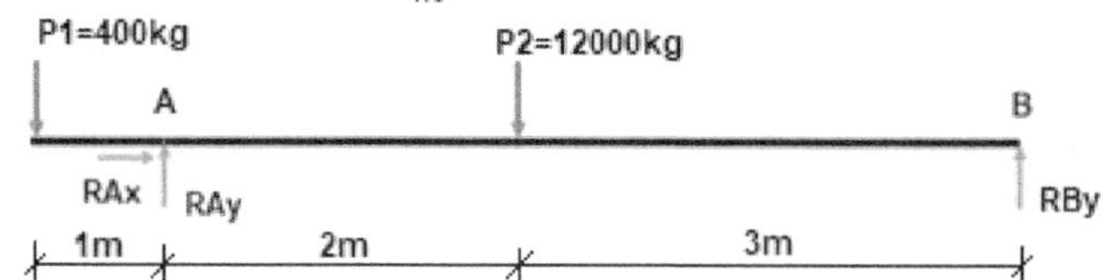

Aplicando el sumatorio de momentos en el apoyo "B" tenemos:

$\sum M_B = 0$

$P_1 \cdot 6m - RA_y \cdot 5m + P_2 \cdot 3m = 0 \rightarrow RA_y = \frac{P_1 \cdot 6m + P_2 \cdot 3m}{5m} = 7680\ kg$

Aplicando ahora el sumatorio de fuerzas obtenemos:

$$\sum F_y = 0$$

$$RA_y - P1 - P2 + RB_y = 0 \rightarrow RB_y = P1 + P2 - RA_y = 4720\ kg$$

$$\sum F_x = RA_x = 0 \rightarrow RA_x = 0$$

Considerando un primer corte para una distancia "x" entre $0 \leq x \leq 1$ calculamos ahora los momentos flectores y los esfuerzos cortantes:

$$M_1 + 400x + 2000 \cdot x \cdot \frac{x}{2} = 0 \rightarrow M_1 = -400x - 2000\frac{x^2}{2}$$

$$C_1 = \frac{dM_1}{dx} = -400 - 2000x$$

Considerando ahora un segundo corte para una distancia "x" entre $1 \leq x \leq 6$, y tomando momento en ese punto:

$$400x + 2000\frac{x^2}{2} - 7680(x-1) + M_2 = 0 \rightarrow M_2 = -400x - 2000\frac{x^2}{2} + 7680(x-1)$$

$$C_2 = \frac{dM_2}{dx} = -400 - 2000x + 7680$$

Para conocer el valor de "x" para el cual el momento es máximo igualamos a cero el esfuerzo cortante:

$$0 = -400 - 2000x + 7680 \rightarrow x = \frac{7280}{2000} = 3{,}64m$$

$$M_2(\max) = -400 \cdot 3{,}64 - 2000\frac{3{,}64^2}{2} + 7680 \cdot 2{,}64 = 5570\ kgm$$

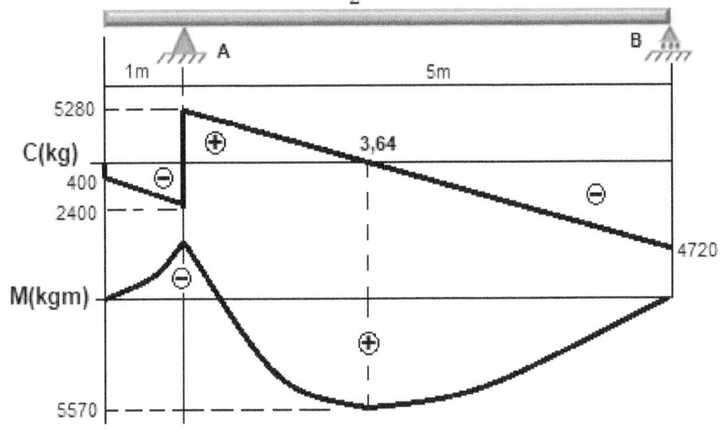

8. Dibuje los diagramas de esfuerzo cortante y momento flector para la viga y las cargas mostradas en la figura. Determine el máximo valor absoluto del esfuerzo cortante y del momento flector.

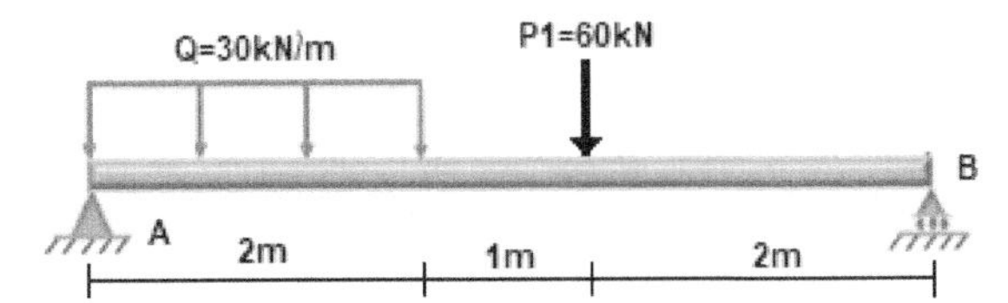

El diagrama de cuerpo libre con la carga Q puntualizada será: $P_2 = Q \cdot 2m = 60KN$

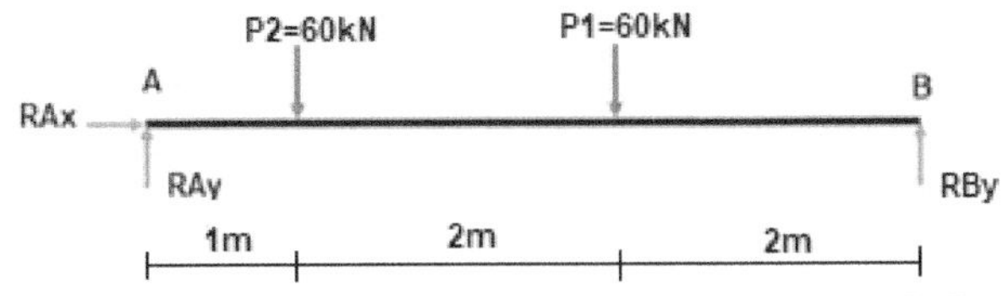

Aplicando el sumatorio de momentos en el apoyo "A" tenemos:

$$\sum M_A = 0;\ -P_2 \cdot 1m - P_1 \cdot 3m + RB_y \cdot 5m = 0 \rightarrow RB_y = \frac{P_1 \cdot 3m + P_2 \cdot 1m}{5m} = 48\ kN$$

Aplicando ahora el sumatorio de fuerzas obtenemos:

$$\sum F_y = 0 \rightarrow RA_y - P_1 - P_2 + RB_y = 0 \rightarrow RA_y = P_1 + P_2 - RB_y = 72\ kN$$

$\sum F_x = RA_x = 0 \rightarrow RA_x = 0$

Considerando un primer corte para una distancia "x" entre $0 \leq x \leq 2$ calculamos ahora los momentos flectores en ese punto de corte:

$M_1 + 30x\frac{x}{2} - 72 \cdot x = 0 \rightarrow M_1 = -15x^2 + 72x$

$C_1 = \frac{dM_1}{dx} = -30x + 72$

Considerando ahora un segundo corte para una distancia "x" entre $2 \leq x \leq 3$, tenemos:

$M_2 - 72x + 60(x-1) = 0 \rightarrow M_2 = 72x - 60x + 60 = 12x + 60$

$C_2 = \frac{dM_2}{dx} = 12$

Por último, considerando ahora un tercer corte para una distancia "x" entre $3 \leq x \leq 5$, tenemos:

$M_3 - 72x + 60(x-1) + 60(x-3) = 0 \rightarrow M_3 = -48x + 240$

$C_3 = \frac{dM_2}{dx} = -48$

Tomando valores tenemos:

Primera sección $0 \leq x \leq 2$	x=0	x=2
$C_1 = -30x + 72$ $M_1 = -15x^2 + 72x$	72 0	12 84
Segunda sección $2 \leq x \leq 3$	x=2	x=3
$C_2 = 12$ $M_2 = 12x + 60$	12 84	12 96
Tercera sección $3 \leq x \leq 5$	x=3	x=5
$C_3 = -48$ $M_2 = -48x + 240$	48 96	48 0

Por tanto el valor absoluto máximo para el esfuerzo cortante y para el momento flector será:

$C_{2mx} = 72kN$

$M_{max} = 96\ kN \cdot m$

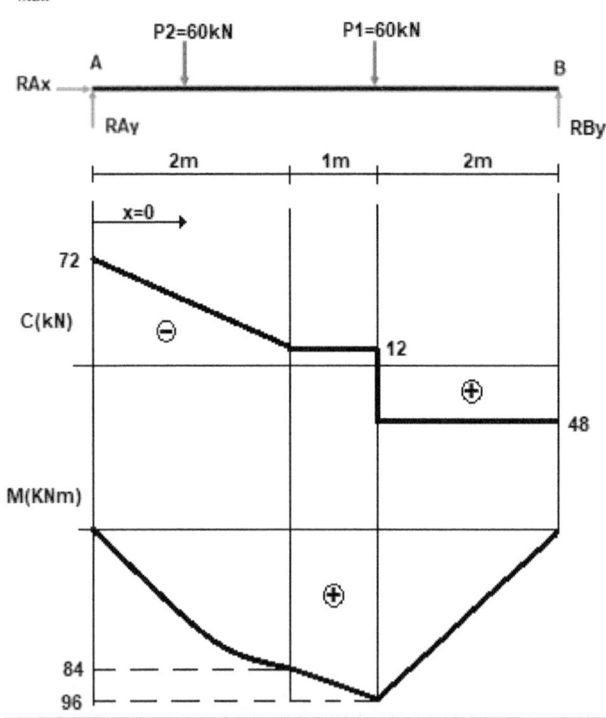

9. Para la viga empotrada de la figura siguiente, calcula las fuerzas de reacción y dibuja el diagrama de momentos flectores y esfuerzos cortantes.

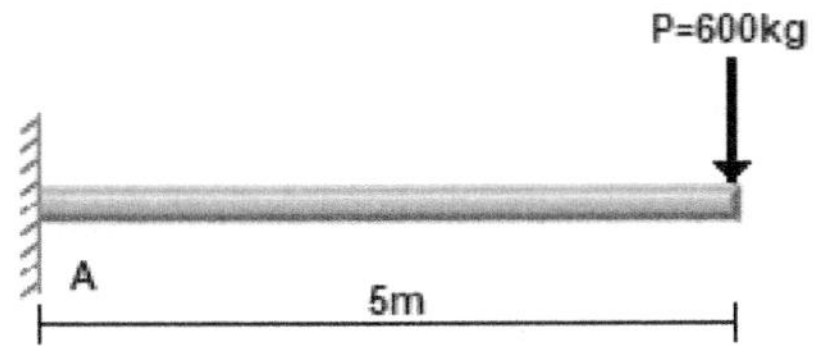

Teniendo en cuenta que el empotramiento tiene tres reacciones (las componentes horizontal y vertical, y el momento de empotramiento), dibujamos diagrama de cuerpo libre:

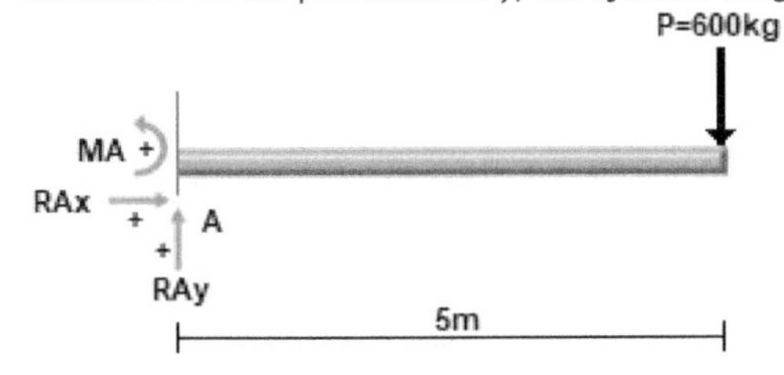

Tomando momentos en "A" y considerando positivos aquellos en sentido contrario a las agujas del reloj:

$\sum M_A = 0 \rightarrow M_A - 600kg \cdot 5m = 0 \rightarrow M_A = 3000\ kgm$

Si ahora hacemos el sumatorio de fuerzas:

$\sum F_y = 0 \rightarrow R_{Ay} - 600kg = 0 \rightarrow R_{Ay} = 600kg$

$\sum F_x = 0 \rightarrow R_{Ax} = 0$

Considerando un único corte para una distancia "x" entre $0 \leq x \leq 5$, calculamos ahora el momento flector y el esfuerzo cortante:

$\sum M = 0 \rightarrow 3000 - 600x + M_1 = 0 \rightarrow M_1 = 600x - 3000$

$\sum F_y = 0 \rightarrow 600 - C_1 = 0;\ C_1 = 600$

También podemos calcularlo a partir del momento flector: $C_1 = \frac{dM_1}{dx} = 600$

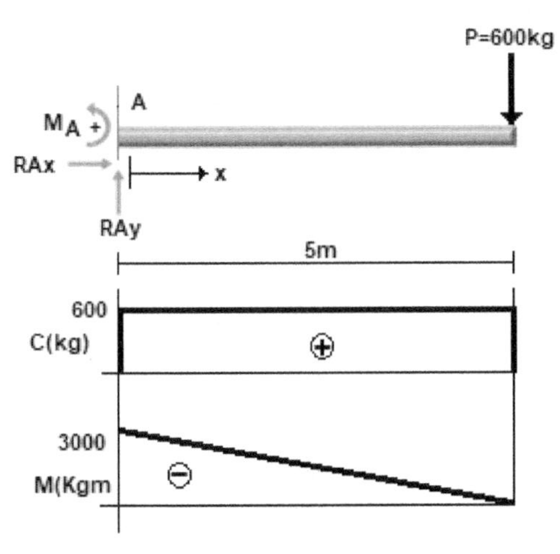

10. Para la viga empotrada de la figura siguiente, calcula las fuerzas de reacción y dibuja el diagrama de momentos flectores y esfuerzos cortantes.

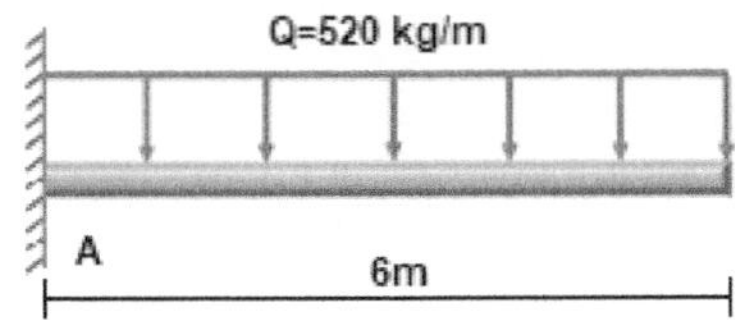

Recordando que el apoyo empotrado genera tres reacciones, dibujamos el diagrama de cuerpo libre con la carga puntualizada: $P = Q \cdot x = 520\ \frac{kg}{m} \cdot 6m = 3120kg$

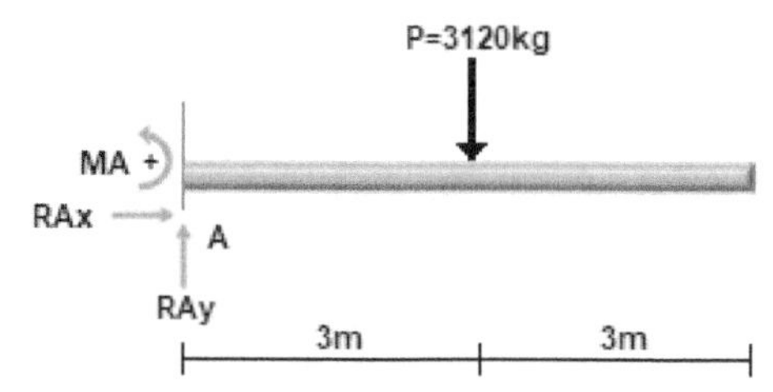

Tomando momentos en A tenemos dos momentos, el de empotramiento (M) y el que genera la carga puntualizada:

$$\sum M_A = 0 \rightarrow M_A - 3120kg \cdot 3m = 0 \rightarrow M_A = 9360\ kgm$$

Si ahora hacemos el sumatorio de fuerzas:

$$\sum F_y = 0 \rightarrow R_{Ay} - 3120kg = 0 \rightarrow R_{Ay} = 3120kg$$

$$\sum F_x = 0 \rightarrow R_{Ax} = 0$$

Considerando ahora un único corte para una distancia "x" entre $0 \leq x \leq 6$, calculamos ahora el momento flector y el esfuerzo cortante:

$$\sum M = 0 \rightarrow 9360 - 3120x + 520 \cdot x \cdot \frac{x}{2} + M = 0 \rightarrow M = -9360 + 3120x - 260 \cdot x^2$$

$$\sum F_y = 0 \rightarrow 3120 - 520 \cdot x - C = 0;\ C = -520 \cdot x + 3120$$

O también: $C = \frac{dM_1}{dx} = -520 \cdot x + 3120$

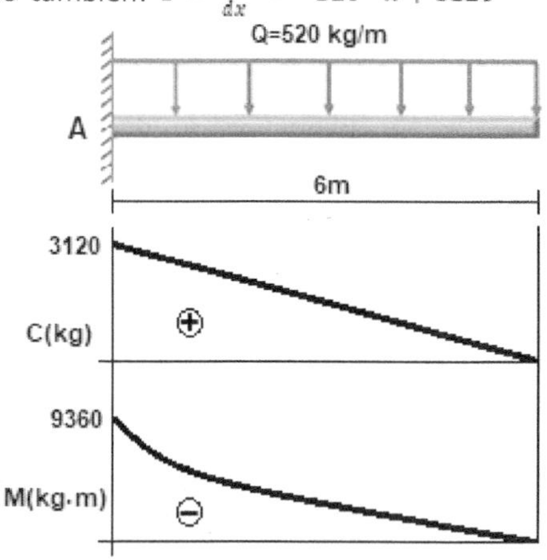

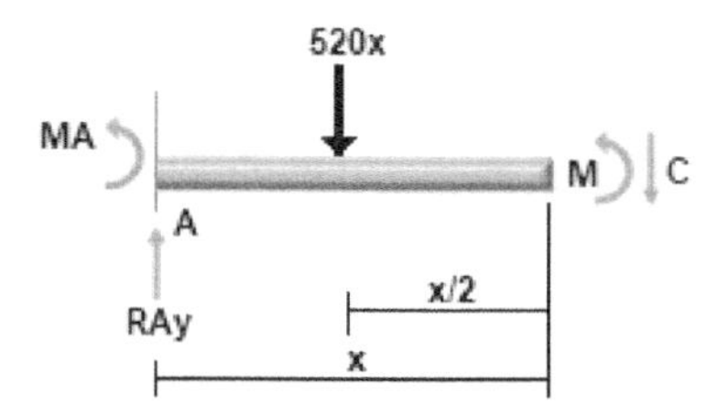

11. Determine las cargas internas resultantes sobre las secciones transversales que pasan por los puntos B y C de la siguiente estructura.

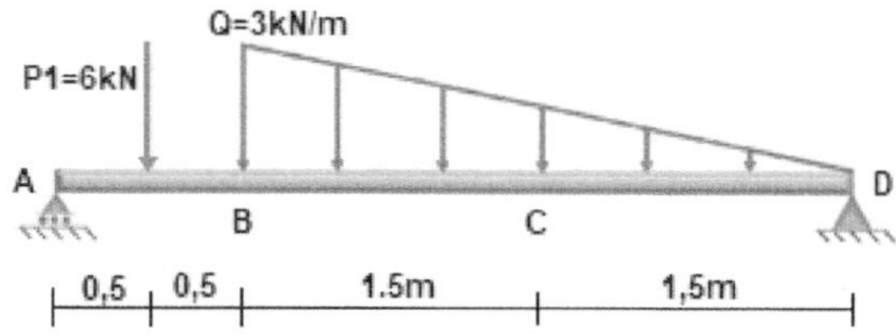

Dibujando el diagrama de cuerpo libre con la carga P_2 puntualizada y tomando momentos en el extremo "D" tenemos:

P1=6kN P2=4,5kN

A D

RAy RDy

0,5 1,5 2m

$$\sum M_A = 0 \rightarrow RD_y \cdot 4m - P_2 \cdot 2m - P_1 \cdot 0{,}5m = 0$$

$$P_2 = 3\frac{kN}{m} \cdot \frac{3m}{2} = 4{,}5kN \rightarrow RD_y = 3kN$$

$$\sum F_y = 0 \rightarrow RA_y + RD_y - P_1 - P_2 = 0 \rightarrow RA_y = 7{,}5kN$$

Si realizamos ahora un primer corte por el punto "B" y tomamos la *sección izquierda* del corte tenemos:

$$\sum F_y = 0 \rightarrow RA_y - C_B - 6kN = 0 \rightarrow C_B = 1{,}5kN$$

$$\sum M_B = 0 \rightarrow -7{,}5kN \cdot 1m + 6kN \cdot 0{,}5m + M_B = 0 \rightarrow M_B = 4{,}5kNm$$

Por último realizamos ahora un segundo corte por el punto "C" y tomamos la *sección derecha* de la viga. Por semejanza de triángulos obtenemos el valor de la carga "x" para el punto "C":

$$\frac{3\frac{kN}{m}}{3m} = \frac{x}{1{,}5m} \rightarrow x = 1{,}5\frac{kN}{m};\ P_3 = \frac{1{,}5\frac{kN}{m} \cdot 1{,}5m}{2} = 1{,}125kN$$

$$\sum F_y = 0 \rightarrow C_C + RD_y - 1{,}125kN = 0 \rightarrow C_C = -1{,}875\ kN$$

$$\sum M_C = 0 \rightarrow M_C + 1{,}125kN \cdot 0{,}5m - 3kN \cdot 1{,}5m = 0 \rightarrow M_C = 3{,}9375\ kNm$$

El signo negativo de la fuerza cortante nos indica obviamente que va en sentido contrario.

12. Determina las reacciones en los apoyos así como el diagrama de esfuerzo cortante y momento flector de la viga de la figura con cargas distribuidas triangulares y rectangulares.

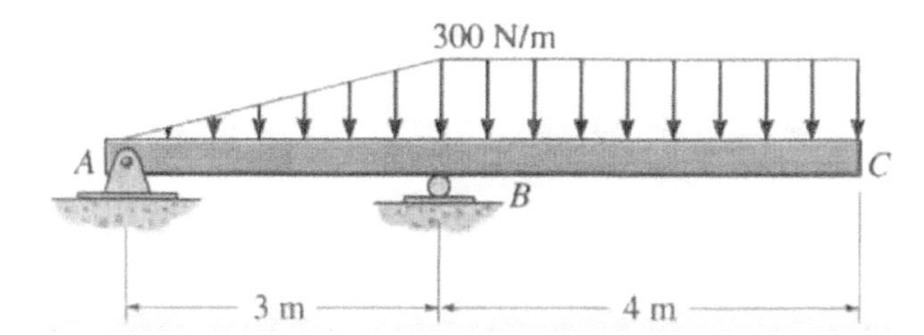

Dibujamos el diagrama de cuerpo libre con las dos cargas distribuidas puntualizadas, teniendo en cuenta que en la carga triangular se coloca a 2/3 del ángulo agudo, y la rectangular en el centro de la misma. Tomando momentos en el extremo "A" tenemos:

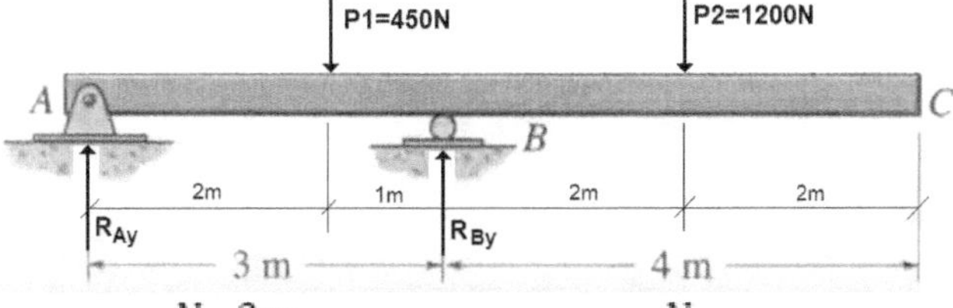

$$P_1 = 300\frac{N}{m} \cdot \frac{3m}{2} = 450N;\ P_2 = 300\frac{N}{m} \cdot 4m = 1200N$$

$$\sum M_A = 0 \rightarrow RB_y \cdot 3m - 450N \cdot 2m - 1200N \cdot 5m = 0 \rightarrow RB_y = 2300N$$

$$\sum F_y = 0 \rightarrow RA_y + RB_y - 450N - 1200N = 0 \rightarrow RA_y = 1650 - RB_y = -650N\ (Va\ al\ contrario)$$

Si realizamos ahora un corte a la izquierda del apoyo "B" entre $0 \leq x \leq 3$ y puntualizamos la carga triangular en ese tramo en función de la distancia "x" al extremo izquierdo:

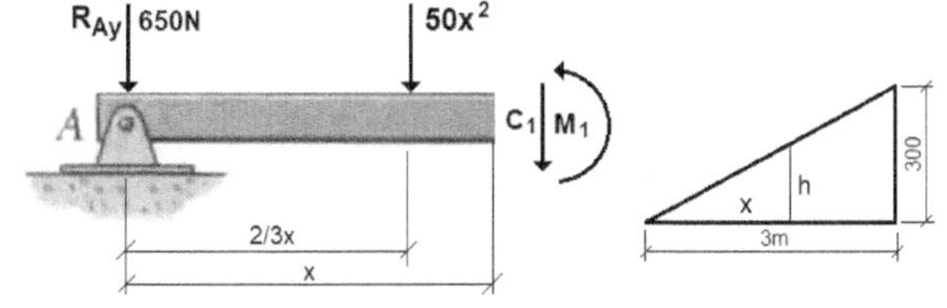

Por semejanza de triángulos obtenemos el valor de la altura "h" en función de "x" y calculamos el valor de la carga en función de "x":

$$\frac{h}{300} = \frac{x}{3m} \rightarrow h = \frac{300x}{3} = 100x \rightarrow \acute{A}rea\,(carga) = \frac{100x \cdot x}{2} = 50x^2$$

$$\sum F_y = 0;\ 650N + 50x^2 + C_1 = 0 \rightarrow C_1 = -650 - 50x^2$$

$$\sum M = 0 \rightarrow 650x + 50x^2 \cdot \frac{x}{3} + M_1 = 0 \rightarrow M_1 = -50 \cdot \frac{x^3}{3} - 650x$$

Por último realizamos ahora un segundo corte antes del extremo "C" entre $3 \leq x \leq 7$ y puntualizamos la carga rectangular en función de la distancia "x":

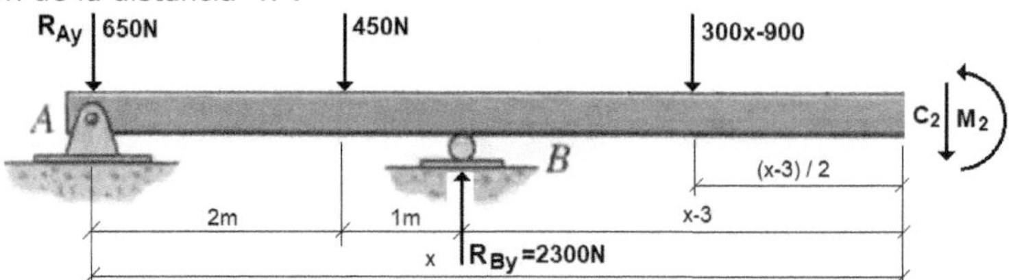

Las cargas equivalentes serán ahora:

$$\acute{A}rea\,(carga) = (x - 3)300 = 300x - 900$$

$$\sum F_y = 0;\ 650 + 450 + (300x - 900) + C_2 - 2300 = 0 \rightarrow C_2 = 2100 - 300x$$

Tomando momentos ahora con respecto al punto de corte:

$$\sum M = 0 \rightarrow 650x + 450(x - 2) - 2300(x - 3) + (300x - 900)\frac{(x - 3)}{2} + M_2 = 0 \rightarrow M_2 = -150x^2 + 2100x - 7350$$

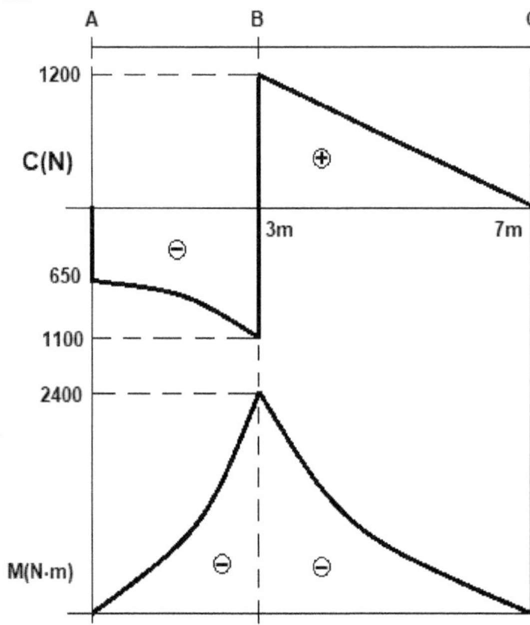

Primera sección $0 \leq x \leq 3$	x=0	x=3
$C_1 = -650 - 50x^2$	-650	-1100
$M_1 = -\frac{50x^3}{3} - 650x$	0	-2400

Segunda sección $3 \leq x \leq 7$	x=3	x=7
$C_2 = 2100 - 300x$	1200	0
$M_2 - 150x^2 + 2100x - 7350$	-2400	0

13. Determina las reacciones en los apoyos así como el diagrama de esfuerzo cortante y momento flector de la viga de la figura con carga trapezoidal. Calcula también el momento flector máximo de la viga.

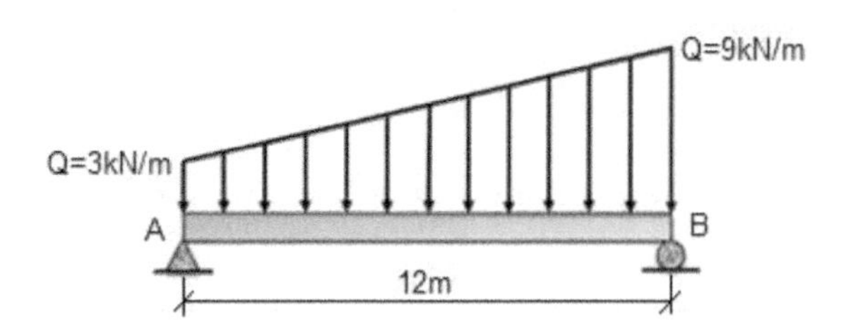

En primer lugar puntualizamos la carga trapezoidal en dos cargas puntuales y dibujamos el diagrama de cuerpo libre correspondiente:

$$P_1 = 12m \cdot 3\frac{kN}{m} = 36\,kN;\ P_2 = \frac{12m \cdot 6\frac{kN}{m}}{2} = 36\,kN$$

Calculamos ahora las reacciones en los apoyos:

$$\sum M_A = 0;\ -36kN \cdot 6m + -36kN \cdot 8m + RB_y \cdot 12m = 0 \rightarrow RB_y = 42kN$$

$$\sum F_y = 0 \rightarrow RAy - 36kN - 36kN + RBy = 0 \rightarrow RAy = 30kN$$

Realizamos ahora un corte a la viga y a la carga a una distancia "x" del extremo A de la viga, para el intervalo $0 \leq x \leq 12$. Calculamos ahora el valor de la altura por semejanza de triángulos:

$$\frac{y}{x} = \frac{6}{12} \rightarrow y = \frac{x}{2}$$

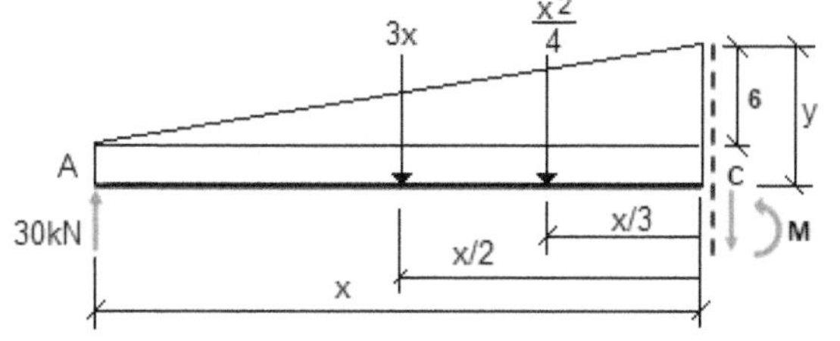

La ecuación del esfuerzo cortante interno será:

$$\sum F_y = 0 \rightarrow -30kN + 3x + \frac{x^2}{4} + C = 0 \rightarrow C = 30 - 3x - \frac{x^2}{4}$$

Si hacemos ahora el sumatorio de momentos para el mismo corte, obtenemos el momento flector interno:

$$\sum M = 0 \rightarrow -30x + 3x\left(\frac{x}{2}\right) + \frac{x^2}{4}\left(\frac{x}{3}\right) + M = 0 \rightarrow M = 30x - \frac{3x^2}{2} - \frac{x^3}{12}$$

Tomando valores tenemos:

Primera sección $0 \leq x \leq 12$	x=0	x=12
$C = 30 - 3x - \frac{x^2}{4}$	30	-42
$M = 30x - \frac{3x^2}{2} - \frac{x^3}{12}$	0	0

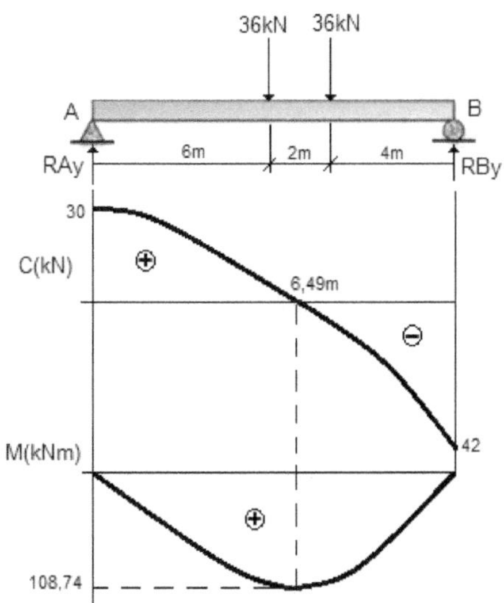

Para obtener el valor del momento máximo derivamos la ecuación del momento e igualamos a cero:

$$\frac{dM}{dx} = 30 - 3x - \frac{x^2}{4} = 0 \rightarrow x = 6{,}49;\ M_{max} = 108{,}74\ kNm$$

14. Determina las reacciones en los apoyos así como el diagrama de esfuerzo cortante y momento flector de la viga empotrada de la figura con cargas distribuidas triangulares y rectangulares.

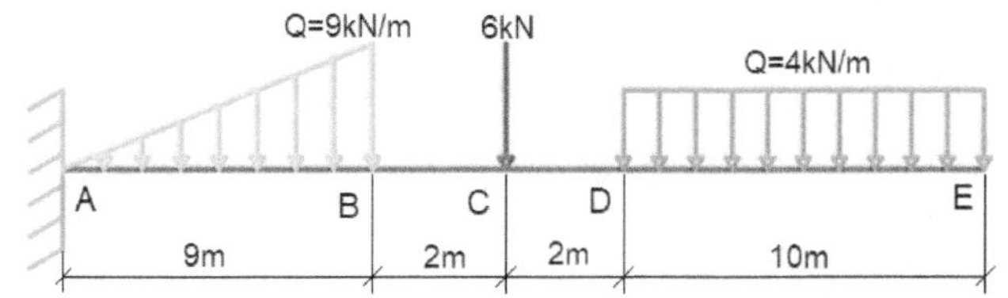

Dibujamos el diagrama de cuerpo libre con las dos cargas distribuidas puntualizadas y tomamos momentos en el extremo "A":

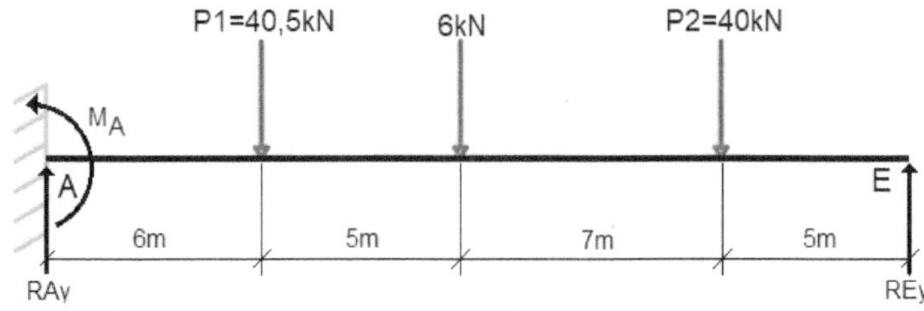

$$P_1 = 9\frac{kN}{m}\cdot\frac{9m}{2} = 40{,}5kN;\ P_2 = 4\frac{kN}{m}\cdot 10m = 40kN$$

$$\sum M_A = 0 \rightarrow -40{,}5kN\cdot 6m - 6kN\cdot 11m - 40kN\cdot 18m + M_A = 0 \rightarrow M_A = 1029\ kN\cdot m$$

$$\sum F_y = 0 \rightarrow RA_y - 40{,}5kN - 6kN - 40kN = 0;\ RA_y = 86{,}5kN$$

Si realizamos ahora un primer corte a la izquierda del apoyo "A" entre $0 \leq x \leq 9$ y puntualizamos la carga triangular en ese tramo en función de la distancia "x" al extremo izquierdo, tenemos:

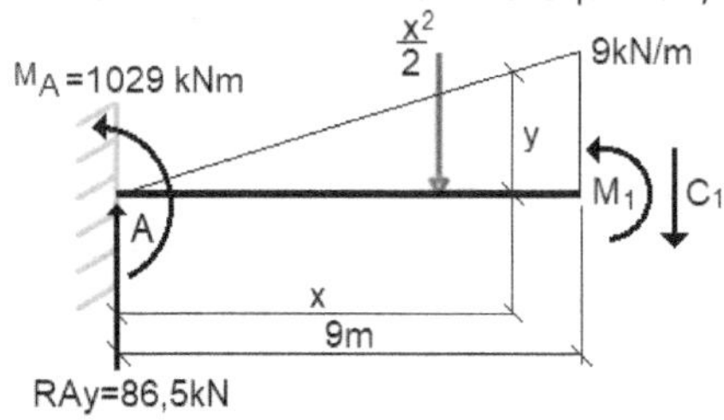

Por semejanza de triángulos obtenemos el valor de la altura "h" en función de "x" y calculamos el valor de la carga en función de "x":

$$\frac{y}{x} = \frac{9}{9} \rightarrow y = x \rightarrow Área = \frac{x\cdot y}{2} = \frac{x^2}{2}$$

$$\sum F_y = 0 \rightarrow -86{,}5 + \frac{x^2}{2} + C_1 = 0 \rightarrow C_1 = 86{,}5 - \frac{x^2}{2}$$

$$\sum M = 0 \rightarrow 1029 - 86{,}5x + \frac{x^2}{2}\cdot\frac{x}{3} + M_1 = 0 \rightarrow M_1 = -1029 + 86{,}5x + \frac{x^3}{6}$$

Realizamos un segundo corte entre $9 \leq x \leq 11$:

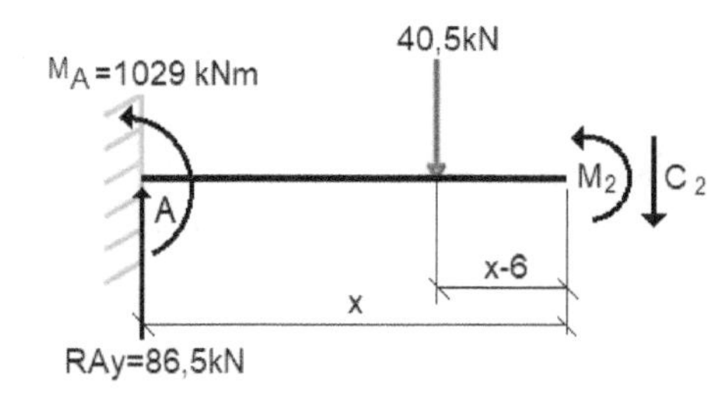

$$\sum F_y = 0 \rightarrow -86{,}5 + 40{,}5 + C_2 = 0 \rightarrow C_2 = 46kN$$

Tomando momentos ahora con respecto al punto de corte:

$$\sum M = 0 \rightarrow 1029 - 86{,}5x + 40{,}5(x-6) + M_2 = 0 \rightarrow M_2 = -786 + 46x$$

Realizamos un tercer corte entre $11 \leq x \leq 13$:

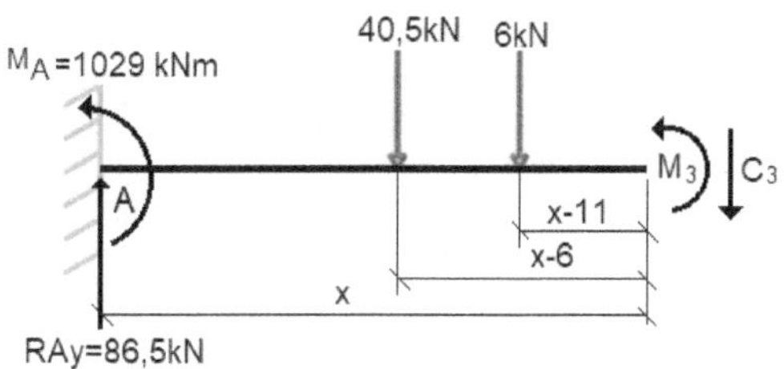

$\sum F_y = 0 \rightarrow -86{,}5 + 40{,}5{+}6 + C_3 = 0 \rightarrow C_3 = 40kN$

Tomando momentos ahora con respecto al punto de corte:

$\sum M = 0 \rightarrow 1029 - 86{,}5x + 40{,}5(x-6) + 6(x-11) + M_3 = 0 \rightarrow M_3 = -720 + 4x$

Finalmente realizamos un último corte entre $13 \leq x \leq 23$:

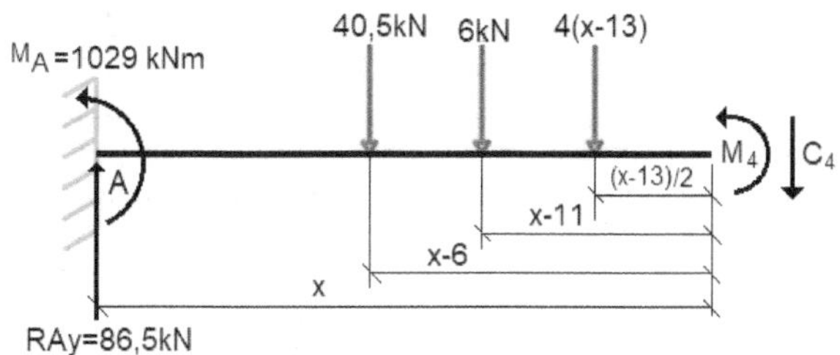

$\sum F_y = 0 \rightarrow -86{,}5 + 40{,}5{+}6 + 4x - 52 + C_4 = 0 \rightarrow C_4 = 92 - 4x$

Tomando momentos ahora con respecto al punto de corte:

$\sum M = 0 \rightarrow 1029 - 86{,}5x + 40{,}5(x-6) + 6(x-11) + 4(x-13)\left(\frac{x-13}{2}\right) + M_4 = 0 \rightarrow M_4 = -1058 + 92x - 2x^2$

Finalmente dando valores en las expresiones de los diferentes tramos obtenemos las dos gráficas siguientes:

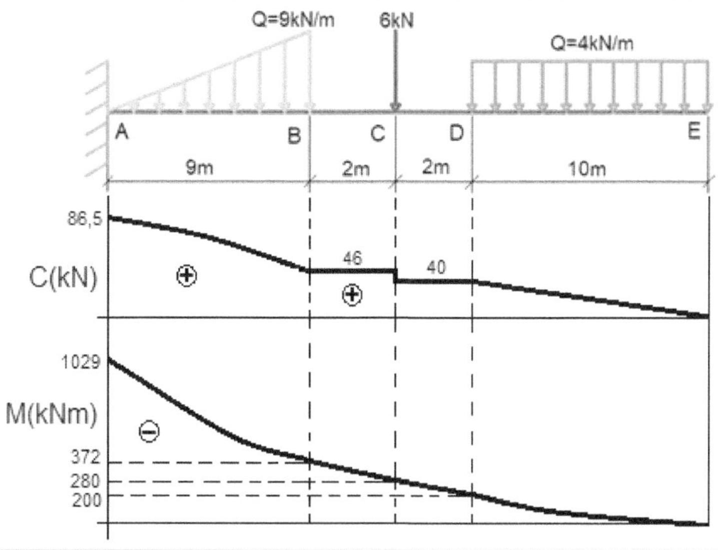

15. Considera que el sistema mostrado está en equilibrio estático. Calcula el valor de las tensiones en los cables A y B.

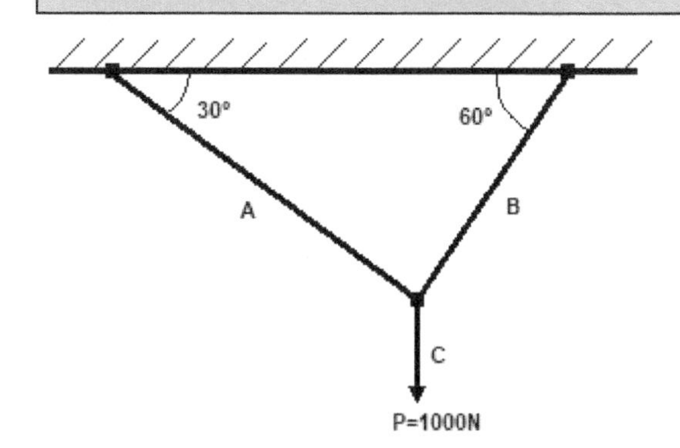

Si el sistema está en equilibrio estático ello implica que no hay ningún tipo de desplazamiento, por tanto la suma de fuerzas en todo el sistema debe ser igual a cero.

$\sum F_x = 0; \sum F_y = 0$

Dibujamos el diagrama de cuerpo libre con todas las fuerzas y aplicamos las condiciones de equilibrio:

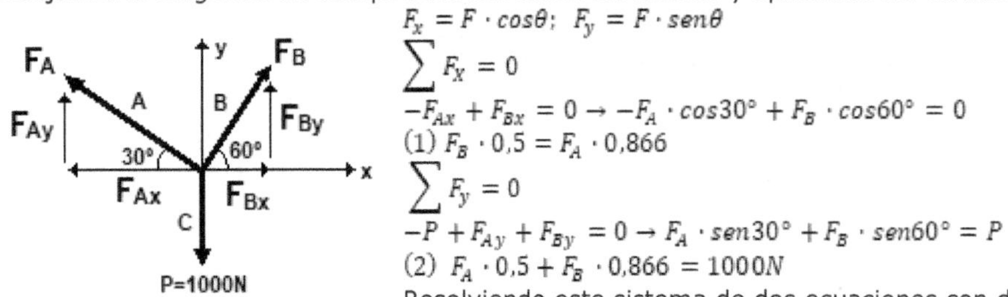

$F_x = F \cdot cos\theta; \; F_y = F \cdot sen\theta$

$\sum F_x = 0$

$-F_{Ax} + F_{Bx} = 0 \rightarrow -F_A \cdot cos30° + F_B \cdot cos60° = 0$

(1) $F_B \cdot 0{,}5 = F_A \cdot 0{,}866$

$\sum F_y = 0$

$-P + F_{Ay} + F_{By} = 0 \rightarrow F_A \cdot sen30° + F_B \cdot sen60° = P$

(2) $F_A \cdot 0{,}5 + F_B \cdot 0{,}866 = 1000N$

Resolviendo este sistema de dos ecuaciones con dos incógnitas obtenemos los valores de ambas fuerzas: $F_A = 500N; \; F_B = 866N$

16. Calcula las reacciones en los apoyos así como las fuerzas internas de la siguiente estructura utilizando el método de nodos. Determina si las fuerzas trabajan a tracción o a compresión.

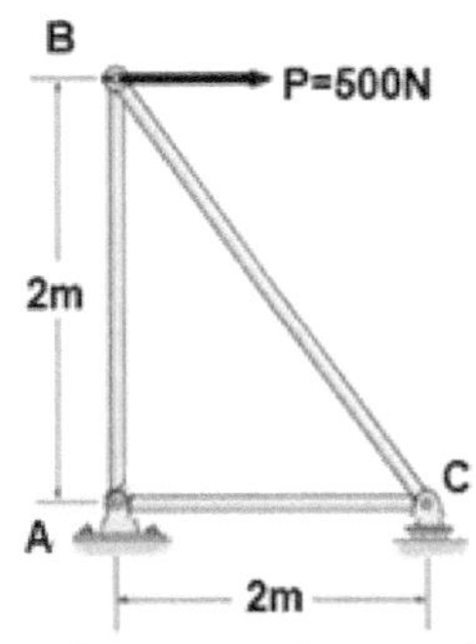

Dado que en el punto "A" tenemos una unión de perno (apoyo fijo), vamos a tener dos reacciones (RAx y RAy), mientras que en el punto "C" al tratarse de una unión de rodillo (apoyo móvil) solo vamos a tener una reacción (RCy). Partiendo del nodo "B" donde conocemos la carga "P" y suponiendo en principio que las fuerzas trabajan a tracción (saliendo del nodo), dibujamos el diagrama de cuerpo libre y hacemos un análisis de equilibrio:

$$\sum F_x = 0 \rightarrow F_{BC} \cdot cos45^{\circ} + P = 0$$

$$F_{BC} = \frac{-P}{\cos 45^{\circ}} = \frac{-500N}{\cos 45^{\circ}} = -707{,}1N\,(Compresión)$$

$$\sum F_y = 0 \rightarrow -F_{BC} \cdot sen45^{\circ} - F_{BA} = 0$$

$$F_{BA} = -(-707{,}1 \cdot sen45^{\circ}) = 500N\,(Tracción)$$

De aquí deducimos que el sentido de la fuerza F_{BC} va en sentido contrario, por tanto trabaja a compresión. A continuación pasamos al nodo C donde solamente tenemos dos incógnitas (R_{Cy} y F_{CA}):

$$\sum F_x = 0 \rightarrow -F_{CA} + F_{BC} \cdot cos45^{\circ} = 0 \rightarrow F_{CA} = 707{,}1 \cdot cos45^{\circ} = 500N\,(Tracción)$$

$$\sum F_y = 0 \rightarrow R_{Cy} - F_{BC} \cdot sen45^{\circ} = 0 \rightarrow R_{Cy} = 500N$$

Finalmente pasamos al nodo "A" donde obtenemos las fuerzas restantes:

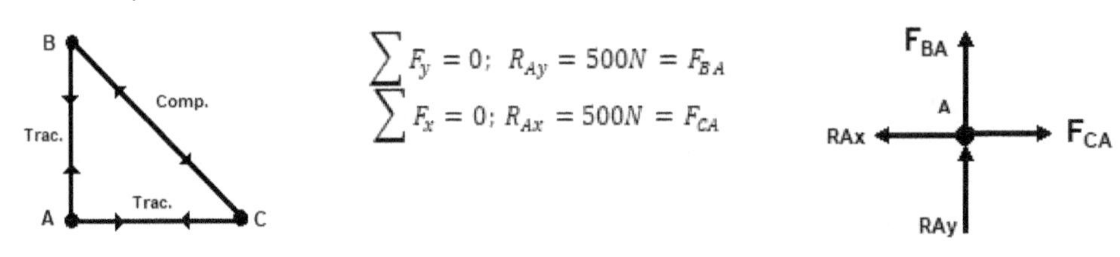

$\sum F_y = 0; \; R_{Ay} = 500N = F_{BA}$

$\sum F_x = 0; \; R_{Ax} = 500N = F_{CA}$

17. Calcula las reacciones en los apoyos así como las fuerzas internas de la siguiente estructura. Determina si las fuerzas trabajan a tracción o a compresión.

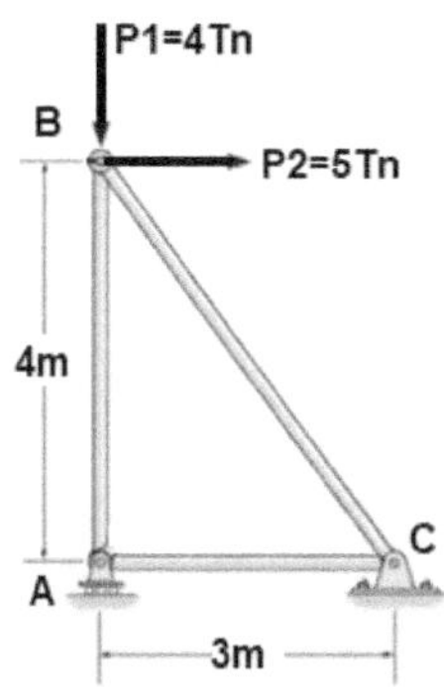

Realizando un primer análisis externo de la estructura y considerando los momentos positivos en sentido contrario a las agujas del reloj, obtenemos el sumatorio de momentos en el nodo A:

$$\sum M_A = 0$$

$$-P2\cdot 4m + RC_y\cdot 3m = 0 \rightarrow RC_y = \frac{20}{3}Tn$$

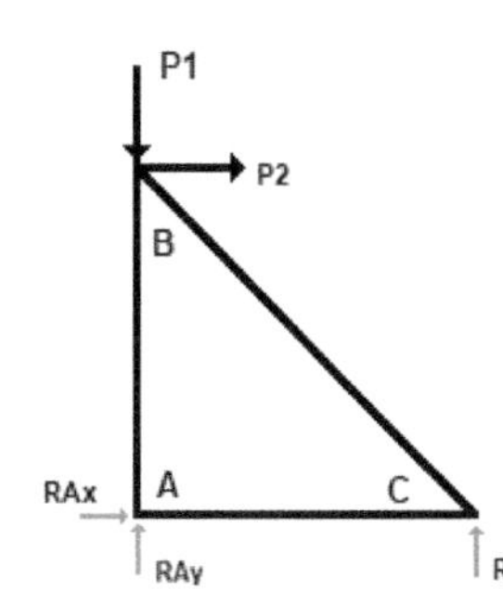

Si aplicamos ahora el sumatorio de fuerzas sobre ambos ejes obtenemos el resto de reacciones en los apoyos:

$$\sum F_y = 0$$

$$-P1 + RA_y + RC_y = 0 \rightarrow RA_y = 4 - \frac{20}{3} = -\frac{8}{3}Tn$$

$$\sum F_x = 0$$

$$P2 + RA_x = 0 \rightarrow RA_x = -5Tn$$

Se observa que tanto RA_x como RA_y tienen signo negativo, lo cual quiere decir que llevan sentido contrario al fijado.

A continuación realizamos ahora un análisis interno y aplicamos para ello las condiciones de equilibrio para el nodo "A" donde tenemos dos incógnitas:

$$\sum F_y = 0$$

$$-\frac{8}{3} + F_{AB} = 0 \rightarrow F_{AB} = \frac{8}{3}Tn(Tracción)$$

$$\sum F_x = 0$$

$$-5 + F_{AC} = 0 \rightarrow F_{AC} = 5\,Tn(Tracción)$$

FAB
A
5Tn
FAC
8/3Tn

Finalmente para el nodo "C" suponiendo que la fuerza F_{BC} trabaja a tracción:

F_{BC}
F_{AC} =5Tn
C
20/3 Tn

$$\sum F_y = 0$$

$$\frac{20}{3} + F_{CB}\frac{4}{5} = 0 \rightarrow F_{CB} = -\frac{20}{3}\cdot\frac{5}{4} = -\frac{25}{3}Tn(Compresión)$$

El diagrama final teniendo en cuenta que cuando el sentido de la fuerza sale de los nodos, la barra trabaja a tracción (T), y cuando entra a los nodos a compresión (C):

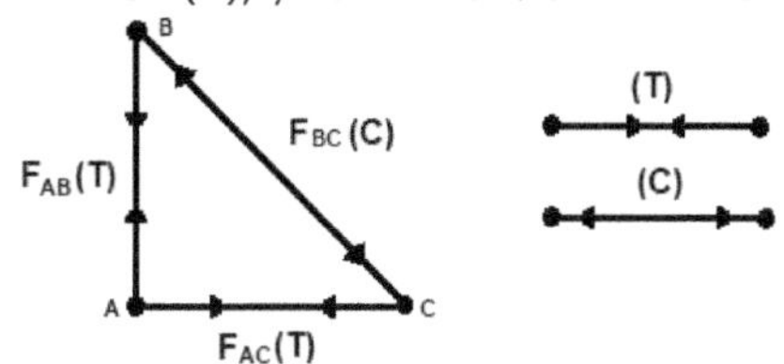

18. Determine la fuerza en cada miembro de la estructura y establezca si los elementos trabajan a tracción o a compresión. Considere P=300kN.

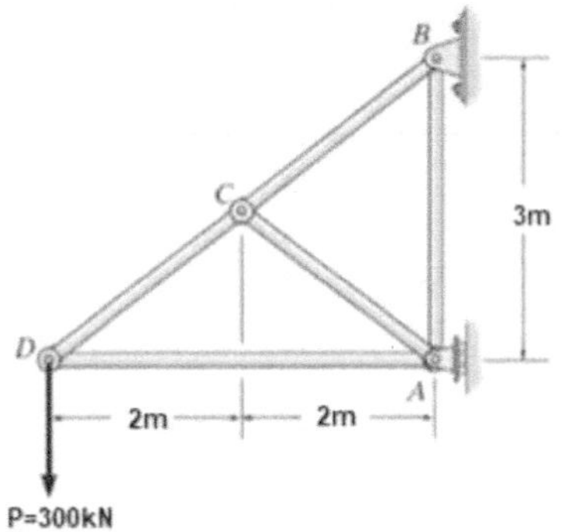

Comenzamos por el nodo D haciendo un análisis de equilibrio, teniendo en cuenta que las dos fuerzas desconocidas representadas F_{AD} y F_{CD} son las que contrarrestan a la carga P para que se cumpla el equilibrio sobre ambos ejes:

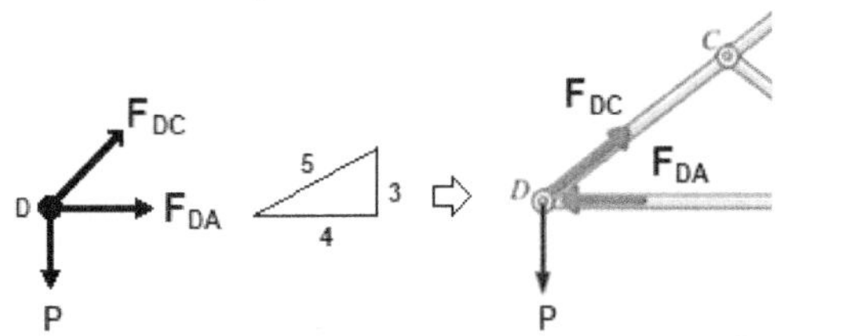

$$\sum F_y = 0 \rightarrow -P + F_{DC}\left(\frac{3}{5}\right) = 0$$

$$F_{DC} = 300\,\frac{5}{3} = 500\ kN(Tracción)$$

$$\sum F_x = 0 \rightarrow F_{DA} + F_{DC}\left(\frac{4}{5}\right) = 0 \rightarrow F_{DA} = -F_{DC}\left(\frac{4}{5}\right) = -400\ kN(Compresión)$$

De donde deducimos que la fuerza F_{DA} va en sentido contrario al prefijado. A continuación pasamos al nodo "C", donde observamos que $F_{CD}=F_{BC}=500$ kN (son colineales) y que además como en ese nodo no existe ninguna carga externa aplicada, dado que existen dos elementos a lo largo de una misma línea de acción, esas dos fuerzas tendrán la misma magnitud y el elemento restante va a tener una fuerza $F_{CA}=0$. Tomando momentos ahora en "B" tenemos:

$$\sum M_B = 0 \rightarrow 300 \cdot 4 - RA_x \cdot 3 = 0;\ RA_x = 400kN$$

Finalmente nos vamos al nodo "A", donde debido a que en este apoyo de rodillo no tenemos tampoco ninguna carga externa aplicada, podemos deducir también que $F_{AB}=0$. Por tanto, hay dos barras que van a trabajar a tracción (F_{BC} y F_{CD}) y otra compresión (F_{AD}), mientras que la otra barra (AB) y la barra (CA) no soporta ningún esfuerzo. En cualquier caso, podemos aplicar las condiciones de equilibrio para dicho nodo para comprobarlo:

$$\sum F_x = 0 \rightarrow 400 - F_{CA} \cdot cos45º - 400 = 0 \rightarrow F_{CA} = 0$$

$$\sum F_y = 0 \rightarrow F_{AB} + F_{CA} \cdot sen45º = 0 \rightarrow F_{AB} = 0$$

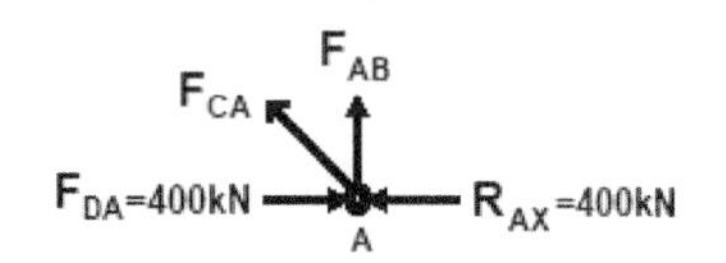

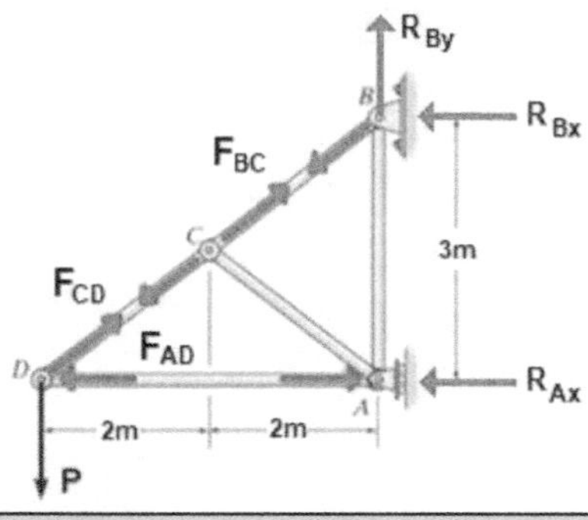

19. Determine la fuerza en cada miembro de la estructura y establezca si los elementos trabajan a tracción o a compresión. Considere P=2,8kN.

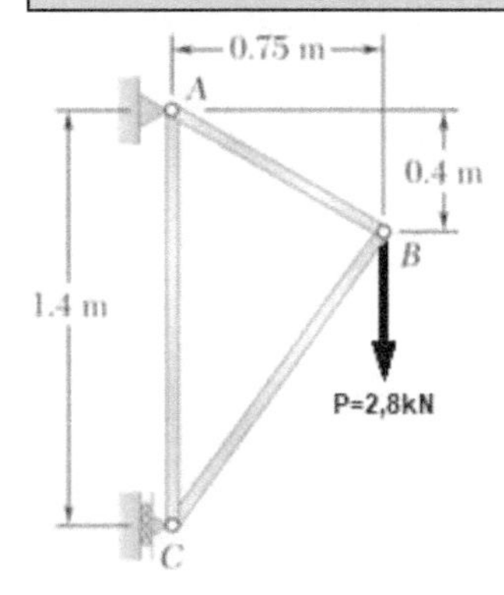

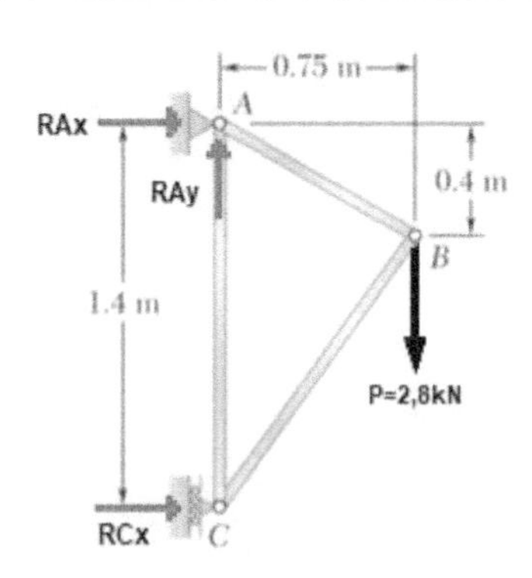

Partiendo del nodo "B" donde conocemos la carga "P" vamos a proponer estas direcciones a tracción para las fuerzas de este nodo y aplicamos las condiciones de equilibrio:

$$\sum F_x = 0 \rightarrow -F_{BA}\left(\frac{0{,}75}{0{,}8}\right) - F_{BC}\left(\frac{0{,}75}{1{,}25}\right) = 0;\ (1)\ F_{BA}\left(\frac{15}{16}\right) = -F_{BC}\left(\frac{3}{5}\right)$$

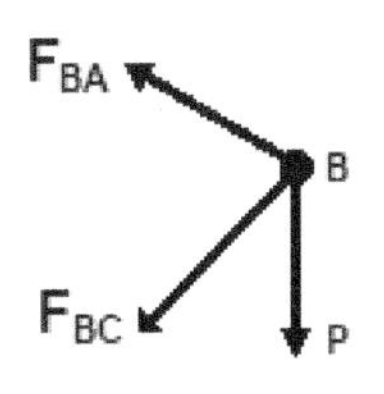

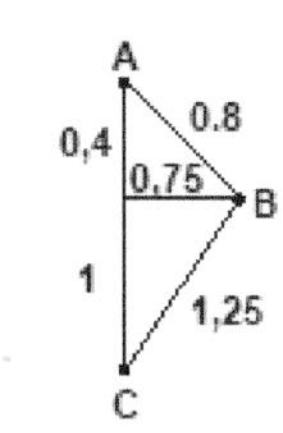

$$\sum F_y = 0 \rightarrow F_{BA}\left(\frac{0{,}4}{0{,}8}\right) - F_{BC}\left(\frac{1}{1{,}25}\right) - P = 0;\ (2)\ F_{BA}\left(\frac{1}{2}\right) - F_{BC}\left(\frac{4}{5}\right) = 2{,}8$$

Tenemos un sistema de dos ecuaciones con dos incognitas que resuelto:
$F_{BC} = -2{,}5\ kN\ (Compresión);\ F_{BA} = 1{,}6\ kN(Tracción)$
Por tanto, podemos decir que la barra (BC) trabaja a compresión y la barra (BA) a tracción.
A continuación nos vamos al nodo "C" donde tenemos un apoyo de rodillo y por tanto tenemos también otras dos incognitas (F_{CA} y R_{Cx}), mientras que en el nodo A tendremos una incognita más por ser de perno.

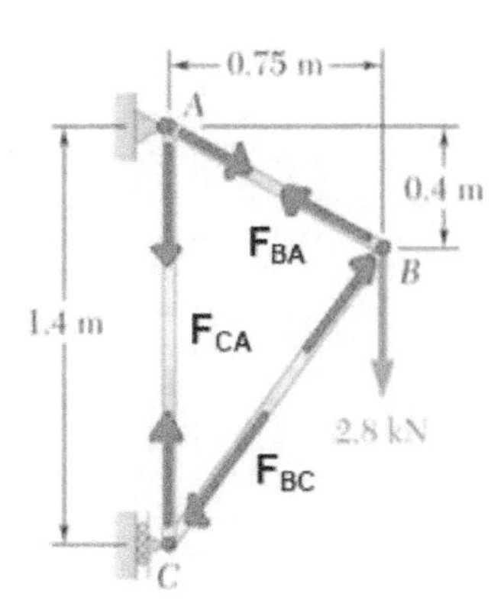

$$\sum F_y = 0 \rightarrow F_{CA} - F_{BC}\left(\frac{1}{1{,}25}\right) = 0 \rightarrow F_{CA} = F_{BC}\left(\frac{4}{5}\right) = 2{,}5kN\left(\frac{4}{5}\right) = 2kN\,(Tracción)$$

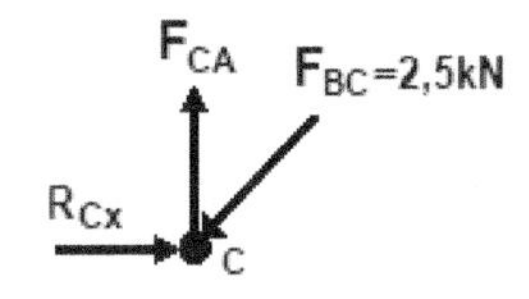

Ya conocemos todas las fuerzas interiores, por tanto podemos decir que el tramo AB y AC trabajan a tracción y el tramos BC a compresión. En este caso no se han calculado las reacciones en los apoyos porque no se pedía en el enunciado. En cualquier caso se puede comprobar que RAx=-1,5kN, RAy=2,8kN y RCx=1,5kN.

20. Determina las reacciones en los apoyos así como la fuerza desarrollada en los elementos de la armadura, e indique si estos elementos trabajan a tracción o a compresión. Suponer que el poso de las barras es despreciable frente al de la carga.

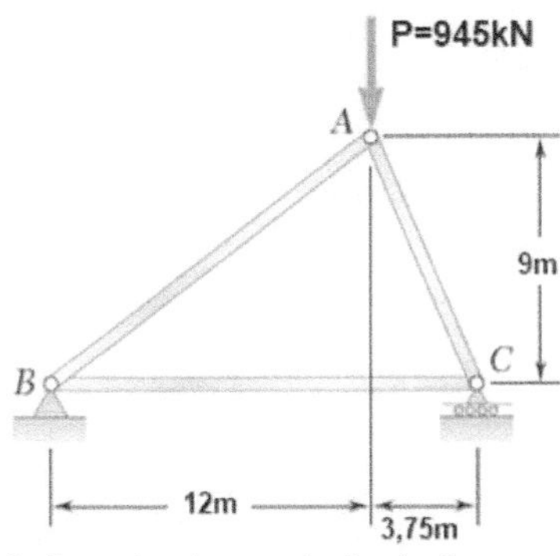

Aplicando el sumatorio de fuerzas y de momentos a las cargas externas obtenemos las reacciones en los apoyos:

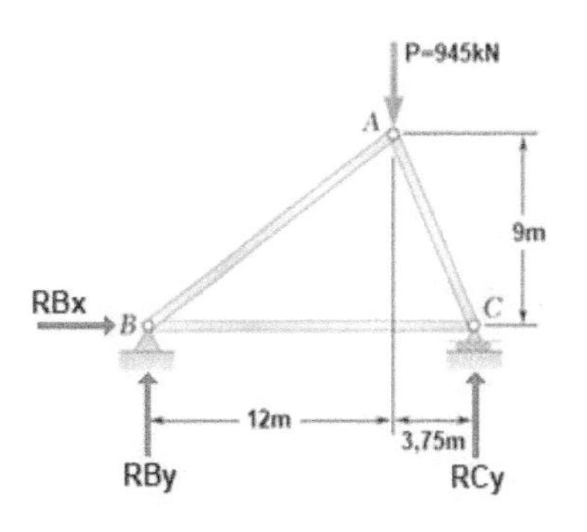

$$\sum M_C = 0 \rightarrow 945 \cdot 3{,}75m - RB_y \cdot 15{,}75m = 0 \rightarrow RB_y = 225kN$$

$$\sum F_y = 0 \rightarrow RB_y + RC_y - 945kN = 0 \rightarrow RC_y = 720kN$$

$$\sum F_x = 0 \rightarrow RB_x = 0$$

Nodo B: suponemos inicialmente las fuerzas en el nodo a tracción y aplicamos el método de los nodos.

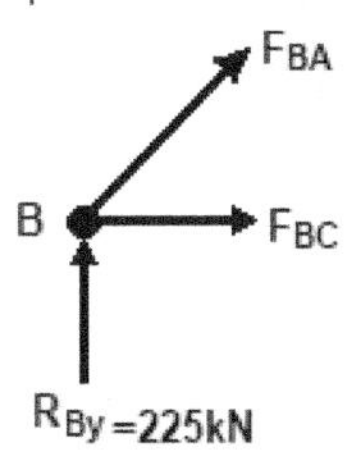

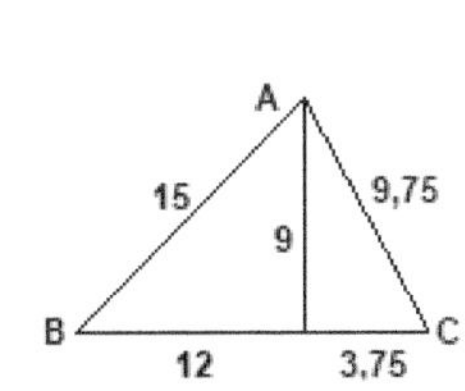

$$\sum F_y = 0 \rightarrow 225kN + F_{BA}\frac{9}{15} = 0 \rightarrow F_{BA} = -375kN\ (Compresión)$$

$$\sum F_x = 0 \rightarrow F_{BC} + F_{BA}\frac{12}{15} = 0 \rightarrow F_{BC} = -(-375)\frac{12}{15} = 300kN\ (Tracción)$$

Nodo C: suponemos inicialmente como siempre la fuerza F_{CA} a tracción.

$\sum F_y = 0 \rightarrow 720kN + F_{CA}\frac{9}{9{,}75} = 0 \rightarrow F_{CA} = -780kN\ (Compresión)$

Por tanto ya tenemos las fuerzas en las tres barras de la armadura:

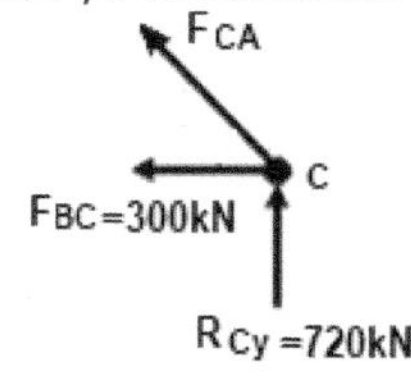

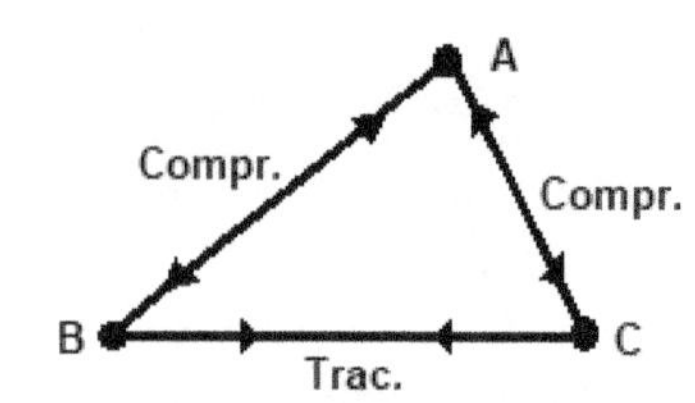

21. Determina las reacciones en los apoyos así como la fuerza desarrollada en los elementos de la armadura, e indica si estos elementos trabajan a tracción o a compresión. Suponer que el poso de las barras es despreciable frente al de la carga.

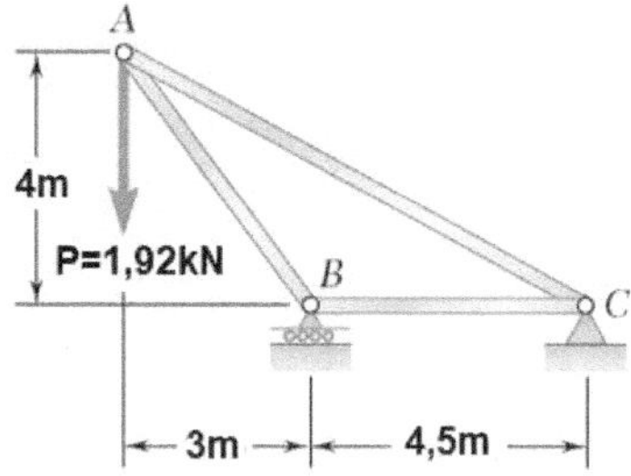

Aplicando el sumatorio de fuerzas y de momentos a las cargas externas obtenemos las reacciones en los apoyos:

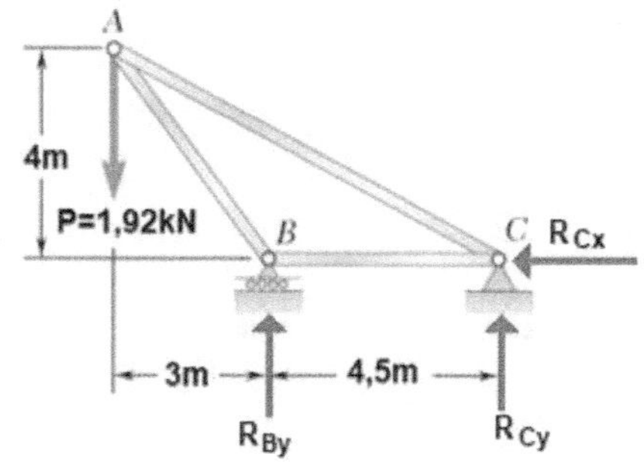

$\sum M_B = 0 \rightarrow 1{,}92kN \cdot 3m + RC_y \cdot 4{,}5m = 0 \rightarrow RC_y = -1{,}28kN$

Nos da negativo esta reacción lo cual quiere decir que va al contrario.

$\sum F_y = 0 \rightarrow RB_y + RC_y - 1{,}92kN = 0 \rightarrow RB_y = 1{,}92 - (-1{,}28) = 3{,}2kN$

$\sum F_x = 0 \rightarrow RC_x = 0$

Nodo C: suponemos inicialmente las fuerzas en el nodo a tracción y aplicamos el método de los nodos.

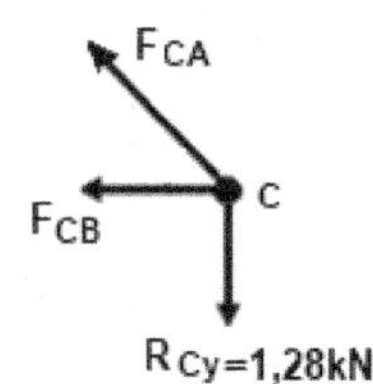

A, B, C; 4; 7,5; 8,5

$\sum F_y = 0 \rightarrow -1{,}28kN + F_{CA}\frac{4}{8{,}5} = 0 \rightarrow F_{CA} = 2{,}72kN\ (Tracción)$

$\sum F_x = 0 \rightarrow -F_{CB} - F_{CA}\frac{7{,}5}{8{,}5} = 0 \rightarrow F_{CB} = -2{,}4kN\ (Compresión)$

Nodo B: suponemos inicialmente la fuerza F_{BA} a tracción.

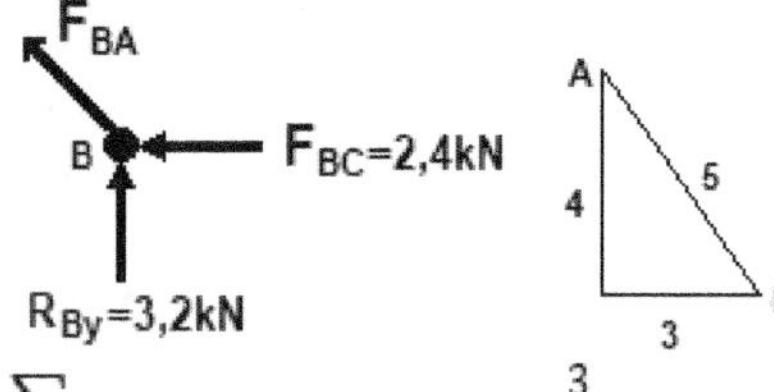

$\sum F_x = 0 \rightarrow -2{,}4kN - F_{BA}\frac{3}{5} = 0 \rightarrow F_{BA} = -4kN\ (Compresión)$

$\sum F_y = 0 \rightarrow 3{,}2kN + F_{BA}\frac{4}{5} = 0 \rightarrow F_{BA} = -4kN$

Hemos obtenido el mismo resultado y obviamente esta fuerza va al contrario.
Por tanto ya tenemos las fuerzas en las tres barras de la armadura.

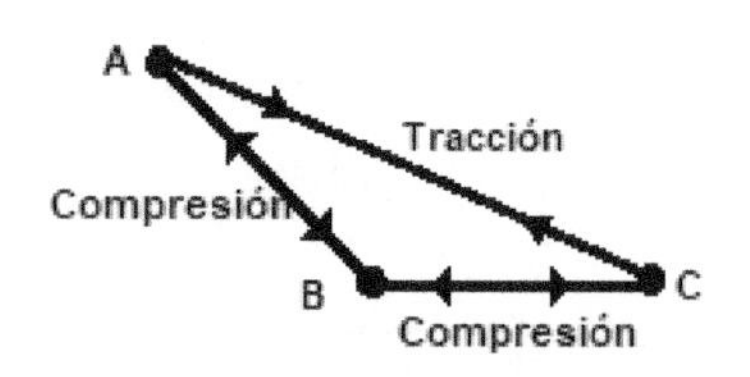

22. Determina la fuerza en cada miembro de la estructura y establezca si los elementos trabajan a tracción o a compresión. Considere P=8kN.

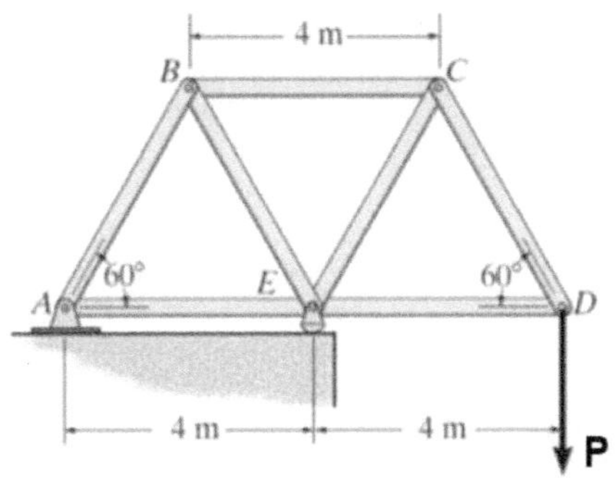

En este caso aplicaremos el método de los nodos y comenzaremos por el nodo "D" que es donde tenemos un menor número de incógnitas.

Nodo D: en este nodo además de la carga "P" vamos a tener otras dos fuerzas. Como en este caso la fuerza P ya la conocemos, al estar en equilibrio la estructura, en cada uno de los nodos se debe cumplir que la suma de las fuerzas sea igual a cero, con lo cual solamente tenemos dos incógnitas (F_{DC} y F_{DE}) que inicialmente suponemos a tracción.

$$\sum F_y = 0;\ F_{DC} \cdot sen60º - 8kN = 0 \rightarrow F_{DC} = 9{,}24kN(Tracción)$$

$$\sum F_x = 0;\ -F_{DE} - F_{DC} \cdot cos60º = 0 \rightarrow F_{DE} = -4{,}62kN\ (Compresión)$$

Recordar que al ser negativa la fuerza F_{DE}, irá en sentido contrario al valor prefijado (compresión).

Nodo C: en este caso se debe tener en cuenta que en cada nodo vamos a tener fuerzas que vayan en direcciones compensadas de acuerdo a los elementos longitudinales y a las magnitudes de las fuerzas. Por lo tanto en el análisis trasladado al nodo "C" tendremos otras dos incógnitas (F_{CB} y F_{CE}).

$$\sum F_y = 0$$

$$-F_{CE} \cdot sen60º - F_{CD} \cdot sen60º = 0 \rightarrow F_{CE} = -9{,}24kN(Compresión)$$

$$\sum F_x = 0$$

$$-F_{CB} - F_{CE} \cdot cos60º + F_{CD} \cdot cos60º = 0 \rightarrow F_{CB} = 9{,}24kN(Tracción)$$

Nodo B: por simetría deducimos las siguientes fuerzas:

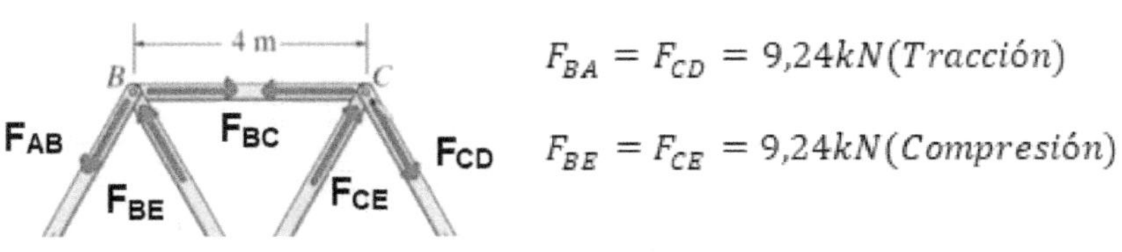

$$F_{BA} = F_{CD} = 9{,}24kN(Tracción)$$

$$F_{BE} = F_{CE} = 9{,}24kN(Compresión)$$

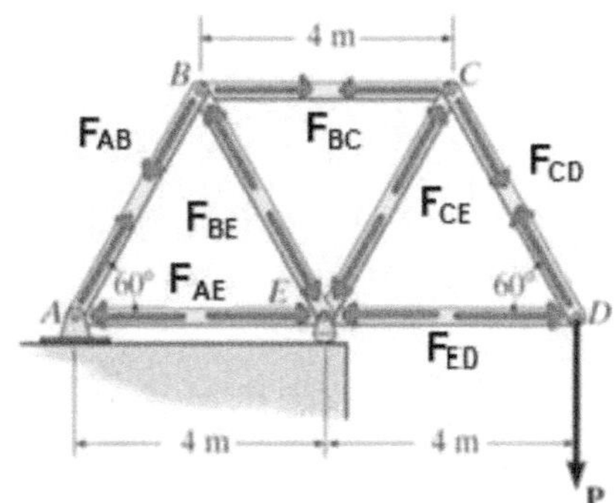

Nodo E: en este caso F_{AE}=F_{ED}=4,62kN ya que estas fuerzas se tienen que compensar para que el sistema se mantenga en equilibrio.
Teniendo en cuenta ahora que cuando las fuerzas salen de los nodos las barras trabajan a tracción y cuando entran a los nodos trabajan a compresión, las barras que trabajan a tracción serán AB, BC y CD y el resto lo harán a compresión.

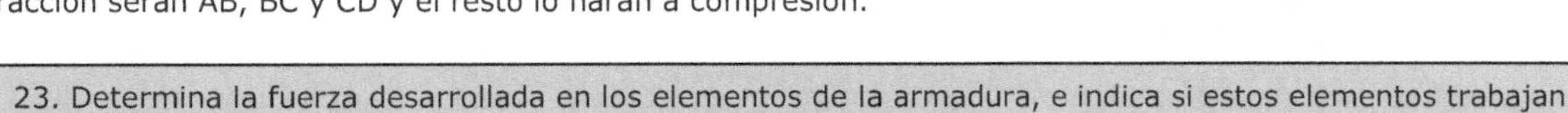

23. Determina la fuerza desarrollada en los elementos de la armadura, e indica si estos elementos trabajan a tracción o a compresión. Suponer despreciables los pesos de las barras frete a las cargas.

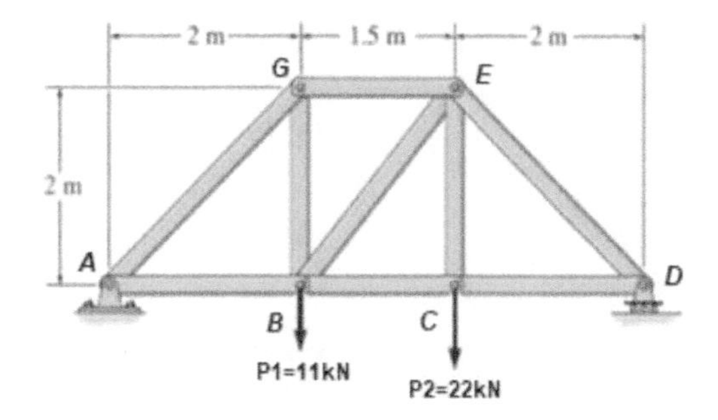

Realizamos un análisis de equilibrio para las cargas externas y planteamos las condiciones de equilibrio en los apoyos A y D de la estructura: $\sum F_X = 0 \rightarrow RA_x = 0$

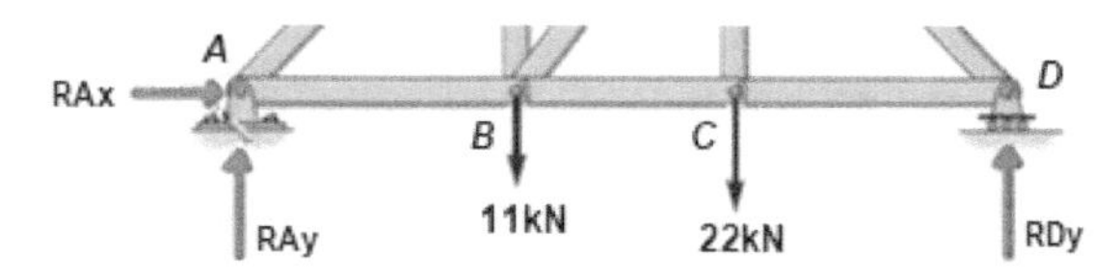

$$\sum F_y = 0 \rightarrow RA_y + RD_y - 11kN - 22kN = 0$$
$$\sum M_A = 0 \rightarrow -11kN \cdot 2m - 22kN \cdot 3{,}5m + RD_y \cdot 5{,}5m = 0$$
$$RD_y = 18kN \rightarrow RAy = 15kN$$

Nodo D: comenzamos por este nodo donde tenemos solamente dos incógnitas (F_{DC} y F_{DE}).

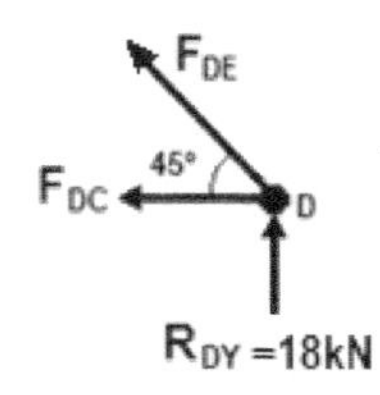

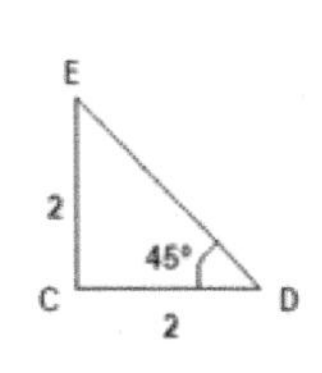

$$\sum F_y = 0 \rightarrow 18kN + F_{DE} \cdot sen45^{\circ} = 0 \rightarrow F_{DE} = -25{,}45kN\ (Comp.)$$
$$\sum F_X = 0 \rightarrow -F_{DC} - F_{DE} \cdot \cos 45^{\circ} = 0 \rightarrow F_{DC} = 18kN\ (Trac.)$$

Nodo C: en este nodo tenemos también dos incógnitas (F_{CE} y F_{CB}).

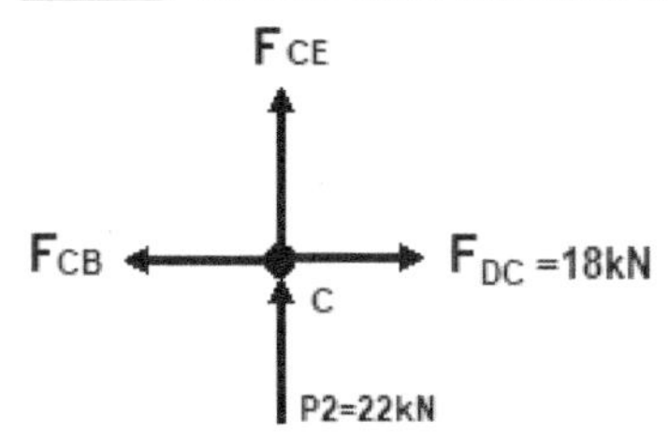

$$\sum F_y = 0 \rightarrow -F_{CE} + 22kN = 0 \rightarrow F_{CE} = 22kN\ (Trac.)$$
$$\sum F_X = 0 \rightarrow -F_{CB} + 18kN = 0 \rightarrow F_{CB} = 18kN\ (Trac.)$$

Nodo E: tenemos igualmente dos incógnitas (F_{EG} y F_{BE}).

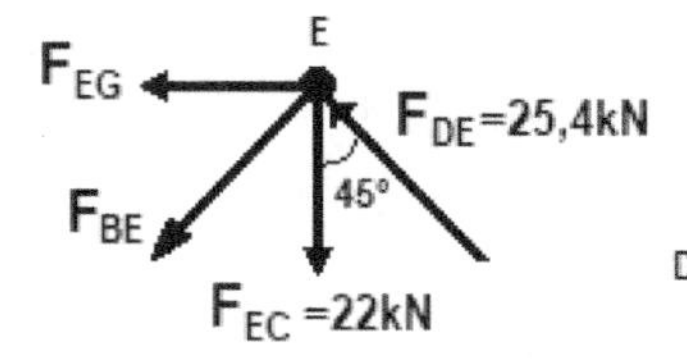

$$\sum F_y = 0 \rightarrow -22kN - F_{BE}\frac{4}{5} + 25{,}45 \cdot cos45^{\circ} = 0 \rightarrow F_{BE} = -5kN(Comp.)$$
$$\sum F_X = 0 \rightarrow -F_{EG} - F_{BE}\frac{3}{5} - 25{,}45kN \cdot sen45^{\circ} = 0 \rightarrow F_{EG} = -15kN\ (Comp.)$$

NODO B: en este nodo tenemos también otras dos incógnitas (F_{BG} y F_{BA}).

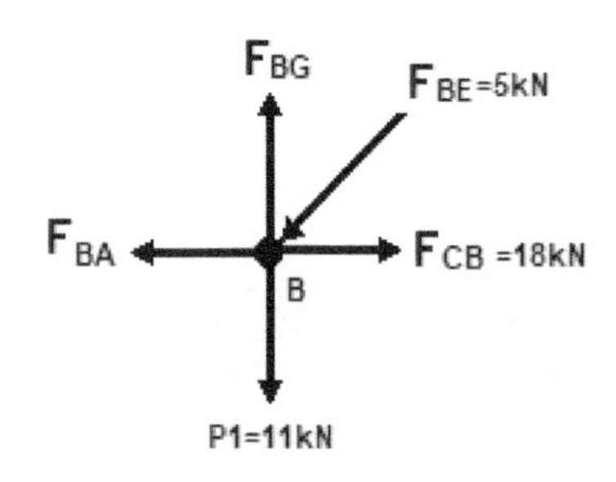

$$\sum F_X = 0 \rightarrow -F_{BA} + 18kN - 5kN\frac{3}{5} = 0 \rightarrow F_{BA} = 15kN\ (Trac.)$$
$$\sum F_y = 0 \rightarrow -11kN - 5kN\frac{4}{5} + F_{BG} = 0 \rightarrow F_{BG} = 15kN\ (Trac.)$$

Nodo A: por último en este nodo tenemos solamente una incógnita (F_{AC}).

$\sum F_X = 0 \rightarrow 15kN + F_{AG} \cdot \cos 45^\circ = 0 \rightarrow F_{AG} = -21{,}21kN$ (*Compresión*)

(Por tanto va en sentido contrario al prefijado, con lo cual trabaja a compresión)

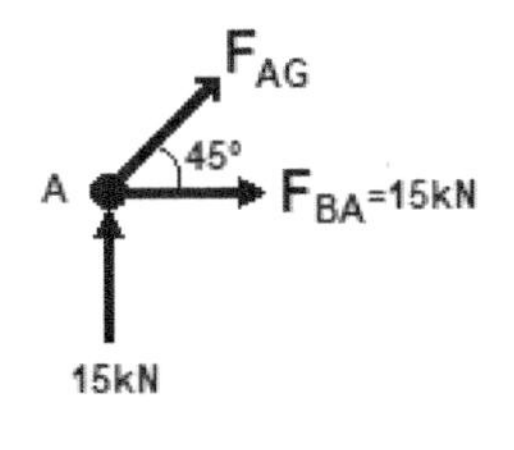

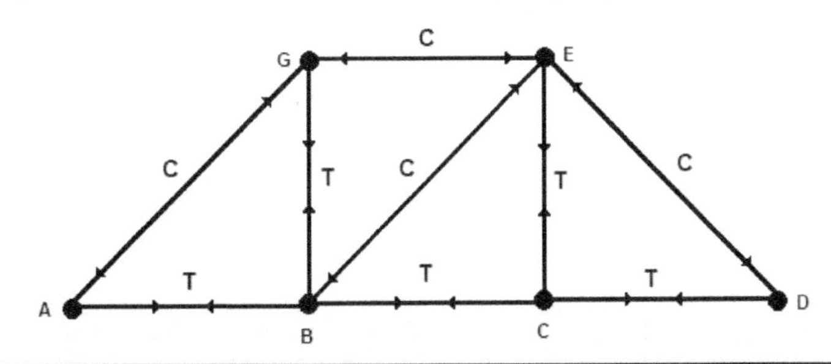

24. Determina las reacciones en los apoyos así como la fuerza desarrollada en los elementos de la armadura, e indica si estos elementos trabajan a tracción o a compresión. Suponer que el peso de las barras es despreciable frente al de la carga.

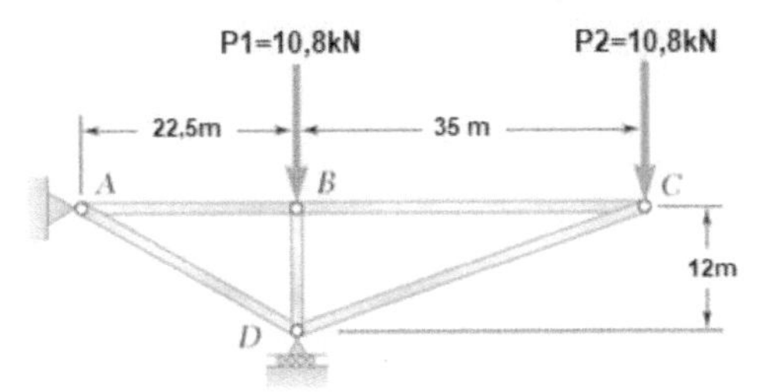

En primer lugar vamos a determinar las reacciones en los apoyos:

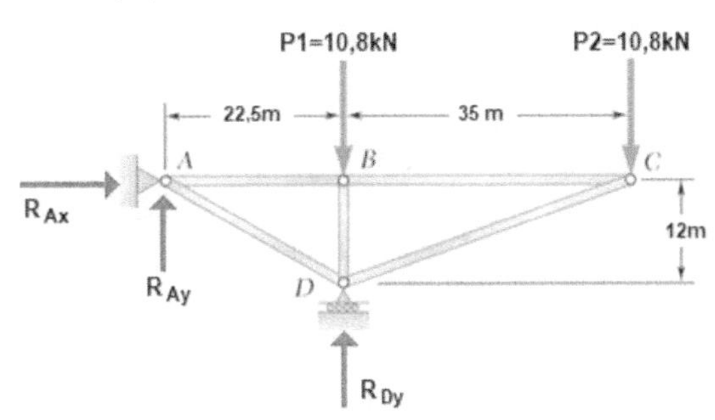

$\sum M_A = 0 \rightarrow -10{,}8kN \cdot 22{,}5m - 10{,}8kN \cdot 57{,}5, + RD_y \cdot 22{,}5m = 0 \rightarrow RD_y = 38{,}4kN$

$\sum F_y = 0 \rightarrow RA_y + RD_y - P_1 - P_2 = 0 \rightarrow RA_y = -16{,}8kN$ (*Va al contrario*)

$\sum F_x = 0 \rightarrow RA_x = 0$

Ahora buscamos un nudo donde tengamos un máximo de dos incógnitas, puede ser el "A" o el "C". Comenzamos por éste último:

Nodo C: aplicamos el método de los nodos haciendo el sumatorio de fuerzas sobre ambos ejes.

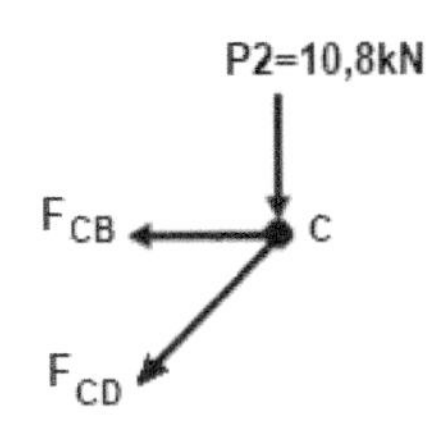

B 35 C, 12, 37, D

$\sum F_y = 0; \; -10{,}8kN - F_{CD}\frac{12}{37} = 0 \rightarrow F_{CD} = -33{,}3kN$ (*Compresión*)

$\sum F_x = 0; \; -F_{CB} - F_{CD}\frac{35}{37} = 0 \rightarrow F_{CB} = 31{,}5kN$ (*Tracción*)

Nodo B: tenemos dos incógnitas (F_{BD} y F_{BA}) que las suponemos a tracción.
En este caso se observa que una carga anula la otra, por tanto:

$\sum F_y = 0; \; -10{,}83kN - F_{BD} = 0 \rightarrow F_{BD} = -10{,}8kN$(*Compresión*)

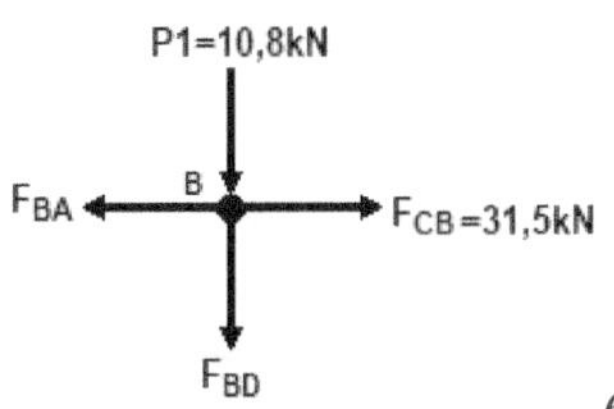

$$\sum F_X = 0;\ 31{,}5kN - F_{AB} = 0 \rightarrow F_{AB} = 31{,}5kN\ (Tracción)$$

Nodo D: tenemos una sola incógnita (F_{DA}) que inicialmente la suponemos a tracción.

$$\sum F_X = 0 \rightarrow -33{,}3kN\frac{35}{37} - F_{DA}\frac{22{,}5}{25{,}5} = 0 \rightarrow F_{DA} = -35{,}7kN\ (Compresión)$$

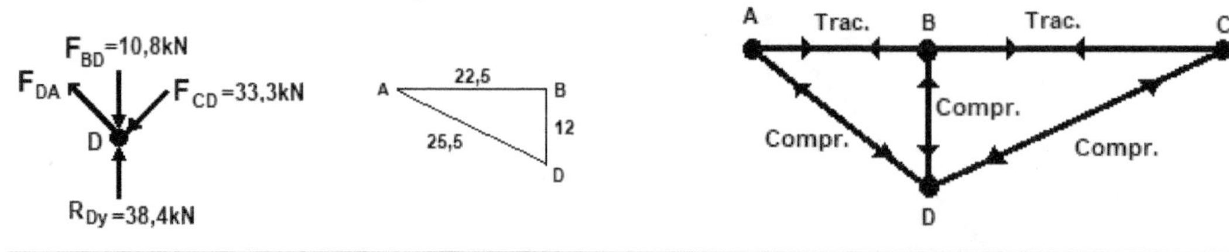

25. Determina las reacciones en los apoyos así como la fuerza desarrollada en los elementos de la armadura, e indica si estos elementos trabajan a tracción o a compresión. Suponer que el poso de las barras es despreciable frente al de la carga.

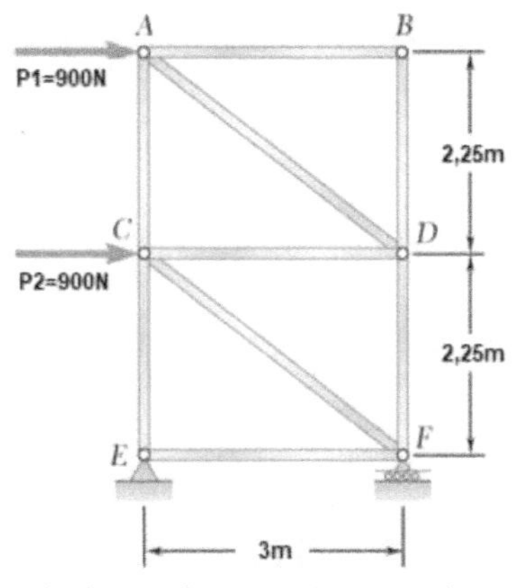

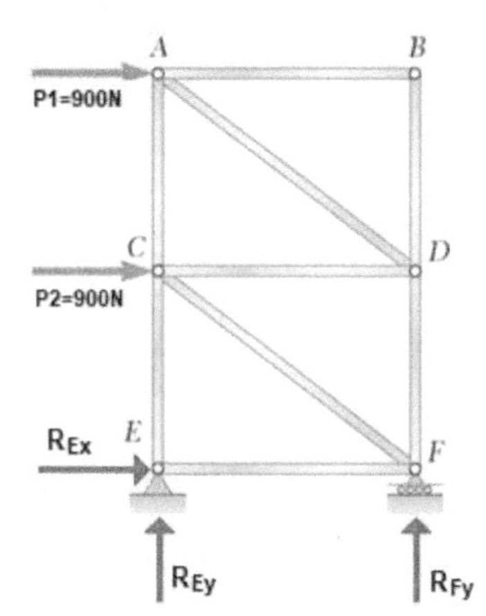

Calculamos las reacciones en los apoyos:

$$\sum M_E = 0 \rightarrow -900N \cdot 2{,}25m - 900N \cdot 4{,}5, + RF_y \cdot 3m = 0 \rightarrow RF_y = 2025N$$

$$\sum F_y = 0 \rightarrow RE_y + RF_y = 0 \rightarrow RE_y = -RF_y = -2025N\,(Va\ al\ contrario)$$

$$\sum Fx = 0 \rightarrow 900N + 900N + RE_x = 0 \rightarrow RE_x = -1800N\,(Va\ al\ contrario)$$

Nodo E: aplicamos el método de los nodos y dibujamos las fuerzas externas que llegan a este nodo con su sentido real y las otras dos a tracción.

F_{EC}, E, F_{EF}, $R_{Ex}=1800N$, $R_{Ey}=2025N$

$$\sum F_y = 0 \rightarrow -2025N + F_{EC} = 0 \rightarrow F_{EC} = 2025N\,(Tracción)$$

$$\sum F_X = 0 \rightarrow -1800N + F_{EF} = 0 \rightarrow F_{EF} = 1800N\ (Tracción)$$

Nodo F: tenemos dos incógnitas (F_{FC} y F_{FD}).

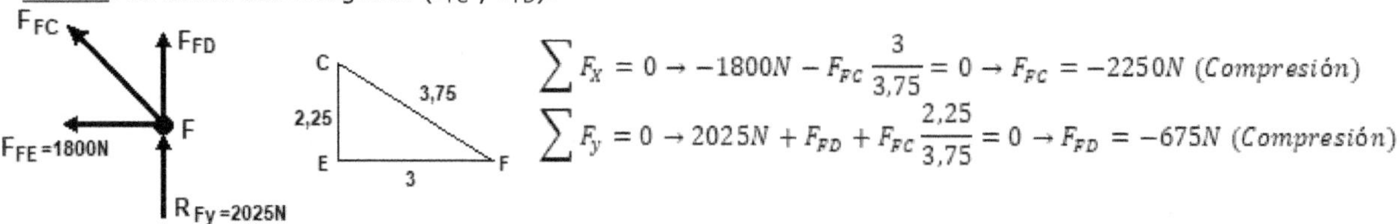

$$\sum F_X = 0 \rightarrow -1800N - F_{FC}\frac{3}{3{,}75} = 0 \rightarrow F_{FC} = -2250N\ (Compresión)$$

$$\sum F_y = 0 \rightarrow 2025N + F_{FD} + F_{FC}\frac{2{,}25}{3{,}75} = 0 \rightarrow F_{FD} = -675N\ (Compresión)$$

Nodo C: tenemos otras dos incógnitas (F_{CD} y F_{CA}).

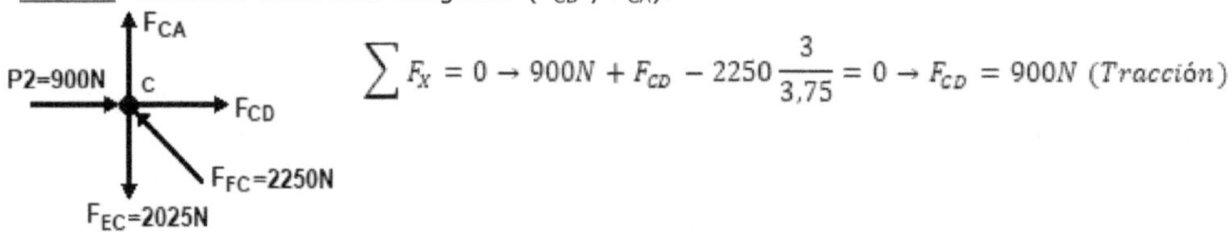

$$\sum F_X = 0 \rightarrow 900N + F_{CD} - 2250\frac{3}{3{,}75} = 0 \rightarrow F_{CD} = 900N\ (Tracción)$$

$$\sum F_y = 0 \rightarrow -2025N + F_{CA} + 2250\frac{2,25}{3,75} = 0 \rightarrow F_{CA} = 675N\ (Tracción)$$

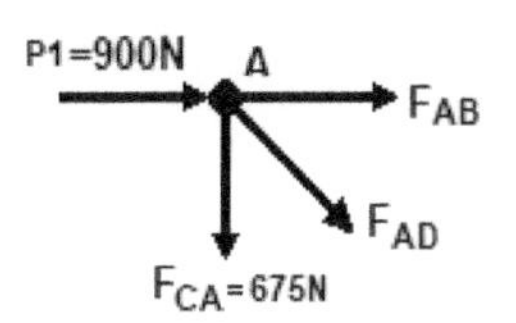

Nodo A: seguimos teniendo dos incógnitas (F_{AD} y F_{AB}).

$$\sum F_y = 0 \rightarrow -675N - F_{AD}\frac{2,25}{3,75} = 0 \rightarrow F_{AD} = -1125N\ (Compresión)$$

$$\sum F_x = 0 \rightarrow 900N + F_{AB} + F_{AD}\frac{3}{3,75} = 0 \rightarrow F_{AB} = 0$$

Entonces nos queda solamente la fuerza F_{BD}, que en este caso será también igual a la fuerza F_{AB}=0, ya que en el nodo B tenemos:

$$\sum F_x = 0 = F_{BA};\ \sum F_y = 0 = F_{BD}$$

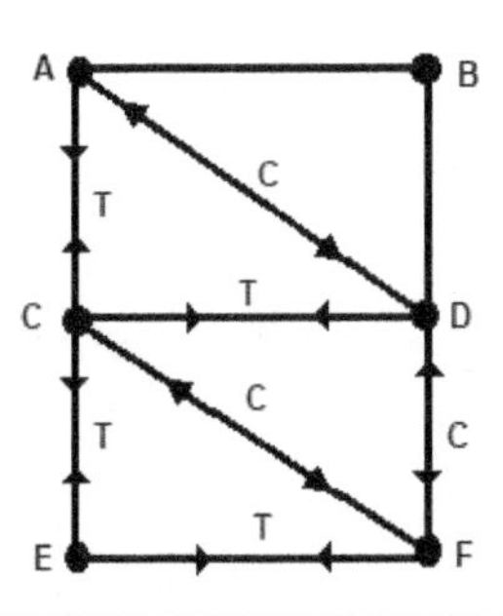

26. Determina las reacciones en los apoyos así como la fuerza desarrollada en los elementos de la armadura, e indica si estos elementos trabajan a tracción o a compresión.

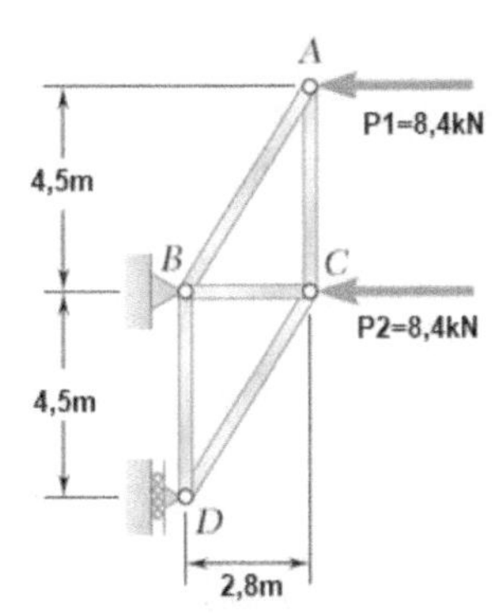

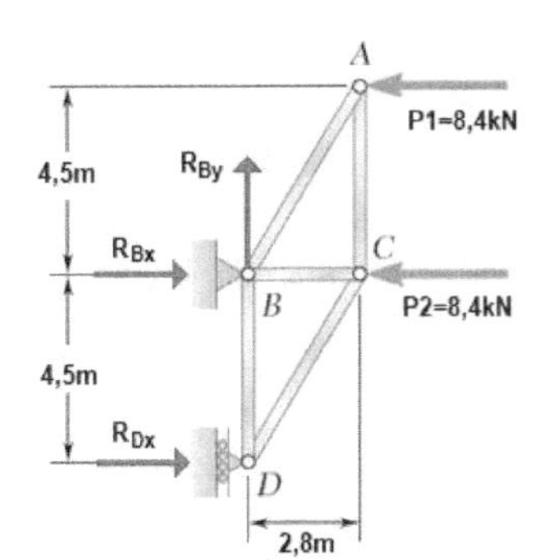

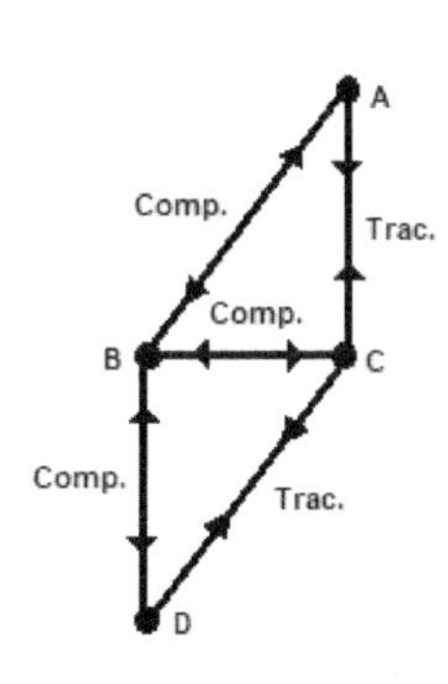

Calculamos las reacciones en los apoyos:

$$\sum M_D = 0 \rightarrow 8,4kN \cdot 4,5m + 8,4kN \cdot 9m - RB_x \cdot 4,5m = 0 \rightarrow RB_x = 25,2kN$$

$$\sum F_x = 0 \rightarrow RB_x + RD_x - 8,4kN - 8,4kN = 0 \rightarrow RD_x = -8,4kN(Va\ al\ contrario)$$

Nodo D:

$$\sum F_x = 0 \rightarrow -8,4kN + F_{DC}\frac{2,8}{5,3} = 0 \rightarrow F_{DC} = 15,9kN(Tracción)$$

$$\sum F_y = 0 \rightarrow F_{DB} + F_{DC}\frac{4,5}{5,3} = 0 \rightarrow F_{DB} = -13,5kN\ (Compresión)$$

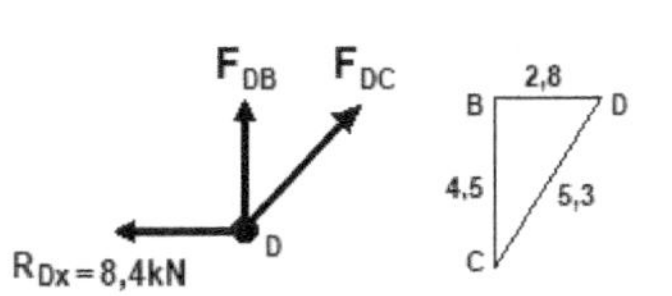

Nodo C:

$$\sum F_x = 0 \rightarrow -8,4kN - F_{CB} - 15,9\frac{2,8}{5,3} = 0 \rightarrow F_{CB} = -16,8kN(Compresión)$$

$$\sum F_y = 0 \rightarrow F_{AC} - 15,9\frac{4,5}{5,3} = 0 \rightarrow F_{CA} = 13,5kN\ (Tracción)$$

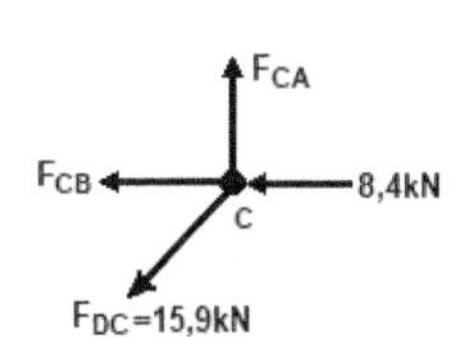

Nodo A:

$$\sum F_x = 0 \rightarrow -8,4kN - F_{AB}\frac{2,8}{5,3} = 0 \rightarrow F_{AB} = -15,9kN(Compresión)$$

$$\sum F_y = 0 \rightarrow -13,5kN - F_{AB}\frac{4,5}{5,3} = 0 \rightarrow F_{AB} = -15,9kN\ (Compresión)$$

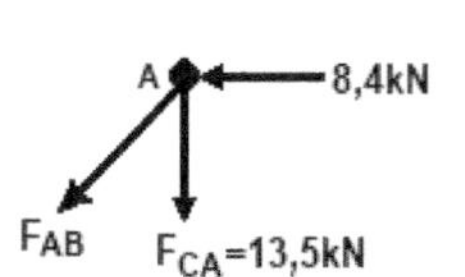

27. Determina las reacciones en los apoyos así como la fuerza desarrollada en los elementos de la armadura, e indica si estos elementos trabajan a tracción o a compresión.

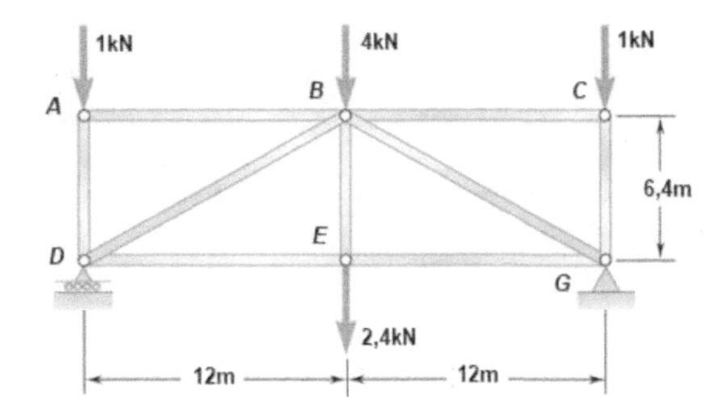

Calculamos en primer lugar las reacciones en los apoyos:

$$\sum M_D = 0 \rightarrow -4kN \cdot 12m - 1kN \cdot 24m - 2{,}4kN \cdot 12m + RG_y \cdot 24m = 0 \rightarrow RG_y = 4{,}2kN$$

$$\sum F_y = 0 \rightarrow RD_y + RG_y - 1kN - 4kN - 2{,}4kN = 0 \rightarrow RD_y = 4{,}2kN; \; \sum F_x = 0 \rightarrow RG_x = 0$$

A continuación utilizando el método de los nodos calculamos las fuerzas en las barras:

Nodo C:

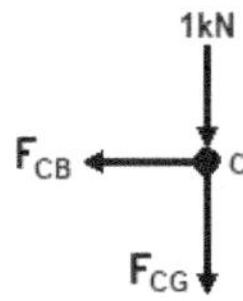

$$\sum F_y = 0 \rightarrow -1kN - F_{CG} = 0 \rightarrow F_{CG} = -1kN \; (Compresión)$$

$$\sum F_x = 0 \rightarrow F_{CB} = 0$$

Nodo G:

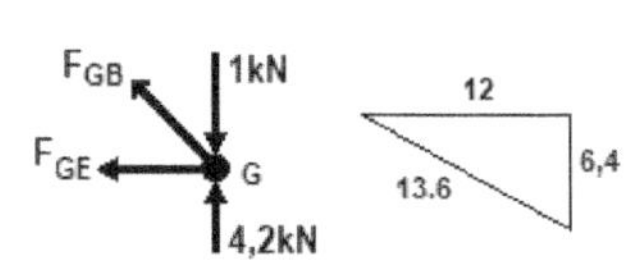

$$\sum F_y = 0 \rightarrow 4{,}2kN - 1kN + F_{GB}\frac{6{,}4}{13{,}6} = 0 \rightarrow F_{GB} = -6{,}8kN \; (Compresión)$$

$$\sum F_x = 0 \rightarrow -F_{GE} - F_{GB}\frac{12}{13{,}6} = 0 \rightarrow F_{GE} = -(-6{,}8kN)\frac{13{,}6}{12} = 6kN \, (Tracción)$$

Nodo E: en este nodo no hay necesidad de hacer el sumatorio de fuerzas sobre ambos ejes ya que las fuerzas son colineales y por tanto F_{EB}=2,4kN y F_{ED}=6kN.

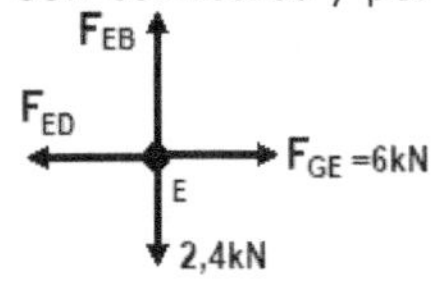

Nodo B:

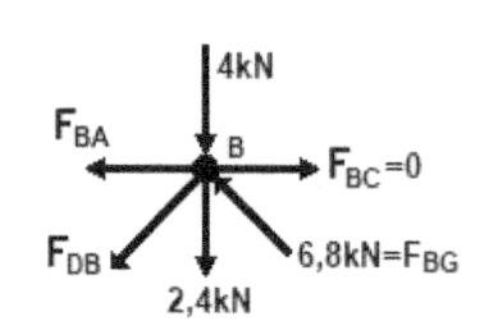

$$\sum F_y = 0; \; -4kN - 2{,}4kN + 6{,}8kN\frac{6{,}4}{13{,}6} - F_{DB}\frac{6{,}4}{13{,}6} = 0 \rightarrow F_{DB} = -6{,}8kN \; (Compresión)$$

$$\sum F_x = 0; \; -F_{BA} - F_{DB}\frac{12}{13{,}6} - 6{,}8\frac{12}{13{,}6} = 0 \rightarrow F_{BA} = 0 = F_{BC}$$

Finalmente por simetría calculamos el resto de las barras ya que F_{ED}=F_{GE} y F_{DA}=F_{GC}.

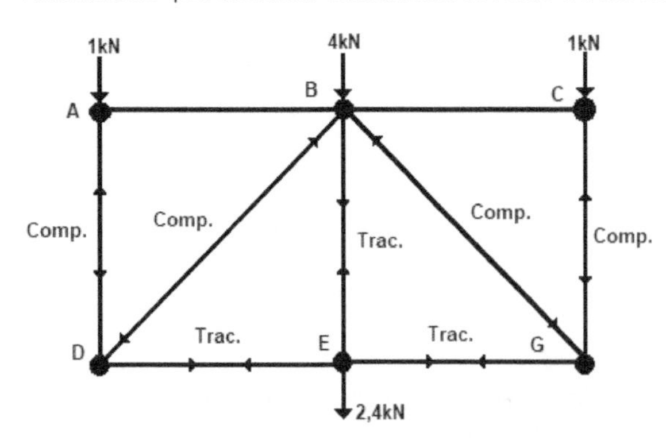

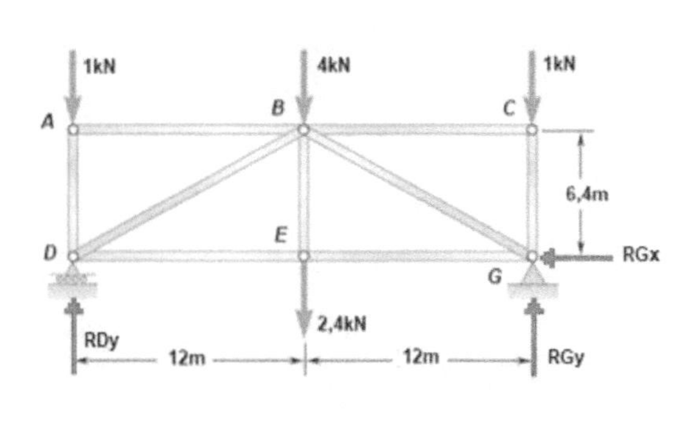

MÁQUINAS Y MOTORES TÉRMICOS

CONTENIDOS MÍNIMOS

CONCEPTOS FUNDAMENTALES SOBRE MÁQUINAS

Trabajo de una fuerza (W)

El trabajo (W) es una magnitud escalar y representa la cantidad de energía cinética transferida por una fuerza; dicho de otro modo, es el producto escalar del vector fuerza (F) por el vector desplazamiento (s).

$$W = \vec{F} \cdot \vec{s} = F \cdot s \cdot \cos\alpha$$

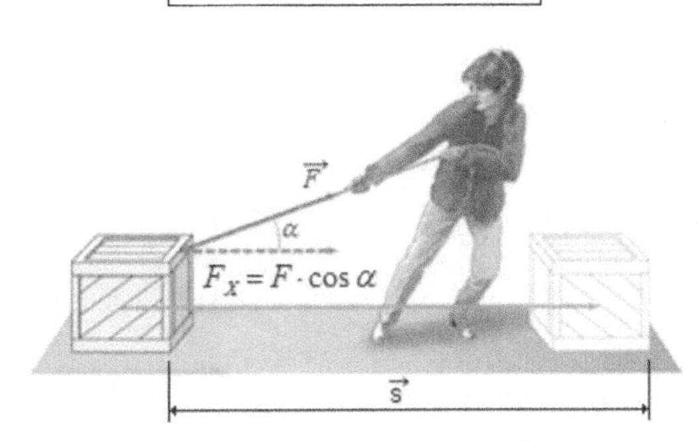

Cuando la fuerza coincidente con el desplazamiento (s) en la dirección y el sentido, entonces α=0 y por tanto la expresión del trabajo en esas circunstancias será:

$$W = F \cdot s$$

Cuando el trabajo es positivo recibe el nombre de trabajo motor o trabajo útil, mientras que si el trabajo es negativo recibe el nombre de trabajo resistente o trabajo aportado al sistema.

Magnitudes y unidades

Según el Sistema Internacional (S.I.) la unidad de trabajo a utilizar es el Julio (J).
Según el Sistema Técnico (U.T.M.) se utiliza el Kilogramo-fuerza por metro (Kgf×m) o Kilopondio por metro (kp×m).
W= Trabajo en Julios (J)
F= Fuerza en Newton (N)
s= Espacio recorrido en metros (m)
Recuerda: $1 kp \times m = 9{,}8\, N \times m = 9{,}8\, J$

Momento de una fuerza (M)

Representa el producto vectorial del vector brazo de la fuerza (b) por el vector fuerza (F). Al ser un producto vectorial, el resultado es un vector, de ahí que el momento M es un vector perpendicular al plano determinado por los vectores b y F.

$$\vec{M} = \vec{b} \times \vec{F}$$

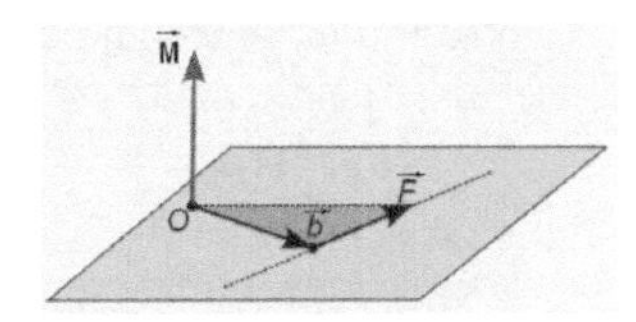

Magnitudes y unidades
M= Momento en Newton por metro (N×m)
F= Fuerza en Newton (N)
b= Distancia o radio de giro de aplicación de la fuerza en metros (m)

Potencia (P)

La **potencia** (P) se define como el trabajo que se ha realizado durante la unidad de tiempo.

$$P = \frac{W}{t}$$

La unidad de potencia es el Vatio (w), aunque muy frecuentemente cuando estamos refiriéndonos a sistemas mecánicos o térmicos se emplea como unidad de potencia el Caballo de Vapor (CV), donde 1CV equivale a 735,5 w. Cando se analizan sistemas mecánicos que se desplazan en línea recta una cierta distancia (s), la potencia será:

$$P = \frac{W}{t} = \frac{F \cdot s}{t} = F \cdot v$$

Donde "F", es la fuerza expresada en Newton (N) y "v" es la velocidad lineal expresada en metros/segundo (m/seg).

Trabajo de rotación (W_R)

El movimiento de rotación de una partícula se realiza cuando ésta describe circunferencias de radio "**r**" alrededor de un eje de giro.

La relación entre las magnitudes angulares y las magnitudes del movimiento lineal son las siguientes:

$$s = r \cdot \theta \qquad v = \omega \cdot r \qquad \omega = \frac{\theta}{t}$$

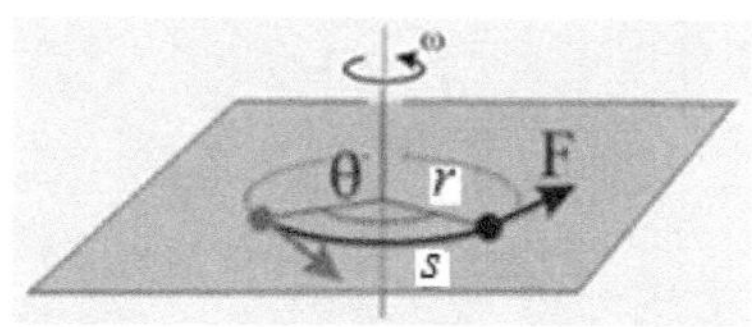

Con estas expresiones, la **energía cinética de rotación** (E_R) de una partícula se expresa como:

$$E_R = \frac{1}{2} m \cdot v^2 = \frac{1}{2} m \cdot \omega^2 \cdot r^2$$

Teniendo en cuenta que el **momento de inercia** (I) de un cilindro sólido respecto de su eje de giro es igual a ½mr^2, la energía cinética de rotación será igual:

$$E_R = \frac{1}{2} I \cdot \omega^2$$

Al igual que una fuerza realiza trabajo (W) cuando produce un desplazamiento, en la mecánica de rotación también se realiza un trabajo cuando se produce un giro de radio (r) por efecto de una fuerza (F). Se define **trabajo de rotación** (W_R) como:

$$W_R = F \cdot s = F \cdot \theta \cdot r$$

Teniendo en cuenta que al producto de la fuerza por la distancia del punto de aplicación de ésta al eje de giro mide la capacidad de producir un giro de esa fuerza, y se denomina **par** (M) o **momento de la fuerza**, con lo cual, la expresión del trabajo de rotación queda como:

$$W_R = M \cdot \theta$$

Finalmente la **potencia de rotación** (P_R) es la velocidad con que se produce un trabajo de rotación; dicho de otro modo, el trabajo de rotación desarrollado por unidad de tiempo (t):

$$P_R = \frac{W_R}{t} = \frac{M \cdot \theta}{t} = M \cdot \omega$$

Magnitudes y unidades

W_R= Trabajo de rotación en Julios (J)
M= Momento en Newton por metro (N×m)
I= Momento de inercia en Kilogramos por metro cuadrado (kg×m^2)
θ= Ángulo girado en radianes (rad); Recuerda: 1 vuelta=2π rad
s=Longitud del arco (m)
ω= Velocidad angular (rad/seg)
t= Tiempo (seg)

Trabajo de expansión-compresión de un gas (W)

Supongamos un cilindro o pistón rellenado con un gas, provisto de un émbolo de superficie (S) capaz de comprimir o expandir el gas que rellena el cilindro cuando se desplaza Δl. La fuerza aplicada (F) sobre el émbolo tendrá la misma dirección y sentido que el desplazamiento del émbolo, se cumple:

$$\boxed{F = p \cdot S}$$

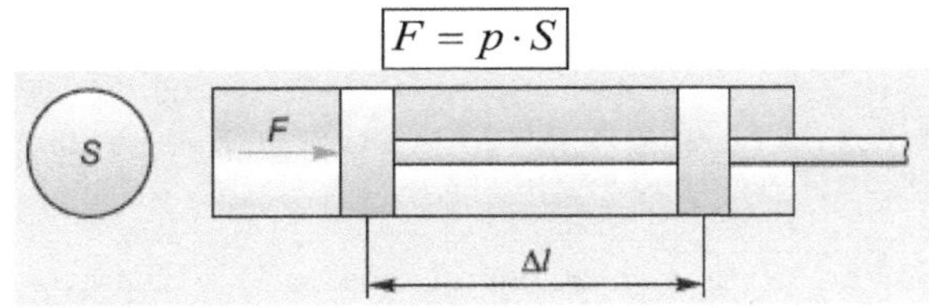

Por su parte el trabajo (W) realizado por el pistón será:

$$\boxed{W = F \cdot \Delta l = p \cdot S \cdot \Delta l = p \cdot \Delta V}$$

donde:

W= Trabajo producido al comprimir-expandir el gas, expresado en Julios [J].
F= Fuerza ejercida sobre el émbolo, expresada en Newton [N].
Δl= Desplazamiento que experimenta el émbolo, expresado en metros [m].
P= Presión del fluido expresado en Pascales [Pa]. 1Pa=1N/m^2.
S= Superficie o sección del émbolo expresada en metros cuadrados [m^2].
ΔV= Variación de volumen del fluido en el interior del cilindro, expresado en metros cúbicos [m^3].

A la hora de realizar cálculos con los gases usados en las máquinas térmicas supondremos que éstos son ideales, y por tanto cumplen la ecuación de estado de los gases perfectos:

$$\boxed{P \cdot V = n \cdot R \cdot T}$$

donde:

P= Presión en Pascales [Pa].
V= Volumen en metros cúbicos [m^3].
N= Número de moles [mol].
T= Temperatura absoluta en grados Kelvin [K].
R= Constante universal de los gases perfectos, cuyo valor es 0,082 Pa×m^3/mol×K

Energía (E)

La energía es la capacidad que tiene un sistema de producir trabajo; la unidad de energía en el S.I. es el Julio [J], aunque se utilizan también con frecuencia el kilovatio×hora [Kwh] y la Caloría [Cal].

La energía se puede manifestar de distintas formas, las más importantes son:

a) Energía Mecánica: es la energía que se debe a la posición y al movimiento de un cuerpo. Según se deba a la posición o el movimiento, tenemos:

- **Energía cinética**: es la debida al movimiento que tienen los cuerpos; la capacidad de producir trabajo depende de la masa (m) de los cuerpos y de su velocidad (v), según la ecuación:

  $$\boxed{E_C = \frac{1}{2} m \cdot v^2}$$

  Si aplicamos una fuerza constante sobre un cuerpo de masa (m) de tal manera que le produce una aceleración (a) también constante:

  $$\boxed{F = m \cdot a} \qquad \boxed{a = \frac{v - v_0}{t}}$$

  donde "a" es la aceleración [m/s^2] , "v" y "v_0" la velocidad final e inicial [m/s]. Por su parte, cuando el movimiento es uniformemente acelerado, el desplazamiento (s) dependerá de la aceleración y del tiempo (t):

  $$\boxed{s = \frac{1}{2} a \cdot t^2}$$

- **Energía potencial**: es la energía debida a la posición que tiene un cuerpo respecto a un plano de referencia y a la acción de la gravedad:

$$E_P = m \cdot g \cdot h$$

donde "m" es la masa del cuerpo [kg] , "h" la altura del cuerpo con respecto al plano de referencia y "g" la aceleración de la gravedad [9,8m/s^2].

En un sistema aislado, la suma de las energías potencial y cinética, es la energía mecánica (E_m) y se mantiene constante.

$$E_m = E_C + E_P$$

b) Energía potencial elástica: es la que se encuentra almacenada en los resortes o elementos elásticos cuando se encuentran comprimidos, depende de la constante de rigidez (k) del elemento elástico.

$$E = \frac{1}{2} k \cdot x^2$$

c) Energía eléctrica: es la debida a la corriente eléctrica, depende de la diferencia de potencial del componente (U), de la intensidad de corriente que lo atraviesa (I) y del tiempo (t). Generalmente se mide en kwh.

$$E = U \cdot I \cdot t = P \cdot t$$

d) Energía química: es la energía almacenada en los enlaces moleculares dentro de los cuerpos, se libera en forma de calor. Su valor depende del poder calorífico (Pc) y de la cantidad de combustible en masa (m) o volumen (V) según se trate de un combustible sólido o de un fluido.

$$E = m \cdot Pc \qquad E = V \cdot Pc$$

e) Energía térmica: según el estado de agitación de las moléculas que constituyen un cuerpo así será su temperatura, a mayor agitación más temperatura, el calor es una forma de energía y ésta puede ser almacenada por los cuerpos en forma de calor.

La cantidad de energía almacenada en un cuerpo en forma de calor depende de su masa (m) de un coeficiente llamado calor específico (C_e) que indica la cantidad de calor que puede almacenar un cuerpo y de su incremento de temperatura ($\Delta T = T_f - T_i$)

$$E = m \cdot Ce \cdot \Delta T$$

Rendimiento (η)

En cualquier transformación energética, siempre existen pérdidas debidas a diversos factores, como pérdidas por rozamientos entre componentes móviles de los mecanismos, pérdidas por rozamientos con el aire, pérdidas debidas a la energía absorbida por los elementos resistentes a deformarse, pérdidas debidas al efecto Joule en sistemas eléctricos, etc.

Se define el rendimiento (η) como el cociente entre la energía o trabajo útil (E_U) y la energía total suministrada por el sistema (E_{Sum}).

$$\eta = \frac{E_U}{E_{Sum}}$$

El rendimiento no tiene unidades (es adimensional) y se expresa en tanto por uno, o bien si se multiplica por cien y se expresa en tanto por ciento (%), siempre es ser inferior a la unidad, ya que no existe ninguna máquina o sistema en la realidad que tenga un rendimiento del 100%.

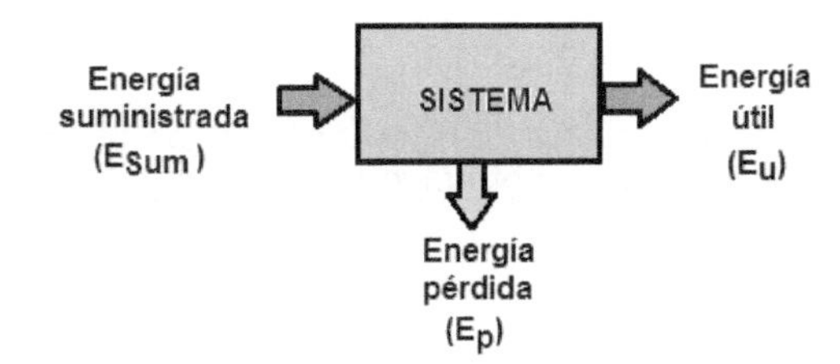

El rendimiento también se puede expresar referido a las potencias útil (P_U) y suministrada (P_{Sum}), en cuyo caso será:

$$\eta = \frac{P_U \cdot t}{P_{Sum} \cdot t} = \frac{P_U}{P_{Sum}}$$

Transformaciones termodinámicas

Sobre un gas que hay en el interior de un cilindro se puede variar su presión, su temperatura y su volumen. Y en la transformación el gas puede recibir o perder calor, realizar o absorber un trabajo o bien variar su energía interna debido a un aumento de temperatura. Según el "*principio de conservación de la energía*", el aumento de energía interna del gas (ΔU) se produce porque ha recibido calor (Q) o trabajo (W):

$$\Delta U = Q - W$$

Cuando se disminuye el volumen decimos que el gas se comprime, y cuando el volumen aumenta, decimos que el gas se expande. Con estas bases, los cuatro procesos que se pueden ejercer sobre un gas son los siguientes:

	TRANSFORMACIONES TERMODINÁMICAS			
Tipo:	**Isobárica**	**Isocórica**	**Isotérmica**	**Adiabática**
Se caracteriza por:	(P=cte) $\frac{V_1}{V_2} = \frac{T_1}{T_2}$	(V=cte) $\frac{P_1}{P_2} = \frac{T_1}{T_2}$	(T=cte) $P_1 \cdot V_1 = P_2 \cdot V_2$	(Q=0) $P_1 \cdot V_1^\gamma = P_2 \cdot V_2^\gamma$ $\gamma = \frac{C_P}{C_V}; R = C_P - C_V$
Q	$Q = n \cdot C_p \cdot \Delta T$	$Q = n \cdot C_V \cdot \Delta T$	$Q = nRT \cdot Ln\frac{V_2}{V_1} = W$	$Q = 0$
W	$W = P \cdot \Delta V = n \cdot R \cdot \Delta T$	$W = 0$	$W = nRTLn\frac{V_2}{V_1}$	$W = \frac{P_1 \cdot V_1 - P_2 \cdot V_2}{1-\gamma}$
ΔU	$\Delta U = Q - W$	$\Delta U = Q$	$\Delta U = 0$	$\Delta U = -W$

Tipos de motores térmicos

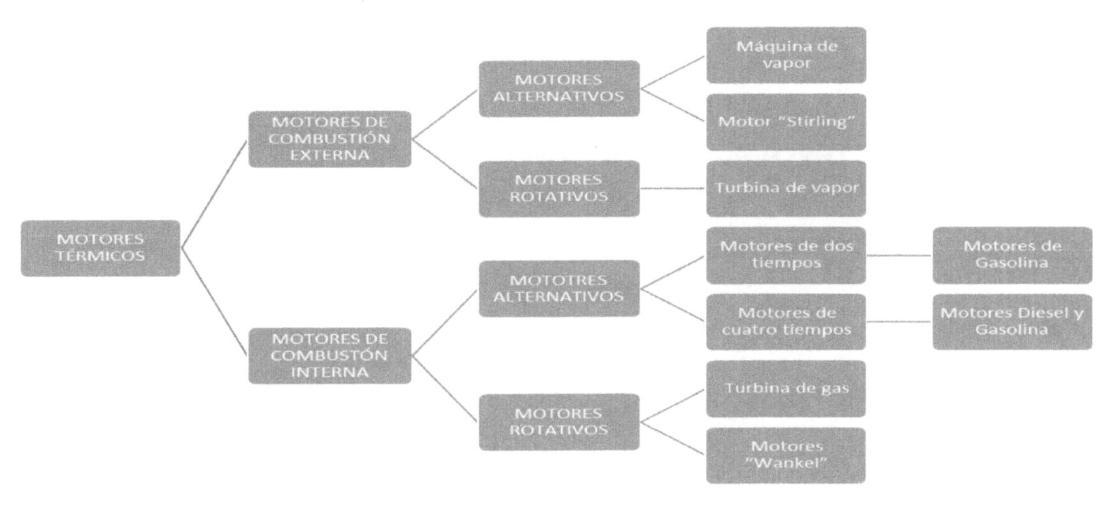

Motor de combustión interna alternativo

Se define la "cilindrada unitaria" (ΔV) del motor o "*volumen útil de cilindro*" como el volumen de aire que aspira el pistón y que está comprendido entre el punto muerto superior (PMS) y el inferior (PMI):

$$V_U = \Delta V = S \cdot L = \frac{\pi \cdot D^2 \cdot L}{4}$$

donde "S" es la sección del cilindro [m^2], "L" la carrera [m] y "D" es la diámetro del cilindro [m].
La cilindrada total motor dependerá obviamente del número de cilindros (C) que tenga el motor, y se suele expresar en centímetro cúbicos [cm^3]:

$$V_T = C \cdot \Delta V$$

Se define la "*relación de compresión*" (R_C) del cilindro, como la relación entre el volumen de la cámara de admisión (V_1) y el de la cámara de compresión o de combustión (V_2):

$$R_C = \frac{V_1}{V_2} = \frac{V_2 + \Delta V}{V_2} > 1$$

El número de ciclos (n_C) por minuto que realiza el motor dependerá del número de vueltas (n) a las que gira el cigüeñal:

$$n_C = \frac{n}{2} (4\, Tiempos) \quad n_C = n\, (2\, Tiempos)$$

El tiempo (t) que tarda en realizar un ciclo completo y la velocidad media del émbolo (v) dependerá además del número de vueltas (n) de la carrera (L) del pistón:

$$t = \frac{2 \times 60}{n} [seg] \qquad v = \frac{4 \cdot L}{t} = \frac{L \cdot n}{30} [m/seg]$$

Finalmente el rendimiento térmico (η_{TER}) será igual:

$$\eta_{TER} = 1 - \frac{1}{R_C^{\gamma-1}} \qquad \gamma = \frac{C_P}{C_V}$$

donde "γ" es el coeficiente adiabático de la mezcla y es adimensional.

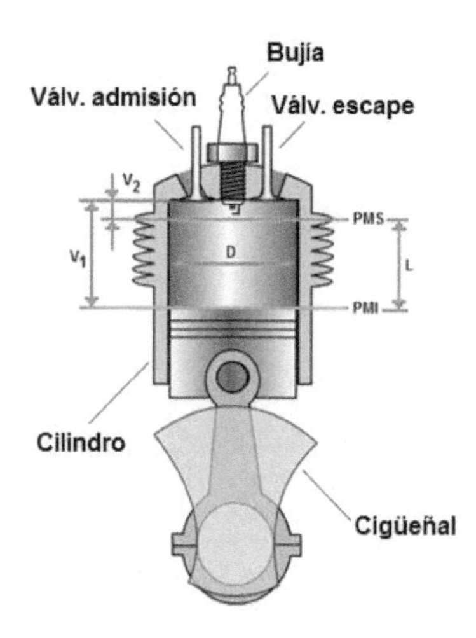

El balance de potencias teniendo en cuenta las pérdidas térmicas y necánicas será:

$$\eta_T = \eta_{TER} \times \eta_{MEC} = \frac{W_i}{Q_{abs}} \times \frac{W_u}{W_i} = \frac{W_u}{Q_{abs}} = \frac{P_u}{P_{abs}} \qquad \eta_{TER} = 1 - \frac{1}{R_C^{\gamma-1}}$$

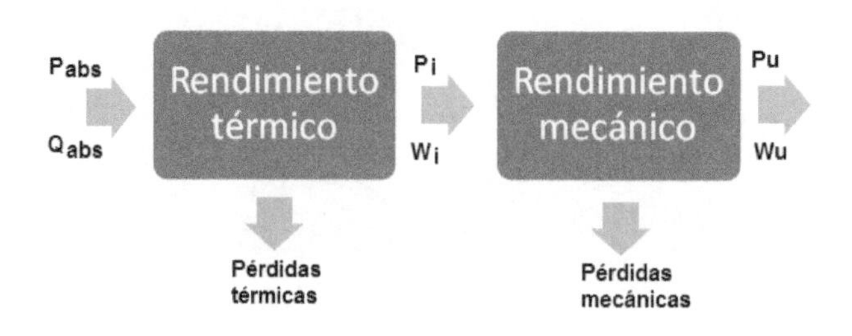

Donde:

Q_{abs}=Calor absorbido; W_i=Trabajo indicado; W_u=Trabajo útil

η=Rendimiento térmico; η_{TER}=Rendimiento mecánico; η_{MEC}=Rendimiento mecánico

La máquina térmica de Carnot

Una máquina térmica se puede definir como un dispositivo que trabaja de forma cíclica o de forma continua para producir trabajo mientras se le aplica y cede calor, aprovechando las expansiones de un gas que sufre transformaciones de presión, volumen y temperatura en el interior de dicha máquina. Para su estudio y análisis haremos las siguientes consideraciones (o hipótesis) con respecto al ciclo termodinámico que sufre el gas en su interior:

- El gas que evoluciona en el interior de la máquina se considera ideal.
- El volumen de gas se considera constante como si fuera siempre el mismo gas el que se calienta, se enfría, recibe o realiza trabajo (circuito cerrado).
- Las combustiones se consideran como aportes de calor (Q_C) desde una fuente a temperatura elevada (T_C), mientras que las expulsiones de gases quemados se consideran como pérdidas de calor (Q_F) hacia una fuente a menor temperatura (T_F).
- Los procesos que sufre el gas son cíclicos, y el final de cada ciclo coincide con el estado inicial del gas, por tanto la variación de energía interna (ΔU) total es nula.

En la figura siguiente se muestra el esquema simplificado de una máquina térmica donde:

Q_C= Calor absorbido del foco caliente [kJ/h]

Q_F= Calor cedido del foco frío [kJ/h]

T_C= Temperatura absoluta del foco caliente [K]

T_F= Temperatura absoluta del foco frío [K]

W= Trabajo producido por la máquina [J]

Teniendo en cuenta toda la energía que entra a la máquina debe ser igual que la suma de las energías que salen de ella:

$$Q_C = W + Q_F$$

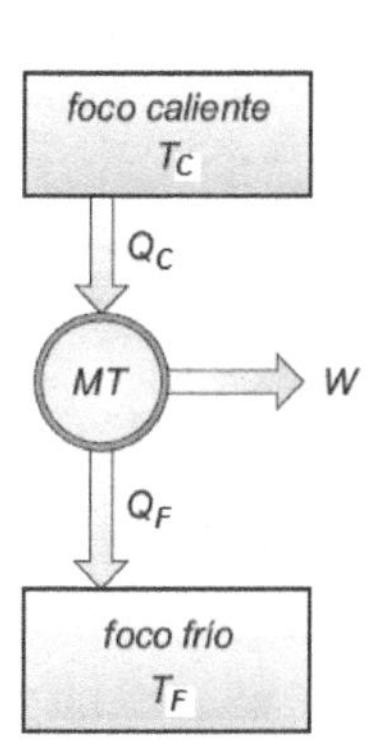

Definimos el rendimiento (η) de la máquina como la relación entre el trabajo (W) producido por ésta y el calor absorbido (Q_C) del foco caliente y en este caso será siempre menor que la unidad:

$$\eta = \frac{W}{Q_C} = \frac{Q_C - Q_F}{Q_C} < 1$$

Considerando proporcionales las temperaturas al calor de sus respectivos focos, el rendimiento también se puede expresar:

$$\eta = \frac{T_C - T_F}{T_C} = 1 - \frac{T_F}{T_C}$$

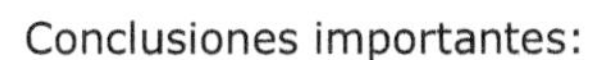

Conclusiones importantes:

- El rendimiento de la máquina de Carnot sólo depende de las temperaturas de los focos y éste será mayor cuanto mayor sea la diferencia entre ambas (Será siempre menor que la unidad).
- No existe ninguna máquina térmica que genere trabajo de forma cíclica si sólo le aplicamos energía calorífica y no la refrigeramos.
- No existe ninguna máquina que funcionando entre dos focos a distintas temperaturas tenga un rendimiento mayor que la máquina de Carnot (*máquina ideal o reversible*).

La máquina frigorífica de Carnot

Un segundo tipo de máquina térmica se basa en aplicar trabajo para conseguir extraer calor de un recinto que está a baja temperatura y expulsarlo en un ambiente a mayor temperatura; esta máquina se conoce con el nombre de máquina frigorífica. Por tanto, las cuatro trayectorias del ciclo de Carnot también son reversibles, y éste podría invertirse, lo cual quiere decir que en lugar de producir trabajo habrá que aplicarle trabajo al propio sistema y el efecto provocado sería la transferencia de calor del foco frío al caliente. El esquema simplificado de la máquina es el que se muestra en la siguiente figura.

En esta máquina en lugar de hablar de rendimiento hablaremos de *"eficiencia"* (ε) o *"coeficiente de operación"* y se define como la relación entre el calor extraído del foco frío (Q_F) y el trabajo (W) aplicado sobre la máquina (o energía consumida por ésta). La eficiencia en una máquina frigorífica es un concepto equiparable al del rendimiento en un motor térmico, pero con la salvedad de que la eficiencia puede ser mayor que uno y el rendimiento nunca puede ser mayor que uno.

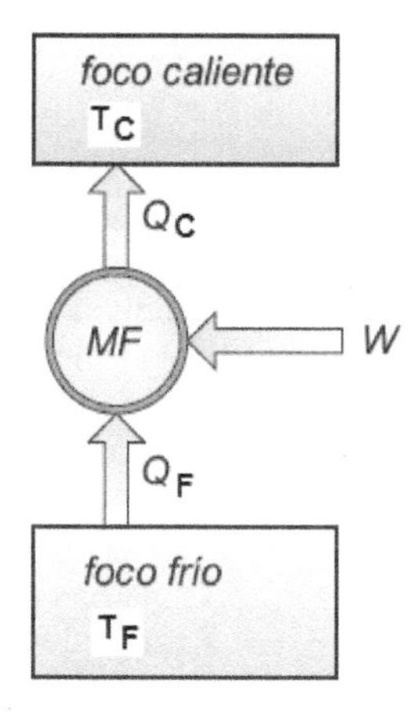

$$\varepsilon = \frac{Q_F}{W} = \frac{Q_F}{Q_C - Q_F} > 1$$

Considerando proporcionales las temperaturas al calor de sus respectivos focos, la eficiencia también se puede expresar:

$$\varepsilon = \frac{T_F}{T_C - T_F}$$

Una máquina frigorífica para su funcionamiento consume trabajo (W) y como consecuencia de ello se consigue extraer calor de un foco frío a la temperatura (T_F) y cederlo a un foco caliente a la temperatura (T_C).

La bomba de calor

La bomba de calor se emplea principalmente en sistemas de climatización y en sistemas domésticos de aire acondicionado, ya que el ciclo reversible con el que trabaja proporciona la opción tanto de extraer calor de un foco frío en invierno (calle) y cederlo a un foco caliente (interior del recinto) como de extraer calor de un foco frío en verano (interior del recinto) y cederlo a un foco caliente (calle), empleando para ello un único equipo. Por este motivo estos aparatos son reversibles actuando como refrigerantes en verano y como calefactores en invierno.

El esquema de este tipo de máquinas será igual que el de las máquinas frigoríficas, sin embargo esta máquina tiene una doble finalidad, cuando trabaja como bomba frigorífica (verano) el objetivo es retirar calor de un foco frío interior (disminuir su temperatura) y como consecuencia transmitirlo a un foco caliente. En el caso de la bomba térmica (invierno) el objetivo será suministrar calor a un foco caliente interior (aumentar su temperatura), para lo cual será necesario también extraer calor de un foco frío.

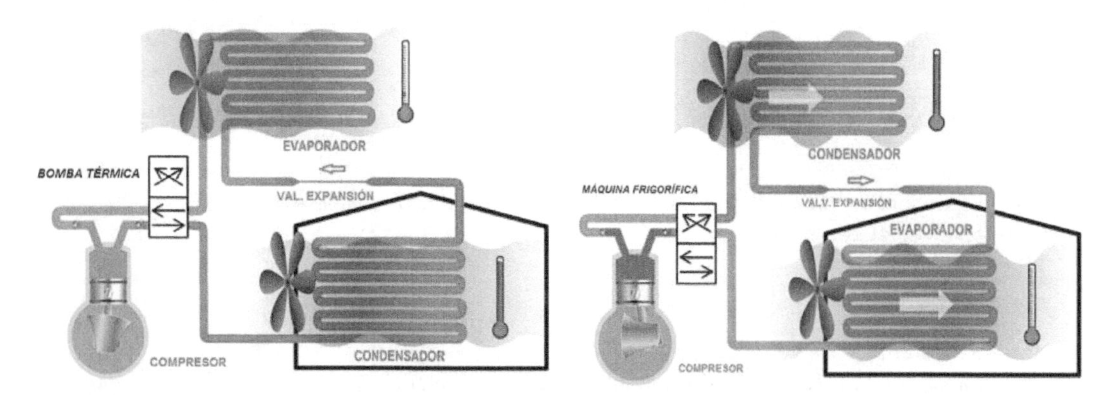

En este tipo de máquinas es necesario siempre aportar trabajo (W) externo al ciclo para conseguir que la transferencia de calor se produzca de la fuente más fría a la más caliente, contra la tendencia natural de los procesos térmicos que tratan de transmitir calor desde los focos calientes a los focos fríos.

Este proceso de transferencia de energía calorífica se realiza mediante un sistema de refrigeración por *compresión de gases refrigerantes*, empleando una válvula inversora de ciclo 4/2 (cuatro vías/dos posiciones), que se sitúa a la salida del compresor, y que permite invertir el sentido del flujo de refrigeración según las necesidades térmicas del recinto a climatizar, selecciona un sentido u otro de circulación del fluido refrigerante y haciendo que el condensador actúe de evaporador y viceversa.

La bomba de calor de refrigeración por compresión de vapor es la empleada, utiliza un fluido o gas refrigerante de bajo punto de ebullición o dicho de otra forma que pasa fácilmente de líquido a gas (el R-407c, el R-134a y el R-410a) y que necesita una cierta energía para evaporarse (calor latente), extrayendo ésta de su entorno en forma de calor, con lo que provoca la refrigeración de éste. En este caso por el "*evaporador*" (interior de la vivienda) circula un líquido refrigerante, que a medida que va pasando por el serpentín poco a poco se va evaporando (absorbiendo calor del entono), saliendo en forma de gas por el otro extremo, y al cambiar de estado toma calor del ambiente, por lo que enfría la habitación donde se encuentra. Un ventilador hace que circule el aire a través del serpentín y se distribuya por toda la habitación.

El fluido refrigerante a baja temperatura y en estado gaseoso (0ºC), procedente del evaporador (foco frío), se hace pasar por un "*compresor*" (consume energía) para que éste adquiera la presión necesaria, de forma que el calor absorbido por el fluido en el evaporador y en el compresor se disipa en el condensador (foco caliente), cuando el fluido se licúa a su paso por él. Este gas que sale del compresor a alta presión (15 bar) y temperatura (36ºC) y pasa ahora por el "*condensador*", donde a medida que va pasando por él se va convirtiendo de nuevo en líquido a costa de ceder calor al exterior. A la salida de éste, el líquido refrigerante se encuentra una "*válvula de expansión*" (tubo muy fino), cuya misión es retener el líquido para que el compresor pueda comprimir el gas contra él, e ir dejándolo pasar poco a poco.

El ciclo continúa, cuando el fluido al atravesar la válvula de expansión pierde presión y temperatura, por lo que a medida que se va evaporando (*evaporador*) toma calor del ambiente (enfría el recinto) de modo que al expandirse se vaporiza, con lo que se enfría considerablemente, para ello requiere una gran cantidad de calor (dada por su calor latente de vaporización) que capta del recinto que está refrigerando. El fluido evaporado totalmente, regresa de nuevo al compresor, completando el ciclo. La función del filtro secador cuya función es limpiar de impurezas el fluido refrigerante y tratar de extraer la humedad que pueda tener el gas refrigerante.

Las bombas de calor en sus dos versiones presentan una **eficiencia** (ε) o **coeficiente de operación** (COP) que es adimensional y es mayor que la unidad, lo cual quiere decir que la máquina aporta más energía de la que consume. Esto es debido a que en realidad se está transfiriendo calor usando energía (kwh), en lugar de producir calor como el que se obtiene por efecto Joule en las resistencias eléctricas.

En este caso la eficiencia de la **bomba térmica** (ε_{BT}) viene dada por la relación entre lo que se obtiene (liberar calor) y lo que se gasta (trabajo) y se define como la relación entre el calor aportado al foco caliente (Q_C) y la energía (W) consumida por la máquina. Dicha eficiencia también se puede expresar en función de la potencia aportada (P_C) o de las temperaturas de los focos caliente y frío (T_C y T_F):

$$\varepsilon_{BT} = \frac{Q_C}{W} = \frac{P_C \cdot t}{P \cdot t} = \frac{P_C}{P}$$

$$\varepsilon_{BT} = \frac{T_C}{T_C - T_F} > 1$$

En las bombas térmicas de calor en invierno se cumple que el calor transmitido al foco caliente es la suma del calor extraído del foco frío (Q_F), más la energía que absorbe el compresor durante el proceso.

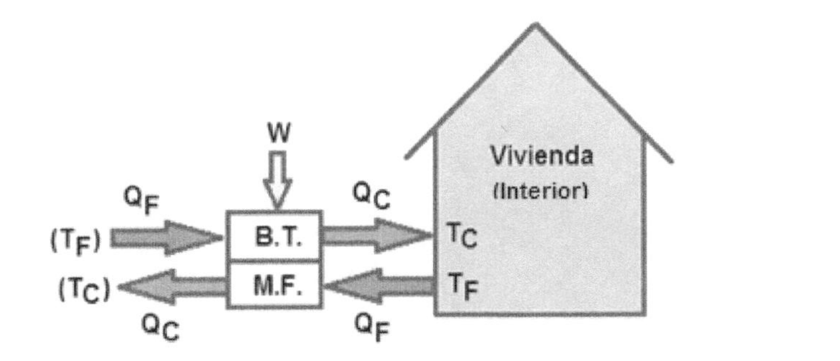

$$Q_C = W + Q_F$$

En este caso la eficiencia como **bomba frigorífica** (ε_{BF}) se define como la relación entre el calor extraído del foco frío (Q_F) y la energía (W) consumida por la máquina. Al igual que en el caso anterior, dicha eficiencia también se puede expresar en función de la potencia extraída (P_F) o de las temperaturas de los focos caliente y frío (T_C y T_F):

$$\varepsilon_{BF} = \frac{Q_F}{W} = \frac{P_F \cdot t}{P \cdot t} = \frac{P_F}{P}$$

$$\varepsilon_{BF} = \frac{T_F}{T_C - T_F} > 1$$

EJERCICIOS RESUELTOS DE "MÁQUINAS Y MOTORES TÉRMICOS"

1. Un motor de un coche que consume 6 litros de gasoil cada hora cuyo poder calorífico es de 9000 Kcal/kg y su densidad de 0,75 Kg/dm^3, suministra un par motor de 45 N×m girando a 3000 r.p.m. Calcula el rendimiento global del coche.

Calculamos en primer lugar la potencia suministrada debido al combustible:

$$P_{Sum} = c \cdot \rho \cdot Pc = 6\frac{l}{h} \cdot 0{,}75\frac{Kg}{l} \cdot 9000\frac{KCal}{Kg} \cdot 4{,}18\frac{KJ}{Kcal} = 169290\frac{KJ}{h} \cdot \frac{1}{3600\frac{seg}{h}} = 47{,}025\frac{KJ}{seg}(kw)$$

Por su parte la velocidad angular y la potencia útil del motor será:

$$\omega = \frac{2\pi \cdot n}{60} = 314{,}16\frac{rad}{seg}$$

$$P_u = M \cdot \omega = 45N \cdot m \cdot 314{,}16\frac{rad}{seg} = 14137\frac{N \cdot m}{seg}(w)$$

Finalmente el rendimiento será:

$$\eta = \frac{P_u}{P_{Sum}} \cdot 100 = \frac{14137w}{47025w} \cdot 100 = 30\%$$

2. Un motor de automóvil proporciona en su catálogo las siguientes características (ver figura):
- Potencia máxima: 571 CV a 9500 r.p.m.
- Par máximo: 38 Kp×m a 8.000 r.p.m.

Calcula el par motor (N·m) y la potencia mecánica (kw) para cada uno de los casos.

Para la máxima potencia:

$$P_{max} = 571CV \cdot 735\frac{w}{CV} = 419685w = 419{,}685\,kw$$

$$\omega = \frac{2\pi \cdot n}{60} = \frac{2\pi \cdot 9500\ r.p.m.}{60} = 994{,}33\frac{rad}{seg}$$

$$M = \frac{P_{max}}{\omega} = \frac{419685w}{994{,}33\frac{rad}{seg}} = 422\ w \cdot seg(N \times m) = 43\ kp \cdot m$$

Para el máximo par:

$$M_{max} = 38\,Kp \times m \cdot 9{,}8\frac{N}{Kg} = 372{,}4\,N \cdot m$$

$$\omega = \frac{2\pi \cdot n}{60} = \frac{2\pi \cdot 8000r.p.m.}{60} = 837{,}33\frac{rad}{s}$$

$$P = M_{max} \cdot \omega = 372{,}4\,N \times m \cdot 837{,}33\frac{rad}{s} = 312.000w = 312\,kw$$

De donde se deduce que a mayor velocidad, mayor potencia y menor par motor.

3. Un automóvil de tracción trasera consume un promedio de 8 litros por cada 100 km recorridos, circulando a una velocidad de 70 km/h. El poder calorífico del combustible es de 10000 kcal/kg y la densidad de 0,75 kg/l. Además se sabe que el rendimiento del motor es del 30% y el del sistema de transmisión a las ruedas del 95%. Calcula:

a) La potencia suministrada por el motor y por las ruedas (Kw).
b) El volumen de combustible por hora de funcionamiento (l/h).
c) El par que está aplicado en cada una de las ruedas motrices y la fuerza de empuje de éstas, siendo su radio de 30 cm.
d) La velocidad de giro de las ruedas (r.p.m.)

a) Calculamos en primer lugar la potencia suministrada al motor:

$$P_{Sum} = \frac{8}{100}\frac{l}{km}\cdot 70\frac{km}{h}\cdot 10000\frac{kCal}{kg}\cdot 0{,}75\frac{Kg}{l}\cdot 4{,}18\frac{kJ}{kcal}\cdot\frac{1}{3600\frac{seg}{h}} = 48{,}76\frac{kJ}{seg}(kw)$$

b) La masa del combustible será:

$$m = \frac{P_{sum}}{P_C} = \frac{42000\frac{kCal}{h}}{10000\frac{kCal}{kg}} = 4{,}2\frac{kg}{h} \Rightarrow V = \frac{m}{\rho} = \frac{4{,}2\frac{kg}{h}}{0{,}75\frac{kg}{l}} = 5{,}6\frac{l}{h}$$

c) La potencia útil suministrada por el motor será:

$P = \eta_M \cdot P_{sum} = 0{,}3\cdot 48{,}76\,kw = 14{,}628\,kw$

La potencia útil suministrada por las ruedas teniendo en cuenta las pérdidas en la transmisión será:

$P_r = \eta_{trans}\cdot P = 0{,}95\cdot 14{,}628\,kw = 13{,}89\,kw$

El par motor aplicado a las ruedas teniendo en cuenta que circula 70 km/h:

$$\omega = \frac{v}{r} = \frac{19{,}44\frac{m}{seg}}{0{,}3\,m} = 64{,}81\frac{rad}{seg}$$

$$M = \frac{P_r}{\omega} = \frac{13896w}{64{,}81\frac{rad}{seg}} = 214{,}41\,N\cdot m \Rightarrow M_{rueda} = 107{,}2\,Nm$$

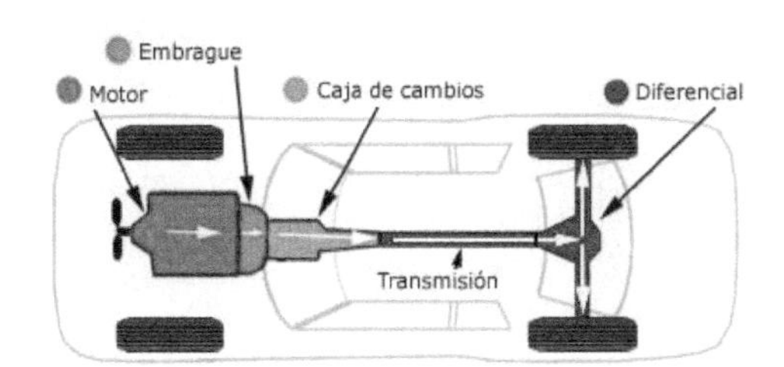

$$F_{rueda} = \frac{M_{rueda}}{r} = \frac{107{,}2\,Nm}{0{,}3\,m} = 357{,}35\,N$$

d) Por último la velocidad de giro de las ruedas será:

$$n = \frac{60\cdot\omega}{2\pi} = \frac{60\cdot 64{,}81\frac{rad}{seg}}{2\pi} = 619{,}2\,r.p.m.$$

4. Un automóvil de 1200 kg arranca y acelera hasta alcanzar la velocidad de 126 km/h en 14 segundos. Si el rendimiento del motor es de un 25 % y el calor de combustión de la gasolina es de 41800 kJ/Kg, determine:
a) Trabajo útil realizado durante el recorrido.
b) Potencia útil del motor.
c) Energía suministrada o consumida por el motor.
d) El consumo de gasolina.

a) Suponiendo el movimiento uniformemente acelerado, calculamos en primer lugar la aceleración (a) y el desplazamiento (x):

$$a = \frac{v - v_0}{t} = \frac{35\,m/s - 0}{14\,s} = 2{,}5\frac{m}{s^2}$$

$$x = \frac{1}{2}a\cdot t^2 = \frac{1}{2}\cdot 2{,}5\frac{m}{s^2}\cdot 14^2 s^2 = 245\,m$$

$$Wu = F\cdot x = m\cdot a\cdot x = 1200kg\cdot 2{,}5\frac{m}{s^2}\cdot 245\,m = 735000\,N\cdot m(J)$$

Otra forma de hacerlo sería:

$$E_m = E_C = \frac{1}{2}m\cdot(v^2 - v_0^{\,2}) = \frac{1}{2}\cdot 1200\,kg\cdot 35^2\frac{m^2}{s^2} = 735000J$$

b) Teniendo en cuenta el concepto de potencia:

$$P_u = \frac{W_u}{t} = \frac{735000\,J}{14\,s} = 52500\,w$$

c) Teniendo en cuenta el rendimiento del motor:

$$\eta = \frac{W_u}{E_{sum}}; E_{sum} = \frac{W_u}{\eta} = \frac{735000\,J}{0,25} = 2940000\,J = 2940kJ$$

d) El consumo de gasolina será:

$$m = \frac{E_{sum}}{Pc} = \frac{2940\,kJ}{41800\,\frac{kJ}{kg}} = 0,07kg = 70g$$

5. Un automóvil de 1000 kg que sube por una pendiente del 10%, tiene un rendimiento del 25%. Calcula:
a) El trabajo realizado por el coche para subir por una rampa de 120 metros. Considerar el coeficiente de rozamiento μ=0,2.
b) El consumo al subir dicha rampa, sabiendo que el calor de combustión de la gasolina es de 41800 kJ/kg.

a) Calculamos en primer lugar el ángulo "α" correspondiente a la pendiente del 10% y posteriormente el valor de la fuerza "F" de empuje, teniendo en cuenta que la fuerza de rozamiento:

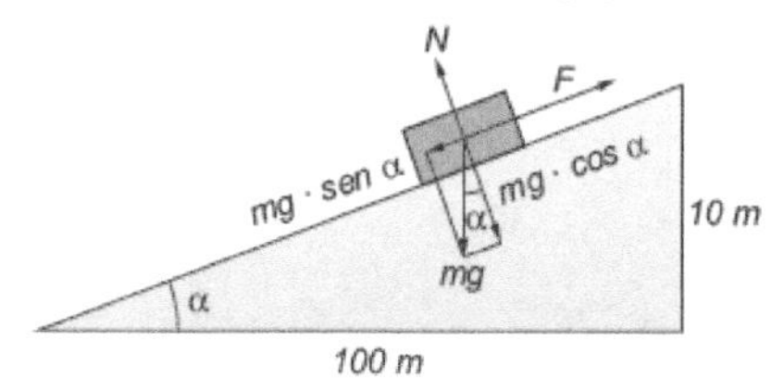

$$tag\ \alpha = \frac{10}{100} = 0,1 \Rightarrow \quad \alpha = arc\tan g\ 0,1 = 5,71^{o}; \cos\alpha = 0,995$$

$$F = m \cdot g \cdot sen\alpha + F_r = m \cdot g \cdot sen\alpha + \mu \cdot N = m \cdot g \cdot sen\alpha + \mu \cdot m \cdot g\cos\alpha$$

$$F = 1000\,kg \cdot 9,8\frac{m}{seg^2} \cdot 0,099 + 0,2 \cdot 1000\,kg \cdot 9,8\frac{m}{seg^2} \cdot 0,995$$

$$= 2920,4N$$

El trabajo realizado por el motor será:

$$W = F \cdot x = 2920,4N \cdot 120m = 350448J = 350,448\,kJ$$

b) Calculamos ahora la energía suministrada (E_{Sum}) al motor:

$$\eta = \frac{W}{E_{Sum}}; E_{Sum} = \frac{350,448\,kJ}{0,25} = 1401,8kJ$$

Calculamos finalmente el consumo del motor al subir la rampa:

$$E_{Sum} = m \cdot P_C; \quad m = \frac{E_{Sum}}{P_C} = \frac{1401,8\,kJ}{41800\,kJ/kg} = 0,033kg = 33g$$

6. Un motor de automóvil de 1500 Kg de masa suministra una potencia de 100 CV transmitiéndose esta potencia a las rudas de 0,3 metros de radio con un rendimiento del 90%. En un determinado momento el coche sube por una pendiente del 12%, con una fuerza de rozamiento de las rudas sobre el suelo constante de 420N. Calcula:
a) La fuerza que debe ejercer el motor del coche.
b) La velocidad máxima de subida.
c) El par motor de cada rueda.

a) La fuerza que tiene que ejercer el motor del coche será:

$$tag\ \alpha = \frac{12}{100} = 0,12 \Rightarrow \quad \alpha = arc\tan g\ 0,12 = 6,84^{o}$$

$$F = F_t + F_r = m \cdot g \cdot sen\alpha + F_r = 1500\,kg \cdot 9,8\frac{m}{seg^2} \cdot 0,12 + 420\,N = 2171N$$

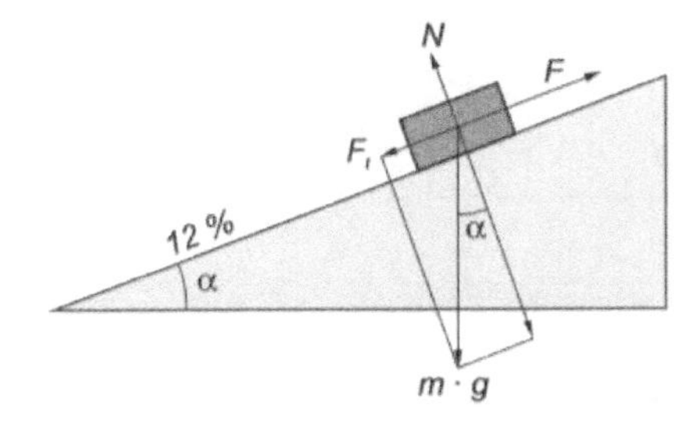

b) La potencia empleada en el giro de las ruedas será:

$$P = 0{,}9 \cdot 100\, CV \cdot 735 \frac{w}{CV} = 66150\, w$$

$$P = F \cdot v \Rightarrow v = \frac{P}{F} = \frac{66150\, w}{2171\, N} = 30{,}47 \frac{m}{seg} \Rightarrow v = 30{,}47 \frac{m}{seg} \cdot \frac{3600 \frac{seg}{h}}{1000 \frac{m}{km}} = 109 \frac{km}{h}$$

c) El par motor de cada rueda será:

$$M = F' \cdot r = \frac{2171}{2} N \cdot 0{,}3\, m = 325{,}65\, N \times m$$

7. Un equipo de elevación debe subir una carga de 1000 kg hasta una altura de 40 m. La velocidad de ascensión es de 0,2 m/s y se alcanza al cabo de 2 segundos de la puesta en marcha. Calcula:

a) El trabajo realizado teniendo en cuenta que la masa del torno es de 100 kg y su diámetro de 50cm.
b) La potencia mínima que debe realizar el motor.

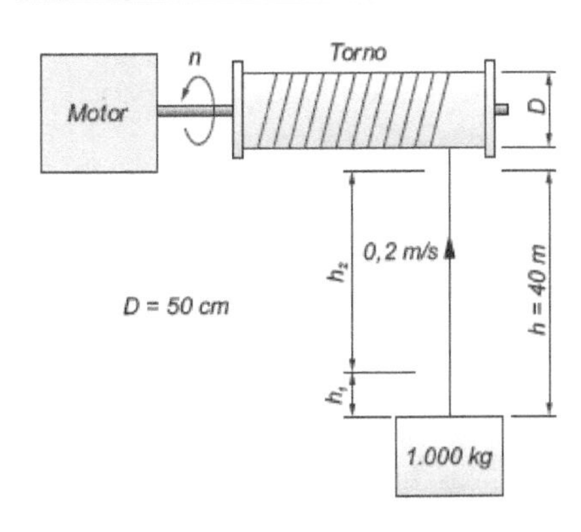

a) Calculamos en primer lugar el momento de inercia del torno con respecto al eje de rotación y la velocidad angular:

$$I = \frac{1}{2} m' \cdot r^2 = \frac{1}{2} \cdot 100Kg \cdot 0{,}25^2\, m^2 = 3{,}125 kg \cdot m^2$$

$$\omega = \frac{v}{r} = \frac{0{,}2 \frac{m}{s}}{0{,}25 m} = 0{,}8 \frac{rad}{s}$$

El trabajo necesario para que la carga adquiera la energía cinética correspondiente a 0,2 m/s, será:

$$E_C(translación) = \frac{1}{2} m \cdot v^2 = \frac{1}{2} \cdot 1000Kg \cdot 0{,}2^2 \frac{m^2}{s^2} = 20 J$$

$$E_C(rotación) = \frac{1}{2} I \cdot \omega^2 = \frac{1}{2} 3{,}125 Kg \cdot m^2 \cdot 0{,}8^2 \frac{rad^2}{s^2} = 1\, J$$

$$E_C(total) = E_C(rot.) + E_C(transl.) = 21\, J$$

Por su parte la energía potencial y el trabajo total serán:

$$E_P = m \cdot g \cdot h = 1000kg \cdot 9{,}8\frac{m}{s^2} \cdot 40m = 392000J$$

$$W_T = E_C(total) + E_P = 392021J$$

b) La aceleración experimentada por la carga en los dos primeros segundos y la altura a la que asciende serán:

$$a = \frac{v - v_0}{t_1} = \frac{0{,}2\frac{m}{s} - 0}{2s} = 0{,}1\frac{m}{s^2}$$

$$h_1 = \frac{1}{2} \cdot a \cdot t_1^2 = \frac{1}{2} \cdot 0{,}1\frac{m}{s^2} \cdot 2^2 s^2 = 0{,}2m$$

El tiempo empleado en ascender "h_2" será:

$$h_2 = 40m - 0{,}2m = 39{,}8m$$

$$t_2 = \frac{h_2}{v} = \frac{39{,}8m}{0{,}2\frac{m}{s}} = 199s$$

La potencia mínima que debe realizar el motor será la empleada en incrementar la energía cinética (translación de la carga) y la energía potencial serán:

$$P_1 = \frac{E_C(total)}{t_1} = \frac{21J}{2s} = 10{,}5w$$

$$P_2 = \frac{E_P(total)}{t_{total}} = \frac{392000J}{201s} = 1950{,}2w$$

$$P(total) = P_1 + P_2 = 1960{,}7w$$

8. Un cilindro provisto de un émbolo móvil que contiene 500 g de gas Nitrógeno, se calienta a presión constante elevando su temperatura de 25 a 100 ºC. Calcula:
a) Cantidad de calor transferido al sistema.
b) Trabajo realizado por el gas.
c) Variación experimentada por su energía interna.
DATOS: C_P=1,04 J/g ºC; Peso molecular del N_2=28 g/mol; R=8,31 J/mol×K.

a) La cantidad de calor (Q) transferido al sistema será:

$$Q = m \cdot C_P \cdot (T_2 - T_1) = 500g \cdot 1{,}04\frac{J}{g^o C}(100 - 25)^o C = 39000J$$

b) El trabajo (W) realizado por el gas:

$$W = P \cdot \Delta V = nR\Delta T = \frac{m}{P_{mol}}R(T_2 - T_1) = \frac{500g}{28\frac{g}{mol}}8{,}31\frac{J}{K\,mol}(373 - 298)\,K = 11129{,}5\,J$$

c) Finalmente aplicando el primer principio calculamos la variación de energía interna:

$$\Delta U = Q - W = 39000J - 11129{,}5J = 27870{,}5J$$

9. A continuación se muestra un proceso de expansión isotérmico de un gas ideal de A a B. Calcula:
a) La temperatura (T) a la cual tiene lugar dicha expansión.
b) El volumen V_B.
c) El trabajo desarrollado en esta etapa.
d) El calor y la variación de energía interna de la etapa.
DATOS: R= 0,082 atm·l/ mol ·ºK =8,2 J/mol·ºK; Cv=12,54 J/ mol·ºK; n=0,244 mol.

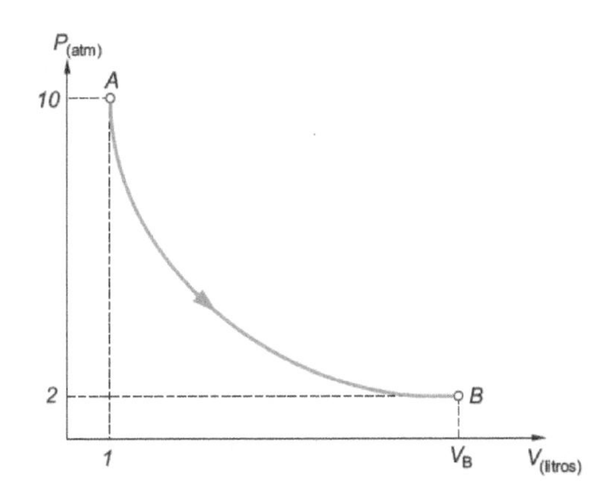

a) Aplicando la ecuación general de los gases perfectos:

$$P_A \cdot V_A = n \cdot R \cdot T_A;\ T_A = \frac{P_A \cdot V_A}{n \cdot R} = \frac{10 atm \cdot 1 l}{0{,}244 mol \cdot 0{,}082 \frac{atm \cdot l}{mol \cdot^{o} K}} = 500^{o} K = 227^{o} C$$

b) Teniendo en cuenta que se trata de un proceso isotérmico se cumplirá la ecuación de "*Boile Mariotte*":

$$P_A \cdot V_A = P_B \cdot V_B;\ V_B = \frac{P_A \cdot V_A}{P_B} = \frac{10 atm \cdot 1 l}{2\, ata} = 5 l$$

c) El trabajo será igual a:

$$W = n \cdot R \cdot T \cdot Ln \frac{V_B}{V_A} = n \cdot R \cdot T \cdot Ln \frac{P_A}{P_B} = 0{,}244 mol \cdot 8{,}2 \frac{J}{mol \cdot^{o} K} \cdot 500^{o} K \cdot Ln \frac{5}{1} = 1610 J$$

d) Al ser la temperatura constante en este proceso, la variación de energía interna será nula ($\Delta U=0$), y por tanto según el primer principio de termodinámica:

$$Q = W + \Delta U \Rightarrow Q = W = 1610 J$$

10. Para el sistema de la figura, calcula las coordenadas desconocidas así como el calor, trabajo y variación de energía interna de cada etapa y del ciclo.
DATOS: R= 0,082 atm·l/ mol ·ºK =1,968Cal/mol ·ºK; Cv=3 Cal/ mol·ºK; n=0,0089 mol.

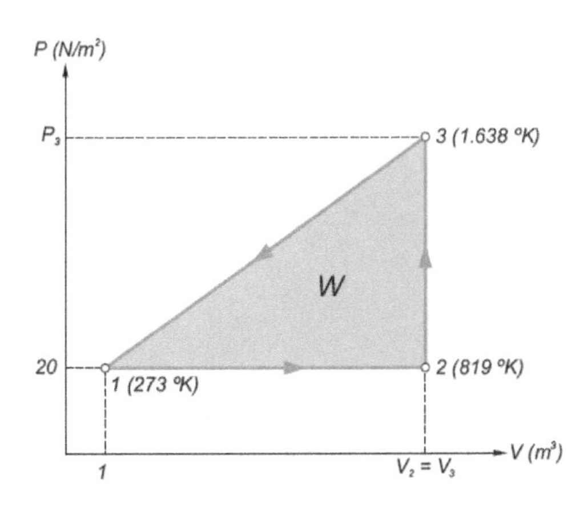

Calculamos en primer lugar las coordenadas desconocidas:

- Tramo 1-2: Presión constante ($P_1=P_2$):

$$\frac{V_1}{V_2} = \frac{T_1}{T_2};\ V_2 = \frac{V_1 \cdot T_2}{T_1} = \frac{1 m^3 \cdot 819^{o} K}{273^{o} K} = 3 m^3 = V_3$$

- Tramo 2-3: Volumen constante ($V_2=V_3$):

$$\frac{P_2}{P_3}=\frac{T_2}{T_3};\ P_3=\frac{P_2\cdot T_3}{T_2}=\frac{20\frac{N}{m^2}\cdot 1638^o K}{819^o K}=40\frac{N}{m^2}$$

Calculamos el trabajo total del ciclo que será el área del triángulo:

$$|W|=\frac{b\cdot h}{2}=\frac{2m^3\cdot 20\frac{N}{m^2}}{2}=20\ N\cdot m(J)$$

$$W_{1-2}=P\cdot\Delta V=P(V_2-V_1)=20\frac{N}{m^2}\cdot 2\ m^3=40\ N\cdot m(J)$$

$$W_{2-3}=P\cdot\Delta V=0$$

$$W_{3-1}=-P\cdot\Delta V=-(\frac{2m^3\cdot 20\frac{N}{m^2}}{2}+2m^3\cdot 20\frac{N}{m^2})=-60\ N\cdot m(J)$$

$$W_T=W_{1-2}+W_{2-3}+W_{3-1}=-20\ J$$

Por tanto se ha aportado trabajo al sistema (negativo).

Cálculo del calor:

$$R=C_P-C_V;\quad C_P=R+C_V=(1{,}968+3)\frac{Cal}{mol\cdot^o K}=4{,}968\frac{Cal}{mol\cdot^o K}=20{,}76\frac{J}{mol\cdot^o K}$$

$$Q_{1-2}=n\cdot C_P\cdot\Delta T=n\cdot C_P\cdot(T_2-T_1)=0{,}0089mol\cdot 20{,}76\frac{J}{mol\cdot^o K}(819-273)^o K=100{,}9\ J$$

$$Q_{2-3}=n\cdot C_V\cdot\Delta T=n\cdot C_V\cdot(T_2-T_1)=0{,}0089mol\cdot 12{,}54\frac{J}{mol\cdot^o K}(1.638-819)^o K=91{,}4\ J$$

Cálculo de la variación de la energía interna según el primer principio de termodinámica (ver tabla):

Tramo	Q	W	ΔU
1-2	**100,9 J**	**40 J**	60,9 J
2-3	**91,4 J**	**0 J**	91,4 J
3-1	-212,3 J	**-60 J**	-152,3 J
TOTAL	-20 J	**-20 J**	0 J

11. Un cilindro contiene dos litros de oxígeno a 5 atmósferas de presión y a 300 ºK de temperatura. Se somete a los siguientes procesos:

- Se calienta a presión constante hasta 600 ºK.
- Se enfría a volumen constante hasta 300 ºK.
- Se comprime isotérmicamente hasta la presión inicial.

Se pide:

a) Representar el diagrama P-V obteniendo todas las coordenadas.
b) Hallar el trabajo correspondiente a cada proceso y el trabajo total.
c) Hallar la variación de energía interna de cada proceso y la total.
d) Hallar el calor puesto en juego en cada proceso y el total.
DATOS: R= 0,082 atm·l/ mol·ºK; Cv=3 Cal/mol·ºK.

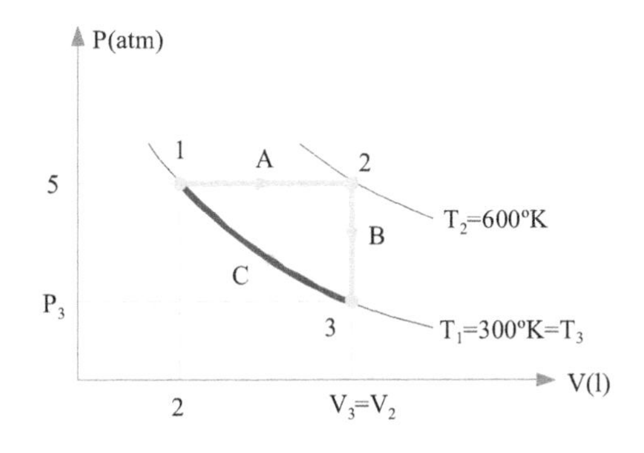

a) Calculamos en primer lugar las coordenadas desconocidas:

- Tramo 1-2: Presión constante ($P_1=P_2$):

$$\frac{V_1}{V_2}=\frac{T_1}{T_2};\ V_2=\frac{V_1\cdot T_2}{T_1}=\frac{2l\cdot 600^{o}K}{300^{o}K}=4l=V_3$$

- Tramo 2-3: Volumen constante ($V_2=V_3$):

$$\frac{P_2}{P_3}=\frac{T_2}{T_3};\ P_3=\frac{P_2\cdot T_3}{T_2}=\frac{5atm\cdot 300^{o}K}{600^{o}K}=2{,}5atm$$

b) Cálculo del trabajo:

$$W_{1-2}=P\cdot\Delta V=P(V_2-V_1)=5\,atm\cdot 10^5\frac{\frac{N}{m^2}}{atm}2\,l\cdot 0{,}001\frac{m^3}{l}=1000\,N\cdot m(J)$$

$$W_{2-3}=P\cdot\Delta V=0$$

$$n=\frac{P_1\cdot V_1}{R\cdot T_1}=0{,}4\,mol$$

$$W_{3-1}=n\cdot R\cdot T\cdot Ln\frac{V_1}{V_3}=0{,}4\,mol\cdot 8{,}2\frac{J}{mol\cdot^{o}K}\cdot 300^{o}K\cdot Ln\frac{2}{4}=-682\,N\cdot m(J)$$

$$W_T=W_{1-2}+W_{2-3}+W_{3-1}=318\,J$$

c) Cálculo de la variación de energía interna:

$$\Delta U_{2-3}=Q_{2-3}=n\cdot C_V(T_3-T_2)=0{,}4\,mol\cdot 3\frac{Cal}{mol\cdot^{o}K}\cdot 4{,}18\frac{J}{Cal}(300-600)^{o}K=-1504{,}8\,J$$

$$\Delta U_{3-1}=0(T=cte.)\Rightarrow \Delta U=0\Rightarrow \Delta U_{2-3}=-\Delta U_{1-2}$$

d) Cálculo del calor según el primer principio de termodinámica (ver tabla):

Tramo	**Q**	**W**	**ΔU**
1-2	2504,8 J	1000 J	1504,8 J
2-3	-1.504,8 J	0 J	-1504,8 J
3-1	-682 J	-682 J	0 J
TOTAL	318 J	318 J	0 J

12. A partir del ciclo de un motor de cuatro tiempos se pide:
a) ¿De qué tipo de motor se trata?. Indica cada uno de los tramos.
b) Calcula la cilindrada y la relación de compresión.
c) Carrera del cilindro si su diámetro del pistón es de 10 cm.

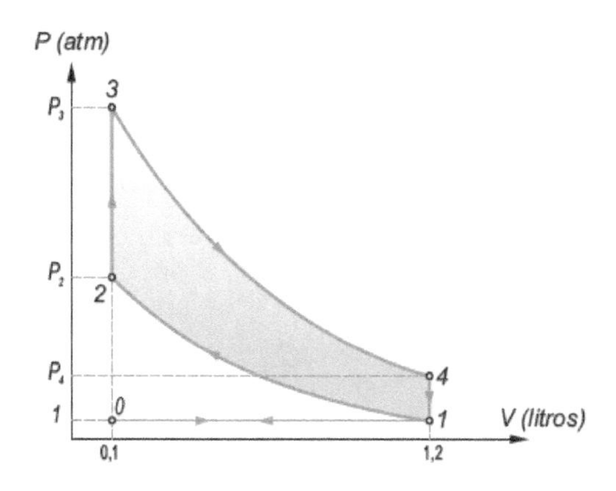

a) Se trata del ciclo Otto de un motor de explosión monocilíndrico de cuatro tiempos y seis fases, cuyos tramos son los siguientes:

0-1: Admisión (primer tiempo).
1-2: Compresión adiabática (segundo tiempo).
2-3: Ignición o explosión.
3-4: Expansión adiabática (tercer tiempo).
4-1: Escape.
1-0: Retroceso del émbolo (cuarto tiempo).

b) La cilindrada del motor vendrá dada por la diferencia entre los dos volúmenes:

$$V_U = \Delta V = V_1 - V_2 = (1{,}2 - 0{,}1)l = 1{,}1l = 1100cm^3$$

Por su parte la relación de compresión será:

$$R_C = \frac{V_1}{V_2} = \frac{1{,}2\,l}{0{,}1l} = \frac{1200cm^3}{100cm^3} = 12$$

c) Por último la carrera del cilindro será:

$$\left.\begin{array}{l} \Delta V = S \cdot L \\ S = \dfrac{\pi \cdot D^2}{4} = \dfrac{\pi \cdot 10^2}{4} = 78{,}54\,cm^2 \end{array}\right\} 1100cm^3 = 78{,}54\,cm^2 \cdot L \Rightarrow \quad L = 14cm$$

13. Un motor de cuatro cilindros desarrolla una potencia efectiva de 60 CV a 3500 r.p.m. teniendo en cuenta que el diámetro de cada pistón es de 7 cm, la carrera L=9 cm y la relación de compresión R_C=9:1, se pide:
a) Cilindrada del motor (cm^3).
b) Volumen de la cámara de compresión de cada cilindro (cm^3).
c) Par motor (N×m) y la velocidad de los cilindros (m/seg).
d) Si consume 8 kg de combustible por hora de funcionamiento con poder calorífico de 11000 kcal/Kg. Determinar su rendimiento efectivo.

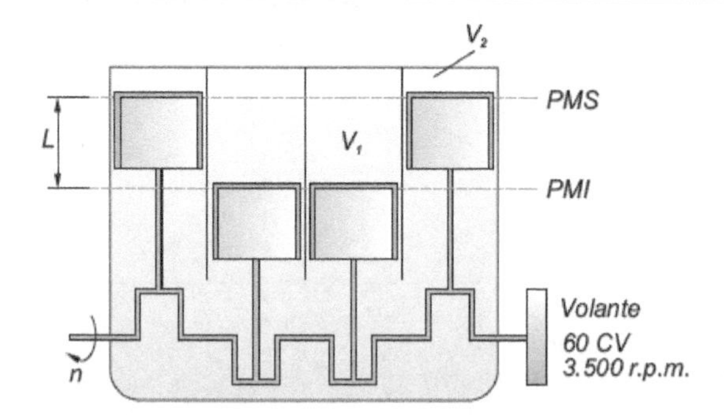

a) Calculamos en primer lugar el volumen unitario (ΔV):

$$\left.\begin{array}{l} V_U = \Delta V = S \cdot L \\ S = \dfrac{\pi \cdot D^2}{4} = \dfrac{\pi \cdot 7^2}{4} = 38{,}48\,cm^2 \end{array}\right\} \Delta V = 38{,}48\,cm^2 \cdot 9\,cm = 346{,}32\,cm^3$$

$$V_T = 4 \cdot \Delta V = 1385{,}28\,cm^3$$

b) Partiendo del concepto de la relación de compresión:

$$R_C = \frac{V_1}{V_2} = \frac{\Delta V + V_2}{V_2}; \quad \Delta V + V_2 = R_C \cdot V_2; \quad V_2 = \frac{\Delta V}{R_C - 1} = \frac{346{,}32\,cm^3}{8} = 43{,}29\,cm^3$$

c) Por su parte el par motor (M) y la velocidad será igual a:

$$\omega = \frac{2\pi \cdot n}{60} = 366{,}52\frac{rad}{seg}$$

$$P_u = 60\,CV = 44100\,w$$

$$M = \frac{P_u}{\omega} = \frac{44100\,w}{366{,}52\frac{rad}{seg}} = 120{,}32\,N \cdot m$$

$$v = \frac{L \cdot n}{30} = \frac{0{,}09\,m \cdot 3500}{30} = 10{,}5\frac{m}{seg}$$

d) Finalmente el rendimiento será igual a:

$$Q_{cons} = 8\frac{kg}{h} \times 11000\frac{kCal}{Kg} \times 4{,}18\frac{kJ}{Kcal} = 367840\frac{kJ}{h} \Rightarrow P_{cons} = \frac{Q_{sum}}{t} = \frac{367840\frac{kJ}{h}}{3600\frac{s}{h}} = 102{,}17\frac{kJ}{s}(kw)$$

$$\eta = \frac{P_u}{P_{cons}} \times 100 = \frac{44{,}1\,kw}{102{,}17\,kw} \times 100 = 43\%$$

14. En el catálogo de un motor de un automóvil constan los siguientes datos: cilindrada 2222 cm^3, cuatro cilindros, relación de compresión 20:1, potencia 50 kw a 4600 revoluciones por minuto, par motor máximo 120 N×m a 2300 revoluciones por minuto. Calcula:
a) Par motor a 4600 r.p.m.
b) Potencia a 2300 r.p.m.
c) Volumen de la cámara de compresión.

a) El par motor para la máxima potencia será:

$$P_{max} = 50\,CV \cdot 735\frac{w}{CV} = 36750\,w$$

$$\omega = \frac{2\pi \cdot n}{60} = \frac{2\pi \cdot 4600\,r.p.m.}{60} = 481{,}7\frac{rad}{seg}$$

$$M = \frac{P_{max}}{\omega} = \frac{36750\,w}{481{,}7\frac{rad}{seg}} = 76{,}3\ w \cdot seg(N \times m) = 7{,}78\,Kg \cdot m$$

b) La potencia para el máximo par será:

$$\omega = \frac{2\pi \cdot n}{60} = \frac{2\pi \times 2300\,r.p.m.}{60} = 240{,}85\frac{rad}{seg}$$

$$P = M_{max} \cdot \omega = 120\,N \times m \cdot 240{,}85\frac{rad}{seg} = 28902{,}6\,w$$

c) Calculamos en primer lugar el volumen unitario (ΔV):

$$V_U = \Delta V = \frac{V_T}{4} = \frac{2222\,cm^3}{4} = 555{,}5\,cm^3$$

$$R_C = \frac{V_1}{V_2} = \frac{\Delta V + V_2}{V_2} = \frac{20}{1}; \quad \Delta V + V_2 = 20 \cdot V_2; \quad V_2 = \frac{\Delta V}{R_C - 1} = \frac{555{,}5\,cm^3}{19} = 29{,}23\,cm^3$$

15. Un motor de explosión tipo OTTO de 4 cilindros y 4 tiempos que gira a 3600 r.p.m. tiene las siguientes características: V_U = 285 cm^3, R_C = 8:1, rendimiento motor 34,8%. El motor se alimenta con un combustible de densidad igual a 0,76 g/cm³ y poder calorífico igual a 10700 kcal/kg.
Datos: Relación de combustión (aire / combustible) = 12000/1.
Calcula:
a) Cilindrada del motor.
b) Masa de gasolina por ciclo de funcionamiento.
c) Potencia absorbida y potencia útil
d) Rendimiento térmico (γ=1,33) y el rendimiento mecánico.

a) La cilindrada del motor será:

$$V_T = V_U \cdot 4 = 1140\ cm^3$$

b) El volumen de aire y de combustible por cada ciclo de trabajo será:

$$\frac{V_{aire}}{ciclo} = V_T = 1140\frac{cm^3}{ciclo} \Rightarrow \frac{\frac{V_{aire}}{ciclo}}{\frac{V_{combustible}}{ciclo}} = \frac{12000}{1}$$

$$\frac{V_{combustible}}{ciclo} = \frac{\frac{V_{aire}}{ciclo}}{12000} = \frac{1140\frac{cm^3}{ciclo}}{12000} = 0{,}095\frac{cm^3}{ciclo} = 9{,}5\times10^{-5}\frac{l}{ciclo}$$

$$\frac{m}{ciclo} = \rho \times \frac{V_{combustible}}{ciclo} = 0{,}76\frac{g}{cm^3}\times 0{,}095\frac{cm^3}{ciclo} = 0{,}0722\frac{g}{ciclo}$$

c) El calor proporcionado por el combustible por cada ciclo de trabajo será:

$$\frac{Q_{sum}}{ciclo} = \frac{m}{ciclo}\times P_C = 0{,}072\frac{g}{ciclo}\times 10.700\frac{cal}{g} = 772{,}54\frac{cal}{ciclo}$$

Si el motor gira a 3600 r.p.m. se producirán 1800 ciclos por minuto de trabajo:

$$P_{absorbida} = \frac{\frac{Q_{sum}}{ciclo}\times n_c}{t} = \frac{772{,}54\frac{cal}{ciclo}\times 1800\frac{ciclos}{\min}}{60\frac{seg}{\min}} = 23176{,}2\frac{cal}{seg} = 96876{,}5\ (J/s)\ w = 131{,}8\ CV$$

Por su parte la potencia útil será:

$$P_u = \eta \cdot P_{absorbida} = 0{,}348 \times 96876{,}5 = 33713\,w = 45{,}86\ CV$$

d) Finalmente el rendimiento térmico será:

$$\eta_T = 1 - \frac{1}{Rc^{(\gamma-1)}} = 1 - \frac{1}{8^{0{,}33}} = 0{,}4965 \Rightarrow 49{,}65\%$$

$$\eta_{Mec} = \frac{\eta}{\eta_{Ter}} = \frac{0{,}348}{0{,}4965} = 0{,}7 \Rightarrow 70\%$$

16. Una motocicleta tiene un motor de cuatro tiempos y dos cilindros en V a 45º. Su cilindrada es de 888 cm^3, y el diámetro de sus cilindros de 76,2 mm, con una relación de compresión de 9:1. Los valores de su par se recogen en la siguiente tabla adjunta. Se pide:
a) Calcula la carrera y el volumen de la cámara de compresión.
b) Obtener y dibujar las curvas de par y potencia. (*): Par motor máximo.

n (r.p.m.)	1500	2000	3000*	4000	5000	5500
M (N×m)	60	67	73*	70	60	55

a) Calculamos en primer lugar el volumen útil o unitario (ΔV):

$$V_U = \Delta V = \frac{V_T}{2} = \frac{888\,cm^3}{2} = 444\,cm^3 \qquad S = \frac{\pi \cdot D^2}{4} = \frac{\pi \cdot 7{,}62^2}{4} = 45{,}6\,cm^2$$

$$\Delta V = S \cdot L \Rightarrow L = \frac{\Delta V}{S} = \frac{444\,cm^3}{45{,}6\,cm^2} = 9{,}73\,cm$$

$$R_C = \frac{V_1}{V_2} = \frac{\Delta V + V_2}{V_2} = \frac{9}{1}; \quad \Delta V + V_2 = 9 \cdot V_2; \quad V_2 = \frac{\Delta V}{8} = 55{,}5\,cm^3$$

b) Calculamos ahora la velocidad angular y la potencia para todos los casos:

$$\omega = \frac{2\pi \cdot n}{60} = \frac{2\pi \cdot 1500 r.p.m.}{60} = 157\frac{rad}{seg}$$

$$P = M_{\max} \cdot \omega = 60\,N \times m \cdot 157\frac{rad}{seg} = 9420\,w = 9{,}42\,kw$$

n (r.p.m.)	1500	2000	3000*	4000	5000	5500
M (N×m)	60	67	73*	70	60	55
ω(rad/seg)	157	209,43	314	418,6	523,3	575,6
P(kw)	9,42	14,03	22,92	29,30	31,39	31,65

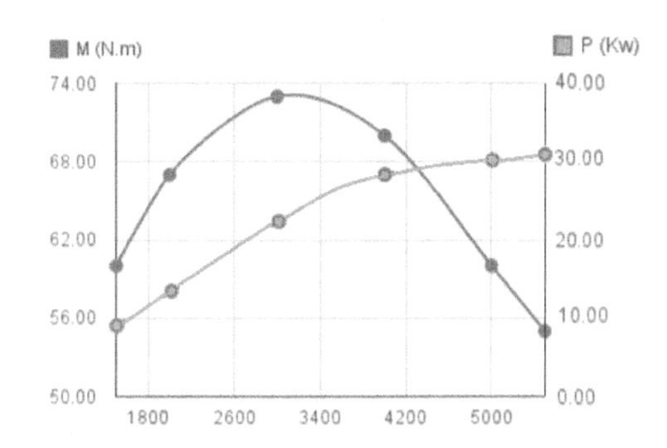

17. El cigüeñal de un motor de cuatro tiempos gira a una velocidad de 3000 r.p.m. La carrera del émbolo es de 80 mm y su diámetro de 60 mm. Se pide:
a) La cilindrada (cm^3).
b) La velocidad media del émbolo (m/s)
c) Suponiendo que los gases de la combustión empujan al émbolo, desplazándolo desde el punto muerto superior (PMS) al punto muerto inferior (PMI), con una fuerza constante de 9,8 x 10^3 N, determinar el trabajo desarrollado por ciclo (J) y la potencia (w).
d) Partiendo del PMS, determinar el desplazamiento (mm) del émbolo producido por un giro de 90º del cigüeñal.

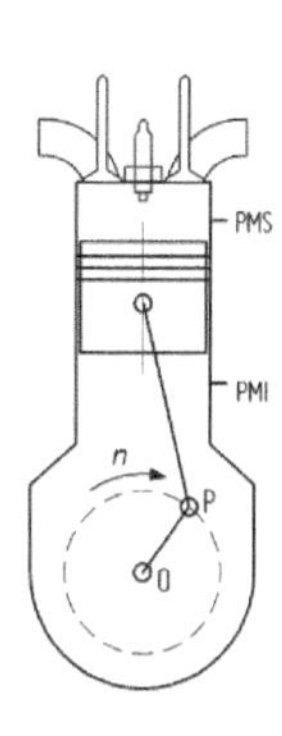

a) La cilindrada del motor será:

$$V_U = \Delta V = \frac{\pi \cdot D^2}{4} \times L = \frac{\pi \cdot 6^2}{4} \times 8 = 226{,}2\,cm^3$$

b) La velocidad media del émbolo la calculamos teniendo en cuenta que por cada vuelta del cigüeñal realiza dos carreras (dos tiempos):

$$\frac{1\,vuelta}{0{,}16\,m} = \frac{50\frac{vueltas}{seg}}{v} \Rightarrow v = 8\frac{m}{seg}$$

c) El trabajo desarrollado por el ciclo será:

$$W = F \cdot L = 9800N \cdot 0{,}08\,m = 784\,J$$

$$P = F \cdot v = 9800N \cdot 8\frac{m}{seg} = 78400\,w$$

d) Teniendo en cuenta que cada media vuelta (180º) realiza una carrera de 80 mm:

$$\frac{80\,mm}{180^{o}} = \frac{x}{90^{o}} \Rightarrow x = 40\frac{m}{seg}m$$

> 18. Una máquina térmica ideal cuyo foco frío esta a la temperatura de 0ºC tiene un rendimiento del 40%. Se pide:
> a) Esquema de la máquina térmica, ciclo de trabajo y temperatura del foco caliente (T_1) en ºC.
> b) Trabajo realizado por la máquina teniendo en cuenta que la cantidad de calor absorbido del foco caliente es de 7200 KJ/h.
> c) ¿Cuántos grados centígrados habrá que aumentar la temperatura del foco caliente si el rendimiento es ahora del 50%?.

a) El esquema de la máquina y el ciclo termodinámico de la máquina ideal de Carnot será:

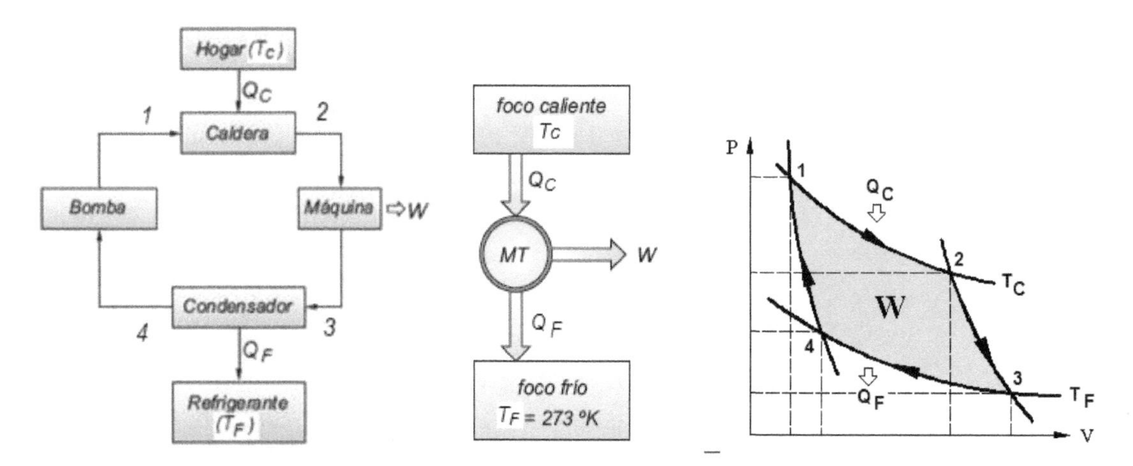

Teniendo en cuenta el rendimiento de la maquina y considerando proporcionales los flujos de calor a las temperaturas respectivas de los focos, obtenemos que:

$$\left.\begin{array}{l} \eta = \dfrac{W}{Q_C} = \dfrac{P}{P_C} \\ W = Q_C - Q_F \end{array}\right\} \eta = \frac{Q_C - Q_F}{Q_C} = \frac{T_C - T_F}{T_C} = 1 - \frac{T_F}{T_C}$$

Sustituyendo y despejando obtenemos el valor de T_1:

$$\eta = 1 - \frac{T_F}{T_C};\quad 0{,}4 = 1 - \frac{273}{T_C};\quad \frac{273}{T_C} = 0{,}6;\quad T_C = 455^{o}K = 182^{o}C$$

b) Teniendo en cuenta que la cantidad de calor (Q_C) absorbido del foco caliente es de 7.200 KJ/h, calculamos el trabajo producido por la máquina:

$$\eta = \frac{W}{Q_C};\quad W = \eta \cdot Q_C = 0{,}4 \cdot 7200\frac{KJ}{h} = 2880\frac{KJ}{h} \Rightarrow P = \frac{W}{t} = \frac{2880\frac{KJ}{h}}{3600\frac{seg}{h}} = 0{,}8kw$$

c) Si el rendimiento es ahora del 50%, la nueva temperatura del foco cliente será:

$$\eta = 1 - \frac{T_F}{T_C};\quad 0{,}5 = 1 - \frac{273}{T_C};\quad \frac{273}{T_C} = 0{,}5;\quad T_C = 546^{o}K = 273^{o}C$$

Por lo tanto la temperatura del foco caliente la habrá que aumentar hasta 273 ºC.

19. Una máquina térmica de vapor opera entre dos focos caloríficos a 250 ºC y 30 ºC. Desarrolla una potencia de 68 kw con un rendimiento del 50 % del de una máquina ideal que trabaje entre los mismos focos. Calcula:
a) El rendimiento real de la máquina.
b) El calor absorbido por la caldera por hora de funcionamiento (kCal/h).
c) El calor entregado al refrigerante (condensador) por hora de funcionamiento (kCal/h).
d) El consumo de carbón (kg/h) si el poder calorífico de éste es de 6972 KCal/Kg.

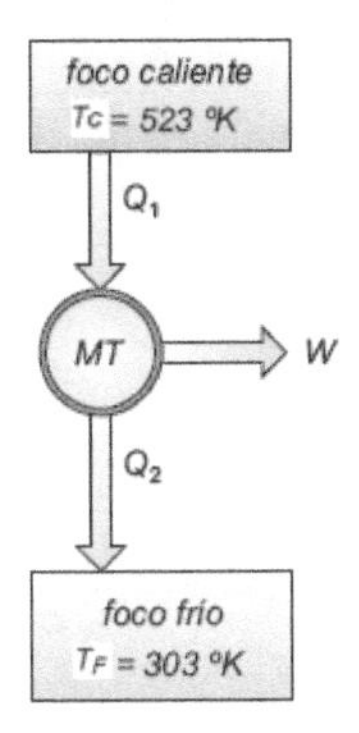

a) En primer lugar calculamos el rendimiento ideal de la maquina:

$$\eta = \frac{T_C - T_F}{T_C} = 1 - \frac{T_F}{T_C} = 1 - \frac{303\,K}{523\,K} = 0{,}42 \Rightarrow \eta_{\text{Real}} = 0{,}42 \times 0{,}5 = 0{,}21 \Rightarrow \eta_{\text{Real}} = 21\%$$

b) Teniendo en cuenta ahora la potencia desarrollada por la máquina:

$$P_1 = \frac{P}{\eta} = \frac{68\frac{kJ}{seg}}{0{,}21} = 323{,}8\frac{kJ}{seg} \Rightarrow Q_1 = 323{,}8\frac{kJ}{seg} \times 3600\frac{seg}{h} = 1165680\frac{kJ}{h} = 278871\frac{kCal}{h}$$

c) Por su parte el calor entregado al refrigerante (Q_F) será:

$$W = P \times t = 68\frac{kJ}{seg} \times 3600\frac{seg}{h} = 244800\frac{kJ}{h} = 58564\frac{kCal}{h}$$

$$Q_2 = Q_F = Q_1 - W = 278871\frac{kCal}{h} - 58564\frac{kCal}{h} = 220314\frac{kCal}{h}$$

d) Finalmente el consumo de carbón (kg) por hora de funcionamiento será:

$$m = \frac{Q_C}{P_C} = \frac{278879\frac{kCal}{h}}{6972\frac{kCal}{kg}} = 40\frac{kg}{h}$$

20. Una máquina térmica funcionando entre las temperaturas de 500 ºK y 300 ºK tiene la cuarta parte del rendimiento máximo posible. El ciclo termodinámico de la máquina se repite 5 veces por segundo, y su potencia es de 20 kw. Determinar el trabajo producido en cada ciclo y la cantidad de calor (kcal/h) que se vierte al foco frío en cada ciclo.

Calculamos en primer lugar el rendimiento real de la máquina, teniendo en cuenta que éste es la cuarta parte (25%) del rendimiento máximo o ideal:

$$\eta = \frac{T_C - T_F}{T_C} = \frac{500 - 300}{500} = 0{,}4 \Rightarrow 40\%; \quad \eta_{real} = 0{,}25 \times 0{,}4 = 0{,}1(10\%)$$

El trabajo en cada ciclo será:

$$\frac{W_{\text{ciclo}}}{t_{\text{ciclo}}} = 20\frac{\text{kJ}}{\text{seg}} = \frac{W_{\text{ciclo}}}{0{,}2\text{seg}} \Rightarrow W_{\text{ciclo}} = 20\frac{\text{kJ}}{\text{seg}} \times 0{,}2\text{seg} = 4\frac{\text{kJ}}{\text{ciclo}}$$

Finalmente la cantidad de calor que se vierte al foco frío en cada ciclo será:

$$\eta_{\text{real}} = \frac{W_{\text{cico}}}{Q_C} \Rightarrow Q_C = \frac{W_{\text{ciclo}}}{\eta_{\text{real}}} = \frac{4\text{kJ}}{0,1} = 40\frac{\text{kJ}}{\text{ciclo}}$$

$$Q_F = Q_C - W = 40\text{kJ} - 4\text{kJ} = 36\frac{\text{kJ}}{\text{ciclo}}$$

21. Los datos de la tabla siguiente corresponden a distintos ciclos de potencia de una máquina térmica que opera entre dos focos caloríficos a 600 ºK y 300 ºK. Todas las magnitudes están expresadas en kJ. Para cada caso, completa la tabla y determina si el ciclo es imposible, irreversible o reversible.

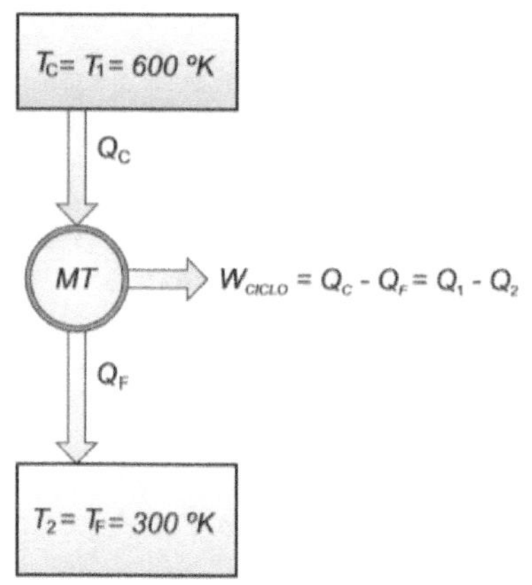

Teniendo en cuenta el concepto de rendimiento de la maquina:

$$\left.\begin{array}{l} \eta = \dfrac{W}{Q_C} = \dfrac{P}{P_C} \\ W = Q_C - Q_F \end{array}\right\} \eta = \frac{Q_C - Q_F}{Q_C} = \frac{T_C - T_F}{T_C} = \frac{300}{600} = 0,5 \Rightarrow 50\%$$

Ciclo	Q_C	Q_F	W_{CICLO}	η	CASO
1	**2000**	950	**1050**	0,525	*IMPOSIBLE*
2	**2000**	**1000**	1000	0,5	*REVERSIBLE*
3	2500	**700**	**1800**	0,72	*IMPOSIBLE*
4	**1600**	1120	480	**0,3**	*IRREVERSIBLE*
5	**800**	**400**	**410**	0,51	*IMPOSIBLE*
6	1600	**800**	**800**	0,5	*REVERSIBLE*

22. Calcula la eficiencia de una máquina frigorífica de Carnot cuyo foco frío está a -10 ºC y el foco caliente a 30ºC. ¿Cuántos "Kw×h" de energía habrá que suministrar a la máquina para sacar del foco frío una cantidad de calor igual a la necesaria para fundir 200 Kg de hielo. Calor latente de fusión del hielo C=80 Cal/g.

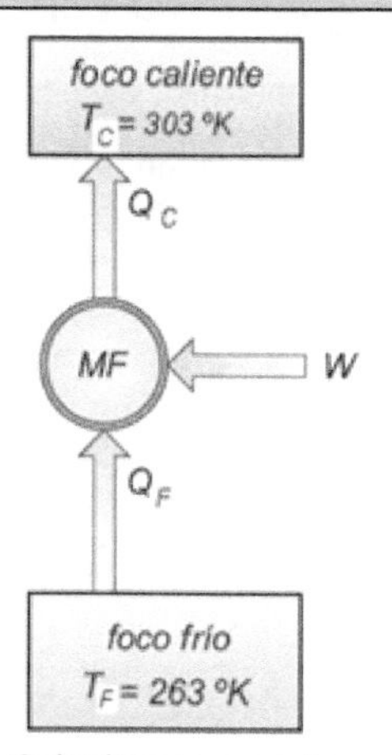

Calculamos en primer lugar la eficiencia ideal de Carnot en función de las temperaturas de los focos:

$$\varepsilon = \frac{Q_F}{W} = \frac{T_F}{T_C - T_F} = \frac{263^\circ K}{(303-263)^\circ K} = 6{,}575$$

Por su parte el calor absorbido del foco frío será:

$$Q_F = 80\frac{Cal}{g} \cdot 200.000g = 16\times10^6\ Cal = 66.880KJ$$

La energía que habrá que suministrar a la máquina será por tanto:

$$W = \frac{Q_F}{\varepsilon} = \frac{66880\ kJ}{6{,}575} = 10171{,}863kJ = 10171{,}863\ kJ \cdot \frac{1}{3600\frac{seg}{h}} = 2{,}825kw\times h$$

23. Una nevera que funciona según un ciclo de Carnot enfría a una velocidad de 700 kJ/h. La temperatura en el interior de la nevera debe ser de –10ºC, mientras que la temperatura ambiente del exterior debe ser de unos 28ºC. Calcula:

a) La potencia (w) que debe tener el motor para conseguir esa temperatura en el interior.
b) Si el rendimiento de la nevera es del 60% del de Carnot, ¿Cuál debería ser entonces la potencia del motor?.

a) Calculamos en primer lugar la eficiencia ideal de Carnot en función de las temperaturas de los focos:

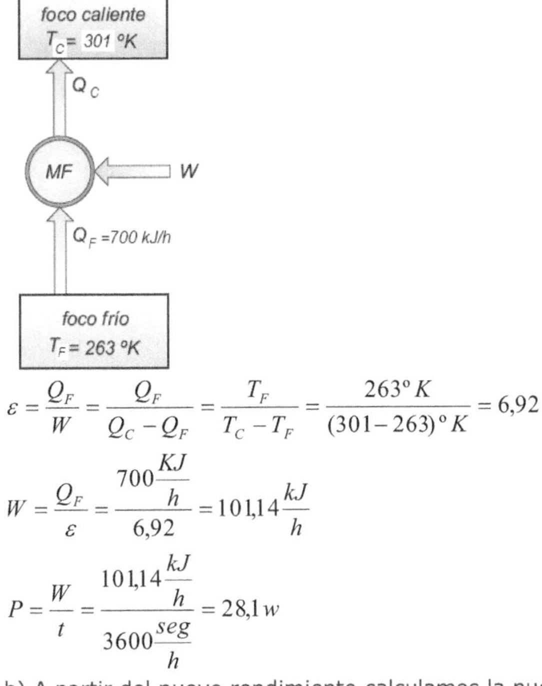

$$\varepsilon = \frac{Q_F}{W} = \frac{Q_F}{Q_C - Q_F} = \frac{T_F}{T_C - T_F} = \frac{263^\circ K}{(301-263)^\circ K} = 6{,}92$$

$$W = \frac{Q_F}{\varepsilon} = \frac{700\frac{KJ}{h}}{6{,}92} = 101{,}14\frac{kJ}{h}$$

$$P = \frac{W}{t} = \frac{101{,}14\frac{kJ}{h}}{3600\frac{seg}{h}} = 28{,}1\,w$$

b) A partir del nuevo rendimiento calculamos la nueva potencia del motor:

$$\varepsilon_{real} = 0{,}6\cdot\varepsilon = 0{,}6\cdot 6{,}92 = 4{,}15$$

$$W_{real} = \frac{Q_F}{\varepsilon_{real}} = \frac{700\frac{kJ}{h}}{4{,}15} = 168{,}67\frac{kJ}{h}$$

$$P_{real} = \frac{W_{real}}{t} = \frac{168{,}67\frac{kJ}{h}}{3600\frac{seg}{h}} = 0{,}0468\,kw = 46{,}8\,w$$

24. En el interior de un congelador se mantiene a -20 ºC gracias al empleo de una máquina frigorífica de 1500 w de potencia que funciona siguiendo el ciclo de Carnot. Sabiendo que la temperatura en exterior de la máquina es de 20ºC, calcule:

a) La eficiencia real de la máquina sabiendo que su rendimiento es el 40% del de la máquina de Carnot.
b) El calor retirado del interior del congelador (kCal/h).
c) En el supuesto de que el calor expulsado al exterior fuese de 40000 kCal, ¿cuál será la energía consumida por la máquina (kw×h) por cada hora de funcionamiento?.

a) Calculamos la eficiencia ideal de Carnot y la real de la máquina:

$$\varepsilon = \frac{Q_F}{W} = \frac{T_F}{T_C - T_F} = \frac{253^{\circ} K}{(293-253)^{\circ} K} = 6{,}325$$

$$\varepsilon_{real} = 6{,}325 \times 0{,}4 = 2{,}53$$

b) El calor retirado del interior será:

$$W = P \times t = 1500\frac{J}{seg} \times 3600\frac{seg}{h} = 5400\frac{kJ}{h} = 1292\frac{kCal}{h}$$

$$Q_F = W \times \varepsilon_{real} = 1292\frac{kCal}{h} \times 2{,}53 = 3268{,}421\frac{kCal}{h}$$

c) La energía consumida por la máquina será:

$$Q_C = 40000 kCal = 167200 kJ$$

$$W = \frac{Q_F}{\varepsilon} \Rightarrow Q_C - Q_F = \frac{Q_F}{\varepsilon} \Rightarrow (Q_C - Q_F)\cdot\varepsilon = Q_F \Rightarrow Q_C \cdot \varepsilon = Q_F + Q_F \cdot \varepsilon$$

$$Q_F = \frac{Q_C \cdot \varepsilon}{(\varepsilon + 1)} = \frac{167200\, kJ \times 2{,}53}{3{,}53} = 119834{,}56\, kJ$$

$$W = \frac{Q_F}{\varepsilon} = \frac{119834{,}56\, kJ}{2{,}53} = 47365{,}43\, kJ \times \frac{1}{3600\frac{seg}{h}} = 13{,}15\, kw \times h$$

25. En un complejo polideportivo se pretende conseguir un doble objetivo: mantener una pista de hielo a -4 ºC y obtener calor a 42 ºC para las duchas, calefacción y piscina climatizada. Para ello, se utiliza una máquina frigorífica que consume el doble de trabajo que consumiría una de Carnot trabajando en las mismas condiciones. Se conecta el foco frío a la pista de hielo, y el caliente a la piscina, duchas y calefacción. Si se extrae 100 kw×h de la pista de hielo y se entregan 130 kw×h a la piscina, determinar el calor entregado a las duchas y a la calefacción.

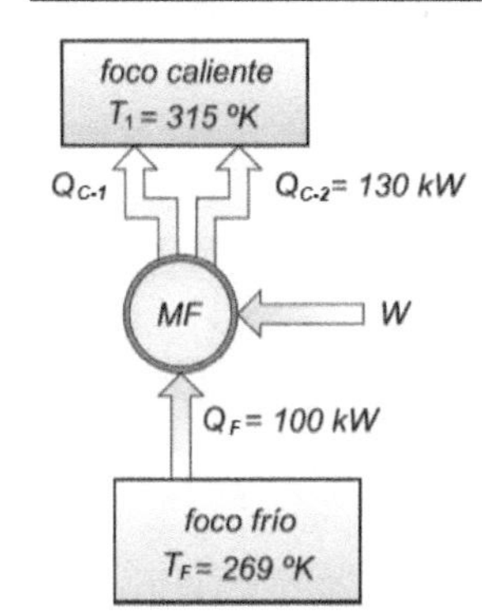

Calculamos la eficiencia ideal de la máquina:

$$\varepsilon = \frac{Q_F}{W} = \frac{T_F}{T_C - T_F} = \frac{269^{\circ} K}{(315-269)^{\circ} K} = 5{,}84$$

Al consumir el doble de trabajo que la máquina ideal de Carnot, la eficiencia real será la mitad que la de Carnot, por tanto:

$$\varepsilon_{real} = \frac{\varepsilon_{real}}{2} = \frac{5{,}84}{2} = 2{,}92$$

Por otra parte, la eficiencia de Carnot también es igual a:

$$\varepsilon_{real} = \frac{Q_F}{W} = \frac{Q_F}{Q_C - Q_F} \Rightarrow Q_C = \frac{Q_F}{\varepsilon_{real}} + Q_F = \frac{100\, kwh}{2{,}92} + 100\, kwh = 134{,}24\, kwh$$

$$Q_{C-1} = Q_C - Q_{C-2} = 134{,}24\, kwh - 130\, kwh = 4{,}24\, kwh$$

26. Una máquina frigorífica desarrolla un ciclo reversible con una eficiencia de 9,93, y trabaja con una diferencia de temperaturas, entre el interior del congelador y el exterior, de 27 ºK. A la máquina se le aplica un trabajo de 19,34 x 10^3 kJ por hora de funcionamiento. Se pide:

a) Calcular la temperatura a la que mantiene el interior del congelador en ºC.

b) Calcular el calor extraído del congelador (kJ/h) y la potencia mínima de la máquina (kw).

a) A partir del concepto de eficiencia calculamos la temperatura en el interior del congelador:

$$\varepsilon_{\text{Carnot}} = \frac{T_F}{T_C - T_F} \Rightarrow 9{,}93 = \frac{T_F}{27ºK} \Rightarrow T_F = 268ºK = -5ºC$$

b) Por su parte el calor extraído del congelador será:

$$\varepsilon_{\text{Carnot}} = \frac{Q_F}{W} \Rightarrow Q_F = \varepsilon_{\text{Carnot}} \times W = 9{,}93 \times 19.340\ \frac{\text{kJ}}{h} = 192.046{,}2\ \frac{\text{kJ}}{h}$$

$$P_{\min} = \frac{W}{t} = \frac{192.046{,}2\ \frac{\text{kJ}}{h}}{3.600\frac{\text{seg}}{h}} = 53{,}34\ \text{kw}$$

27. En un centro de tratamiento de aguas residuales se utiliza una máquina frigorífica para enfriar un tanque de líquido; la máquina opera entre 1 y 45ºC y su eficiencia es la mitad de la de Carnot. Si en una hora extrae 3400 kilocalorías del tanque, determina la energía consumida (kJ/h) por la máquina en ese tiempo y su potencia (kw).

Calculamos en primer lugar la eficiencia ideal de Carnot en función de las temperaturas de los focos:

$$\varepsilon_{\text{Carnot}} = \frac{Q_F}{W} = \frac{T_F}{T_C - T_F} = \frac{274\ ºK}{(318-274)\ ºK} = 6{,}22 \Rightarrow \varepsilon_{\text{real}} = 3{,}11$$

Por su parte el calor absorbido del tanque (foco frío) será:

$$Q_F = 3400\ \frac{\text{kCal}}{h} = 14212\ \frac{\text{kJ}}{h}$$

La energía que habrá que suministrar a la máquina por cada hora de funcionamiento será por tanto:

$$W = \frac{Q_F}{\varepsilon} = \frac{14212\ \frac{\text{kJ}}{h}}{3{,}11} = 4570\frac{\text{kJ}}{h}$$

$$P = \frac{W}{t} = \frac{4570\frac{\text{kJ}}{h}}{3600\frac{\text{seg}}{h}} = 1{,}27\ \frac{\text{kJ}}{\text{seg}}(\text{kw})$$

28. Dos máquinas térmicas reversibles funcionan una como máquina térmica y otra como máquina frigorífica. La primera toma 30 kcal/h de un foco a 600 ºK cediendo calor a otro a 200 ºK. Con el trabajo producido se alimenta la máquina frigorífica que intercambia calor entre 200 y 300 ºK. Calcula todos los intercambios de calor de ambas máquinas con sus focos caloríficos.

Calculamos en primer lugar el rendimiento y la eficiencia de ambas máquinas:

$$\eta_{\text{MT}} = \frac{W}{Q_1} = \frac{T_1 - T_2}{T_1} = \frac{600-200}{600} = 0{,}666(66{,}66\%)$$

$$\varepsilon_{\text{MF}} = \frac{Q_3}{W} = \frac{T_3}{T_4 - T_3} = \frac{200}{300-200} = 2(200\%)$$

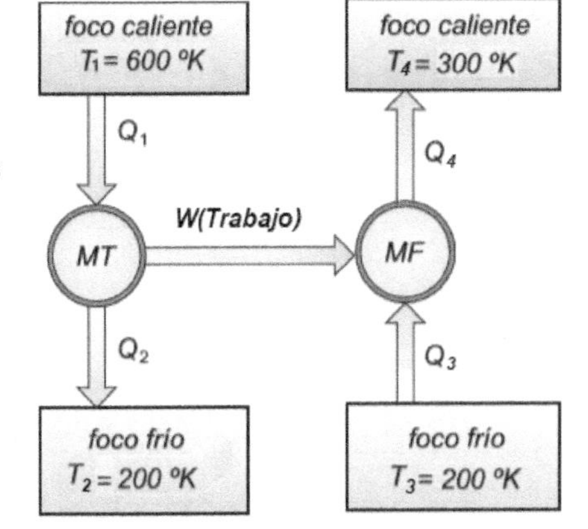

Calculamos ahora el trabajo producido por la máquina térmica que es el utilizado a su vez para alimentar la máquina frigorífica:

$$\eta_{MT} = \frac{W}{Q_1} = \frac{Q_1 - Q_2}{Q_1}$$

$$W = \eta_{MT} \cdot Q_1 = 0{,}666 \cdot 30\frac{kCal}{h} = 20\frac{kCal}{h}$$

$$W = Q_1 - Q_2 \Rightarrow Q_2 = Q_1 - W = 10\frac{kCal}{h}$$

Finalmente calculamos el calor intercambiado por la máquina frigorífica entre ambos focos:

$$\varepsilon_{\text{MF}} = \frac{Q_3}{W} \Rightarrow Q_3 = \varepsilon_{\text{MF}} \times W = 2 \times 20\ \text{kCal/h} = 40\ \text{kCal/h}$$

$$Q_4 = W + Q_3 = 60\ \text{kcal/h}$$

29. Utilizando una bomba de calor se pretende conseguir una temperatura agradable en cualquier época del año, que en invierno será de 20 ºC aunque en el exterior sea de 0º C. En verano la temperatura media será de 24ºC aunque en el exterior sea de 38 ºC. Calcula:
a) Dibuja el esquema de funcionamiento de la máquina en ambos casos.
b) La eficiencia en cada caso considerando la máquina ideal de Carnot.
c) Considerando ahora la eficiencia del 60% de la ideal de Carnot, calcula la potencia (kw) requerida por el motor del compresor para el caso más desfavorable, si se han de transferir 800 kCal/min desde el foco frío.

a) El esquema de funcionamiento de la máquina trabajando en verano como bomba frigorífica y en invierno como bomba térmica de calor será:

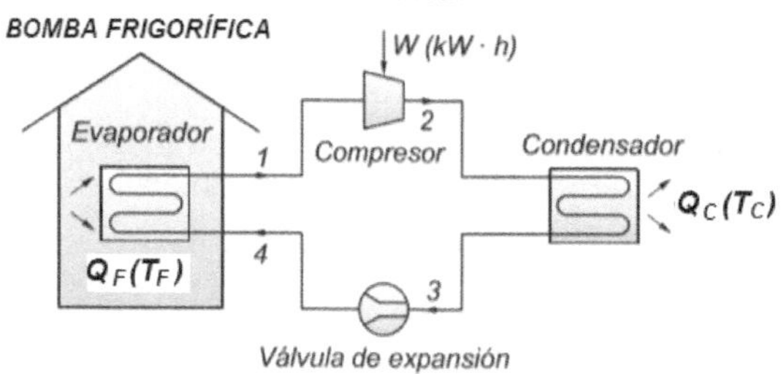

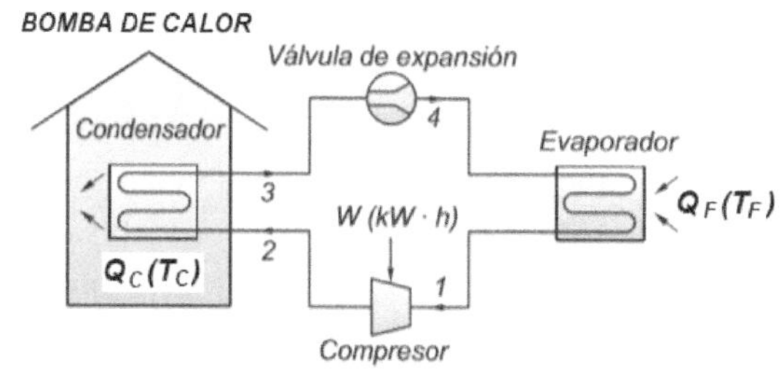

b) Calculamos la eficiencia ideal de Carnot en ambos casos:

$$\varepsilon_{MF} = \frac{Q_F}{W} = \frac{T_F}{T_C - T_F} = \frac{297^\circ K}{(311-297)^\circ K} = 21{,}21(Verano)$$

$$\varepsilon_{BT} = \frac{Q_C}{W} = \frac{T_C}{T_C - T_F} = \frac{293^\circ K}{(293-273)^\circ K} = 14{,}65(Invierno)$$

$$\varepsilon_{BT} < \varepsilon_{MF}$$

c) Teniendo en cuenta que el caso más desfavorable es como bomba térmica de calor (invierno) puesto que la eficiencia es menor, la eficiencia real (ε_R) será:

$$\varepsilon_{R(BT)} = 0{,}6 \cdot 14{,}65 = 8{,}79$$

$$\varepsilon_{R(BT)} = \frac{Q_C}{W} = \frac{Q_C}{(Q_C - Q_F)} = 8{,}79 \Rightarrow Q_C = 8{,}79 \cdot (Q_C - Q_F) \Rightarrow 8{,}79 \cdot Q_F = 7{,}79 \cdot Q_C$$

$$Q_C = \frac{8{,}79 \cdot Q_F}{7{,}79} = \frac{8{,}79 \cdot 800 \frac{kCal}{min}}{7{,}79} = 902{,}7 \frac{kCal}{min}$$

$$W = \frac{Q_C}{\varepsilon_{R(BT)}} = \frac{902{,}7 \frac{KCal}{min}}{8{,}79} = 102{,}7 \frac{kCal}{min} = 429{,}28 \frac{kJ}{min}$$

$$P = \frac{W}{t} = \frac{429{,}28 \frac{kJ}{min}}{60 \frac{seg}{min}} = 7{,}15 \frac{KJ}{seg} = 7{,}15 kw$$

30. Una bomba de calor de uso doméstico, accionada eléctricamente, debe suministrar 576 MJ diarios a una vivienda para mantener su temperatura en 20°C. Teniendo en cuenta que la temperatura exterior es de -5°C y el precio de la energía eléctrica es de 0,15 € el kwh, determinar el coste diario de calefacción, si la máquina trabaja durante 9 horas diarias con un rendimiento del 30% de la máquina de Carnot.

Calculamos en primer lugar el coeficiente de operación o eficiencia de la bomba térmica en función de las temperaturas de los focos:

$$\varepsilon_{BT} = \frac{T_C}{T_C - T_F} = \frac{293\,^{\circ}K}{(293-268)\,^{\circ}K} = 11{,}72 \Rightarrow \varepsilon_{R(BT)} = 11{,}72 \times 0{,}3 = 3{,}516$$

Calculamos ahora la energía diaria consumida por la máquina y su potencia:

$$\varepsilon_{R(BT)} = \frac{Q_C}{W} \Rightarrow W = \frac{Q_C}{\varepsilon_{R(BT)}} = \frac{576\frac{MJ}{día}}{3{,}516} = 163{,}82\frac{MJ}{día} = 18{,}2\frac{MJ}{h} = 18200\frac{kJ}{h}$$

$$P = \frac{W}{t} = \frac{18200\frac{kJ}{h}}{3600\frac{seg}{h}} = 5\frac{kJ}{s}(kw) = 5000\,w$$

Finalmente calculamos el coste energético:

$$Coste = P \times t \times precio = 5\,kw \times 9\frac{h}{día} \times 0{,}15\frac{€}{kwh} = 6{,}75\frac{€}{día}$$

31. Se dispone de un aparato de aire acondicionado por bomba de calor para mantener la temperatura de un recinto a 22 ºC en todo tiempo. Supóngase una temperatura media en verano de 33 ºC y, en invierno, de 6 ºC. El aparato tiene una eficiencia del 60% de la ideal, una potencia de 2000 w y está funcionando cinco horas diarias. Se pide:
a) Realizar un esquema simplificado del sistema y calcula la máxima eficiencia en invierno y en verano.
b) Calcular la cantidad de calor (MJ) aportada al recinto en un día de invierno.
c) Calcular la cantidad de calor extraída del recinto (MCal) en un día de verano.

a) Calculamos la eficiencia ideal de Carnot en ambos casos:

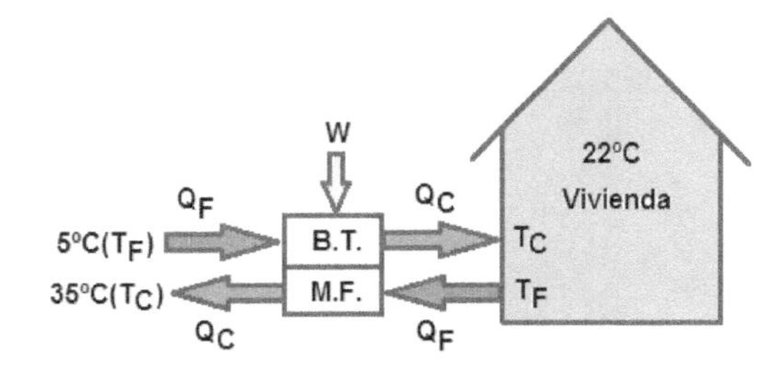

$$\varepsilon_{MF} = \frac{Q_F}{W} = \frac{T_F}{T_C - T_F} = \frac{295\,^{\circ}K}{(396-295)\,^{\circ}K} = 26{,}82$$

$$\varepsilon_{BT} = \frac{Q_C}{W} = \frac{T_C}{T_C - T_F} = \frac{295\,^{\circ}K}{(295-279)\,^{\circ}K} = 18{,}44$$

Calculamos ahora la eficiencia real de ambas máquinas:

$$\varepsilon_{MF(R))} = 0{,}6 \cdot 26{,}8 = 16$$

$$\varepsilon_{BT(R))} = 0{,}6 \cdot 18{,}44 = 11$$

b) La cantidad de calor aportado en un día de invierno será:

$$W = P \cdot t = 2\,kw \cdot 5\frac{h}{dia} = 10\frac{kwh}{dia}$$

$$Q_C = \varepsilon_{BT(R)} \cdot W = 11 \cdot 10\frac{kwh}{dia} = 110\frac{kwh}{dia} = 396000\frac{kJ}{dia} = 396\frac{MJ}{dia}$$

c) La cantidad de calor extraída del recinto en un día de verano será:

$$Q_F = \varepsilon_{MF(R)} \cdot W = 16 \cdot 10\frac{kwh}{dia} = 160\frac{kwh}{dia} = 576000\frac{kJ}{dia} = 576\frac{MJ}{dia} = 137{,}8\frac{MCal}{dia}$$

32. Cuando la temperatura exterior es de -3 ºC, una vivienda requiere 6048 MJ por día para mantener su temperatura interior a 27 ºC. Si se emplea como calefacción una bomba de calor, se pide:

a) Mínima potencia teórica por hora de funcionamiento.
b) La potencia consumida y la potencia absorbida del entorno cuando el rendimiento del ciclo operativo real es del 25% del de Carnot.

a) En primer lugar calculamos la eficiencia de la bomba de calor:

$$\varepsilon_{BT} = \frac{Q_C}{W} = \frac{T_C}{T_C - T_F} = \frac{300\,^{o}K}{(300-270)\,^{o}K} = 10$$

$$W_{\min} = \frac{Q_C}{\varepsilon_{BT}} = \frac{6048\frac{MJ}{dia}}{10} = 604{,}8\frac{MJ}{dia}\cdot\frac{1}{24\frac{h}{dia}} = 25{,}2\frac{MJ}{h}$$

$$P_{\min} = \frac{W_{\min}}{t} = \frac{25{,}2\frac{MJ}{h}}{3600\frac{seg}{h}} = 7000w = 7\,kw$$

b) La eficiencia real será:

$$\varepsilon_{real} = 0{,}25\cdot 10 = 2{,}5$$

$$W_{real} = \frac{Q_C}{\varepsilon_{real}} = \frac{6048\frac{MJ}{dia}}{2{,}5} = 2419{,}2\frac{MJ}{dia}\cdot\frac{1}{24\frac{h}{dia}} = 100{,}8\frac{MJ}{h}$$

$$P = \frac{W_{\min}}{t} = \frac{100{,}8\frac{MJ}{h}}{3600\frac{seg}{h}} = 28000w = 28kw$$

$$Q_F = Q_C - W_{real} = 6048\frac{MJ}{dia} - 2419{,}2\frac{MJ}{dia} = 3628{,}8\frac{MJ}{dia} = 151{,}2\frac{MJ}{h}$$

$$P_F = \frac{Q_F}{t} = \frac{151{,}2\frac{MJ}{h}}{3600\frac{seg}{h}} = 42000w = 42kw$$

SISTEMAS DIGITALES

CONTENIDOS MÍNIMOS

CONCEPTOS GENERALES DE ELECTRÓNICA DIGITAL

El bit, el byte y sus múltiplos

La palabra **bit (b)** se define como la mínima unidad de información que existe. Solamente puede tomar dos estados posibles el 0 y el 1. Cuando se expresa una cantidad en cualquier sistema de numeración empleando varios bits, se llama bit más significativo o bit de mayor peso (*MSB*) al que ocupa la posición de más a la izquierda, mientras que el bit menos significativo (*LSB*) será el que ocupa la posición de más a la derecha o bit de menor peso.

Se llama **byte (B)** a un conjunto de ocho bits; el número más alto que se puede representar con un byte serán por tanto el 11111111, que corresponde en decimal al número 255

Algunos códigos de numeración importantes

Decimal (Base 10)	Octal (Base 8)	Hexadecimal (Base 16)	Binario (Base 2)
0	0	0	0000
1	1	1	0001
2	2	2	0010
3	3	3	0011
4	4	4	0100
5	5	5	0101
6	6	6	0110
7	7	7	0111
8	10	8	1000
9	11	9	1001
10	12	A	1010
11	13	B	1011
12	14	C	1100
13	15	D	1101
14	16	E	1110
15	17	F	1111

Tabla de conversiones	
1 kilobyte (kB)	1024 bytes (B)=2^{10} B
1 megabyte (MB)	1024 kilobytes (kB)= 2^{10} kB
1 gigabyte (GB)	1024 megabytes (MB)= 2^{10} MB
1 terabyte (TB)	1024 gigabytes (GB)= 2^{10} GB

Operaciones, teoremas, leyes y propiedades del "*Algebra de Boole*"

Operaciones lógicas		
Operación	**Expresión**	**Postulados básicos**
Suma	$F=a+b$	$a+0=a$ $a+1=1$ $a+a=a$ $a+\overline{a}=1$
Multiplicación	$F=a\cdot b$	$a\cdot 0=0$ $a\cdot 1=a$ $a\cdot a=a$ $a\cdot\overline{a}=0$
Complementación	$F=\overline{a}$	$\overline{\overline{a}}=a$

Propiedades, leyes y teoremas importantes			
Propiedades	**Expresión**	**Leyes**	**Expresión**
Propiedad conmutativa	$a+b=b+a$ $a\cdot b=b\cdot a$	Ley de absorción	$a+a\cdot b=a$ $a\cdot(a+b)=a$
Propiedad asociativa	$a+b+c=a+(b+c)$ $a\cdot b\cdot c=a\cdot(b\cdot c)$	Teorema de Morgan	$\overline{a+b}=\overline{a}\cdot\overline{b}$ $\overline{a\cdot b}=\overline{a}+\overline{b}$
Propiedad distributiva	$a\cdot(b+c)=a\cdot b+a\cdot c$ $a+(b\cdot c)=(a+b)\cdot(a+c)$	Otras leyes	$a+\overline{a}\cdot b=(a+\overline{a})\cdot(a+b)=a+b$ $\overline{a}+a\cdot b=(\overline{a}+a)\cdot(\overline{a}+b)=\overline{a}+b$

Complemento a dos de un número

El complemento a dos de un número N (decimal) expresado en binario con "n" dígitos, se define como:

$$C_2^N = 2^n - N$$

Simplificación de funciones lógicas (Método de Karnaugh)

En ocasiones, el método algebraico para simplificar funciones lógicas aplicando las leyes y teoremas del álgebra de Boole, puede no ser más apropiado ya que cuando aumenta el número de variables o de términos a veces resulta difícil ver la forma de reducir la expresión y en otras ocasiones a veces se trabaja con expresiones excesivamente grandes, por lo que la probabilidad de equivocarse en algún paso es muy elevada.

El método de Karnaugh es un método gráfico sencilla donde no se escriben las expresiones lógicas de las variables, sini que se trabaja directamente sobre un diagrama, por lo que se gana considerablemente en claridad. Utiliza unas tablas llamadas diagramas de Karnaugh, de manera que el número de casillas (N) del diagrama dependerá del número de variables (n) de la función (F) a simplificar según la expresión: $N=2^n$. En función del número de variables de la función, los diagramas más comunes son:

- Para tres variables: n=3(a, b, c)→$N=2^3=8$ casillas.

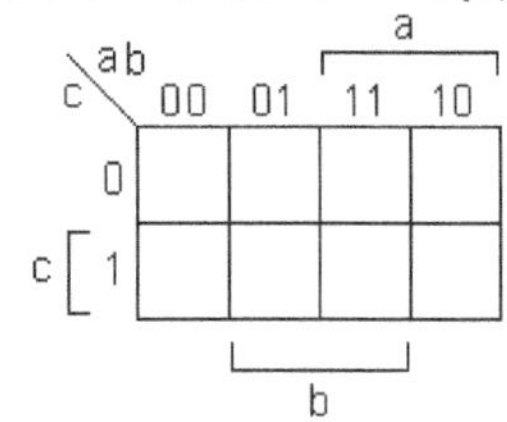

- Para cuatro variables: n=4(a, b, c, d)→$N=2^4=16$ casillas.

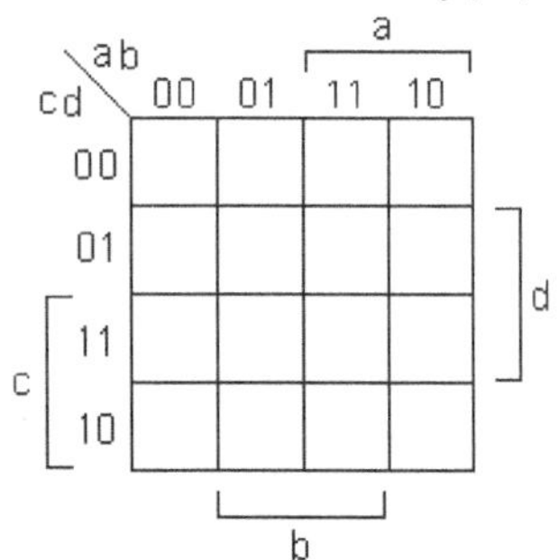

- Para cinco variables: n=5(a, b, c, d, e)→$N=2^5=32$ casillas.

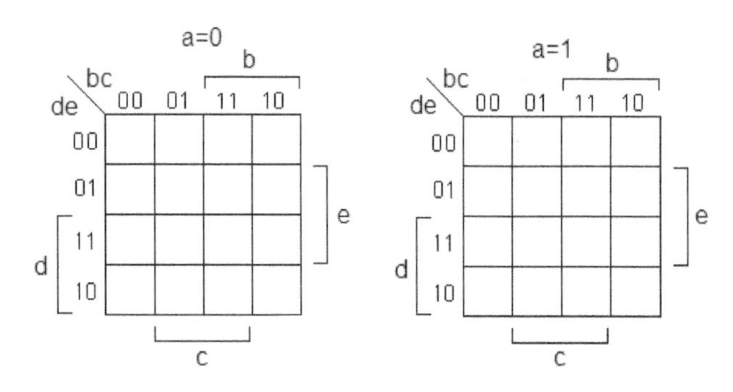

Procedimiento de simplificación una vez dibujado el diagrama:

- Se trasladan a éste las combinaciones de la tabla de verdad o de la función expresada en forma canónica, poniendo un "1" en las casillas correspondiente.
- Se agrupan todos los "1" de la función en bolsas (o grupos) de 2^n (1, 2, 4, 8...), teniendo en cuenta que cuanto mayor sean las bolsas más reducido será el término. Recuerda que no se podrán coger bolsas en diagonal pero si bolsas adyacentes.
- Una casilla puede formar parte de tantos grupos o bolsas como haga falta, siendo la bolsa más grande a coger de 2^{n-1} casillas
- El número de términos de la función simplificada será igual al número de bolsas; por tanto se procurará coger todos los "1" de la función con el menor número de bolsas.
- La función simplificada será del mismo tipo que la original (minterms o maxterms).

Resumiendo, la mejor función simplificada es aquella que tiene el menor número de grupos con el mayor número de "1" en cada grupo. Además después de simplificar por Karnaugh, se debe agrupar las variables sacando factor común siempre que sea posible.

Puertas lógicas (Funciones lógicas):

Las puertas lógicas son circuitos integrados electrónicos capaces de realizar operaciones lógicas básicas. En apariencia, las puertas lógicas no se distinguen de otro circuito integrado cualquiera; sólo los códigos que llevan escritos permiten distinguir las distintas puertas lógicas entre sí o diferenciarlas de otro tipo de integrados. Básicamente existen dos tecnologías de fabricación: la TTL (Serie 74XX) que utiliza transistores bipolares (+5V) y la CMOS (Serie 40XX) que utiliza transistores CMOS (+12V). Los principales tipos de puertas son:

a) Puertas OR: la salida se activa (toma valor 1), cuando al menos una de las entradas tiene valor 1. Equivale a dos contactos (interruptores) en paralelo. Existen dos símbolos para representar la puerta OR, el de la izquierda es el normalizado.

a	b	$S = a + b$
0	0	0
0	1	1
1	0	1
1	1	1

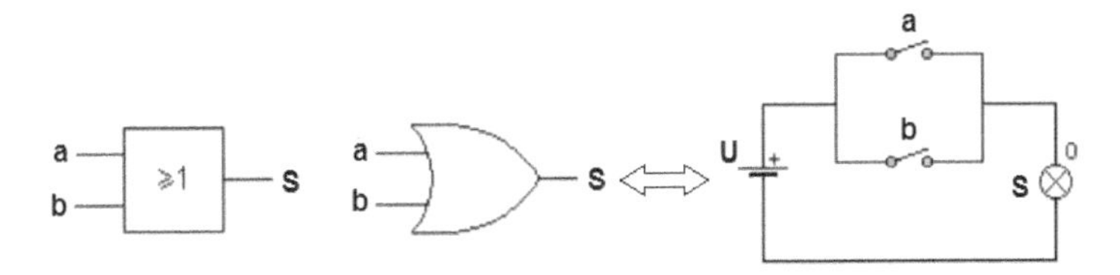

b) Puertas AND: la salida se activa cuando se activan todas las señales de entrada. Equivale a dos contactos (interruptores) en serie.

a	b	$S = a \cdot b$
0	0	0
0	1	0
1	0	0
1	1	1

c) Puertas NOT: la señal de salida se activa al apagarse la de entrada. También se conocen con el nombre de puertas inversoras y solamente tienen una entrada.

a	$S = \bar{a}$
0	1
1	0

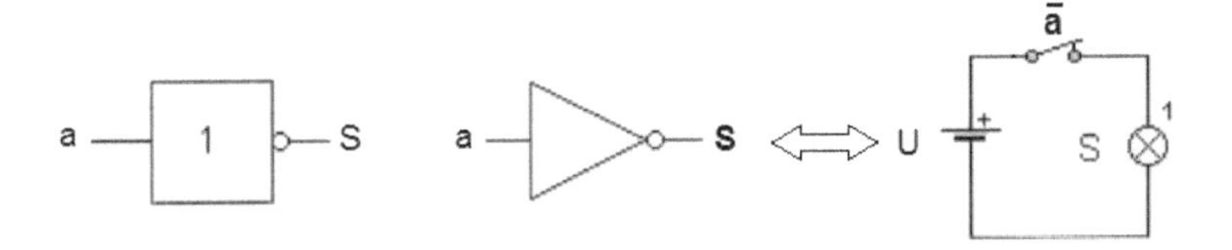

d) Puertas NOR: la salida se activa cuando todas las señales de entrada están inactivas. Equivale a combinar una puerta OR y una NOT. Las puertas NOR al unir las entradas se convierten en puertas inversoras ya que: $S=\overline{x+x}=\overline{x}\cdot\overline{x}=\overline{x}$

a	b	$S=\overline{a+b}$
0	0	1
0	1	0
1	0	0
1	1	0

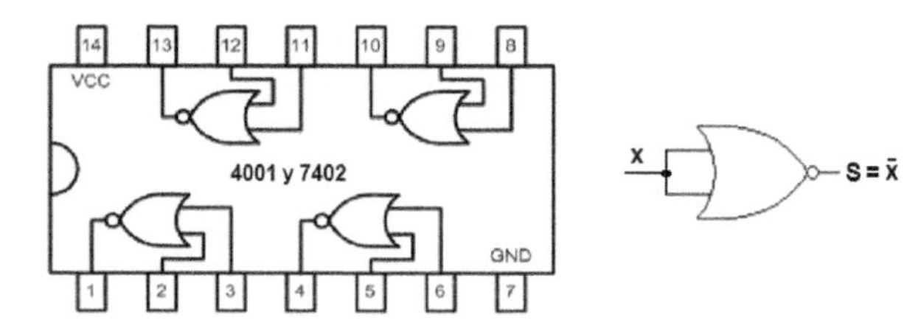

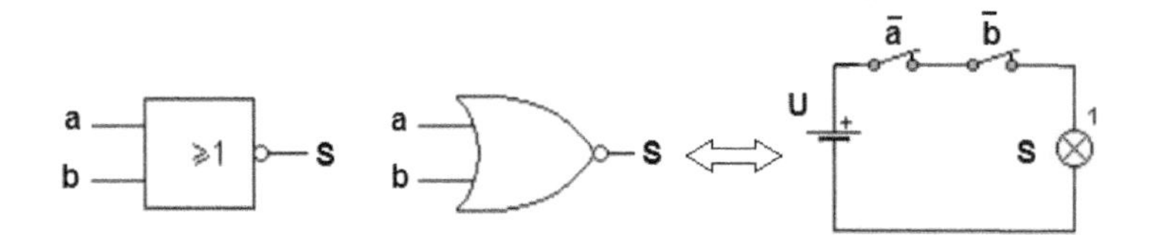

e) Puertas NAND: la salida se activa siempre que no se activen todas las de entrada. Equivale a combinar una puerta AND y una NOT. Las puertas NAND al unirles las entradas se convierten también en puertas inversoras.
. Las puertas NOR al unirl las entradas se convierten en puertas inversoras ya que: $S=\overline{x\cdot x}=\overline{x}+\overline{x}=\overline{x}$

a	b	$S=\overline{a\cdot b}$
0	0	1
0	1	1
1	0	1
1	1	0

Tanto las puertas NOR como las puertas NAND son puertas universales, con ellas se puede implementar cualquier función lógica.

f) Puertas OR-EXCLUSIVA: la salida se activa cuando una de las señales de entrada está inactiva y la otra activa.

a	b	$S=a\oplus b$
0	0	0
0	1	1
1	0	1
1	1	0

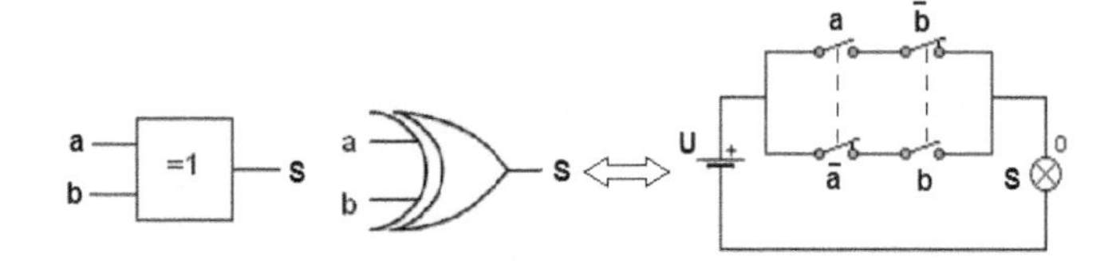

g) Puertas NOR-EXCLUSIVA: la salida se activa cuando ninguna de las señales de entrada está activa o cuando se activan las dos.

a	b	$S=\overline{a\oplus b}$
0	0	1
0	1	0
1	0	0
1	1	1

Representación de funciones lógicas:
En la expresión algebraica de una función lógica intervienen un conjunto de factores relacionados por las operaciones de suma y producto lógico. Un término se denomina canónico cuando en él intervienen la totalidad de las variables de entrada; por tanto una función lógica (F) estará expresada en forma canónica, cuando todos los términos que la componen sean canónicos.
Un ejemplo de función canónica, con tres variables de entrada, es el siguiente: $F = a \cdot \overline{b} \cdot \overline{c} + a \cdot \overline{b} \cdot c + a \cdot b \cdot c$
Partiendo de la tabla de verdad o de la definición en forma canónica de una función lógica, dicha función (F) se puede expresarse como:
a) Minterms o **primera forma canónica**: son sumas de términos canónicos, relacionados internamente por la operación de producto lógico. Por ejemplo: $F = (a \cdot \overline{b} \cdot \overline{c}) + (a \cdot \overline{b} \cdot c) + (a \cdot b \cdot c) = \sum_3 (4,5,7)$

Obviamente, al expresar una función lógica asociando un conjunto de minterms, la operación externa será la suma lógica; de ahí que la referida función aparezca representada como sumatorio de minterms.
b) Maxterms o **segunda forma canónica**: son productos de términos canónicos, relacionados internamente por la operación de suma lógica. Por ejemplo la función anterior en maxterms será:

$$F = (\overline{a} + \overline{b} + c) \cdot (a + \overline{b} + \overline{c}) \cdot (a + \overline{b} + c) \cdot (a + b + \overline{c}) \cdot (a + b + c) = \prod_3 (1,4,5,6,7)$$

Por el contrario, si la expresión se compone de un conjunto de maxterms, la operación externa será el producto lógico y, en consecuencia, estará definida como productorio de maxterms. El paso de una determinada función representada en forma canónica a sumatorio de minterms o bien a productorio de maxterms es inmediato, teniendo en cuenta la distribución de pesos en las variables de entrada y la correspondencia decimal de la configuración binaria asociada a cada término.

Decodificadores y codificadores
Un **decodificador** es un circuito integrado combinacional provisto de "n" entradas o líneas de selección y "N" salidas como máximo (siendo $N \leq 2^n$). Funciona de tal manera que al aplicar una determinada combinación binaria en las entradas, se activa la correspondiente salida, permaneciendo el resto desactivadas. Las salidas a su vez pueden ser activas a nivel bajo (0) como en el caso de la figura, o a nivel alto (1) y además suelen llevar una entrada de inhibición (I), activa a nivel bajo, de manera que cuando ésta se encuentra desactivada (1), pone todas las salidas a nivel alto (ver tabla).

Se emplea en los sistemas digitales para convertir una información binaria en digital y para implementar ecuaciones correspondientes al funcionamiento de una función lógica. El decodificador más sencillo será aquel que tiene 2 entradas y 4 salidas, como el mostrado en la figura conjuntamente con su tabla de verdad, el cual dispone además de una entrada de validación o inhibición (I) activa a nivel bajo.

I	E_0	E_1	O_3	O_2	O_1	O_0
1	X	X	1	1	1	1
0	0	0	1	1	1	0
0	0	1	1	1	0	1
0	1	0	1	0	1	1
0	1	1	0	1	1	1

También podemos hablar de codificadores en lugar de decodificadores, los cuales realizan la función inversa y por tanto tendrán "N" líneas de entrada (siendo $N \leq 2^n$) y "n" líneas de salida. La función del **codificador** es tal que cuando una sola entrada adopta un determinado valor lógico (0 o 1), las salidas representan en binario el número de orden de la entrada que adopte el valor activo.

Multiplexores
El multiplexor es el circuito lógico combinacional equivalente a un conmutador con múltiples entradas, cuya única salida se controla electrónicamente mediante las "n" entradas de selección. Permite por tanto dirigir la información binaria procedente de diversas fuentes a una única línea de salida, para ser transmitida a través de ella, a un destino común. Al igual que con los decodificadores, con los multiplexores también se pueden implementar funciones lógicas.
Disponen de "N" líneas de entrada de datos (D_0, D_1, ...), una única de salida (W) y "n" entradas de selección o líneas de control ($N \leq 2^n$); que habilitan y ponen en contacto uno de los terminales de entrada de datos con el de salida. Así por ejemplo, el circuito combinacional integrado multiplexor (74151) tiene 8 entradas de datos (D_0, ...,D_7), 3 entradas de selección (*b,c,d*) y una única salida (W).

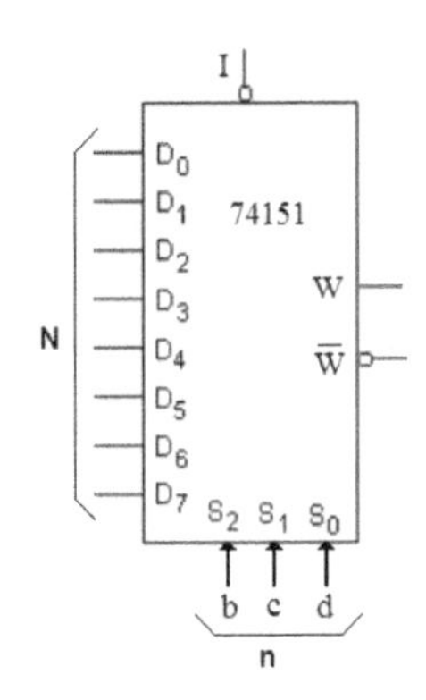

Por ejemplo, cuando una combinación binaria aparece en las entradas de selección, la información de la entrada de datos seleccionada en ese momento, aparecerá en la salida; dicho de otro modo, si en este caso en las entradas de selección está activa la combinación 011 equivalente a la entrada de información número 3, en la salida aparecerá el estado del bit de la entrada 3.

Comparadores

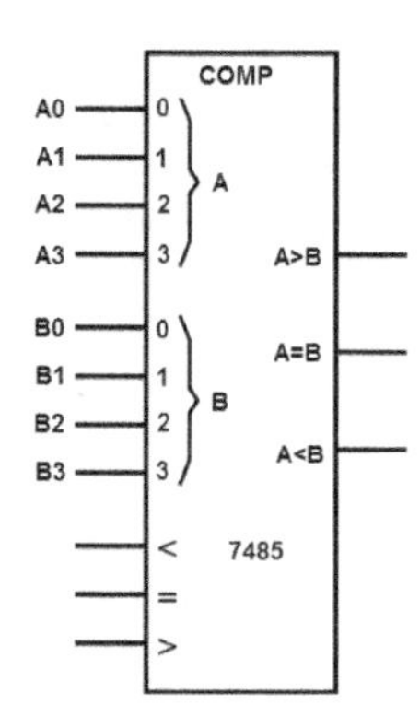

Son circuitos integrados combinacionales con uno o más pares de entradas que tienen como función comparar dos magnitudes binarias para determinar su relación. Muchos comparadores poseen además de la salida de igualdad, dos salidas más que indican cual de los números colocados a la entrada es mayor (>) que el otro, o bien es menor (<) que el otro.
Generalmente estos circuitos no suelen cablearse, vienen en circuitos integrados como por ejemplo el 7485, que es un comparador de 4 bits. Además poseen tres entradas en cascada, que permiten utilizar varios comparadores para poder comparar así números binarios de más de 4 bits.

Biestables

También llamados "flip-flops" básculas, caracterizados porque pueden adoptar dos estados estables, es decir, el estado que alcancen perdura en el tiempo indefinidamente aunque haya desaparecido la señal que lo originó. Los dos estados estables son el "1" lógico o nivel alto y el "0" lógico o nivel bajo. Según el sincronismo de disparo, éstos pueden ser síncronos (con entrada de reloj) o asíncronos (sin entrada de reloj). Según el tipo de entradas de disparo, tenemos cuatro tipos de biestables:

a) Biestable RS

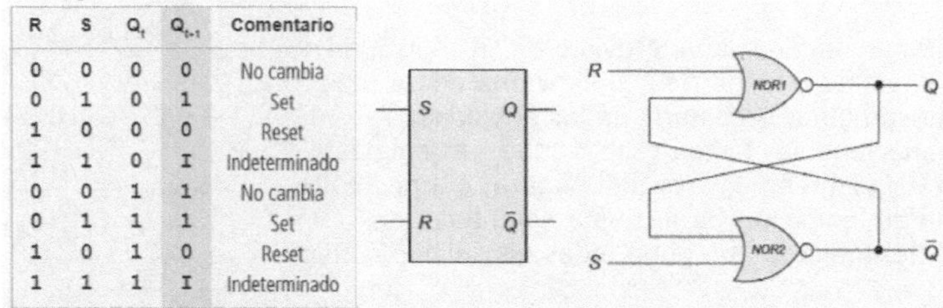

R	S	Q_t	Q_{t+1}	Comentario
0	0	0	0	No cambia
0	1	0	1	Set
1	0	0	0	Reset
1	1	0	I	Indeterminado
0	0	1	1	No cambia
0	1	1	1	Set
1	0	1	0	Reset
1	1	1	I	Indeterminado

b) Biestable JK

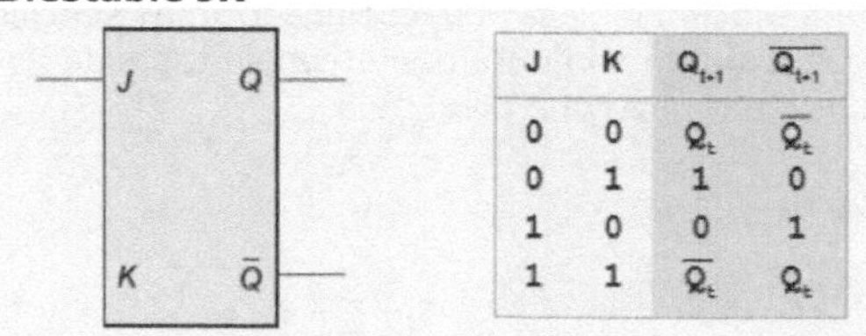

J	K	Q_{t+1}	$\overline{Q_{t+1}}$
0	0	Q_t	$\overline{Q_t}$
0	1	1	0
1	0	0	1
1	1	$\overline{Q_t}$	Q_t

c) Biestable T

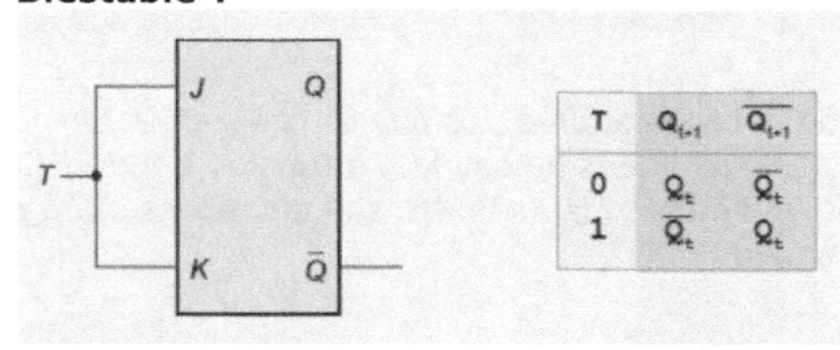

T	Q_{t+1}	$\overline{Q_{t+1}}$
0	Q_t	$\overline{Q_t}$
1	$\overline{Q_t}$	Q_t

d) Biestable D

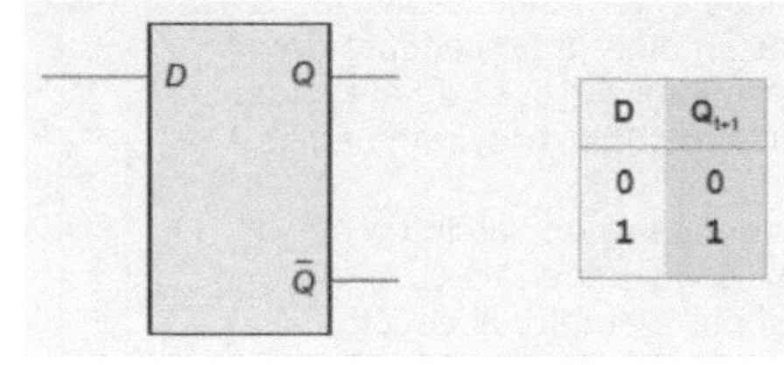

D	Q_{t+1}
0	0
1	1

EJERCICIOS RESUELTOS DE "SISTEMAS DIGITALES"

> 1. Tenemos un pendrive con una capacidad C=16GB. Se pide:
> a) ¿Cuántos kB puede almacenar el pendrive?.
> b) ¿Cuántos Bytes (B) y cuántos bits (b) puede almacenar el pendrive?.
> c) ¿Cuántas fotos (n) de 8MB cada una se pueden almacenar en el pendrive?.

a) La capacidad (C) del pendrive en kB será: C=16 GB=2^4GB

C=2^4GB ×2^{20}kB/GB=2^{24}kB

b) El número de Bytes (B) y de bits (b) que puede almacenar será:

C=2^{24}kB ×2^{10}B/kB =2^{34}B
C=2^{34}B ×2^3b/B =2^{37}b

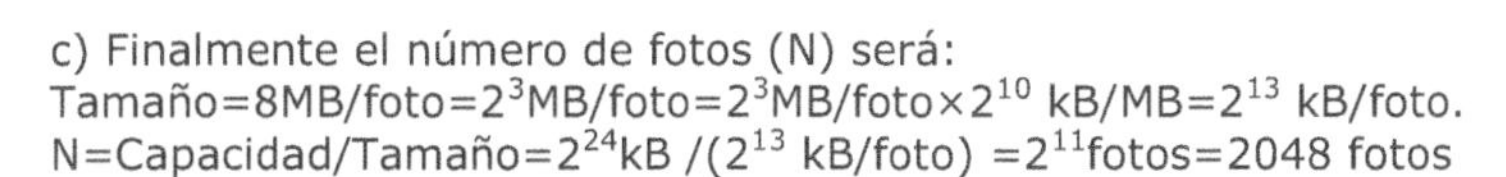
c) Finalmente el número de fotos (N) será:
Tamaño=8MB/foto=2^3MB/foto=2^3MB/foto×2^{10} kB/MB=2^{13} kB/foto.
N=Capacidad/Tamaño=2^{24}kB /(2^{13} kB/foto) =2^{11}fotos=2048 fotos

> 2. Completa la tabla indicando los números en los tres sistemas de numeración que se indican:

Decimal	Binario	Hexadecimal	BCD	Octal
182	**1011 0110**	B6	0001.1000.0010	266
93,25	0101 1101,0100	5D,4	1001.0011,0010.0101	135,2

> 3. Contesta a las siguientes cuestiones:
> a) Representa en complemento a 2 y usando 8 bits el número -26.
> b) Representa en complemento a 2 y usando 8 bits el número +115
> c) Obtenga el valor decimal de 10010010 sabiendo que está representado en complemento a dos usando 8 bits.

a) $26_{(10}=00011010_{(2}$ → $-26_{(10}$=C2(00011010)=$11100110_{(C2}$

b) $115_{(10}=01110011_{(2}$ → $+115_{(10}$=C2(01110011)=$10001111_{(2}$

c) $10010010_{(C2}$ es negativo → C2(10010010)=$01101110_{(2}=110_{(10}$ →$10010010_{(C2}=-110_{(10}$

> 4. Simplificar las siguientes expresiones utilizando las leyes y propiedades del Álgebra de Boole:
> a) $F=a\cdot\bar{b}\cdot\bar{c}+a\cdot\bar{b}\cdot\bar{c}\cdot d+a\cdot\bar{b}$
> b) $F=\bar{a}\cdot\bar{b}\cdot\bar{c}+\bar{a}\cdot\bar{b}\cdot c+a\cdot\bar{b}\cdot\bar{c}+a\cdot\bar{b}\cdot c$
> c) $F=\overline{a\cdot\bar{b}\cdot c+a\cdot\bar{c}}+b$
> d) $F=a\cdot\bar{b}\cdot c+a\cdot\bar{c}+b$

a) Sacando en primer lugar factor común:

$$F=a\cdot\bar{b}\cdot\bar{c}+a\cdot\bar{b}\cdot\bar{c}\cdot d+a\cdot\bar{b}=a\cdot\bar{b}\cdot(\bar{c}+\bar{c}\cdot d+1)=a\cdot\bar{b}\cdot(1)=a\cdot\bar{b}$$

b) Sacando en primer dos veces factor común:

$$F=\bar{a}\cdot\bar{b}\cdot\bar{c}+\bar{a}\cdot\bar{b}\cdot c+a\cdot\bar{b}\cdot\bar{c}+a\cdot\bar{b}\cdot c=\bar{a}\cdot\bar{b}\cdot(\bar{c}+c)+a\cdot\bar{b}\cdot(\bar{c}+c)$$

$$F=\bar{a}\cdot\bar{b}+a\cdot\bar{b}=\bar{b}\cdot(\bar{a}+a)=\bar{b}$$

c) Sacando factor común y aplicando la Ley de Absorción:

$$F=\overline{a\cdot\bar{b}\cdot c+a\cdot\bar{c}}+b=\overline{a\cdot(\bar{b}\cdot c+\bar{c})}+b$$

Teniendo en cuenta ahora que: $\bar{b}c+\bar{c}=(\bar{b}+\bar{c})\cdot(c+\bar{c})=(\bar{b}+\bar{c})$

$$F=\overline{a\cdot(\bar{b}+\bar{c})+b}=\overline{a\cdot\bar{b}+a\cdot\bar{c}+b}=\overline{a+b+a\cdot\bar{c}}$$

Teniendo en cuenta que: $a\cdot\bar{b}+b=(b+a)\cdot(b+\bar{b})=a+b$

Finalmente sustituyendo y aplicando "Morgan" tenemos:

$$F=\overline{a+b+a\cdot\bar{c}}=\overline{a\cdot(1+\bar{c})+b}=\overline{a+b}=\bar{a}\cdot\bar{b}$$

d) Sacamos en primer lugar factor común:

$$F=a\cdot\bar{b}\cdot c+a\cdot\bar{c}+b=a\cdot(\bar{b}\cdot c+\bar{c})+b$$

Resolvemos ahora el paréntesis: $\bar{b}\cdot c+\bar{c}=(\bar{b}+\bar{c})\cdot(c+\bar{c})=\bar{b}+\bar{c}$

$$F=a\cdot(\bar{b}\cdot c+\bar{c})+b=a\cdot(\bar{b}+\bar{c})+b=a\cdot\bar{b}+a\cdot\bar{c}+b$$

Aplicando la Ley de absorción: $a\cdot\bar{b}+b=(a+b)\cdot(\bar{b}+b)=a+b$

$$F=a\cdot\bar{b}+a\cdot\bar{c}+b=a+b+a\cdot\bar{c}=a\cdot(1+\bar{c})+b=a+b$$

5. Construye utilizando solamente puertas NAND de dos entradas:
a) Una puerta OR de dos entradas.
b) Una puerta NOR de dos entradas.

a) A partir de la función lógica a realizar (OR), la negamos dos veces y aplicamos Morgan:

$$F=a+b=\overline{\overline{a+b}}=\overline{\bar{a}\cdot\bar{b}}$$

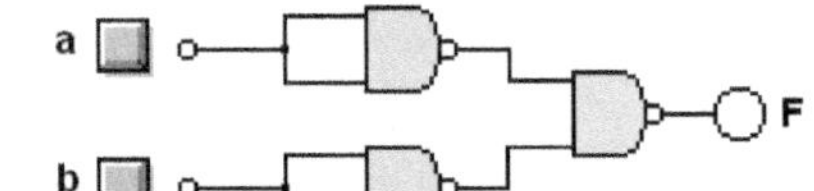

b) Hacemos lo mismo con la función NOR de dos entradas (a, b):

$$F=\overline{a+b}=\bar{a}\cdot\bar{b}=\overline{\overline{\bar{a}\cdot\bar{b}}}$$

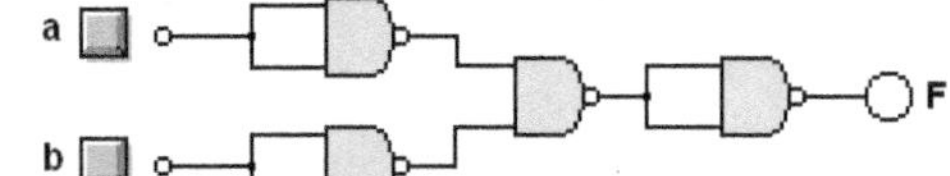

6. Construye utilizando solamente puertas NOR de dos entradas:
a) Una puerta OR de dos entradas.
b) Una puerta AND de dos entradas.
c) Una puerta NAND de dos entradas.

a) Convertimos previamente la función OR a sumas lógicas negadas:

$$F=a+b=\overline{\overline{a+b}}$$

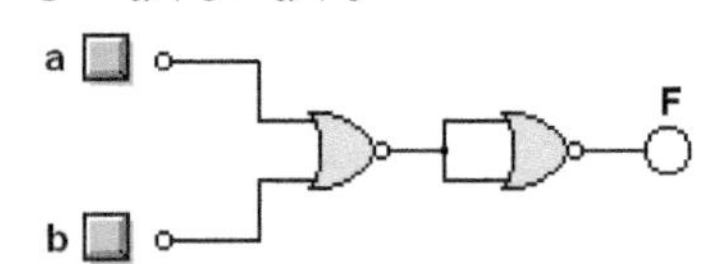

b) Hacemos lo propio con la función AND:

$$F=a\cdot b=\overline{\overline{a\cdot b}}=\overline{\bar{a}+\bar{b}}$$

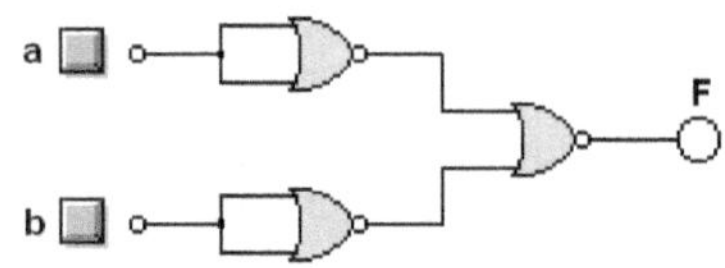

c) Repetimos con la función NAND:

$F=\overline{a\cdot b}=\overline{a}+\overline{b}=\overline{\overline{\overline{a}+\overline{b}}}$

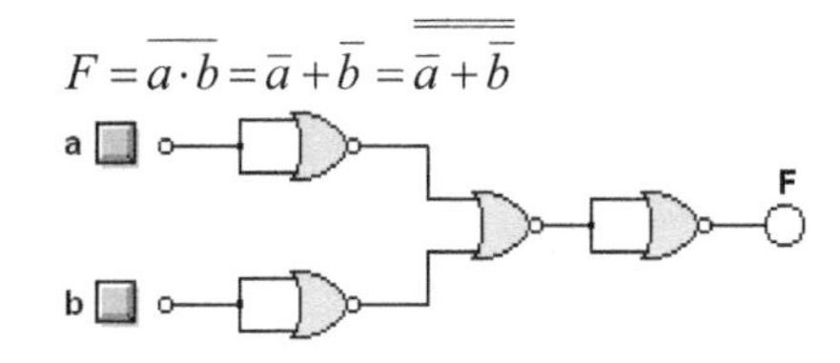

> 7. Dada la siguiente función lógica correspondiente al control de un pequeño motor (M), se pide:
> $M=\overline{a}\overline{b}+ab\overline{c}+a\overline{b}$
> a) Función completa en forma canónica de salida (M).
> b) Función simplificada de salida (M).
> c) Implementación con puertas NAND de dos entradas.

a) Para obtener la función completa multiplicamos por $(c+\overline{c})=1$ el primer y el tercer término:

$$M=\overline{a}\overline{b}\cdot(c+\overline{c})+ab\overline{c}+a\overline{b}\cdot(c+\overline{c})=\overline{a}\cdot\overline{b}\cdot c+\overline{a}\cdot\overline{b}\cdot\overline{c}+a\cdot b\cdot\overline{c}+a\cdot\overline{b}\cdot c+a\cdot\overline{b}\cdot\overline{c}=\sum_{3}(1,0,6,5,4)$$

b) Sacando en primer lugar factor común "a":

$$M=\overline{a}\overline{b}+ab\overline{c}+a\overline{b}=\overline{a}\overline{b}+a\cdot(b\overline{c}+\overline{b})$$

Resolvemos ahora el paréntesis: $(b\overline{c}+\overline{b})=(b+\overline{b})+(\overline{b}+\overline{c})=(\overline{b}+\overline{c})$

$$M=\overline{a}\overline{b}+ab\overline{c}+a\overline{b}=\overline{a}\overline{b}+a\cdot(\overline{b}+\overline{c})=\overline{a}\overline{b}+a\cdot\overline{b}+a\cdot\overline{c}=\overline{b}\cdot(\overline{a}+a)+a\cdot\overline{c}=\overline{b}+a\cdot\overline{c}$$

c) Para implementar con puertas NAND de dos entradas debemos convertir la función simplificada en productos negados, para lo cual habrá que negar dos veces la función simplificada:

$$M=\overline{b}+a\cdot\overline{c}=\overline{\overline{\overline{b}+a\cdot\overline{c}}}=\overline{\overline{\overline{b}}\cdot\overline{a\cdot\overline{c}}}=\overline{b\cdot\overline{a\cdot\overline{c}}}$$

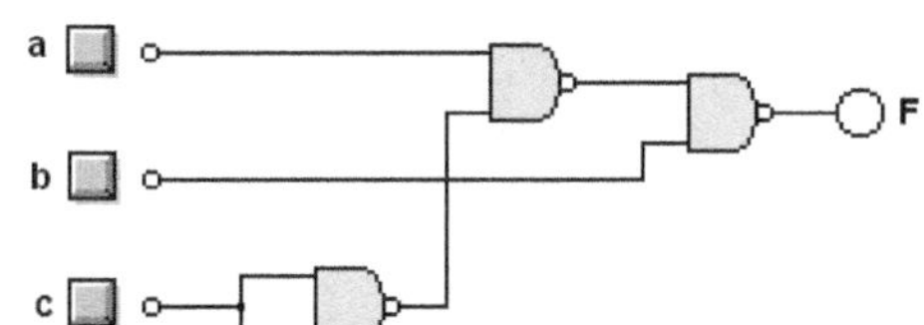

> 8. Dada la siguiente función de control de un motor (F) en forma de Maxterms (segunda forma canónica), se pide: $F=(A+\overline{C})\cdot(B+\overline{C})\cdot(\overline{A}+\overline{B}+\overline{C})\cdot(\overline{A}+C+\overline{D})\cdot(A+\overline{B}+C+\overline{D})$
> a) Obtener la función completa en forma de Maxterms.
> b) Función completa en forma de Minterms (primera forma canónica).
> c) Simplificar la función anterior (Minterms) e implementarla con el menor número de puertas NOR de dos entradas.
> d) Resolver con pulsadores.

a) Si pasamos los CINCO términos de la función al mapa de Karnaugh, obtenemos la función completa en Maxterms:

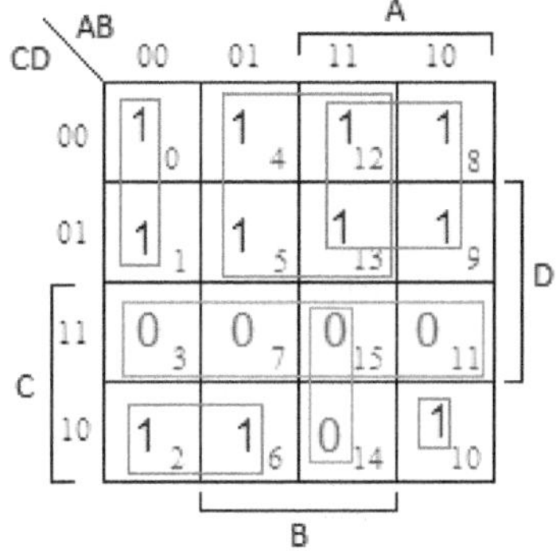

$$F=\prod_{4}(0,1,2,4,5,6,8,9,10,12,13)$$

Simplificando los "ceros" obtenemos la función simplificada en forma de minterms negada:

$$\overline{F} = A\cdot B\cdot C + C\cdot D \Rightarrow F = \overline{A}\cdot\overline{B}\cdot\overline{C} + \overline{C}\cdot\overline{D}$$

b) La función completa en forma de Minterms (primera forma canónica).

$$F = \sum_4 (0,1,4,8,12)$$

c) Sacando factor común e implementando con el menor número de puertas NOR de dos entradas:

$$F = \overline{A}\cdot\overline{B}\cdot\overline{C} + \overline{C}\cdot\overline{D} = \overline{A}\cdot\overline{(B+C)} + \overline{(C+D)}$$

$$F = \overline{\overline{\overline{A}\cdot\overline{(B+C)} + \overline{(C+D)}}} = \overline{\overline{A + (B+C)} + \overline{(C+D)}}$$

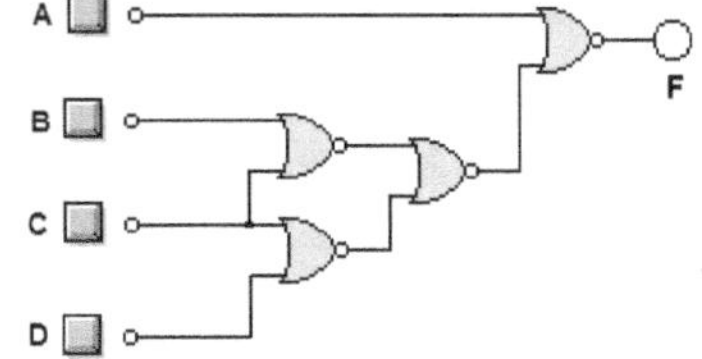

d) Implementando con pulsadores: $F = \overline{A}\cdot\overline{B}\cdot\overline{C} + \overline{C}\cdot\overline{D} = \overline{C}(\overline{A}\cdot\overline{B} + \overline{D})$

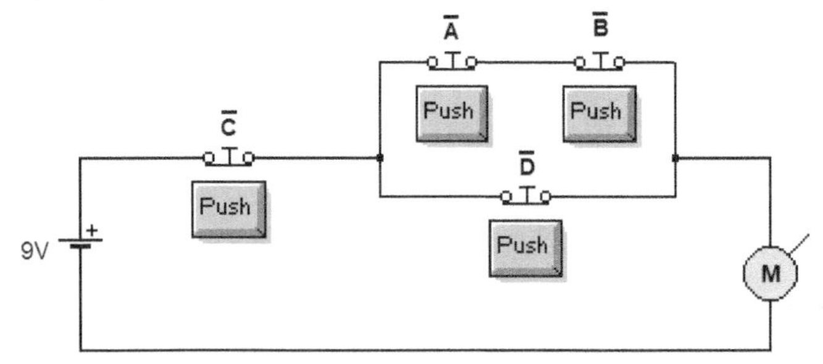

9. Dado el siguiente circuito con puertas lógicas, se pide:
a) Función de salida F.
b) Obtener la función completa de salida (F) en forma de MINTERMS.
c) Obtener la función completa en forma de MAXTERMS.

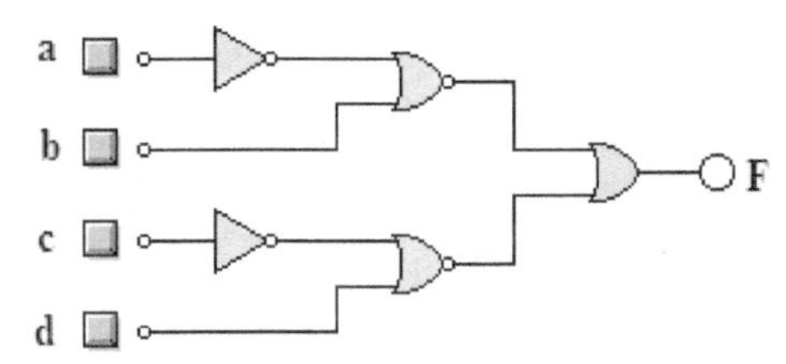

a) Teniendo en cuenta la función lógica que realiza cada una de las puertas, la función de salida será:

$$F = \overline{\overline{\overline{a}+b} + \overline{\overline{c}+d}} = \overline{\overline{a}}\cdot\overline{b} + \overline{\overline{c}}\cdot\overline{d} = a\cdot\overline{b} + c\cdot\overline{d}$$

b) Para obtener la función completa en forma de MINTERMS multiplicamos por las variables que faltan:

$$F = a\cdot\overline{b} + c\cdot\overline{d} = a\cdot\overline{b}\cdot(c+\overline{c})\cdot(d+\overline{d}) + (a+\overline{a})\cdot(b+\overline{b})\cdot c\cdot\overline{d} =$$

$$= a\overline{b}cd + a\overline{b}c\overline{d} + a\overline{b}\overline{c}d + a\overline{b}\overline{c}\overline{d} + abc\overline{d} + \overline{a}bc\overline{d} + a\overline{b}c\overline{d} + \overline{a}\overline{b}c\overline{d} = \sum_4 (14,11,10,9,8,6,2)$$

c) La función completa en forma de MAXTERS será:

$$F = \prod_4 (\overline{15},\overline{13},\overline{12},\overline{7},\overline{5},\overline{4},\overline{3},\overline{1},\overline{0}) = \prod_4 (0,2,3,8,10,11,12,14,15)$$

10. Dado el siguiente circuito con puertas lógicas, obtener la función de salida e implementarla de nuevo con puertas NOR de dos entradas.

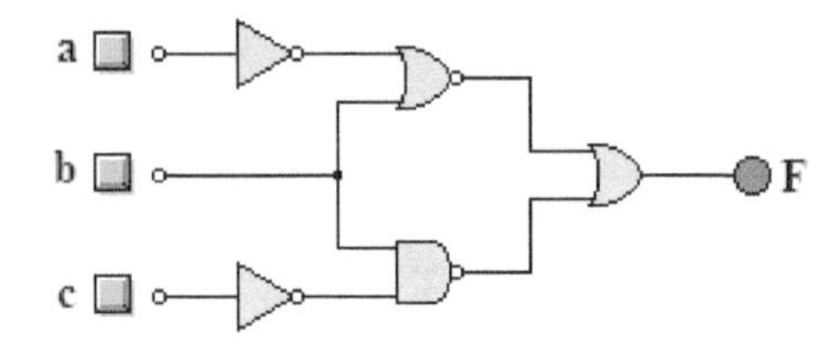

Teniendo en cuenta la función lógica que realiza cada una de las puertas, la función lógica de salida será:

$F=\overline{\overline{a}+b}+\overline{b\overline{c}}=\overline{\overline{a}}\cdot\overline{b}+\overline{b}+c=a\cdot\overline{b}+\overline{b}+c=\overline{b}(a+1)+c$

Teniendo en cuenta ahora que $a+1=1$:

$F=\overline{b}(a+1)+c=\overline{b}+c=\overline{\overline{\overline{b}+c}}$

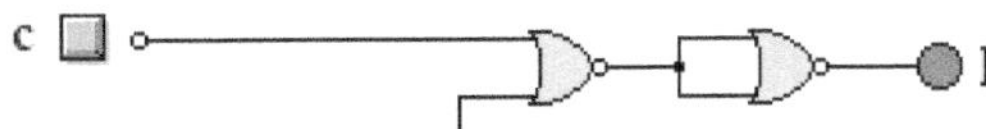
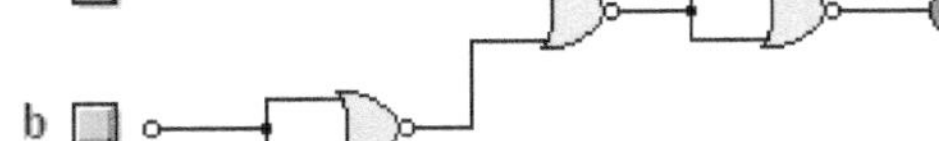

Nota: en este caso se observa que la variable "a" no tiene ninguna influencia en la salida F.

11. Para el siguiente circuito con puertas lógica, se pide:
a) Obtenga la función lógica correspondiente de salida simplificada.
b) Obtenga la función completa en forma de MINTERMS.
c) Implementar con puertas NAND de dos entradas.

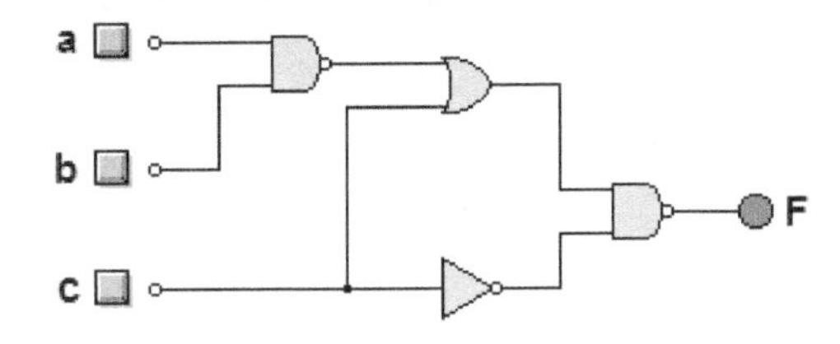

a) Teniendo en cuenta la función lógica que realiza cada una de las puertas:

$F=\overline{\overline{c}\cdot(c+\overline{a\cdot b})}=c+\overline{(c+\overline{a\cdot b})}=c+(\overline{c}\cdot a\cdot b)=c+a\cdot b\cdot\overline{c}$

b) La función de salida completa será:

$F=c+a\cdot b\cdot\overline{c}=(a+\overline{a})\cdot(b+\overline{b})\cdot c+a\cdot b\cdot\overline{c}=(a\cdot b\cdot c)+(\overline{a}\cdot b\cdot c)$

$+(a\cdot\overline{b}\cdot c)+(\overline{a}\cdot\overline{b}\cdot c)+a\cdot b\cdot\overline{c}=\sum_4(1,3,5,6,7)$

c) La función simplificada y pasada a puertas NAND de dos entradas será: $F=c+a\cdot b=\overline{\overline{c+a\cdot b}}=\overline{\overline{c}\cdot\overline{a\cdot b}}$

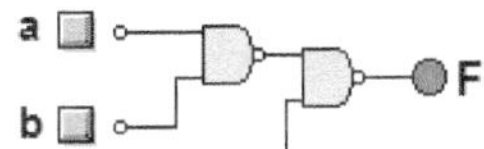

12. Dado el siguiente circuito de control de un pequeño motor (M), se pide:
a) Función simplificada de salida (M).
b) Función completa de salida (M) en forma de MINTERMS y de MAXTERMS.
c) Implementación con puertas NAND de dos entradas.
d) Resolver con interruptores.

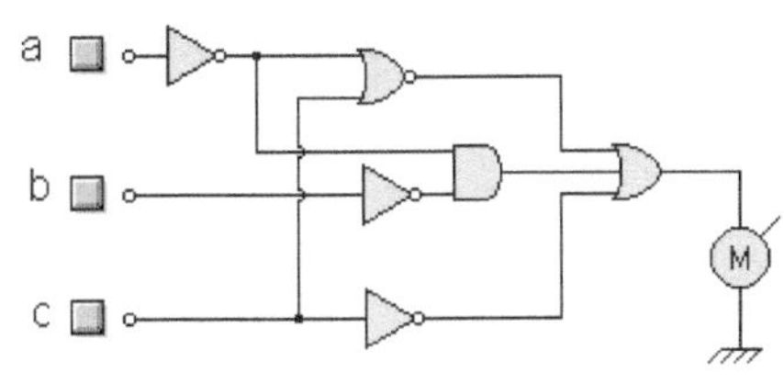

a) La función de salida del circuito del motor (M) será:

$M=\overline{\overline{a}+c}+\overline{a}\cdot\overline{b}+\overline{c}=a\cdot\overline{c}+\overline{a}\cdot\overline{b}+\overline{c}=\overline{c}(1+a)+\overline{a}\cdot\overline{b}=\overline{c}+\overline{a}\cdot\overline{b}$

b) La función completa en forma de MINTERMS y de MAXTERMS será:

$M=\sum_3(0,1,2,4,6)=\overline{\sum_3(3,5,7)}=\prod_3(\overline{3},\overline{5},\overline{7})=\prod_3(0,2,4)$

c) La función con puertas NAND de dos entradas será:

$$M=\overline{\overline{\bar{c}+\bar{a}\cdot\bar{b}}}=\overline{c+\overline{\overline{\bar{a}\cdot\bar{b}}}}$$

d) La función con interruptores será:

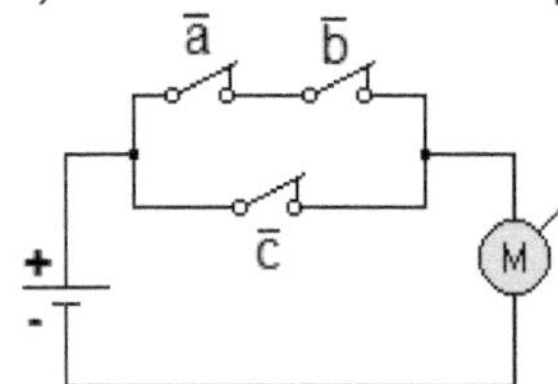

> 13. Dado el siguiente circuito con puertas lógicas, se pide:
> a) Obtener la función completa de salida (F) en forma de minterms (primera forma canónica).
> b) Implementarla solamente con puestas NOR de dos entradas.

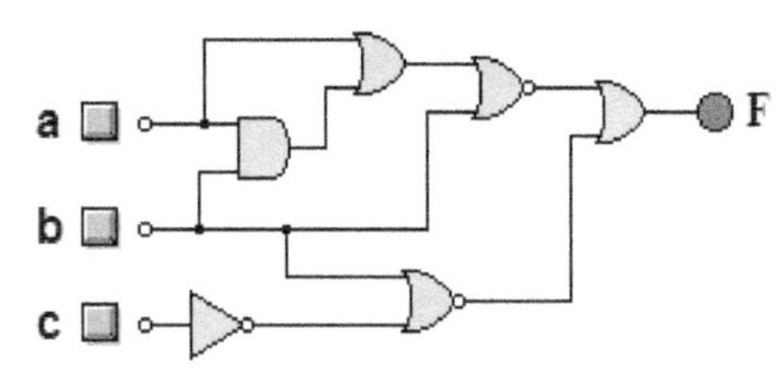

a) Teniendo en cuenta la función lógica que realiza cada puerta, la función de salida será:

$$F=\overline{b+\bar{c}}+\overline{(a\cdot b+a)+b}$$

Resolviendo el paréntesis: $F=(a\cdot b+a)=a\cdot(b+1)=a$

$$F=\overline{b+\bar{c}}+\overline{(a\cdot b+a)+b}=\overline{b+\bar{c}}+\overline{(a)+b}=\bar{b}\cdot\bar{\bar{c}}+\bar{a}\cdot\bar{b}=\bar{b}\cdot c+\bar{a}\cdot\bar{b}$$

Para obtener la función en forma canónica, completamos las variables que faltan:

$$F=\bar{b}\cdot c+\bar{a}\cdot\bar{b}=(a+\bar{a})\cdot\bar{b}\cdot c+\bar{a}\cdot\bar{b}\cdot(c+\bar{c})=a\cdot\bar{b}\cdot c+\bar{a}\cdot\bar{b}\cdot c+\bar{a}\cdot\bar{b}\cdot c+\bar{a}\cdot\bar{b}\cdot\bar{c}$$

$$F=\sum_{3}(5,1,0)$$

b) Para implementar con puertas NOR sacamos factor común y transformamos la función:

$$F=\bar{b}\cdot c+\bar{a}\cdot\bar{b}=\bar{b}\cdot(c+\bar{a})=\overline{\overline{\bar{b}\cdot(c+\bar{a})}}=\overline{\bar{\bar{\bar{b}}}+\overline{(c+\bar{a})}}=\overline{b+\overline{(c+\bar{a})}}$$

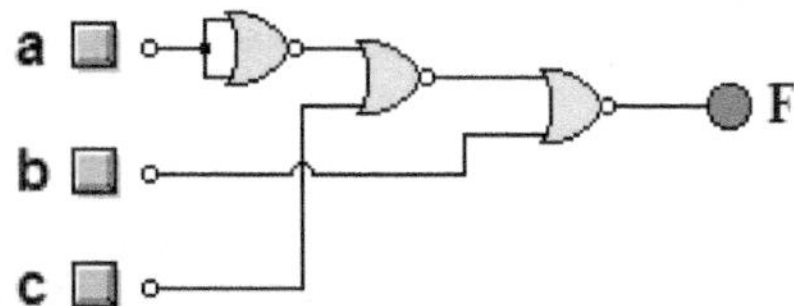

> 14. Dado el siguiente circuito con puertas lógicas, obtener la función de salida e implementarla de nuevo con puertas NAND de dos entradas.

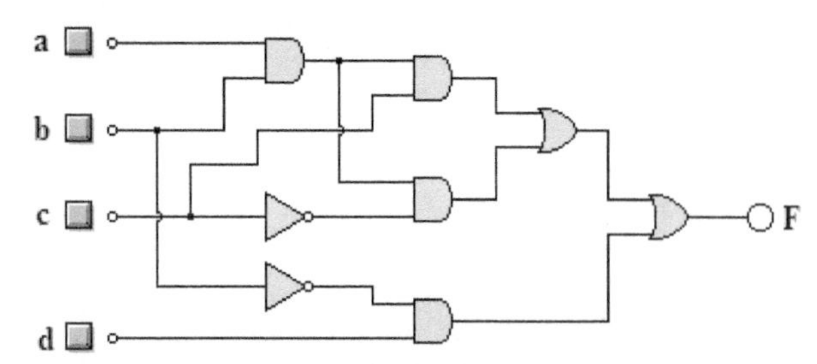

Teniendo en cuenta la función lógica que realiza cada una de las puertas, la función de salida será:

$$F=abc+ab\bar{c}+\bar{b}d=ab(c+\bar{c})+\bar{b}d=ab+\bar{b}d$$

Negamos la función dos veces, aplicamos MORGAN e implementamos con puertas NAND de dos entradas:

$F = \overline{\overline{ab + \bar{b}d}} = \overline{\overline{ab} \cdot \overline{\bar{b}d}}$

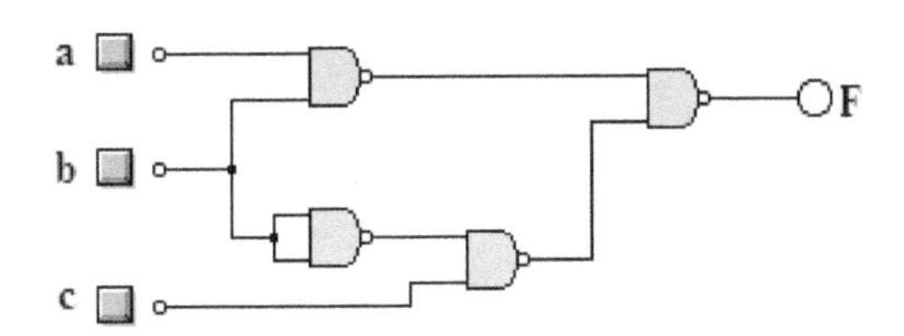

> 15. Teniendo en cuenta el circuito con puertas lógicas de la figura, se pide:
> a) Ecuación completa de la función lógica.
> b) b) Simplificación de dicha función.
> c) c) Implementación con puertas NOR de dos entradas.
> d) d) Resolver con interruptores.

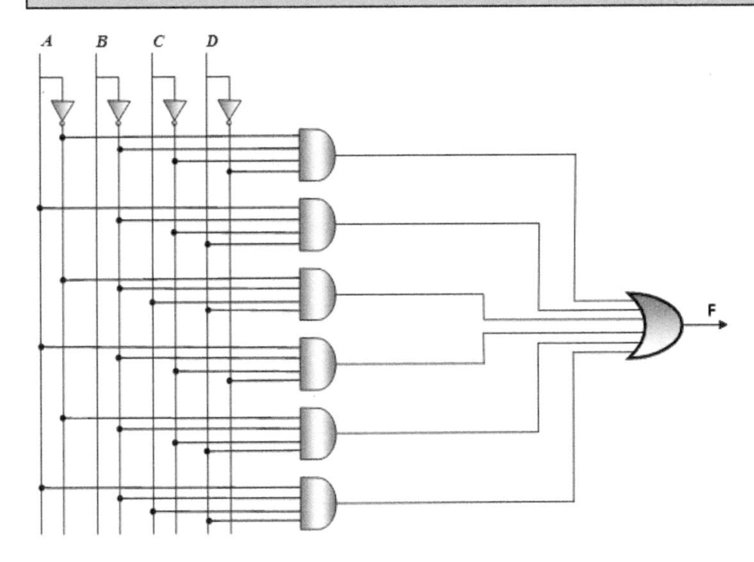

a) La función completa de salida será:

$F = \bar{A} \cdot \bar{B} \cdot \bar{C} \cdot \bar{D} + A \cdot \bar{B} \cdot \bar{C} \cdot D + \bar{A} \cdot \bar{B} \cdot C \cdot D + A \cdot \bar{B} \cdot \bar{C} \cdot \bar{D} + \bar{A} \cdot \bar{B} \cdot \bar{C} \cdot D + A \cdot \bar{B} \cdot C \cdot \bar{D}$

$F = \sum_{4}(0,9,3,8,1,12)$

b) Simplificando la función obtenemos:

$F = \bar{B} \cdot \bar{C} + \bar{B} \cdot D = \bar{B} \cdot (\bar{C} + D)$

c) Implementando con puertas NOR de dos entradas:

$F = \bar{B} \cdot (\bar{C} + D) = \overline{\overline{\bar{B} \cdot (\bar{C} + D)}} = \overline{B + \overline{(\bar{C} + D)}}$

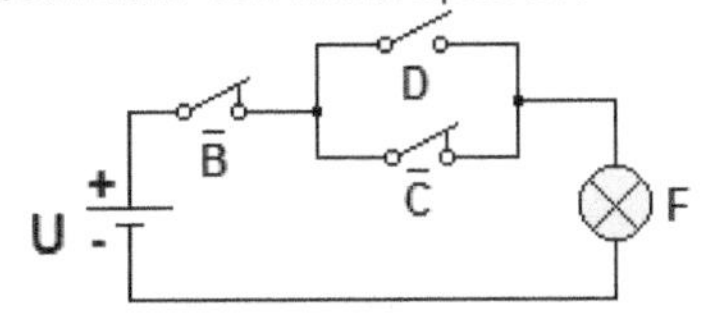

d) Resolviendo con interruptores:

> 16. Dada la siguiente función de tres variables en forma de MINTERMS $F = \sum_{3}(0,2,3,7)$, se pide:
>
> a) Simplificación por Karnaugh.
> b) Implementación con puertas NAND de dos entradas.
> c) Pasar la función inicial a MAXTERMS y simplificarla de nuevo por Karnaugh.
> d) Implementación con puertas NOR de dos entradas.

a) Del propio mapa de Karnaugh obtenemos que:

$$F = \bar{a}\,\bar{c} + bc = \overline{\overline{\bar{a}\,\bar{c} + bc}} = \overline{\overline{\bar{a}\,\bar{c}} \cdot \overline{bc}}$$

b) Si implementamos la función anterior con puertas NAND tenemos:

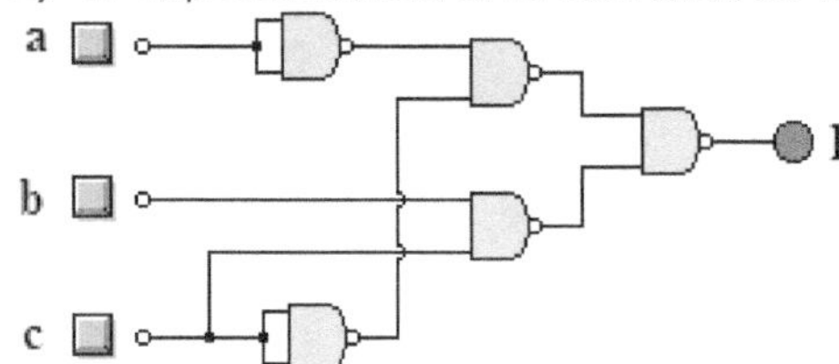

c) Para pasar la función a MAXTERMS (productos de sumas) realizamos las siguientes operaciones:

$$F = \sum_3 (0,2,3,7) = \sum_3 \overline{\overline{(0,2,3,7)}} = \overline{\sum_3 (1,4,5,6)} = \prod_3 (\bar{1},\bar{4},\bar{5}\bar{6}) = \prod_3 (6,3,2,1)$$

Simplificando de nuevo por Karnaugh: $F = (b + \bar{c}) \cdot (\bar{a} + c)$

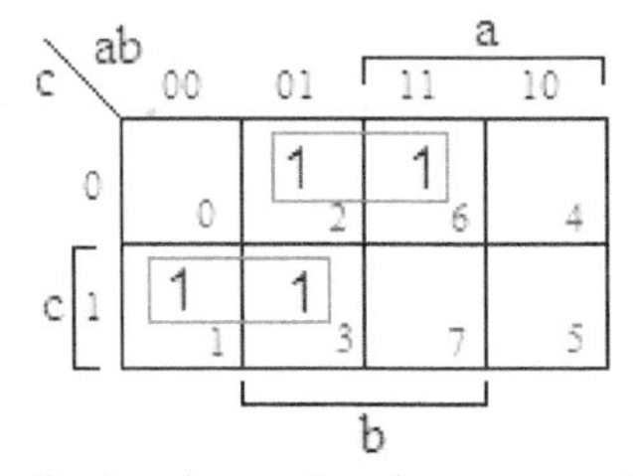

d) Implementando con puertas NOR de dos entradas:

$$F = (b + \bar{c}) \cdot (\bar{a} + c) = \overline{\overline{(b + \bar{c}) \cdot (\bar{a} + c)}} = \overline{\overline{(b + \bar{c})} + \overline{(\bar{a} + c)}}$$

17. Un automóvil de dos puertas (a, b) se enciende la luz interior (L) cuando se desactiva alguno de los dos actuadores existentes en cada puerta, o cuando el conductor activa el pulsador manual (c) situado cerca del retrovisor. Se pide la tabla de verdad, el mapa de Karnaugh y el circuito lógico con puertas NAND de dos entradas y con puertas NAND de tres entradas. Suponer los actuadores activados como "*uno*" lógico y desactivados como "*cero*" lógico.

En primer lugar construimos y posteriormente simplificamos la función por Karnaugh:

Dec.	a	b	c	L
0	0	0	0	1
1	0	0	1	1
2	0	1	0	1
3	0	1	1	1
4	1	0	0	1
5	1	0	1	1
6	1	1	0	0
7	1	1	1	1

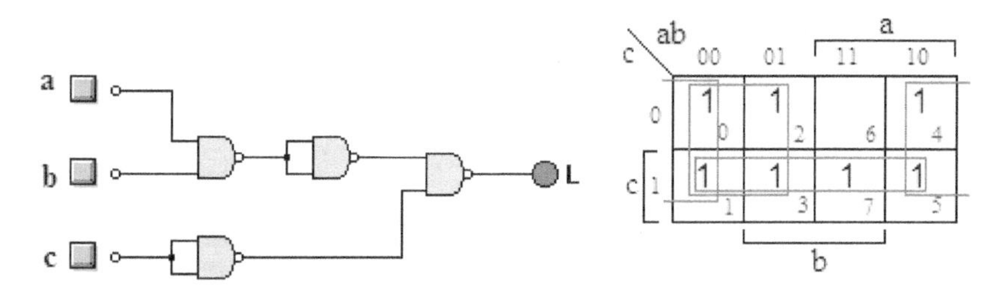

$$L=\overline{a}+\overline{b}+c=\overline{\overline{\overline{a}+\overline{b}+c}}=\overline{\overline{\overline{a}}\cdot\overline{\overline{b}}\cdot\overline{c}}=\overline{a\cdot b\cdot\overline{c}}=\overline{a\cdot b\cdot\overline{\overline{\overline{c}}}}$$

Finalmente con puertas NAND de tres entradas será:

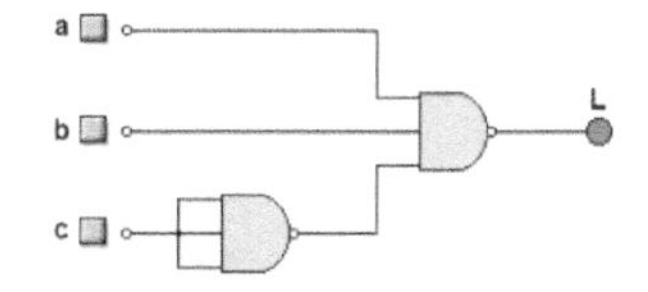

> 18. Da la siguiente función en forma de MINTERMS $F=\sum_{4}(3,7,8,9,10,11,12,13,15)$, se pide:
>
> a) Simplificación por Karnaugh e implementación con puertas NAND de dos entradas.
> b) Implementación de la función por medio de un multiplexor 8/3.

a) Simplificando por Karnaugh ob4enemos la siguiente función en forma de MINTERMS:

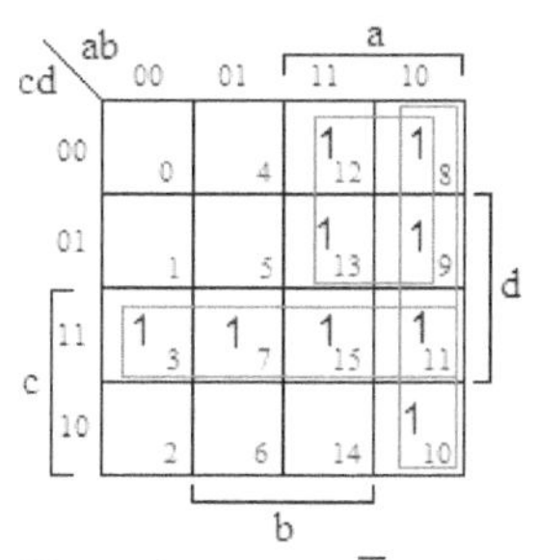

$F=cd+a\overline{c}+a\overline{b}$

Sacando factor común "a" en los dos últimos términos y aplicando Morgan obtenemos:

$F=cd+a(\overline{b}+\overline{c})$

$$F=\overline{\overline{cd+a(\overline{b}+\overline{c})}}=\overline{\overline{cd+a(\overline{bc})}}=\overline{\overline{cd}\cdot\overline{a(\overline{bc})}}$$

Implementando ahora con puertas NAND de dos entradas tenemos:

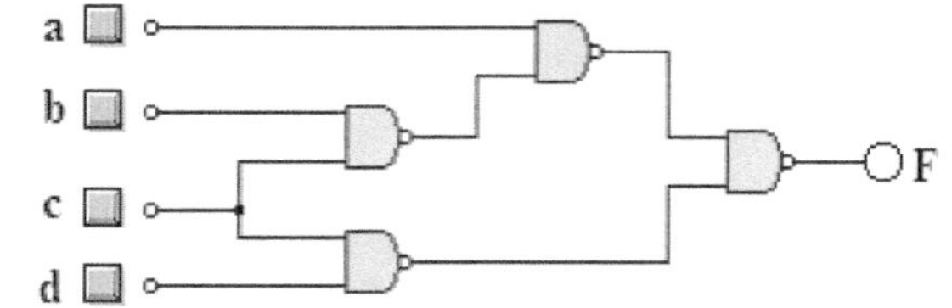

b) Si implementamos la función mediante un multiplexor de ocho canales de entrada (D_0,......D_7) y tres estradas de selección (S_2, S_1, S_0), obtenemos a partir del diagrama:

a \ bcd	000	001	010	011	100	101	110	111
0	0_{0}	0_{1}	0_{2}	1_{3}	0_{4}	0_{5}	0_{6}	1_{7}
1	1_{8}	1_{9}	1_{10}	1_{11}	1_{12}	1_{13}	0_{14}	1_{15}
	D0	D1	D2	D3	D4	D5	D6	D7

$D_0=D_1=D_2=D_4=D_5=a$

$D_3=D_7=1(+U)$

$D_6=0$

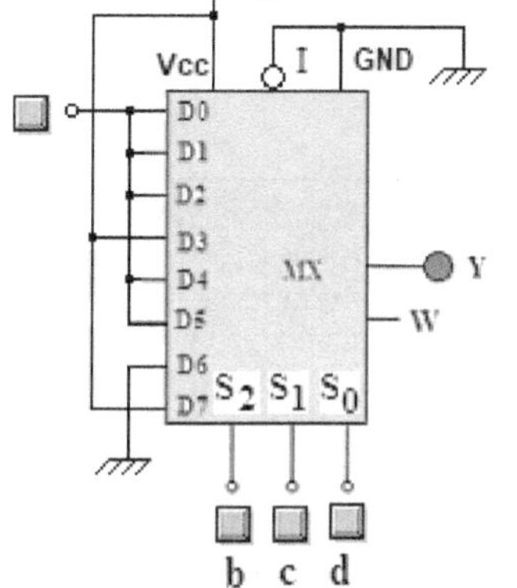

19. Dada la siguiente función en forma de MAXTERMS, se pide: $F=\prod_4(0,2,4,6,8,9,10,11,12,14)$

a) Simplificación por Karnaugh.
b) Implementar la función con puertas NOR de dos entradas.
c) Pasar la función a minterms y simplificarla de nuevo por Karnaugh.
d) ¿Cuántas puertas se necesitan para implementa la función con puertas NAND de dos entradas?.

a) Simplificando por Karnaugh obtenemos la siguiente función en forma de minterms:

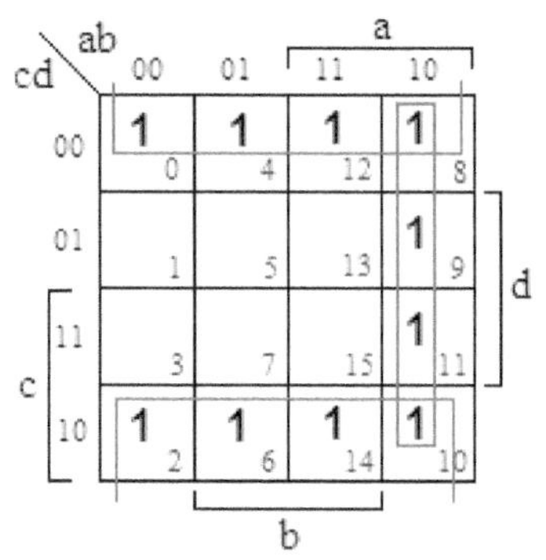

$F=\bar{d}\cdot(a+\bar{b})$

b) El circuito con puertas NOR será el siguiente: $F=\bar{d}\cdot(a+\bar{b})=\overline{\overline{\bar{d}\cdot(a+\bar{b})}}=\overline{\bar{\bar{d}}+\overline{(a+\bar{b})}}=\overline{d+\overline{(a+\bar{b})}}$

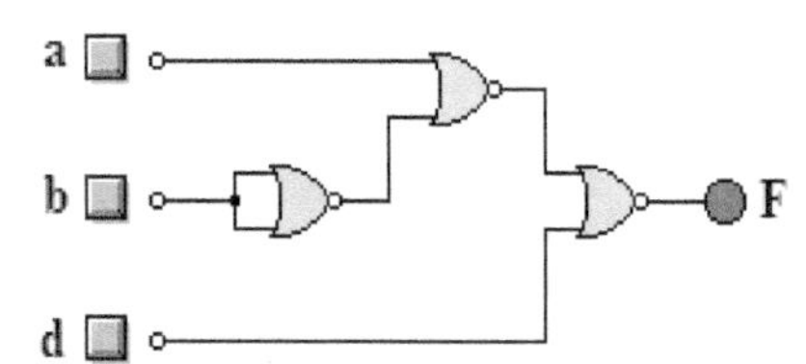

c) A continuación pasamos en primer lugar la función inicial de maxterms a minterms:

$$F=\prod_4(0,2,4,6,8,9,10,11,12,14)=\prod_4\overline{(1,3,5,7,13,15)}=\sum_4(\bar{1},\bar{3},\bar{5},\bar{7},\overline{13},\overline{15})=\sum_4(14,12,10,8,2,0)$$

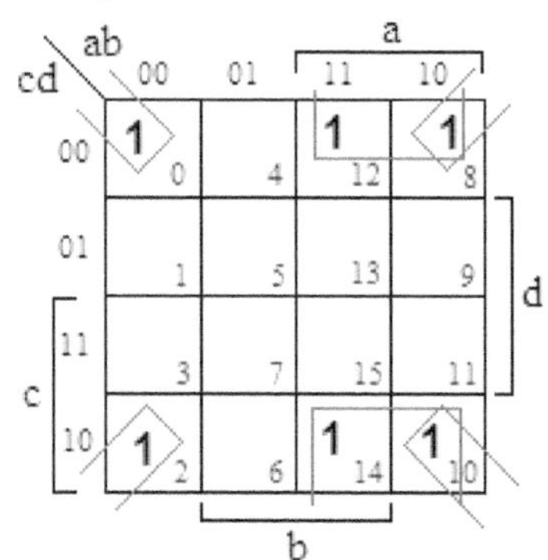

$$F=a\bar{d}+\bar{b}\bar{d}=\bar{d}\cdot(a+\bar{b})=\bar{d}\cdot\overline{\overline{(a+\bar{b})}}=\bar{d}\cdot\overline{(\bar{a}\cdot\bar{\bar{b}})}=\bar{d}\cdot\overline{(\bar{a}\cdot b)}$$

Por tanto son necesarias cinco puertas NAND de dos entradas, con lo cual resulta más práctico hacerlo con puertas NOR.

20. Un almacén de papel está protegido contra incendios por medio de unos extintores de dióxido de carbono (CO_2). La apertura de los extintores se produce por la acción de un cilindro de simple efecto (E) que cuando es accionado rompe la cápsula del exterior. El extintor (E) puede abrirse desde fuera del almacén por medio de un pulsador (a) y desde la oficina del interior (b). Por razones de seguridad, no es posible la puesta en funcionamiento del sistema si la puerta del almacén no está cerrada (captador "c" accionado=1). Se pide la tabla de verdad, el mapa de Karnaugh y el circuito lógico con puertas NOR de dos entradas.

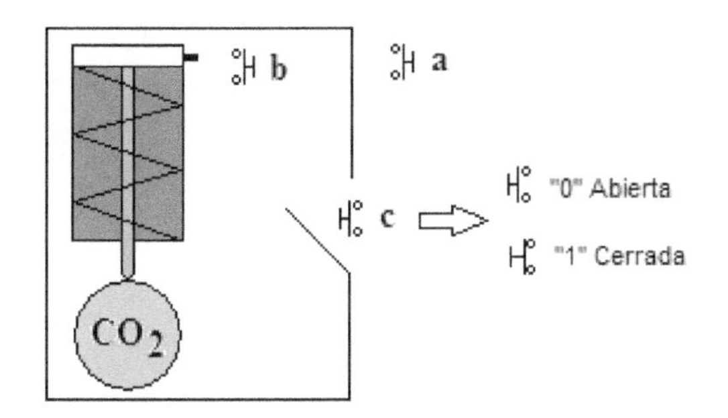

Dec.	a	b	c	E
0	0	0	0	0
1	0	0	1	0
2	0	1	0	0
3	0	1	1	1
4	1	0	0	0
5	1	0	1	1
6	1	1	0	0
7	1	1	1	1

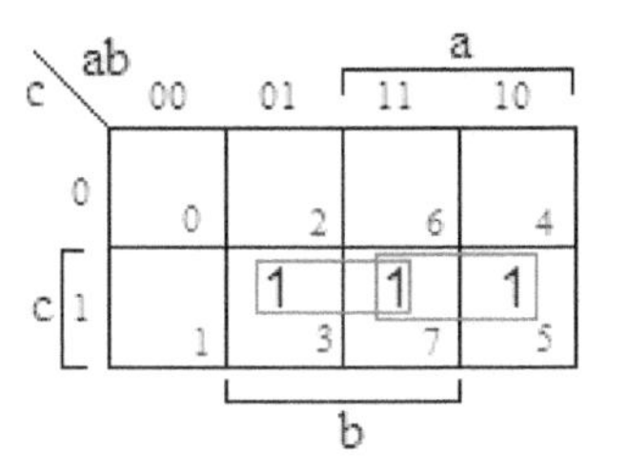

$$E = ac + bc = c \cdot (a+b) = \overline{\overline{c \cdot (a+b)}} = \overline{\overline{c} + \overline{(a+b)}}$$

21. Un sistema (M) de aire acondicionado se puede poner en marcha mediante un interruptor (A) manual. Se encenderá de forma automática, aunque el interruptor (A) esté desactivado, cuando un termostato (B) detecte que la temperatura exterior pasa de 30 ºC. Existe también otro detector (C) que desconecta el sistema, incluso estando el interruptor (A) activado, cuando la ventana esté abierta. Suponer la ventana abierta como "1" lógico y la temperatura menor de 30ºC como cero lógico. Diseña con puertas **NOR** de dos entradas el sistema electrónico que permite el control del aire acondicionado. Resolver también con un DECODIFICADOR 3/8 con salidas activas a nivel bajo.

La tabla de verdad es la siguiente:

Dec.	A	B	C	M
0	0	0	0	0
1	0	0	1	0
2	0	1	0	1
3	0	1	1	0
4	1	0	0	1
5	1	0	1	0
6	1	1	0	1
7	1	1	1	0

Simplificando la función de salida:

$$M = A \cdot \overline{C} + B \cdot \overline{C} = \overline{C} \cdot (A+B) = \overline{\overline{\overline{C} \cdot (A+B)}} = \overline{\overline{\overline{C}} + \overline{(A+B)}} = \overline{C + \overline{(A+B)}}$$

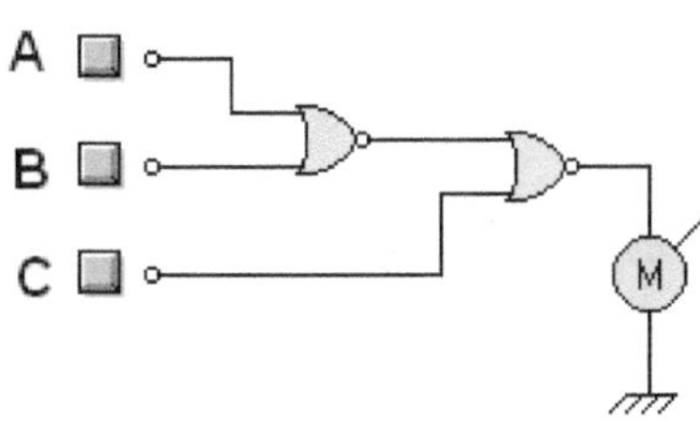

Para resolver con decodificador 3/8 con salidas activas a nivel bajo será necesario colocar una puerta NAND de tres entradas a la salida de éste:

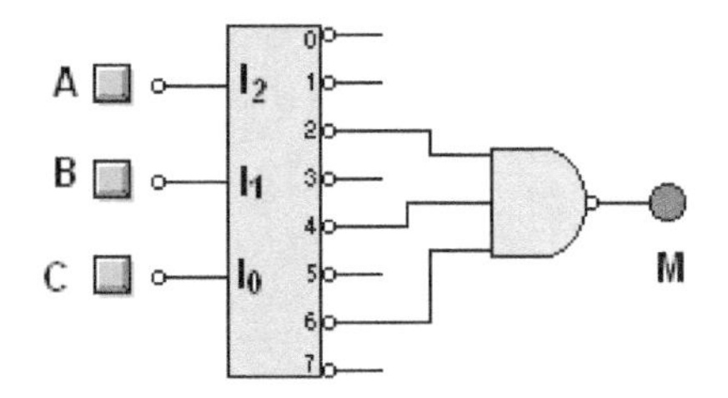

> 22. Para subir agua desde un pozo hasta un depósito se utiliza una motobomba eléctrica (M). El accionamiento de la bomba está gobernado automáticamente por un sensor de nivel mínimo de pozo (a) y dos sensores de nivel mínimo y máximo del depósito (b, c). El arranque se produce si "a" y "b" están excitados y si "c" no lo está. La parada se produce si "a" no está excitado o si "c" está excitado. Se considera que los sensores (a, b, c) están activados cuando el nivel de agua actúa sobre ellos. Se pide la tabla de verdad del circuito combinacional, la función simplificada y el diagrama lógico de la función de arranque con puertas NAND de tres entradas.

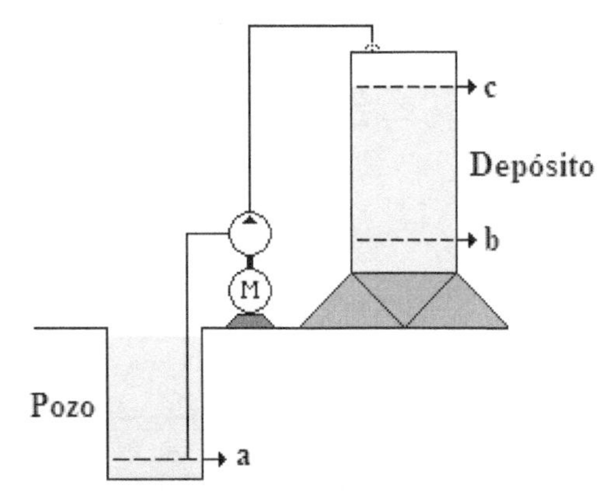

Teniendo en cuenta que los casos 1 y 5 son imposibles (X):

Dec.	a	b	c	M
0	0	0	0	0
1	0	0	1	X
2	0	1	0	0
3	0	1	1	0
4	1	0	0	0
5	1	0	1	X
6	1	1	0	1
7	1	1	1	0

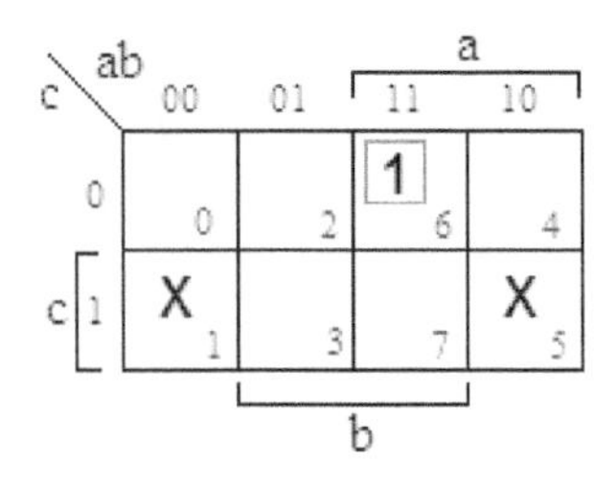

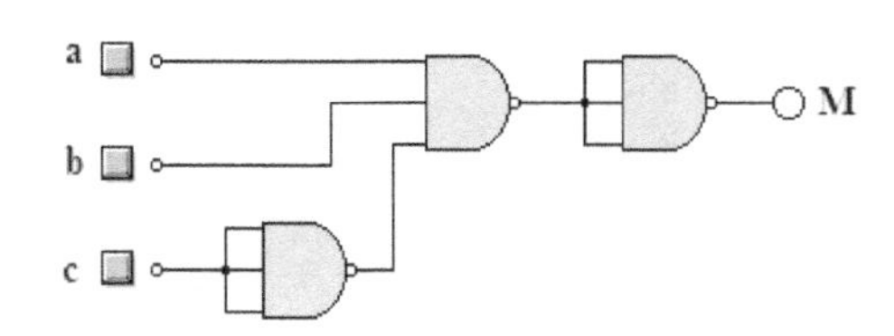

$$M = ab\overline{c} = \overline{\overline{ab\overline{c}}}$$

> 23. Un circuito digital posee dos entradas de señal "a" y "b", una entrada de selección "s" y una salida "W", siendo su funcionamiento el siguiente: si S=0, W=a; si S=1; W=b
> Implementar por una parte con puertas lógicas de cualquier tipo y por otra con puertas NAND de dos entradas.

Realizamos en primer lugar su tabla de verdad:

Dec.	a	b	S	W
0	0	0	0	0
1	0	0	1	0
2	0	1	0	0
3	0	1	1	1
4	1	0	0	1
5	1	0	1	0
6	1	1	0	1
7	1	1	1	1

Simplificando la función por Karnaugh, obtenemos: $W = a\overline{s} + bs$

Si implementamos ahora con puertas NAND de dos entradas obtenemos:

$$W = \overline{\overline{a\overline{s} + bs}} = \overline{\overline{a\overline{s}} \cdot \overline{bs}}$$

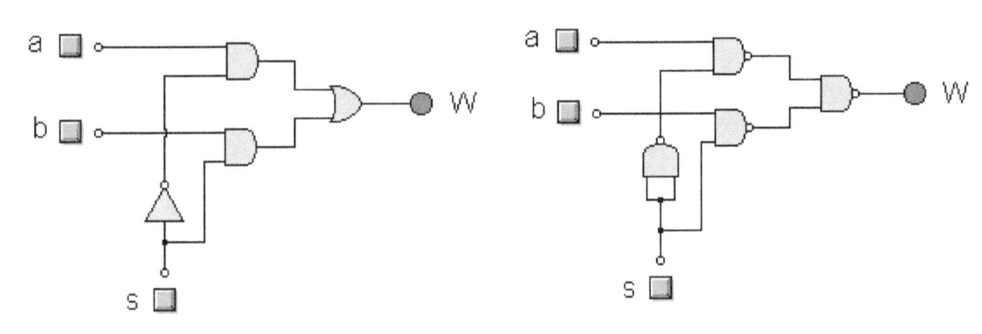

24. La parada de emergencia de un carro se efectúa por medio de un circuito lógico que está controlado por un sensor de proximidad "a" que lo detiene siempre y, tres entradas más (b, c, d) que activan el STOP (S) cuando estando "d" a nivel alto, alguna de las otras dos entradas "b" o "c" están a nivel bajo. Se trata de confeccionar la tabla de verdad, simplificar la función e implementar con puertas NAND de dos entradas.

Dec.	a	b	c	d	S
0	0	0	0	0	0
1	0	0	0	1	1
2	0	0	1	0	0
3	0	0	1	1	1
4	0	1	0	0	0
5	0	1	0	1	1
6	0	1	1	0	0
7	0	1	1	1	0
8	1	0	0	0	1
9	1	0	0	1	1
10	1	0	1	0	1
11	1	0	1	1	1
12	1	1	0	0	1
13	1	1	0	1	1
14	1	1	1	0	1
15	1	1	1	1	1

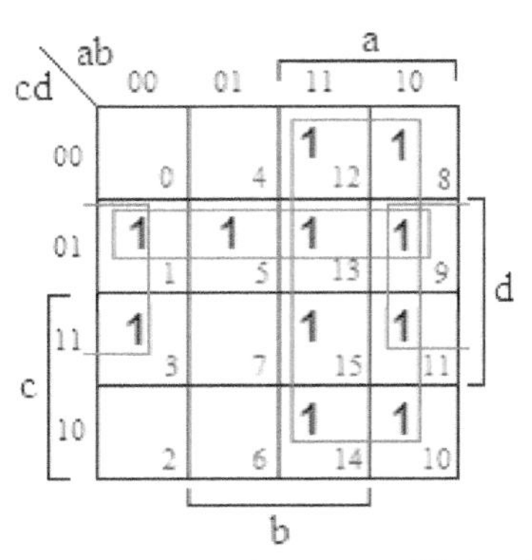

$$S = a + \overline{c}d + \overline{b}d = a + d(\overline{c} + \overline{b}) = a + d(\overline{b \cdot c}) = \overline{\overline{a} \cdot \overline{d(\overline{b \cdot c})}}$$

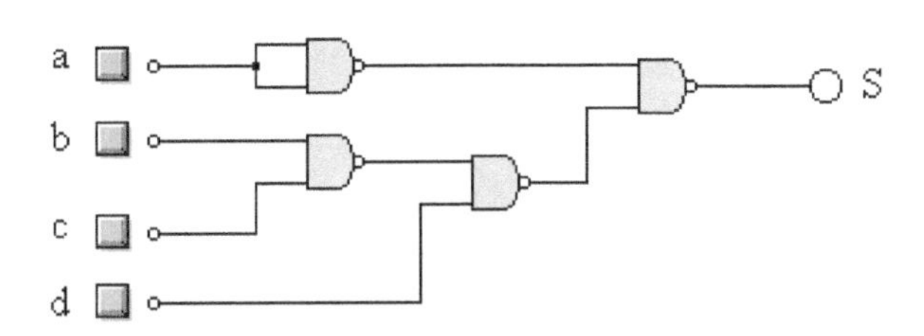

25. Un circuito combinacional tiene dos entradas de datos (A y B), dos entradas de selección de operación (C y D) y una salida (F). El funcionamiento es tal que, mediante las señales C y D, puede seleccionarse la función lógica F(A, B) según la tabla adjunta. Obtenga la función lógica correspondiente simplificada. Resolver con puertas NAND de dos entradas y con un multiplexor 8/3.

C	D	F
0	0	0
0	1	B
1	0	$\overline{A\cdot B}$
1	1	1

La tabla de verdad será:

Dec.	A	B	C	D	F
0	0	0	0	0	0
1	0	0	0	1	0
2	0	0	1	0	1
3	0	0	1	1	1
4	0	1	0	0	0
5	0	1	0	1	1
6	0	1	1	0	1
7	0	1	1	1	1
8	1	0	0	0	0
9	1	0	0	1	0
10	1	0	1	0	1
11	1	0	1	1	1
12	1	1	0	0	0
13	1	1	0	1	1
14	1	1	1	0	0
15	1	1	1	1	1

Simplificando la función por Karnaugh:

$$F = \overline{A}C + BD + \overline{B}C = C(\overline{AB}) + BD = \overline{\overline{C(\overline{AB}) + BD}} = \overline{\overline{C(\overline{AB})} \cdot \overline{BD}}$$

Implementando con puertas NAND de dos entradas:

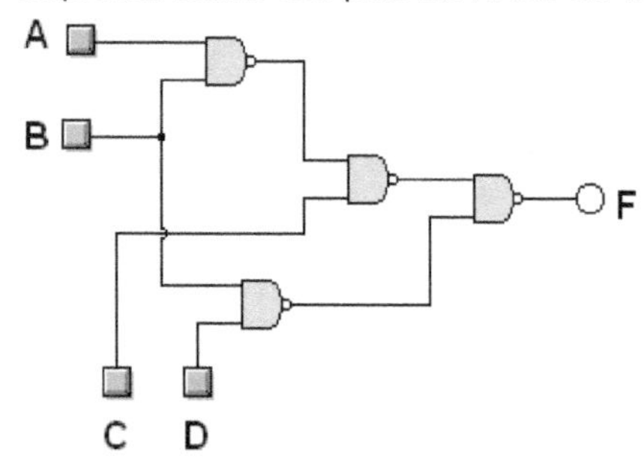

Construimos ahora la tabla para el multiplexor:

$D_2 = D_6 = D$

$D_1 = D_3 = D_5 = 1(+U)$

$D_6 = D_4 = 0$

D \ ABC	000	001	010	011	100	101	110	111
0	0 (0)	1 (2)	0 (4)	1 (6)	0 (8)	1 (10)	0 (12)	0 (14)
1	0 (1)	1 (3)	1 (5)	1 (7)	0 (9)	1 (11)	1 (13)	1 (15)
	D0	D1	D2	D3	D4	D5	D6	D7

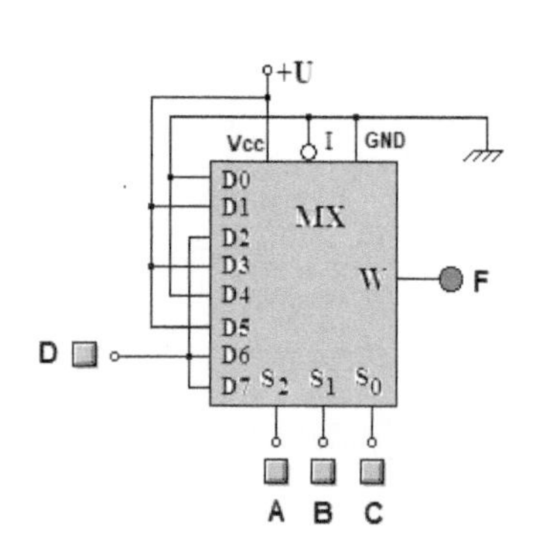

26. Dado el siguiente circuito con Multiplexor 4/2, se pide:
a) Tabla de verdad y función de salida (F) en forma de MINTERMS.
b) Simplificar e implementar con el menor número de puertas lógicas.
c) Implementar ahora la función con puertas NOR de dos entradas.

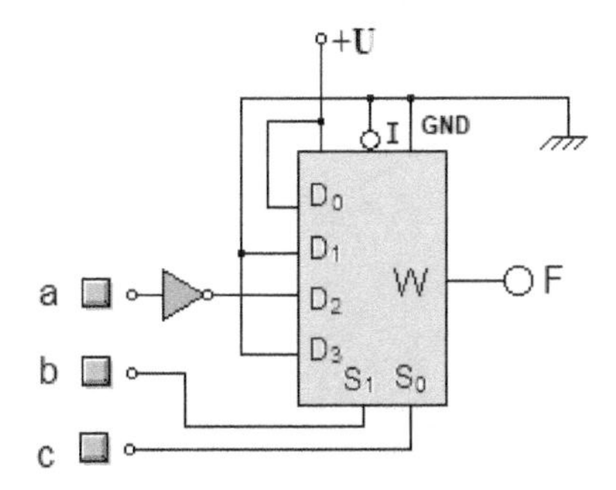

a) La tabla de verdad del multiplexor es la siguiente:

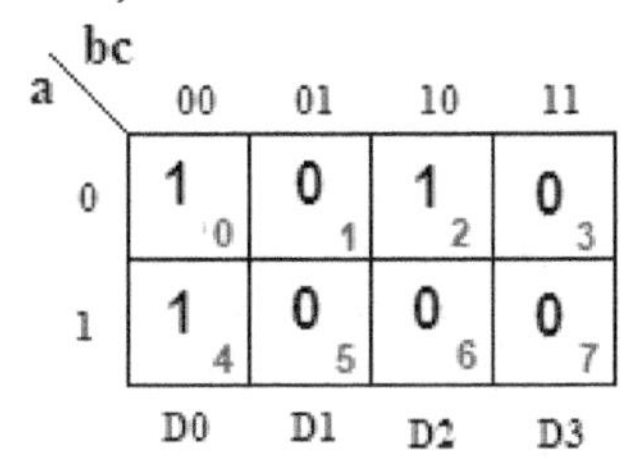

a \ bc	00	01	10	11
0	1 (0)	0 (1)	1 (2)	0 (3)
1	1 (4)	0 (5)	0 (6)	0 (7)
	D0	D1	D2	D3

b) La función completa en forma de MINTERMS será:

$$F = \sum_{3}(0,2,4)$$

c) La función simplificada de salida F será:

$$F = \bar{a}\cdot\bar{c} + \bar{b}\cdot\bar{c} = \bar{c}\cdot(\bar{a}+\bar{b}) = \overline{c + \overline{(\bar{a}+\bar{b})}}$$

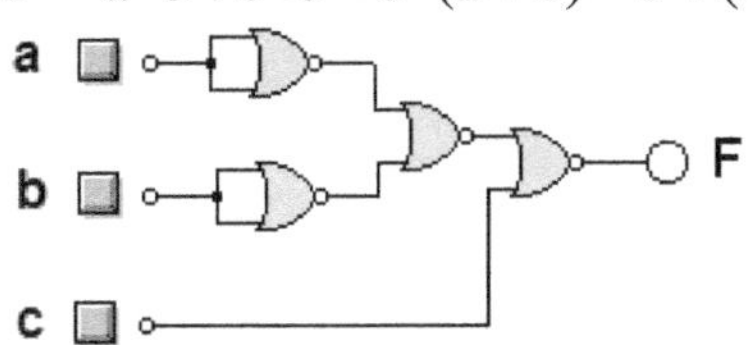

27. Dado el siguiente circuito con decodificador 3/8, se pide:
a) Tabla de verdad y función de salida.
b) Simplificar la función e implementarla con puertas NOR de dos entradas.

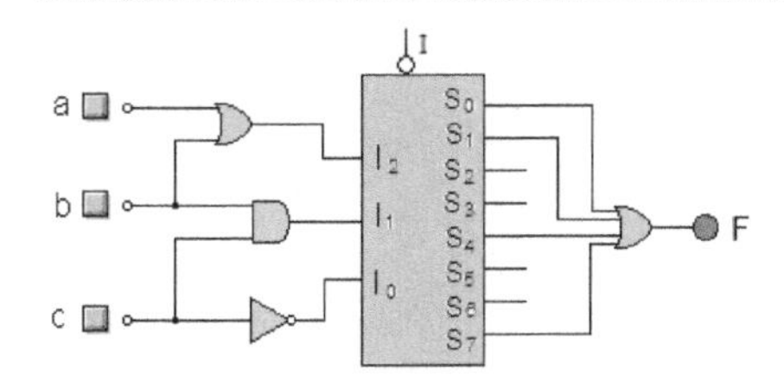

a) Construimos la tabla de verdad a partir del circuito inicial:

Dec.	a	b	c	I_2=(a+b)	I_1=bc	$I_0=\bar{c}$	F=S_0+S_1+S_4+S_7
0	0	0	0	0	0	1	1
1	0	0	1	0	0	0	1
2	0	1	0	1	0	1	0
3	0	1	1	1	1	0	0
4	1	0	0	1	0	1	0

5	1	0	1	1	0	0	1
6	1	1	0	1	0	1	0
7	1	1	1	1	1	0	0

b) Por tanto, la función de salida en forma de MINTERMS será:

$$F = \sum_3 (0,1,5)$$

$$F = \bar{a} \cdot \bar{b} + \bar{b}c = \bar{b} \cdot (\bar{a} + c) = \overline{\overline{\bar{b} \cdot (\bar{a} + c)}} = \overline{b + \overline{(\bar{a} + c)}}$$

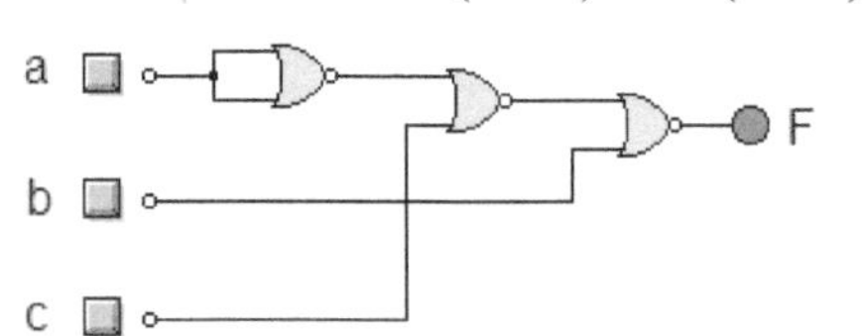

28. Se tiene una cerradura controlada por un electroimán (relé). La cerradura permanece bloqueada por el émbolo del electroimán cuando no pasa corriente por su bobina (posición de reposo). Cuando se introduzca mediante los tres interruptores de entrada la combinación de "1" y/o "0" lógicos adecuada, el electroimán se activará y se retirará el émbolo, lo que permitirá el desplazamiento del cerrojo. Las condiciones de apertura son las siguientes:
- La cerradura (F) no se puede abrir (cerradura bloqueada igual a "0") cuando la entrada A esté activada, independientemente del estado de B y C.
- Cuando no esté bloqueada, la cerradura se abrirá (salida "1") cuando al menos una de las entradas B o C esté activada. Se pide:

a) Indica la tabla de verdad y la función lógica (F) de apertura expresada en Minterms (suma de productos o primera forma canónica).
b) Simplifica la función de salida e implementa el circuito con puertas lógicas NOR de dos entradas.
c) Implementar la función mediante un multiplexor 4/2.

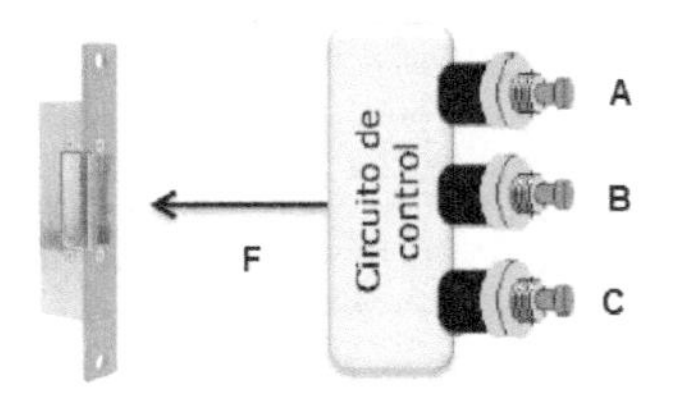

a) Construimos en primer lugar su tabla de verdad:

Dec.	A	B	C	F
0	0	0	0	0
1	0	0	1	0
2	0	1	0	0
3	0	1	1	1
4	1	0	0	1
5	1	0	1	0
6	1	1	0	1
7	1	1	1	1

$$F = \sum_3 (1,2,3)$$

b) Simplificando la función y sacando factor común obtenemos: $F = \bar{A} \cdot C + \bar{A} \cdot B = \bar{A} \cdot (B + C)$

Pasmos ahora la función a puertas NOR de dos entradas: $F = \overline{\overline{\bar{A} \cdot (B + C)}} = \overline{A + \overline{(B + C)}}$

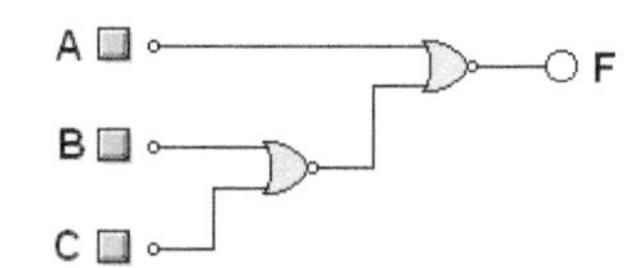

c) Si cambiamos el orden de las variables vemos que nos sale una puerta menos:

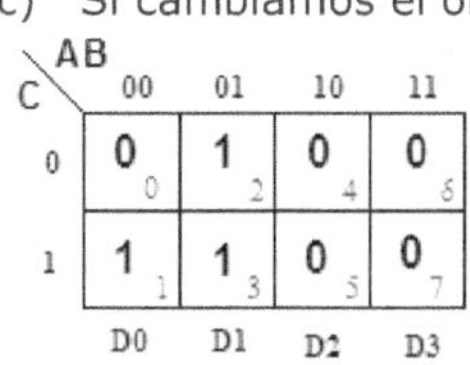

$$D_1 = 1;\, D_2 = D_3 = 0$$
$$D_0 = C$$

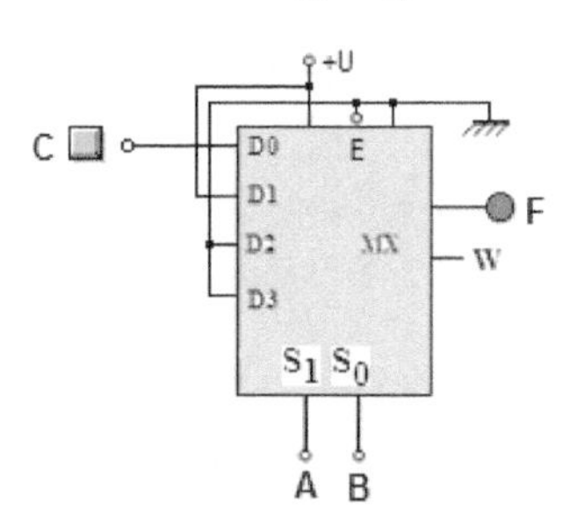

29. Obtener la tabla de verdad de la función lógica que realiza el circuito con "decodificador" mostrado a continuación. Simplificar la función e implementarla con puertas lógicas NAND de dos entadas.

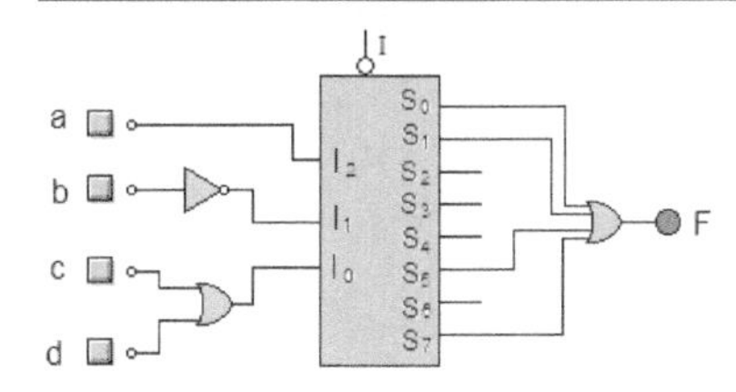

En primer lugar construimos la tabla de verdad teniendo en cuenta el funcionamiento del decodificador:

Dec.	a	b	c	d	$I_2 = a$	$I_1 = \overline{b}$	$I_0 = c + d$	$F=S_0+S_1+S_5+S_7$
0	0	0	0	0	0	1	0	0
1	0	0	0	1	0	1	1	0
2	0	0	1	0	0	1	1	0
3	0	0	1	1	0	1	1	0
4	0	1	0	0	0	0	0	1
5	0	1	0	1	0	0	1	1
6	0	1	1	0	0	0	1	1
7	0	1	1	1	0	0	1	1
8	1	0	0	0	1	1	0	0
9	1	0	0	1	1	1	1	1
10	1	0	1	0	1	1	1	1
11	1	0	1	1	1	1	1	1
12	1	1	0	0	1	0	0	0
13	1	1	0	1	1	0	1	1
14	1	1	1	0	1	0	1	1
15	1	1	1	1	1	0	1	1

Por tanto, la función de salida en forma de Minterms será:

$$F = \sum_{4}(4,5,6,7,9,10,11,13,14,15)$$

La función simplificada de salida y con puertas NAND de dos entradas será:

$$F = \bar{a}\cdot b + a\cdot d + a\cdot c = \bar{a}\cdot b + a\cdot(c+d) = \bar{a}\cdot b + a\cdot(\overline{\bar{c}\cdot\bar{d}}) = \overline{\overline{\bar{a}\cdot b}\cdot\overline{a\cdot(\overline{\bar{c}\cdot\bar{d}})}}$$

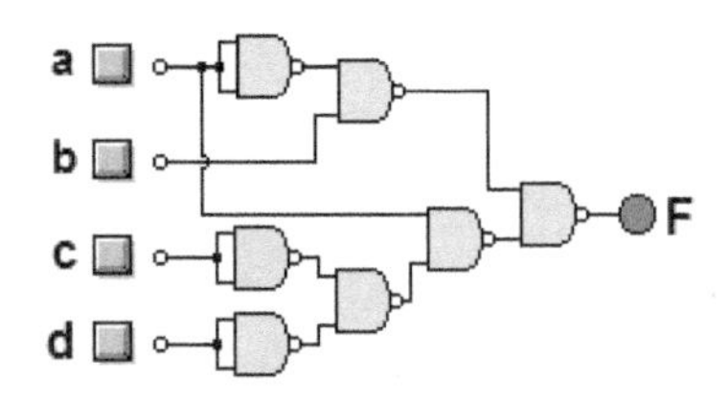

> 30. Los miembros de un jurado de un programa musical son: 3 Vocales (A, B y C) y un Juez (D). Cada uno de ellos dispone de un pulsador para emitir su voto (SI=pulsador cerrado; NO=pulsador abierto). Mediante una lámpara (L) se emite el veredicto (SI=encendida; NO=apagada) para pasar a la siguiente fase del concurso. Diseña un circuito digital que permita de manera automática recoger el voto y emitir la sentencia. La condición para que el concursante pase es: "El concursante pasará a la siguiente fase si obtiene tres o más votos "SI" y en caso de haya empate, prevalecerá el voto del Juez". Se pide:
> a) Obtener la función completa de salida y la función simplificada.
> b) Implementa el circuito con puertas OR y AND de tres entradas.
> c) Implementar mediante un multiplexor 8/3.

a) La función completa de salida en minterms (L) y la función simplificada será:

$$L = \sum_{4}(3,5,7,9,11,13,14,15)$$

$$L = CD + BD + AD + ABC = D(A+B+C) + ABC$$

b) Sacando factor común obtenemos:

$$L = CD + BD + AD + ABC = D(A+B+C) + ABC$$

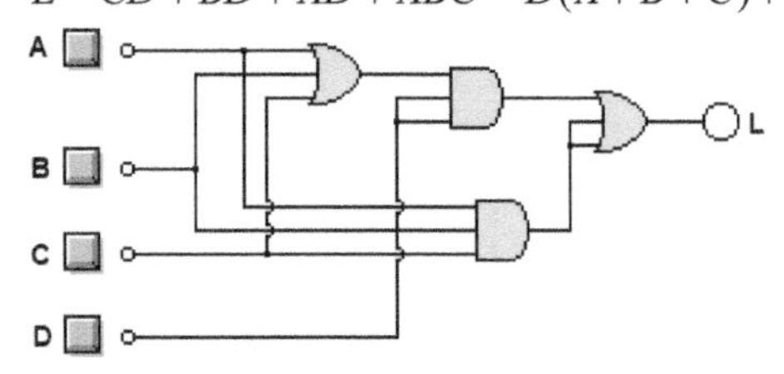

c) Construimos la tabla del multiplexor de 8 entradas de datos y 3 entradas de control:

A \ BCD	000	001	010	011	100	101	110	111
0	0 (0)	0 (1)	0 (2)	1 (3)	0 (4)	1 (5)	0 (6)	1 (7)
1	0 (8)	1 (9)	0 (10)	1 (11)	0 (12)	1 (13)	1 (14)	1 (15)
	D0	D1	D2	D3	D4	D5	D6	D7

$$D_0 = D_2 = D_4 = 0$$
$$D_1 = D_6 = A$$
$$D_3 = D_5 = D_7 = 1$$

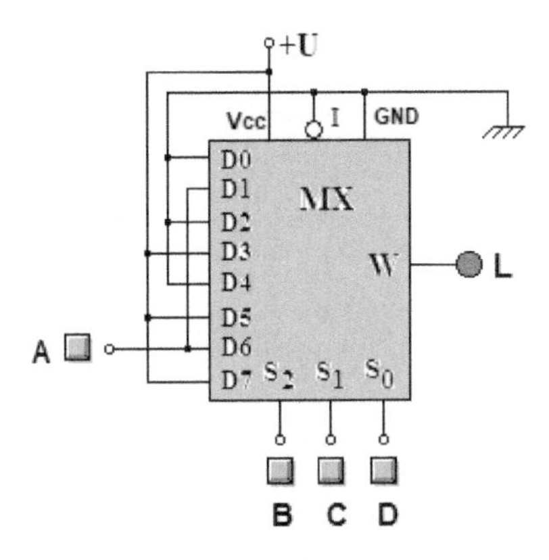

31. El circuito de la figura es un comparador binario de dos números (A y B) de un bit. Las salidas (S_0 S_1 y S_2) toman el valor lógico "1" cuando A>B, A<B y A=B, respectivamente. Obtenga las funciones lógicas de cada salida e implementarlas con el menor número de puertas lógicas.

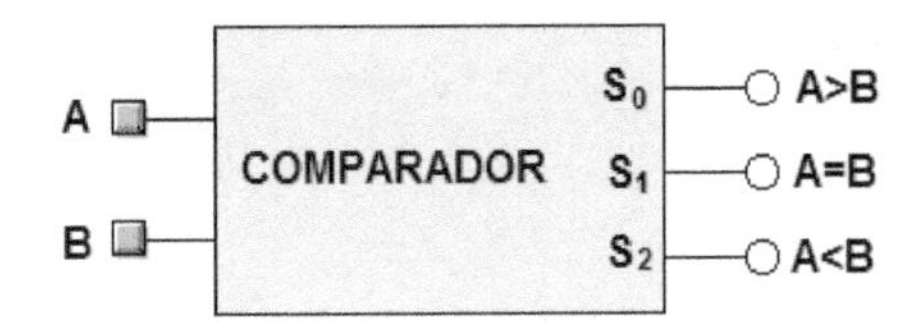

En primer lugar construimos la tabla de verdad con las tres salidas:

A	B	S_0	S_1	S_2
0	0	0	1	0
0	1	0	0	1
1	0	1	0	0
1	1	0	1	0

Simplificando las tres funciones de salida obtenemos:

$$S_0 = A\cdot\overline{B}$$

$$S_1 = \overline{A}\cdot\overline{B} + A\cdot B = \overline{A\oplus B} = \overline{\overline{A}\cdot B + A\cdot\overline{B}}$$

$$S_2 = \overline{A}\cdot B$$

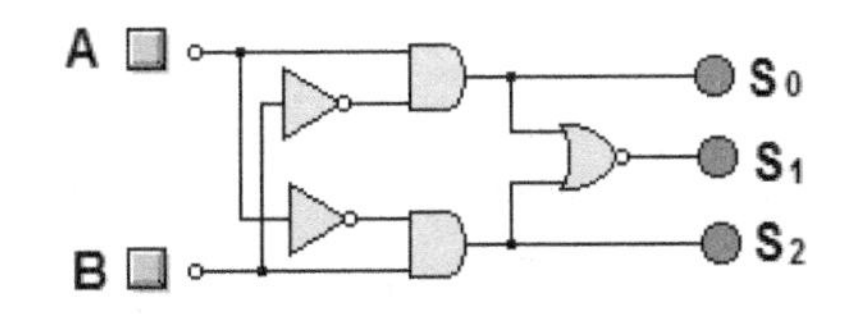

32. Diseñar con biestables "JK" activos por flanco de subida, un contador asíncrono que cuente de 0 a 8 (módulo 9).

Teniendo en cuenta que un biestable "JK" se comporta como un biestable "T" al unir sus dos entradas, y que la combinación más alta en binario será 1001, el circuito será el siguiente:

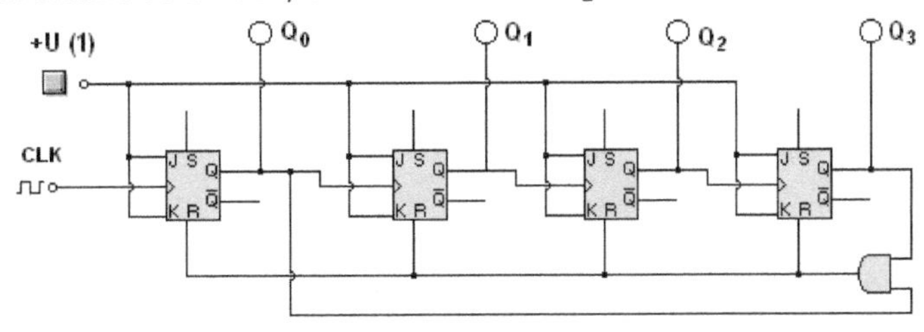

En este caso las dos entradas JK de cada biestable se conectan a "1" para que cada vez que le llegue un flanco de subida incremente una unidad el conteo, de manera que cuando llegue al 9 (1001), la salida de la puerta AND se pondrá a uno y pondrá de nuevo a cero todas las salidas del contador.

33. Utilizando biestables "RS" activos por flanco de subida y puertas lógicas, diseñar un contador síncrono que realice la siguiente secuencia de conteo: 0,2,4,6,0,...

A partir de la tabla de excitación del biestable "RS" construimos la tabla de estados:

Q(t)	Q(t+1)	R	S
0	0	X	0
0	1	0	1
1	0	1	0
1	1	0	X

Dec.	Q_2	Q_1	Q_0	$Q_2(t+1)$	$Q_1(t+1)$	$Q_0(t+1)$	R_2	S_2	R_1	S_1	R_0	S_0
0	0	0	0	0	1	0	X	0	0	1	X	0
1	0	0	1	X	X	X	X	X	X	X	X	X
2	0	1	0	1	0	0	0	1	1	0	X	0
3	0	1	1	X	X	X	X	X	X	X	X	X
4	1	0	0	1	1	0	0	X	0	1	X	0
5	1	0	1	X	X	X	X	X	X	X	X	X
6	1	1	0	0	0	0	1	0	1	0	X	0
7	1	1	1	X	X	X	X	X	X	X	X	X

De la propia tabla de estados obtenemos los siguientes resultados: $R_0 = S_0 = 0$

Simplificamos por Karnaugh el resto de variables: R_2, S_2, R_1 y S_1:

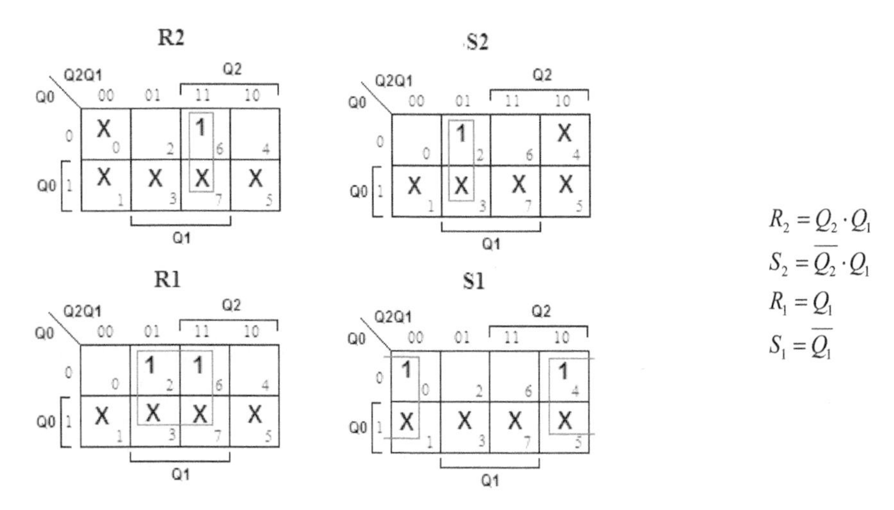

$$R_2 = Q_2 \cdot Q_1$$
$$S_2 = \overline{Q_2} \cdot Q_1$$
$$R_1 = Q_1$$
$$S_1 = \overline{Q_1}$$

Finalmente implementamos el circuito con los tres biestables y dos puertas AND:

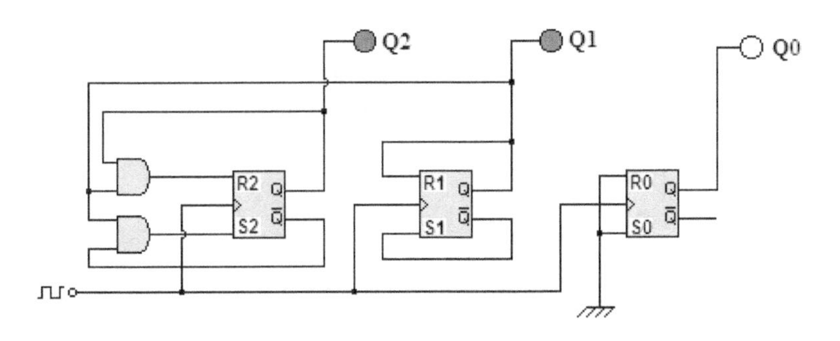

34. Utilizando biestables "JK" activos por flanco de subida y puertas lógicas, diseñar un contador síncrono que realice la siguiente secuencia de conteo: 0,1,7,3,0,...

A partir de la tabla de excitación del biestable "JK" construimos la tabla de estados:

Q(t)	Q(t+1)	J	K
0	0	0	X
0	1	1	X
1	0	X	1
1	1	X	0

Dec.	Q_2	Q_1	Q_0	$Q_2(t+1)$	$Q_1(t+1)$	$Q_0(t+1)$	J_2	K_2	J_1	K_1	J_0	K_0
0	0	0	0	0	0	1	0	X	0	X	1	X
1	0	0	1	1	1	1	1	X	1	X	X	0
2	0	1	0	X	X	X	X	X	X	x	X	X
3	0	1	1	0	0	0	X	X	X	1	X	1
4	1	0	0	X	X	X	X	X	X	X	X	X
5	1	0	1	X	X	X	X	X	X	X	X	x
6	1	1	0	X	X	X	X	x	X	x	X	X
7	1	1	1	0	1	1	X	1	X	0	x	0

De la propia tabla de estados obtenemos los siguientes resultados: $K_2 = J_0 = 1$

Simplificamos por Karnaugh el resto de variables: J_2, J_1, K_1 y K_0:

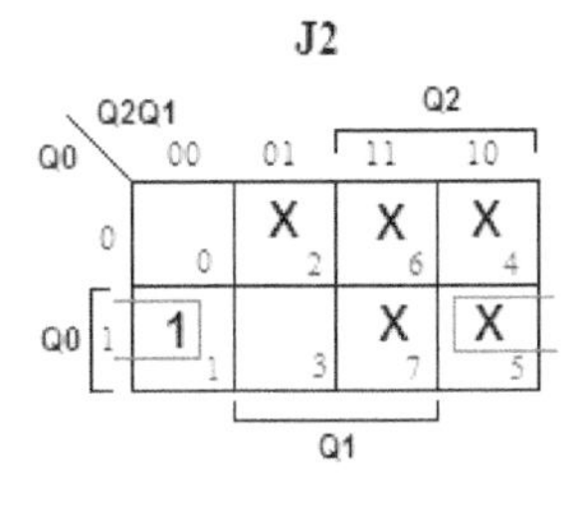

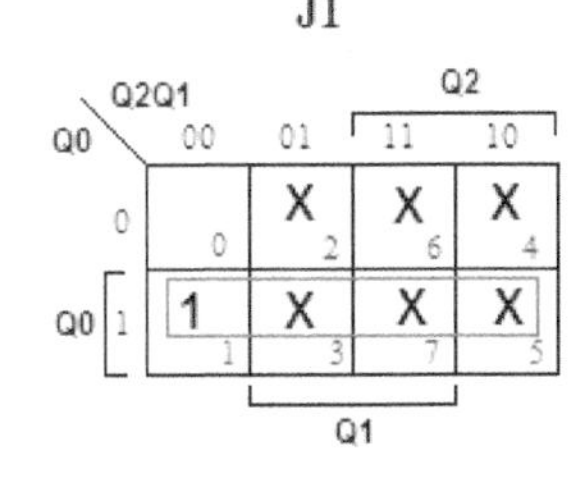

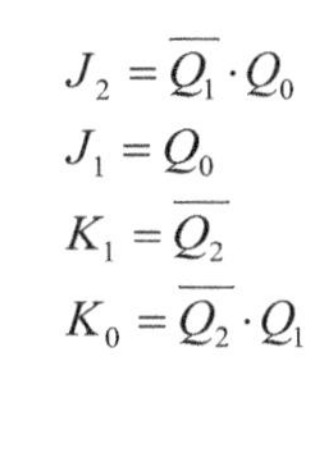

$$J_2 = \overline{Q_1} \cdot Q_0$$
$$J_1 = Q_0$$
$$K_1 = \overline{Q_2}$$
$$K_0 = \overline{Q_2} \cdot Q_1$$

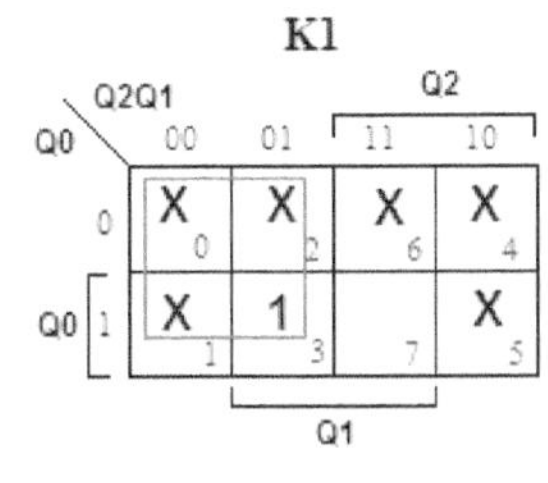

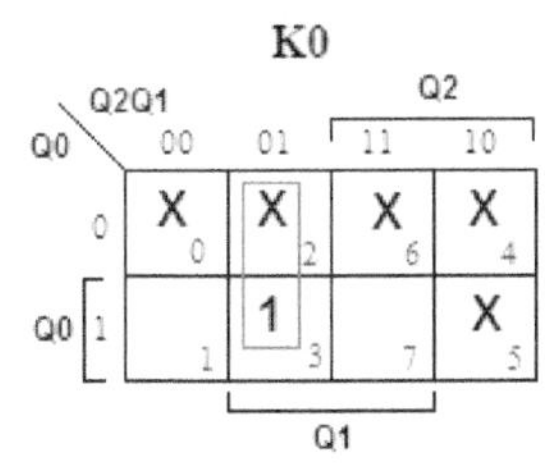

Finalmente implementamos el circuito con los tres biestables y una puerta AND:

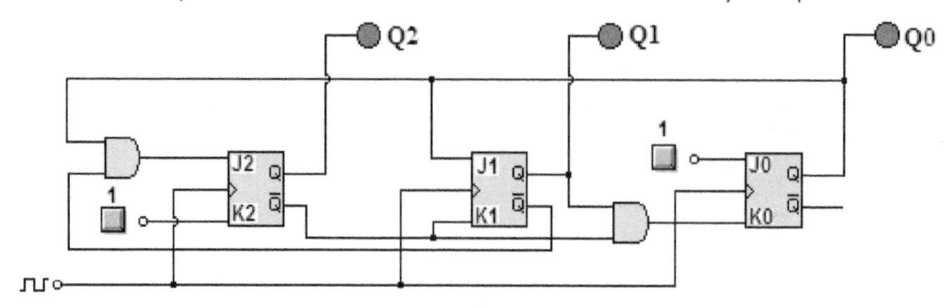

> 35. Utilizando biestables "D" que actúen por flanco de subida y puertas lógicas diseñar un contador síncrono que realice la siguiente secuencia de conteo: 0, 1,3, 5, 2, 7, 4, 0...

A partir de la tabla de excitación del biestable "D" construimos la tabla de estados:

Q(t)	Q(t+1)	D
0	0	0
0	1	1
1	0	0
1	1	1

Dec.	Q_2	Q_1	Q_0	$Q_2(t+1)=D_2$	$Q_1(t+1)=D_1$	$Q_0(t+1)=D_0$
0	0	0	0	0	0	1
1	0	0	1	0	1	1
3	0	1	0	1	0	1
5	0	1	1	0	1	0
2	1	0	0	1	1	1
7	1	0	1	1	0	0
4	1	1	0	0	0	0

Simplificando por Karnaugh obtenemos que:

$$D_2 = Q_1$$
$$D_0 = \overline{Q}_2$$
$$D_1 = \overline{Q}_1 \cdot Q_0 + Q_1 \cdot \overline{Q}_0 = Q_1 \oplus Q_0$$

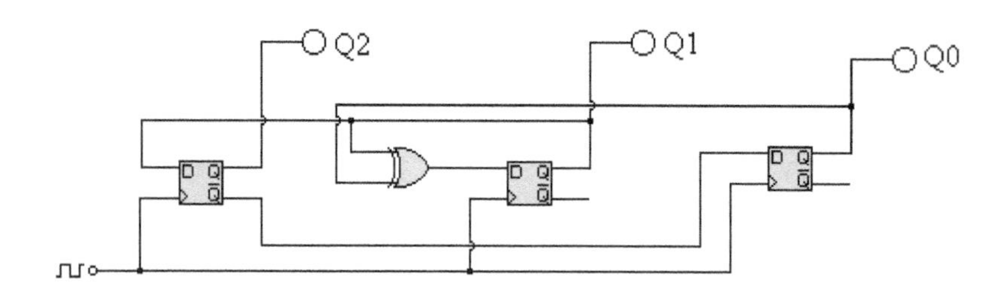

CIRCUITOS DE CORRIENTE ALTERNA. CONDENSADORES

CONTENIDOS MÍNIMOS

CORRIENTE ALTERNA

La corriente alterna es aquella que va cambiando de valor y de sentido con el tiempo siguiendo un ciclo repetitivo. La corriente alterna puede tener diferentes formas de onda, pero la más común es la que presenta una onda **senoidal** por cada ciclo de frecuencia.

Frecuencia

La frecuencia de la corriente alterna constituye un fenómeno físico que se repite cíclicamente un número determinado de veces durante un segundo de tiempo y puede abarcar desde uno hasta millones de ciclos por segundo. La frecuencia se representa con la letra (f) y su unidad de medida es el hertzio (Hz) o ciclo por segundo.

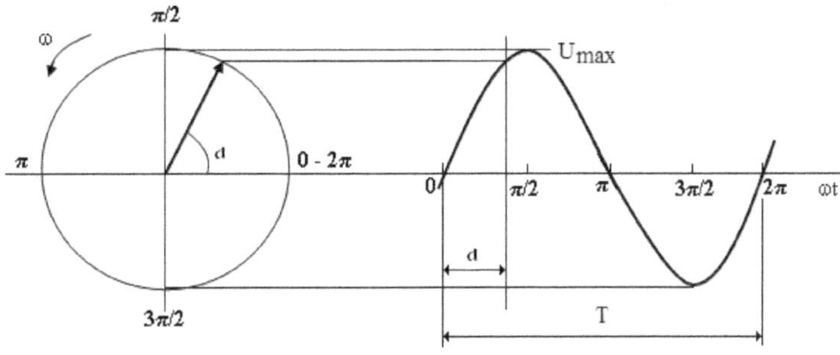

Amplitud de onda

La amplitud de onda es el valor máximo, tanto positivo como negativo, que puede llegar a adquirir la sinusoide de una señal de corriente alterna. El valor máximo positivo que toma la amplitud de una onda senoidal recibe el nombre de "pico o cresta", mientras que el valor máximo negativo de la propia onda se denomina "vientre o valle".

Periodo

El tiempo que demora cada valor de la sinusoide de corriente alterna en repetirse o cumplir un ciclo completo, ya sea entre pico y pico, entre valle y valle o entre nodo y nodo, se conoce como "período". El período se expresa en segundos y se representa con la letra (T).

El período es lo inverso de la frecuencia y, matemáticamente, se pueden representar por medio de la siguiente fórmula:

$$T = \frac{1}{f}$$

VALORES FUNDAMENTALES DE LA CORRIENTE ALTERNA

Tomamos como referencia una señal senoidal:

Valor máximo o de pico (U_{max})

Valor instantáneo (U) o valor que toma la señal en cada instante de tiempo:

$$U = U_{\max} \cdot sen\omega t \qquad \omega = \frac{2\pi}{T} = 2\pi \cdot f$$

donde "ω" es la velocidad angular en "rad/s".

Valor eficaz (U_{ef}) o valor intermedio que produzca los mismos efectos energéticos que una tensión continua.

$$U_{ef} = \frac{U_{\max}}{\sqrt{2}}$$

CONDENSADORES

En corriente continua, un condensador se limita a almacenar electrones mientras está conectado a una pila. Cuando retiramos la pila, el condensador se queda cargado hasta que permitamos que las cargas se escapen. Es decir, funciona como una batería recargable. Generalmente para que la carga o la descarga no sea instantánea se suele colocar una resistencia en serie con el condensador, siendo el tiempo total de carga (t_C) o de descarga (t_D) igual a:

$$t_C = 5 \cdot R_1 \cdot C(seg)$$
$$t_D = 5 \cdot R_2 \cdot C(seg)$$

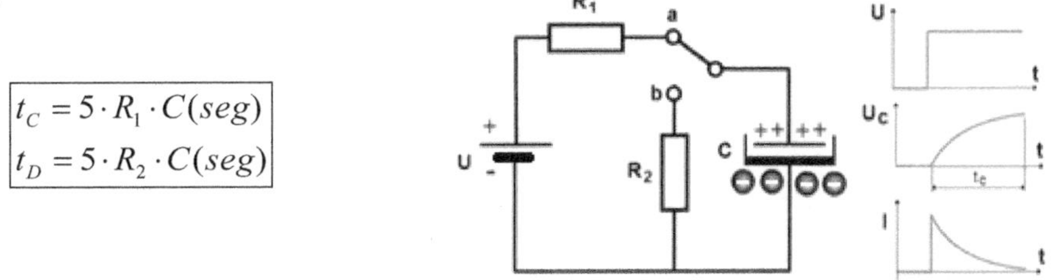

Así cuando el conmutador se encuentra en la posición "a" el condensador se carga a través de "R_1" hasta una tensión final (U_f), mientras que cuando se pasa a la posición "b" se descarga a través de "R_2" a partir de una tensión inicial (U_i). Por su parte la tensión que adquiere el condensador (U_C) durante la carga y durante la descarga, varía de forma exponencial al igual que la intensidad (pero ésta en sentido contrario):

$$U_C(t) = U_f(1 - e^{\frac{-t}{R_1 C}}) \quad U_C(t) = U_i(e^{\frac{-t}{R_1 C}})$$

Recordar que la capacidad (C) de un condensador se mide en Faradios (F), siendo ésta igual:

$$C = \frac{q_{max}}{U_{max}}$$

Donde "U_{max}" la máxima tensión que el condensador es capaz de soportar entre sus extremos y "q_{max}" la carga máxima que es capaz de almacenar (Cul).

Asociación de condensadores

a) **En serie:** al circular por todos ellos la misma intensidad, la carga (Q) será la misma para todos ellos.

$$\frac{1}{C_{eq}} = \frac{1}{C_1} + \frac{1}{C_2} + \frac{1}{C_3} + \ldots$$

b) **En paralelo**: en este caso comparten el mismo voltaje, y la intensidad se reparte por cada uno de ellos.

$$C_{eq} = C_1 + C_2 + C_3 + \ldots$$

DESFASE PRODUCIDO POR UN CONDENSADOR

En corriente alterna, el voltaje está constantemente cambiando su polaridad, y esto se traduce en que el condensador se está cargando y descargando constantemente al ritmo de las variaciones del generador, por lo que la intensidad también se ve afectada.

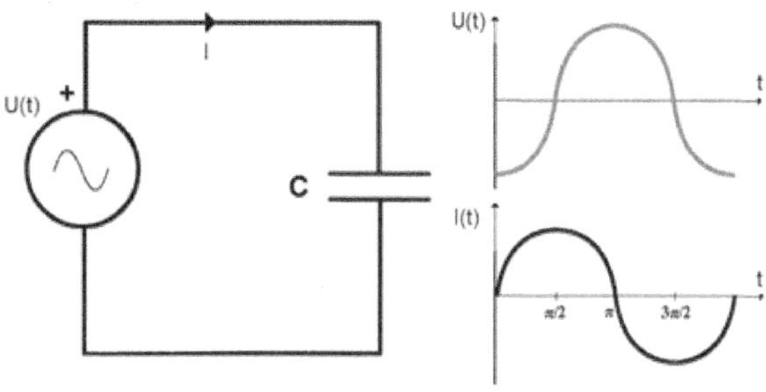

En este caso la intensidad "I(t)" está adelantada respecto al voltaje exactamente 90°, por lo que las expresiones de ambas señales son:

$$U(t) = U_{max} \cdot sen(2 \cdot \pi \cdot f \cdot t) = U_{(0^\circ}$$

$$I(t) = I_{max} \cdot sen(2 \cdot \pi \cdot f \cdot t + 90^\circ) = I_{(90^\circ}$$

Los valores del voltaje y de la intensidad siguen estando relacionados por la ley de Ohm, pero en este caso se llama Ley de Ohm generalizada; al valor equivalente a la resistencia se le denomina **impedancia capacitiva**, y para un condensador viene dado por la expresión:

$$U = I \cdot X_C \quad X_C = \frac{1}{\omega \cdot C} = \frac{1}{2 \cdot \pi \cdot f \cdot C}$$

siendo "f " la frecuencia de la corriente alterna (50Hz) , "C" la capacidad del condensador en Faradios (F) y "X_C" la impedancia capacitiva en Ohmios(Ω).

DESFASE PRODUCIDO POR UNA BOBINA

Las bobinas o solenoides almacenan energía en forma de campo magnético. Al conectar una corriente continua, la bobina retiene el paso de electrones hasta que se establece el campo magnético. Cuando se elimina la pila la energía de este campo magnético continúa moviendo electrones, fenómeno llamado autoinducción.

La energía magnética que almacena una bobina durante su funcionamiento con corriente alterna provoca que la corriente esté desfasada (retrasada) respecto al voltaje 90º, por tanto:

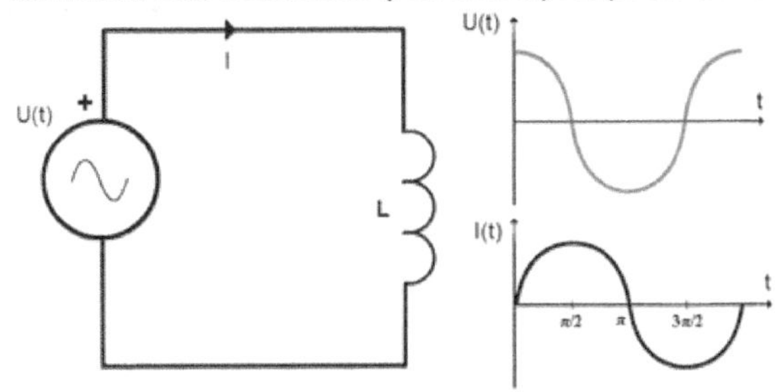

En este caso la intensidad "I(t)" está retrasada respecto al voltaje exactamente 90°, por lo que las expresiones de ambas señales son:

$$U(t) = U_{\max} \cdot sen(2 \cdot \pi \cdot f \cdot t) = U_{(0^\circ}$$

$$I(t) = I_{\max} \cdot sen(2 \cdot \pi \cdot f \cdot t - 90^\circ) = I_{(-90^\circ}$$

Al igual que en el caso anterior, los valores del voltaje (U) y de la intensidad (I) también están relacionados por la ley de Ohm generalizada, y el valor de impedancia de la bobina o **impedancia inductiva** (X_L) viene dado por la expresión:

$$U = I \cdot X_L$$

$$X_L = \omega \cdot L = 2 \cdot \pi \cdot f \cdot L$$

siendo "f " la frecuencia de la corriente alterna (50Hz) y "L" el coeficiente de autoinducción de la bobina en Henrios (H).

POTENCIAS EN CORRIENTE ALTERNA

a) Potencia activa o resistiva (P)

Al utilizar cualquier equipo eléctrico, la potencia real o activa es la que en un proceso de transformación se puede aprovechar como trabajo (lumínico, mecánico, térmico, etc.), haciendo que esta sea productiva.
Cuando conectamos una resistencia (R) o carga resistiva en un circuito de corriente alterna, el trabajo útil que genera dicha carga determinará la potencia activa que tendrá que proporcionar la fuente de fuerza electromotriz. La potencia activa se representa por medio de la letra (P) y su unidad de medida es el **vatio** (W).

$$P = U \cdot I \cdot \cos\varphi = I^2 \cdot R$$

$$P = \sqrt{3} \cdot U \cdot I \cdot \cos\varphi \; (Trifásica)$$

b) Potencia reactiva o inductiva (Q)

Esta potencia la consumen los circuitos de corriente alterna que tienen conectadas cargas reactivas, como pueden ser motores, transformadores de voltaje y cualquier otro dispositivo similar que posea bobinas.
La potencia reactiva o inductiva no proporciona ningún tipo de trabajo útil, pero los dispositivos que poseen enrollados de alambre de cobre, requieren ese tipo de potencia para poder producir el campo magnético con el cual funcionan. La unidad de medida de la potencia reactiva es el **voltio-amperio reactivo** (VAr).

$$Q = U \cdot I \cdot sen\varphi = I^2 \cdot X_L$$

$$Q = \sqrt{3} \cdot U \cdot I \cdot sen\varphi \; (Trifásica)$$

c) Potencia aparente o total (S)

La potencia aparente (**S**), llamada también "potencia total", es el resultado de la suma geométrica de las potencias activa y reactiva. La potencia aparente se representa con la letra "S" y su unidad de medida es el **voltio-amperio** (VA).

$$S = U \cdot I = \sqrt{P^2 + Q^2}$$

$$S = \sqrt{3} \cdot U \cdot I \; (Trifásica)$$

FACTOR DE POTENCIA (FP)

Como se podrá observar en el triángulo de la ilustración, **el factor de potencia** o coseno de "fi" (**Cos** φ) representa el valor del ángulo que se forma al representar gráficamente la potencia activa (**P**) y la potencia aparente (**S**); es decir, la relación existente entre la potencia real de trabajo y la potencia total consumida por la carga o el consumidor conectado a un circuito eléctrico de corriente alterna. El factor de potencia indica la cantidad de energía total que se ha convertido en trabajo.

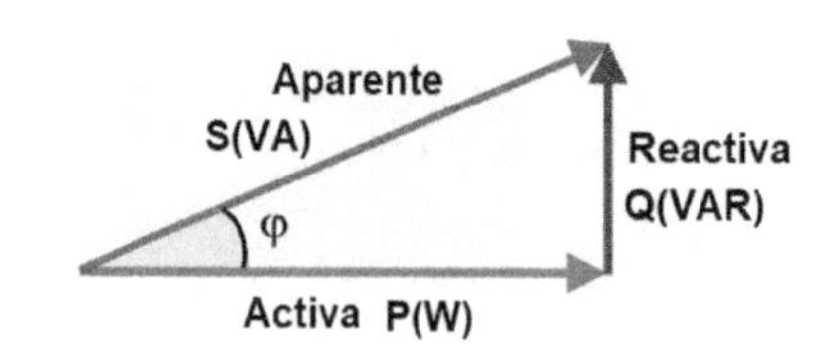

$$\cos\varphi = \frac{P(w)}{S(VA)}$$

Por tanto, el factor de potencia (FP) es el nombre dado a la relación entre la potencia activa (kw) usada en un sistema y la potencia aparente (kVA) que se obtiene de las líneas de alimentación. Todos los aparatos que contienen inductancia, tales como motores, transformadores y demás equipos con bobinas, necesitan corriente reactiva para establecer los campos magnéticos necesarios para su operación.

Cuando tenemos resistencias efectivas Z = R (X_R=0); es decir, la corriente y el voltaje tienen el mismo recorrido, o están en fase, por ejemplo, en bombillas incandescentes, calefactores, etc. Cuando la corriente corre retrasada con respecto al voltaje un ángulo φ, por ejemplo, debido a transformadores o motores (bobinas reactivas en el circuito), predomina la reactancia inductiva X_L .Por último, cuando predomina la reactancia capacitiva X_C, la corriente corre adelantada con respecto al voltaje un ángulo φ, por ejemplo, debido a condensadores.

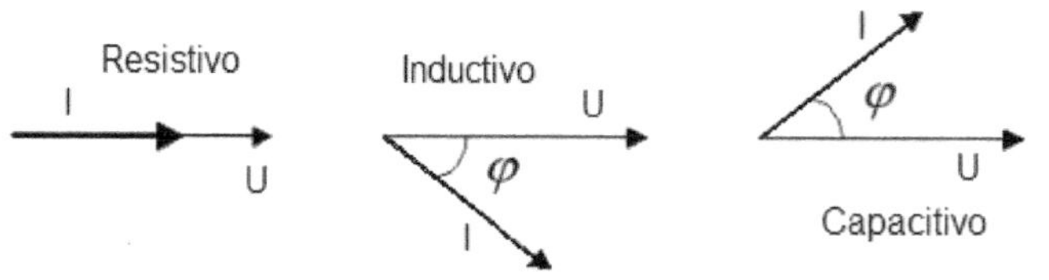

El condensador (C) produce la energía reactiva capacitiva necesaria para compensar la energía reactiva inductiva, evitando de este modo el cargo por bajo factor de potencia. En el caso de que el FP sea superior al 0,9, se obtienen beneficios de bonificación del valor total del costo de la energía, además de disminuir las pérdidas de energía también en los propios conductores. El valor ideal del FP es 1, lo que indica que toda la energía consumida ha sido transformada en trabajo.
Para corregir el factor de potencia, instalamos en paralelo un condensador, lo que provoca que a la potencia reactiva total inicial (inductiva), se le resta la potencia reactiva del condensador, ya que al ser una potencia reactiva capacitiva, va en sentido contrario a la inductiva, obteniendo una potencia reactiva Q' menor que la inicial:

$$Q' = Q - Q_C \rightarrow Q_C = Q - Q'$$

$$X_C = \frac{1}{\omega \cdot C} = \frac{U_C}{I_C}$$

$$Q_C = P\cdot(tag\varphi - tag\varphi') = U_C \cdot I_C$$

$$C = \frac{P\cdot(tag\varphi - tag\varphi')}{\omega \cdot U_C^2}$$

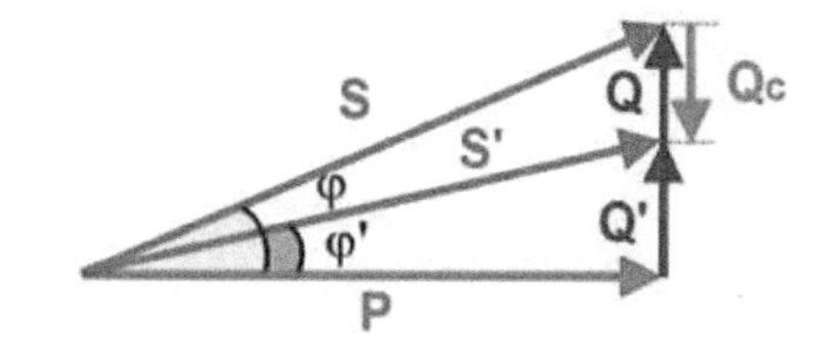

Potencia total de un circuito de corriente alterna. Teorema de "Boucherot"

Este teorema establece que las potencias activa y reactiva totales en un circuito, vienen dadas por la suma de las potencias activa y reactiva, respectivamente, de cada una de sus cargas.

$$P_T = P_1 + P_2 + P_3 \qquad Q_T = Q_1 + Q_2 + Q_3 \qquad S_T = \sqrt{P_T^2 + Q_T^2}$$

POTENCIAS EN SISTEMAS EQUILIBRADOS TRIFÁSICOS

a) Conexión en estrella:

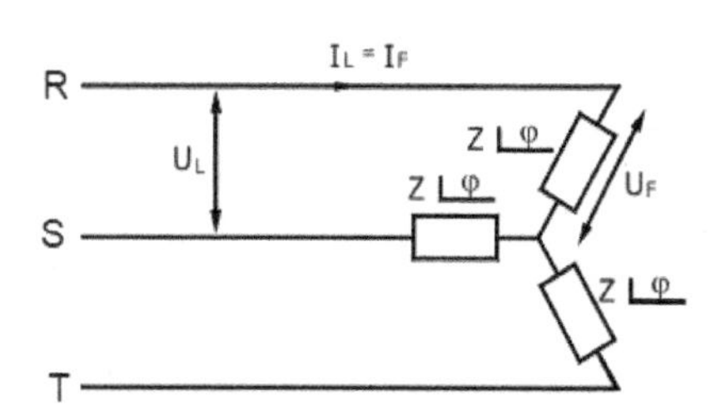

En este caso las corrientes de línea (I_L) coinciden con las de fase (I_F) y los voltajes de fase (U_F) en función de los de línea (U_L) valdrán:

$$U_F = \frac{U_L}{\sqrt{3}}; \quad I_L = I_F$$

La potencia activa, reactiva y aparente en función de las magnitudes de línea, serán:

$$P = 3 \cdot U_F \cdot I_F \cdot \cos\varphi = 3 \cdot U_L \cdot \frac{I_L}{\sqrt{3}} \cdot \cos\varphi = \sqrt{3} \cdot U_L \cdot I_L \cdot \cos\varphi$$
$$Q = 3 \cdot U_F \cdot I_F \cdot sen\,\varphi = \sqrt{3} \cdot U_L \cdot I_L \cdot sen\,\varphi$$
$$S = 3 \cdot U_F \cdot I_F = \sqrt{3} \cdot U_L \cdot I_L$$

b) Conexión en triángulo:

La tensión e intensidad de fase en función de las de línea valdrán:

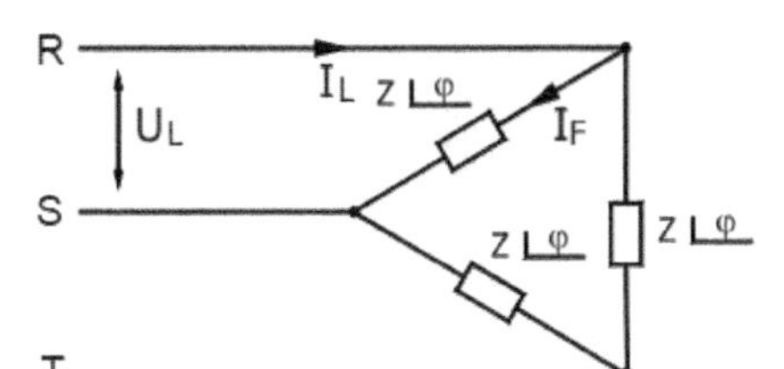

$$I_F = \frac{I_L}{\sqrt{3}}; \quad U_L = U_F$$

Por su parte la potencia activa, reactiva y aparente en función de las magnitudes de línea, resultan ser:

$$P = 3 \cdot U_F \cdot I_F \cdot \cos\varphi = 3 \cdot U_L \cdot \frac{I_L}{\sqrt{3}} \cdot \cos\varphi = \sqrt{3} \cdot U_L \cdot I_L \cdot \cos\varphi$$
$$Q = 3 \cdot U_F \cdot I_F \cdot sen\,\varphi = \sqrt{3} \cdot U_L \cdot I_L \cdot sen\,\varphi$$
$$S = 3 \cdot U_F \cdot I_F = \sqrt{3} \cdot U_L \cdot I_L$$

Se observa que independientemente de que la carga esté conectada en estrella o en triángulo, las expresiones de las potencias activa, reactiva y aparente de una carga trifásica equilibrada en función de las magnitudes de línea coinciden. Para que un sistema sea equilibrado en intensidades, las tres impedancias deben ser iguales, $Z_1=Z_2=Z_3=Z$, por lo que $\varphi_1= \varphi_2= \varphi_3= \phi$

CORRECCIÓN DEL FACTOR DE POTENCIA PARA UN SISTEMA TRIFÁSICO EQUILIBRADO:

Al igual que en monofásica, para mejorar el factor de potencia de un receptor trifásico equilibrado inductivo, será necesario colocar también en paralelo con el receptor una batería de condensadores conectados en estrella o en triángulo.
Si el receptor consume una potencia activa P con un cos φ_i, de una línea trifásica de tensión U_L, la potencia reactiva que suministre la línea al receptor será:

$$Q_i = P \cdot tag(\varphi_i)$$

Si lo que se desea es disminuir esta potencia reactiva hasta un valor Q_f, y por tanto hasta un nuevo factor de potencia cosφ_f, se tendrá que poner una batería de condensadores que nos suministre una potencia reactiva:

$$Q_C = Q_i - Q_f = P(tag\,\varphi_i - tag\,\varphi_f)$$

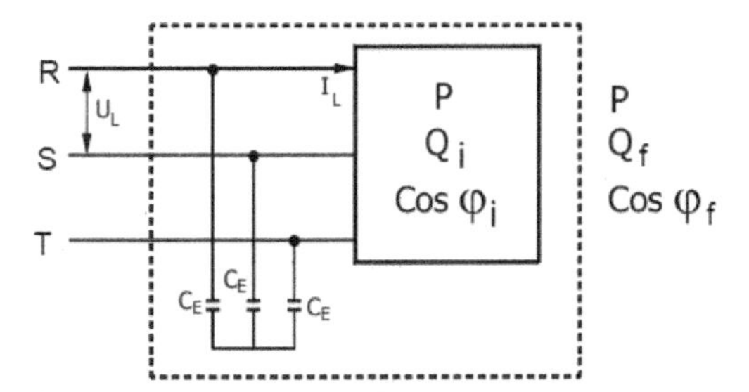

a) Condensadores conectados en estrella:

La potencia reactiva suministrada por los tres condensadores será: $Q_C = U_L^2 \cdot C_E \cdot \omega$

La capacidad de cada condensador conectado en estrella (C_E) será:

$$C_E = \frac{P \cdot (tag\varphi_i - tag\varphi'_f)}{U_L^2 \cdot \omega}$$

b) Condensadores conectados en triángulo:

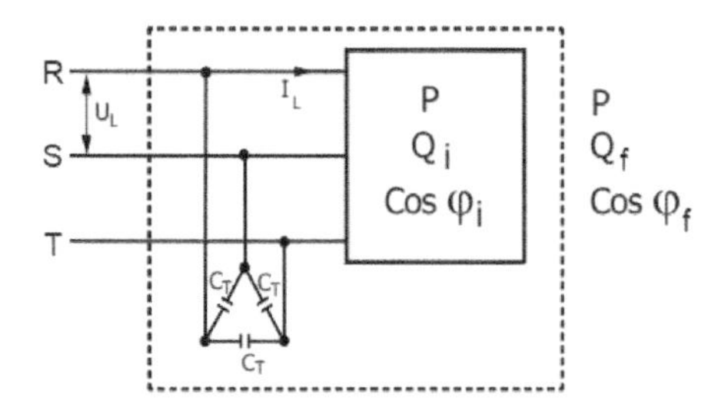

La potencia reactiva suministrada por los tres condensadores será: $Q_C = 3 \cdot U_L^2 \cdot C_T \cdot \omega$

La capacidad de cada condensador en triángulo será (C_T):

$$C_T = \frac{P \cdot (tag\varphi_i - tag\varphi'_f)}{3 \cdot U_L^2 \cdot \omega}$$

Por tanto la capacidad de cada condensador conectado en triángulo, es la tercera parte de la del condensador conectado en estrella, ya que corrige el factor de potencia en un mismo valor, para una potencia activa, frecuencia y "cos φ_i" de partida y tensiones dadas.

$$C_T = \frac{C_E}{3}$$

EL TRANSFORMADOR DE TENSIÓN

El transformador es un dispositivo que convierte energía eléctrica de un cierto nivel de voltaje, en energía eléctrica de otro nivel de voltaje, por medio de la acción de un campo magnético. Está constituido por dos o más bobinas de cobre, aisladas entre sí eléctricamente por lo general y arrolladas alrededor de un mismo núcleo de material ferromagnético. El arrollamiento que recibe la energía eléctrica se denomina arrollamiento de entrada o primario, con independencia si se trata de mayor (alta tensión) o menor tensión (baja tensión), mientras que el arrollamiento del que se toma la energía eléctrica a la tensión transformada se denomina arrollamiento de salida o secundario. El arrollamiento de entrada y el de salida envuelven la misma columna del núcleo de hierro. El núcleo se construye de hierro por que tiene una gran permeabilidad, es decir, conduce muy bien el flujo magnético. Como el flujo magnético (Φ) que circula por el núcleo es único, las tensiones del primario y del secundario (fuerza contraelectromotriz y electromotriz respectivamente) son proporcionales al número de vueltas de cada arrollamiento. La "*Ley de Faraday*" establece que la fuerza electromotriz (fem) inducida en un circuito eléctrico (U) es igual a menos la razón de variación temporal del flujo en el circuito:

$$U = -N\frac{\Delta\Phi}{\Delta t} \qquad \frac{N_P}{N_S} = \frac{U_P}{U_S} = m = \frac{I_S}{I_P}$$

donde U_P y U_S son las tensiones en el primario y en el secundario, N_P y N_S son el número de espiras en el primario y en el secundario e I_P, I_S son las corrientes respectivas en primario y secundario. A la relación entre el número des espiras en el primario y en el secundario, la llamamos relación de transformación, y la representamos por la letra "m".

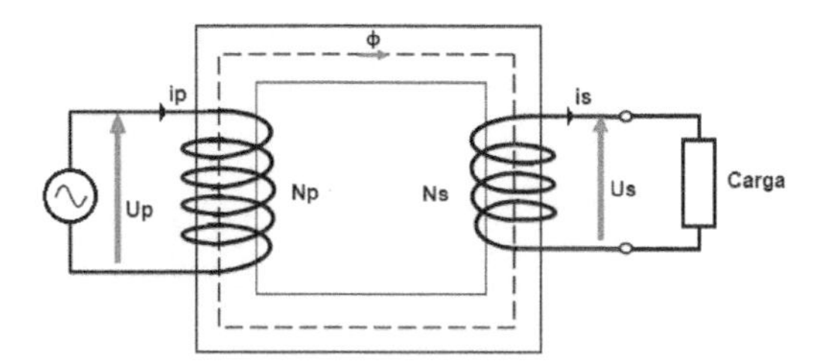

Suponiendo que el **transformador** es ideal (no tiene pérdidas), la potencia eléctrica consumida en el primario será igual a la generada en el secundario, y puesto que el flujo magnético y las corrientes están en fase (φ_1=φ_2= φ) se cumple que:

$$P_P = P_S \Rightarrow U_P \cdot I_P \cdot \cos\varphi = U_S \cdot I_S \cdot \cos\varphi$$

EJERCICIOS RESUELTOS DE "CIRCUITOS DE CORRIENTE ALTERNA"

1. Determina la capacidad total o equivalente (C_T) entre los extremos A y B para cada uno de los dos casos siguientes:

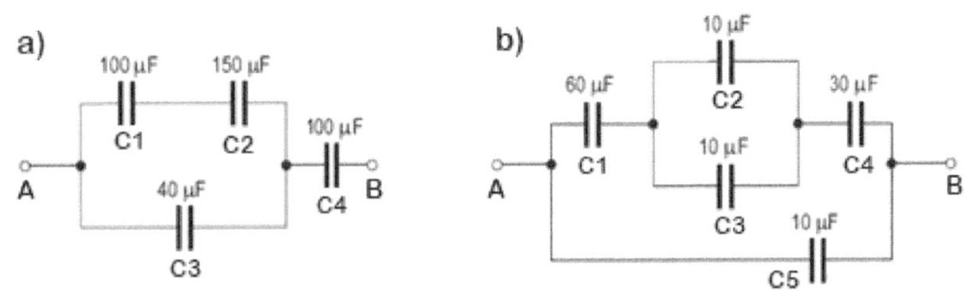

a) Teniendo en cuenta que C_1 y C_2 están en serie, calculamos en primer lugar su capacidad equivalente:

$$C_{1,2} = \frac{C_1 \cdot C_2}{C_1 + C_2} = \frac{100 \cdot 150}{250} = 60\,\mu F$$

$$C_{1,2,3} = C_{1,2} + C_3 = 60 + 40 = 100\,\mu F$$

$$C_T = C_{A,B} = \frac{C_{1,2,3} \cdot C_4}{C_4 + C_{1,2,3}} = \frac{100 \cdot 100}{200} = 50\,\mu F$$

b) Teniendo en cuenta que C_2 y C_3 están en paralelo, calculamos en primer lugar su capacidad equivalente:

$$C_{2,3} = C_2 + C_3 = 10 + 10 = 20\,\mu F$$

$$\frac{1}{C_{1,2,3,4}} = \frac{1}{C_1} + \frac{1}{C_{2,3}} + \frac{1}{C_4} = 0{,}1 \cdot 10^6$$

$$C_{1,2,3,4} = \frac{1}{0{,}1 \cdot 10^6} = 10 \cdot 10^{-6} F = 10\mu F$$

$$C_T = C_{AB} = C_{1,2,3,4} + C_5 = 10\mu F + 10\mu F = 20\mu F$$

2. Calcula la carga eléctrica (Cul) almacenada por los condensadores y la tensión en bornes en cada uno de ellos.

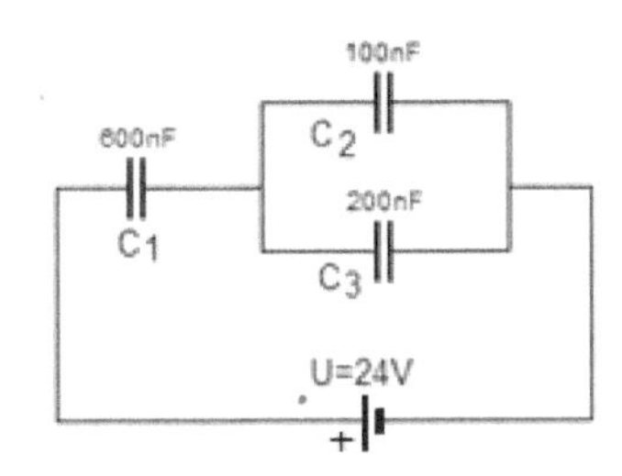

Calculamos en primer lugar la capacidad total (C_T):

$$C_{2,3} = C_2 + C_3 = 100 + 200 = 300nF$$

$$C_T = \frac{C_1 \cdot C_{2,3}}{C_1 + C_{2,3}} = \frac{600 \cdot 300}{600 + 300} = 200nF$$

Al estar C_1 y $C_{2,3}$ en serie, la carga eléctrica almacenada es la misma:

$$q_T = q_1 = q_{2,3} = C_T \cdot U = 200 \cdot 10^{-9} F \cdot 24V = 4{,}8 \cdot 10^{-6} Cul$$

La tensión en bornes del condensador C_1 será por tanto:

$$U_{C1} = \frac{q_1}{C_1} = \frac{4{,}8 \cdot 10^{-6} C}{600 \cdot 10^{-9} F} = 8V \Rightarrow U_{C2} = U - U_{C1} = 24V - 8V = 16V$$

$$q_2 = U_{C2} \cdot C_2 = 16V \cdot 100 \cdot 10^{-9} = 1{,}6 \cdot 10^{-6} Cul$$

$$q_3 = U_{C3} \cdot C_3 = 16V \cdot 200 \cdot 10^{-9} = 3{,}2 \cdot 10^{-6} Cul$$

3. Para el circuito de la figura se pide:
a) La capacidad total (C_T) del circuito.
b) La carga eléctrica almacenada por cada uno de los condensadores.
c) La tensión entre los extremos del condensador C_2.

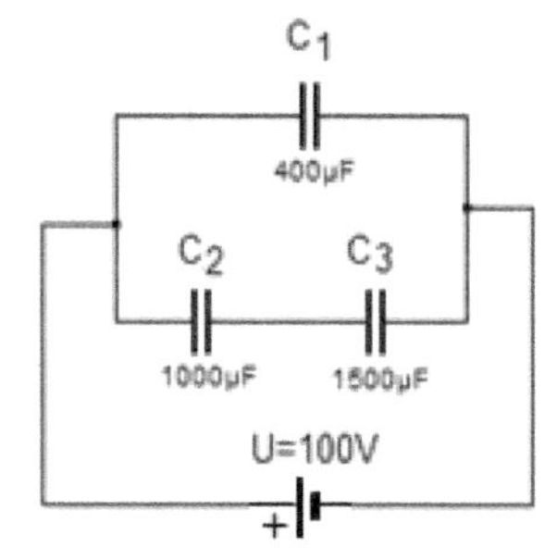

a) Calculamos en primer lugar la capacidad equivalente de los dos condensadores en serie:

$$C_{2,3} = \frac{C_2 \cdot C_3}{C_2 + C_3} = \frac{1000 \cdot 1500}{2500} = 600\ \mu F$$

$$C_T = C_1 + C_{2,3} = 400 + 600 = 1000\ \mu F = 0{,}001 F$$

b) Para calcular la carga almacenada por cada uno de los condensadores tendremos en cuenta que en este caso la carga almacenada por C_2 y por C_3 es la misma.

$$q_T = U \cdot C_T = 100V \cdot 100 \cdot 0{,}001\, F = 0{,}1\, Cul$$

$$q_T = q_1 + q_2$$

$$q_1 = U_1 \cdot C_1 = U \cdot C_1 = 100V \cdot 400 \cdot 10^{-6} F = 0{,}04\, Cul$$

$$q_2 = q_3 = q_T - q_1 = 0{,}1 - 0{,}04 = 0{,}06\, Cul$$

c) Por último la tensión en bornes del condensador C_2 la calculamos con la capacidad de dicho condensador y la carga correspondiente:

$$U_{C2} = \frac{q_2}{C_2} = \frac{0{,}06\, Cul}{0{,}001\, F} = 60\, V \Rightarrow U_{C3} = U - U_{C2} = 100\, V - 60\, V = 40\, V$$

4. Calcula la carga almacenada por los condensadores en Culombios (Cul) y en "miliamperios×hora" (mA×h) y la tensión en bornes de los mismos. Si cada uno de los condenadores admite una tensión máxima de 250V, calcula el valor máximo que puede tomar la fuente sin que se dañe ningún condenador.

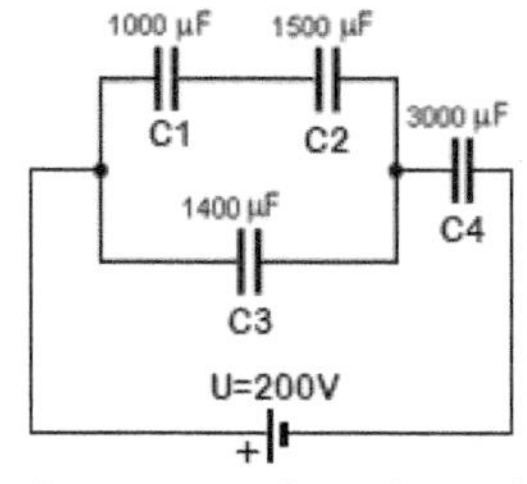

Calculamos en primer lugar la capacidad total:

$$C_{1,2} = \frac{C_1 \cdot C_2}{C_1 + C_2} = \frac{1000 \cdot 1500}{2500} = 600 \mu F$$

$$C_{1,2,3} = C_3 + C_{1,2} = 600 + 1400 = 2000 \mu F$$

$$C_T = \frac{C_4 \cdot C_{1,2,3}}{C_4 + C_{1,2,3}} = \frac{3000 \cdot 2000}{5000} = 1200 \mu F$$

La carga total almacenada por los condensadores será:

$$q_T = C_T \cdot U = 1200 \cdot 10^{-6} F \cdot 200V = 0{,}24\,Cul = 0{,}24\,A \cdot s = 0{,}066\,mA \cdot h$$

Teniendo en cuenta que la carga almacenada por C_4 es igual a la carga almacenada por el condensador equivalente a C_1, C_2, C_3 (por estar conectados en serie):

$$q_T = q_4 = q_{1,2,3} = 0{,}24\,Cul$$

$$U_{C4} = \frac{q_4}{C_4} = \frac{0{,}24}{300 \cdot 10^{-6}} = 80V \Rightarrow U_{C3} = U - U_{C4} = 200V - 80V = 120V$$

Finalmente tendremos en cuenta que en los condensadores conectados en paralelo la tensión en bornes es la misma mientras que la carga se reparte según la capacidad de estos:

$$q_{1,2,3} = q_3 + q_{1,2} \Rightarrow q_3 = C_3 \cdot U_{C3} = 1400 \cdot 10^{-6} F \cdot 120V = 0{,}168\,Cul$$

$$q_{1,2} = q_{1,2,3} - q_3 = 0{,}24 - 0{,}168 = 0{,}072\,Cul$$

$$q_{1,2} = q_1 = q_2 = 0{,}072\,Cul$$

$$U_{C1} = \frac{q_1}{C_1} = \frac{0{,}072\,Cul}{1000 \cdot 10^{-6} F} = 72V \Rightarrow U_{C2} = U_{C3} - U_{C1} = 120V - 72V = 48V$$

Dado que el condensador C_3 es el que más tensión soporta (120V) cuando U_G=200V, entonces:

$$U_{G(\max)} = \frac{150 \times 200}{120} = 250V$$

5. Para cargar y descargar el condensador del circuito de la figura, utilizamos un interruptor (S_1) y un conmutador (S_2). Calcula:
a) La carga máxima (Culombios) que puede almacenar el condensador.
b) El tiempo (seg) que tardará en cargarse y en descargarse el condensador.
c) ¿Cuál será la tensión del condensador al cabo de los diez primeros segundos de carga?.
d) Suponiendo que el condensador está totalmente cargado, ¿cuál será la tensión del condensador al cabo los cinco primeros segundos de descarga?.

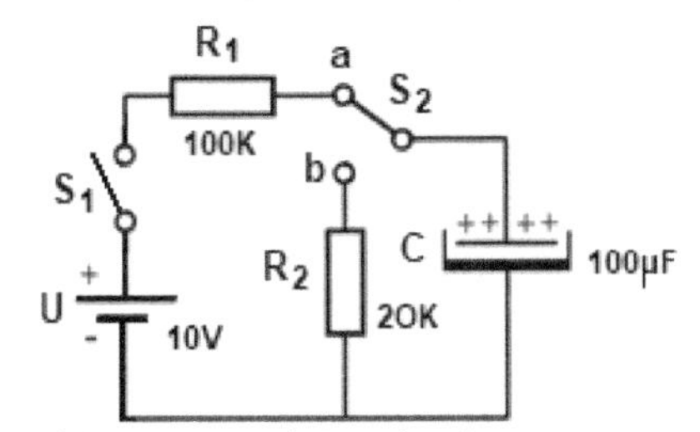

a) La carga máxima la obtenemos a partir de la tensión máxima que soporta el condensador y de la capacidad de éste:

$$q_{\max} = C \cdot U_{\max} = 100 \times 10^{-6} F \cdot 50\,V = 5 \times 10^{-3}\,Cul$$

b) El condensador "C" se cargará a través de R_1 con el interruptor "S_1" cerrado y el conmutador "S_2" en la posición "a". Por el contrario, éste se decargará a través de R_2 a con el conmutador "S_2" en la posición "b":

$$t_C = 5 \cdot R_1 \cdot C = 5 \cdot 10^5 \Omega \cdot 100 \times 10^{-6} F = 50\,seg$$

$$t_D = 5 \cdot R_2 \cdot C = 5 \cdot 2 \times 10^4 \Omega \cdot 100 \times 10^{-6} F = 10\,seg$$

c) Por su parte la tensión que adquiere el condensador en los diez primeros segundos, teniendo en cuenta que la carga es exponencial será:

$$U_C(10\,seg) = U_f(1 - e^{\frac{-t}{RC}}) = 10\,V(1 - e^{\frac{-10}{10}}) = 6{,}33\,V$$

d) Con el conmutador en la posición "b", la tensión en el condensador al cabo de los cinco primeros segundos se descarga será:

$$U_C(5\,seg) = U_i \cdot e^{\frac{-t}{RC}} = 10V \cdot e^{\frac{-5}{10}} = 6\,V$$

6. Calcula los parámetros de una señal alterna senoidal mostrada en la figura siguiente.

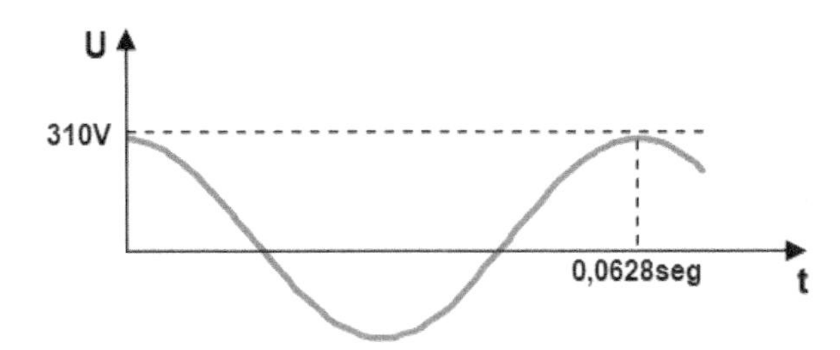

Tensión de pico o valor máximo: $U_{max} = U_p = 310V$

Tensión de pico a pico: $U_{pp} = 2 \cdot Up = 620V$

Valor eficaz: $Uef = \frac{Up}{\sqrt{2}} = 219{,}2\,V \Rightarrow U(t) = 310 \cdot \cos 100t$

Período: $T = 0{,}0628seg \Rightarrow f = \frac{1}{T} = \frac{1}{0{,}0628} = 15{,}92\,Hz$

Velocidad angular: $\omega = 2 \cdot \pi \cdot f = 2 \cdot \pi \cdot 15{,}92 = 100\frac{rad}{seg}$

7. Unaresistenciade15Ωenserieconuncondensadorde120µFdecapacidadestánconectadosauna corriente alterna de 230 V y 50 Hz. Calcula la impedancia total del circuito, la intensidad y el desfase. Dibuja el esquema vectorial de intensidad y voltaje. Calcula las potencias aparente, activa y reactiva consumidas.

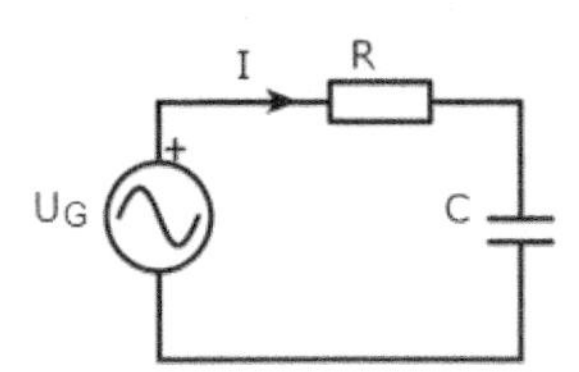

Calculamos en primer lugar la impedancia (Z) del circuito:

$$X_C = \frac{1}{\omega \cdot C} = \frac{1}{100 \cdot \pi \cdot 120 \times 10^{-6} F} = 26{,}52\,\Omega$$

$$\varphi = arc\,tag\frac{X_C}{R} = arc\,tag\frac{-26{,}52}{15} = -60{,}5^\circ \Rightarrow \cos\varphi = 0{,}49 \Rightarrow sen\varphi = 0{,}87$$

$$Z = \sqrt{R^2 + X_C^2} = \sqrt{15^2 + 26{,}52^2} = 30{,}46\,\Omega\,(-60{,}5^\circ)$$

$$I = \frac{U}{Z} = \frac{230V}{30{,}46\Omega} = 7{,}55A$$

Calculamos ahora la potencia activa, reactiva y aparente:

$$S = U \cdot I = 230V \cdot 7{,}55A = 1736{,}5\ VA$$

$$P = S \cdot \cos\varphi = 1736{,}5 \cdot 0{,}87 = 850{,}88\,w$$

$$Q = S \cdot sen\varphi = 1736{,}5 \cdot 0{,}49 = 1511{,}37VAR$$

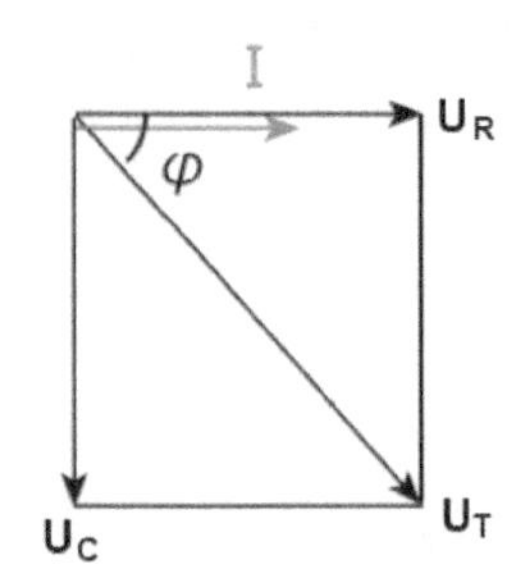

8. Calcular el coeficiente de autoinducción (L) de una bobina pura que ha de ir conectada en serie con una resistencia de 15 Ω para que, al ser alimentados por una corriente de 2,5 A, la tensión de alimentación valga 60 V/50 Hz. Determina, también, el ángulo de desfase entre la intensidad y la tensión.

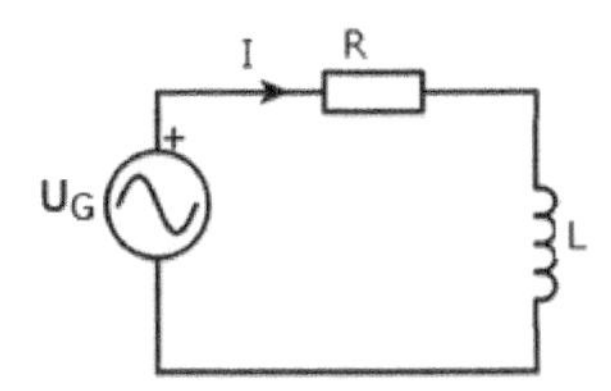

Calculamos en primer lugar la impedancia total del circuito:

$$Z = \frac{U}{I} = \frac{60\,V}{2{,}5\,A} = 24\,\Omega$$

$$Z^2 = R^2 + X_L^{\ 2} \Rightarrow X_L = \sqrt{Z^2 - R^2} = \sqrt{24^2 - 15^2} = 18{,}73\,\Omega$$

$$X_L = 2 \cdot \pi \cdot f \cdot L \Rightarrow L = \frac{X_L}{2 \cdot \pi \cdot f} = \frac{18{,}73}{100 \cdot \pi} = 0{,}06\,H$$

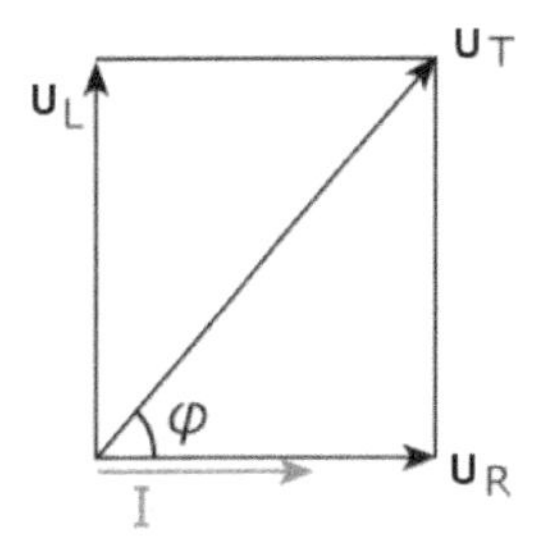

Calculamos ahora el ángulo de desfase entre la corriente y la tensión:

$$tag\varphi = \frac{X_L}{R} = \frac{18{,}73\,\Omega}{15\,\Omega} = 1{,}248 \Rightarrow \varphi = arc\,tag\,1{,}248 = 51{,}3^{\circ}$$

9. En un circuito serie RLC de la figura se aplica una tensión alterna de 50 Hz de frecuencia, de forma que las tensiones entre los bornes de cada elemento son U_R=200V, U_L=180V y U_C=75V, siendo R=100Ω. Calcular la intensidad que circula por el circuito así como el valor de "L" y de "C" así como el ángulo de desfase.

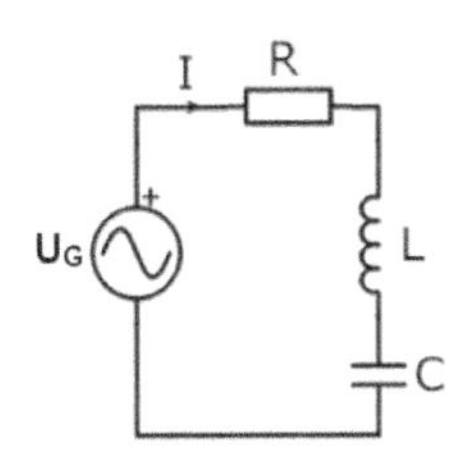

Calculamos en primer lugar la corriente que circula por el circuito:

$$I = \frac{U_R}{R} = \frac{200\,V}{100\,\Omega} = 2\,A$$

Calculamos ahora la impedancia inductiva, capacitiva y total:

$$X_L = \frac{U_L}{I} = \frac{180\,V}{2\,A} = 90\,\Omega$$

$$X_C = \frac{U_C}{I} = \frac{75\,V}{2\,A} = 37{,}5\,\Omega$$

$$X = X_L + X_C = 52{,}5\,\Omega$$

Finalmente calculamos la inductancia de la bobina y la capacidad del condensador:

$$X_L = \omega \cdot L \Rightarrow L = \frac{X_L}{\omega} = \frac{90\,\Omega}{2\pi \cdot 50} = 0{,}286\,H$$

$$X_C = \frac{1}{\omega \cdot C} \Rightarrow C = \frac{1}{\omega \cdot X_C} = \frac{1}{2\pi \cdot 50 \cdot 37{,}5\Omega} = 85\mu F$$

$$Z=\sqrt{R^2+(X_L-X_C)^2}=\sqrt{100^2+52,5^2}=112,94\,\Omega$$

$$\varphi=arctag\frac{X_L-X_C}{R}=27,7^o\Rightarrow\cos\varphi=0,885$$

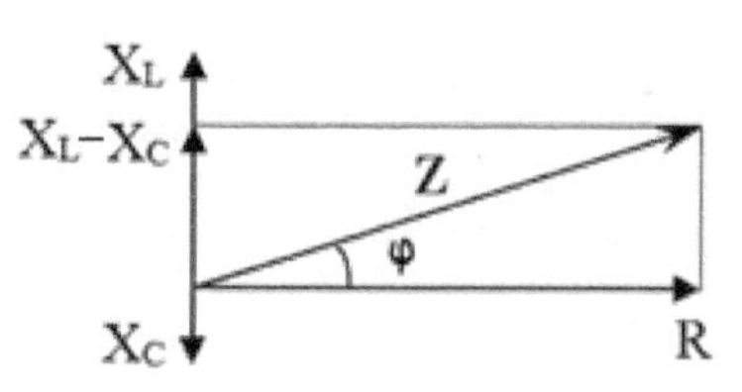

10. Se conecta en serie una resistencia, una bobina y un condensador de R=40Ω, L=100 mH y C=55,5 μF respectivamente, con un generador de corriente alterna, siendo: $U(t)=220\sqrt{2}\cdot sen300\cdot t\,(V)$

Determina:

a) La impedancia total, el ángulo de desfase y el factor de potencia.

b) La intensidad eficaz e instantánea que recorre el circuito.

c) La tensión eficaz entre los extremos de cada elemento.

d) La potencia activa, reactiva y aparente.

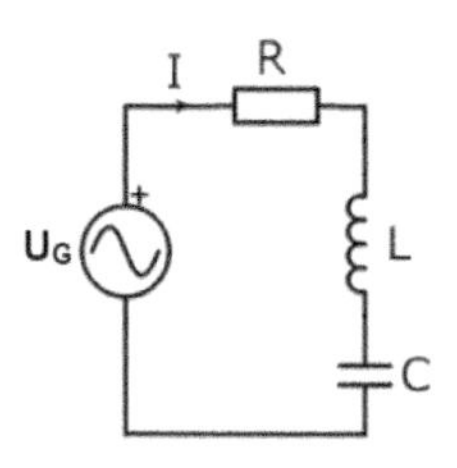

a) Calculamos en primer lugar la impedancia total (Z) del circuito:

$$X_L=\omega\cdot L=300\cdot0,1=30\,\Omega$$

$$X_C=\frac{1}{\omega\cdot C}=\frac{1}{300\cdot55,5\times10^{-6}F}=60\,\Omega$$

Lo cual quiere decir que predomina el efecto capacitivo sobre el inductivo, por tanto el triángulo será:

$$Z=\sqrt{R^2+(X_L-X_C)^2}=\sqrt{40^2+(30-60)^2}=50\,\Omega$$

$$\varphi=arctag\frac{X_L-X_C}{R}=arctag\frac{-30}{40}=-36,87^o=-0,64\,rad\Rightarrow\cos\varphi=0,83\Rightarrow sen\varphi=-0,6$$

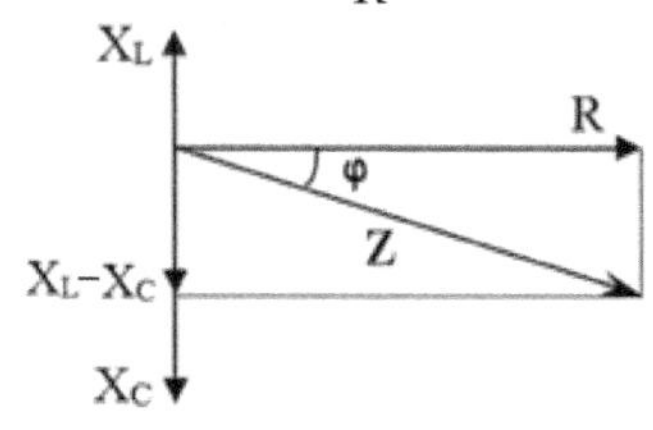

b) Tomando la tensión del generador como referencia de todos los argumentos:

$$I=\frac{U}{Z}=\frac{230\,V(0^o)}{50\,\Omega\,(-33,87^o)}=4,6\,A\,(36,87^o)$$

Lo cual quiere decir que la intensidad va adelantada 36,87º respecto a la tensión. Por su parte, la intensidad instatánea será:

$$i\,(t)=I_{max}\cdot sen\,(\omega\cdot t-\varphi)$$

$$I_{max}=\frac{U_{max}}{Z}=\frac{230\sqrt{2}}{50}=4,6\cdot\sqrt{2}\,(A)\Rightarrow i\,(t)=4,6\cdot\sqrt{2}\cdot sen\,(300\cdot t+0,64)$$

c) Para calcular la tensión entre los extremos de cada elemento tendremos en cuenta la intensidad y la impedancia:

$$U_R = R \cdot I = 40\,\Omega \cdot 4{,}6\ A = 184V$$
$$U_L = X_L \cdot I = 30\,\Omega \cdot 4{,}6\ A = 138V$$
$$U_C = X_C \cdot I = 60\,\Omega \cdot 4{,}6\ A = 276V$$

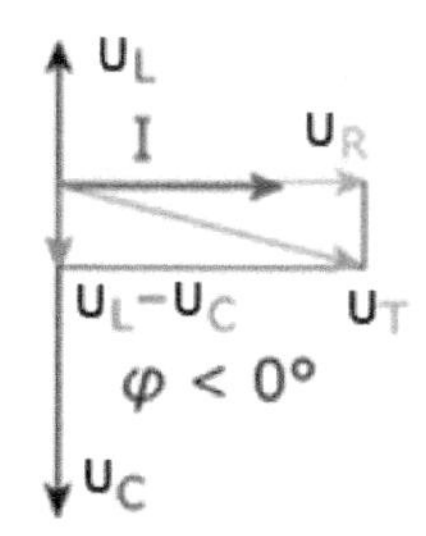

d) Calculamos finalmente las potencias:

$$S = U \cdot I = 230V \cdot 4{,}6A = 1058\ VA$$
$$P = S \cdot \cos\varphi = 1058 \cdot 0{,}83 = 878{,}14\ w$$
$$Q = S \cdot sen\varphi = 1058 \cdot (-0{,}6) = -634{,}8\ VAR$$

11. Se conecta en paralelo una resistencia, una bobina y un condensador de R=100Ω, L=58mH y C=25μF respectivamente a un generador de corriente alterna de 15V(50Hz). Determina:
a) La impedancia inductiva y capacitiva
b) Las intensidades parciales del circuito.
c) La intensidad total y la impedancia total del circuito.
d) La potencia activa, reactiva y aparente del circuito.
e) La frecuencia de resonancia.

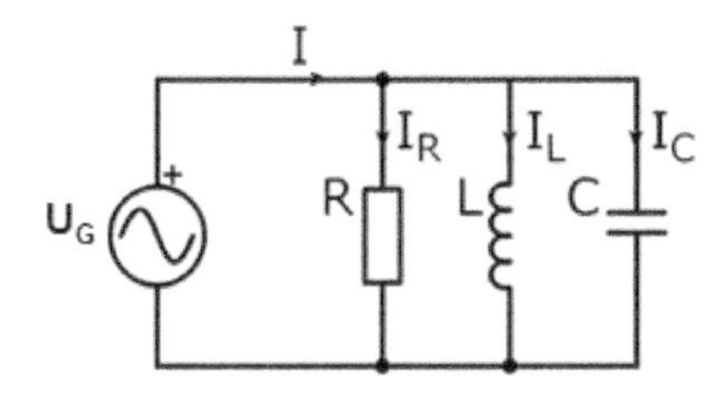

a) Calculamos en primer lugar la impedancia inductiva y capacitiva:

$$X_L = \omega \cdot L = 2\pi \cdot f \cdot L = 100\pi \cdot 0{,}058H = 18{,}22\,\Omega$$
$$X_C = \frac{1}{\omega \cdot C} = \frac{1}{2\pi \cdot f \cdot C} = \frac{1}{100\pi \cdot 25\times10^{-6}F} = 127{,}32\,\Omega$$

b) Calculamos ahora las intensidades parciales:

$$I_R = \frac{U}{R} = \frac{15\,V(0^\circ)}{100\,\Omega\,(0^\circ)} = 0{,}15\ A\ (0^\circ)$$
$$I_L = \frac{U}{X_L} = \frac{15\,V(0^\circ)}{18{,}22\,\Omega\,(90^\circ)} = 0{,}82\ A\ (-90^\circ)$$
$$I_C = \frac{U}{X_C} = \frac{15\,V(0^\circ)}{127{,}32\,\Omega\,(-90^\circ)} = 0{,}12\ A\ (90^\circ)$$

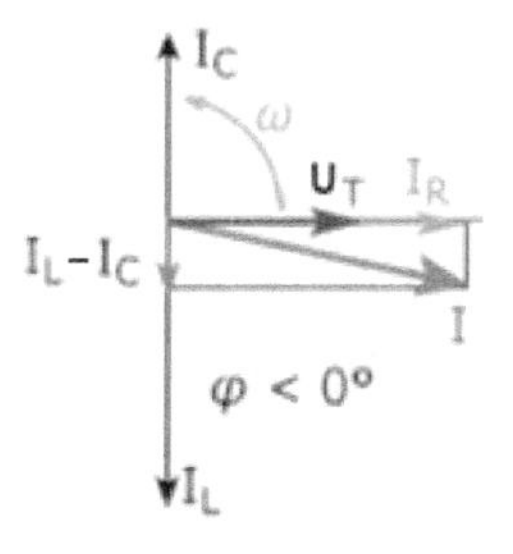

c) La intensidad total (I) está retrasada con respecto a la tensión del generador:

$$I = \sqrt{I_R^2 + (I_L - I_C)^2} = \sqrt{0{,}15^2 + 0{,}7^2} = 0{,}715 \Rightarrow \varphi = arctag\frac{0{,}7}{0{,}15} = 77{,}9^\circ \Rightarrow \cos\varphi = 0{,}2 \Rightarrow sen\varphi = 0{,}97$$

$$Z = \frac{U}{I} = \frac{15}{0{,}72A} = 20{,}83\,\Omega$$

d) Finalmente calculamos las tres potencias:

$$S = U \cdot I = 15V \cdot 0{,}715A = 10{,}725\ VA$$
$$P = S \cdot \cos\varphi = 10{,}725 \cdot 0{,}2 = 2{,}24\ w$$
$$Q = S \cdot sen\varphi = 10{,}725 \cdot (-0{,}97) = -10{,}4\ VAR$$

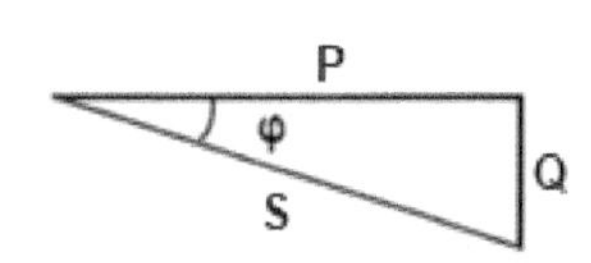

e) La frecuencia de resonancia se consigue cuando:

$$C\cdot\omega=\frac{1}{L\cdot\omega}\rightarrow\omega=\sqrt{\frac{1}{LC}}=\sqrt{\frac{1}{0{,}058\cdot 25\times10^{-6}}}=830{,}4\,s^{-1}$$

12. En el circuito de la figura, siendo la tensión del generador de 230V (50Hz), R_1=30Ω, R_2=50 Ω, L=120 mH, determina:
a) La impedancia total del circuito.
b) El valor eficaz de la corriente suministrada por el generador.
c) El valor eficaz de la tensión en la resistencia R_2.

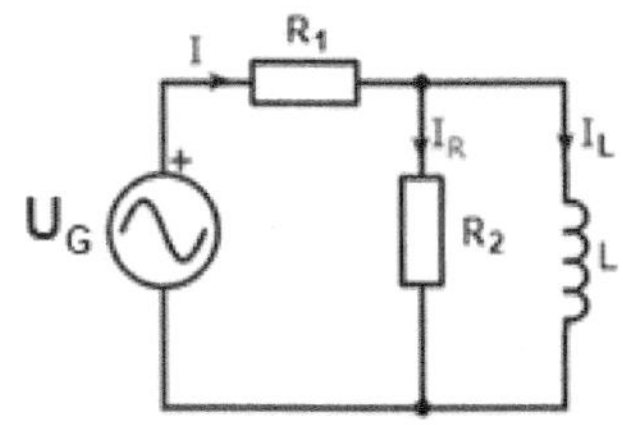

a) Calculamos en primer lugar la reactancia inductiva de la bobina:

$$X_L=\omega\cdot L=100\pi\cdot 0{,}120H=37{,}7\,\Omega(90^{o})=j37{,}7\Omega$$

Calculamos ahora la admitancia de los dos elementos que están en paralelo (R_2 y L_3):

$$Y_{R2}=\frac{1}{R_2}=\frac{1}{50}=0{,}02\,\Omega^{-1}$$

$$Y_L=\frac{1}{X_L}=\frac{1}{j37{,}7\Omega}=0{,}0265\,\Omega^{-1}$$

$$Y_{R2,L}=Y_{R2}+Y_L=(0{,}02-j0{,}0265)\Omega^{-1}$$

$$Z_{R2,L}=\frac{1}{Y_{R2,L}}=\frac{1}{0{,}02-j0{,}0265}=\frac{1}{0{,}0332(-52{,}95^{o})}=30{,}12(52{,}95^{o})\,\Omega=(18{,}14+j24{,}04)\,\Omega$$

Finalmente la impedancia total será:

$$Z=R_1+Z_{R2,L}=30\Omega+(18{,}14+j24{,}04)=48{,}14+j24{,}04=53{,}8(26{,}53^{o})\Omega$$

b) La corriente suministrada por el generador será:

$$I=\frac{U}{Z}=\frac{230\,V}{53{,}8\,\Omega}=4{,}275\,A$$

c) Finalmente la tensión en R_2 será:

$$U_{R2}=U_L=Z_{R2,L}\cdot I=30{,}12\,\Omega\cdot 4{,}275\,A=128{,}76V$$

13. En el circuito de la figura, determina sabiendo queU_G=230V(eficaces),ω=1000rad/seg, R=50Ω, C_1=50 μF y C_2=20μF:
a) La impedancia total del circuito.
b) El valor eficaz de la corriente suministrada por el generador.
c) El valor eficaz de la tensión en la resistencia.

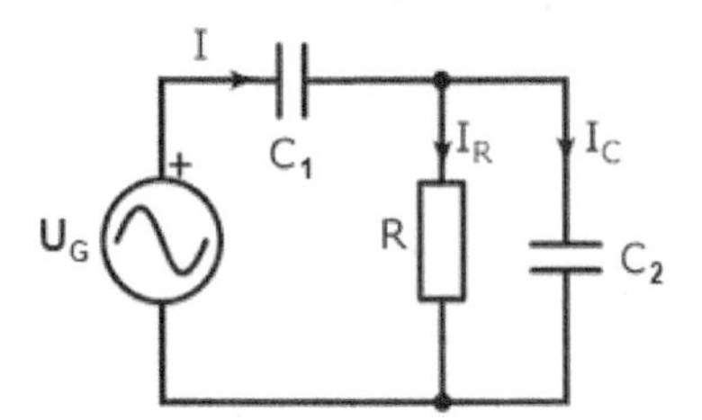

a) Calculamos en primer lugar las impedancias capacitivas de los dos condensadores:

$$X_{C1} = \frac{1}{\omega \cdot C_1} = 20\,\Omega\,(-90^o) = -j20\,\Omega$$

$$X_{C2} = \frac{1}{\omega \cdot C_2} = 50\,\Omega\,(-90^o) = -j50\,\Omega$$

Calculamos ahora las admitancias de los dos elementos que están en paralelo (R y C_2):

$$Y_R = \frac{1}{R} = \frac{1}{50} = 0{,}02\,\Omega^{-1}$$

$$Y_{C2} = \frac{1}{X_{C2}} = \frac{1}{-j50\,\Omega} = j0{,}02\,\Omega^{-1}$$

$$Y_{R,C2} = Y_R + Y_{C2} = (0{,}02 - j0{,}02)\Omega^{-1}$$

$$Z_{R,C2} = \frac{1}{Y_{R,C2}} = \frac{1}{0{,}02 - j0{,}02} = \frac{1}{0{,}0282\,(45^o)} = 35{,}46\,(45^o) = (25{,}07 - j25{,}07)\,\Omega$$

Finalmente la impedancia total será:

$$Z = X_{C1} + Z_{R,C2} = -j20\,\Omega + 25{,}07\,\Omega - j25{,}07\,\Omega = 25{,}07\,\Omega - j45{,}07\Omega = 51{,}57(-60{,}91^o)\,\Omega$$

b) La corriente suministrada por el generador seá:

$$I = \frac{U}{Z} = \frac{230\,V}{51{,}57\,\Omega} = 4{,}46\,A$$

c) Por su parte la tensión en la resistencia será:

$$U_R = U_{C2} = Z_{R,C2} \cdot I = 35{,}46\,\Omega \cdot 4{,}46\,A = 158{,}15V$$

> 14. El transformador monofásico ideal de 50KVA, 24000/240V(50Hz), absorbe una potencia de la red en condiciones nominales de 30kw. Se pide:
> a) Intensidad de corriente por el primario del transformador.
> b) Intensidad de corriente por el secundario del transformador.
> c) Factor de potencia que presenta el transformador a la red.
> d) Expresión de la impedancia compleja "Z" conectada a la salida del transformador, sabiendo que es de carácter inductivo.

a) En condiciones nominales el transformador trabaja con la potencia aparente nominal:

$$S_1 = 50KVA \Rightarrow I_1 = \frac{S_1}{U_1} = \frac{50000\,VA}{24000V} = 2{,}083A$$

b) Teniendo en cuenta que el transformador es ideal (no tiene pérdidas):

$$S_1 = S_2 = 50KVA \Rightarrow I_2 = \frac{S_2}{U_2} = \frac{50000\,VA}{240V} = 208{,}3A; \quad I_2 = m \cdot I_1 = 100 \cdot 2{,}083 = 208{,}3A$$

c) Calculamos ahora el factor de potencia en la entrada:

$$\cos\varphi = \frac{P_1}{S_1} = \frac{30000}{50000} = \frac{3}{5} \Rightarrow \varphi = arc\cos\frac{3}{5} = 0{,}6$$

d) La potencia reactiva de entrada será:

$$S_1^2 = P_1^2 + Q_1^2 \Rightarrow Q_1^2 = \sqrt{S_1^2 - P_1^2} = \sqrt{50^2 - 30^2} = 40KVAR$$

Al tratarse de un transformador ideal:

$$P_Z = P_1 = I_2^2 \cdot R_Z = 30kw \Rightarrow R_Z = \frac{30000}{208{,}3^2} = 0{,}69\Omega$$

$$Q_Z = Q_1 = I_2^2 \cdot X_Z = 40kw \Rightarrow R_Z = \frac{40000}{208{,}3^2} = 0{,}92\Omega$$

$$Z = 0{,}69 + j0{,}92$$

15. El transformador ideal de la figura alimenta una carga compleja Z. Para compensar el factor de potencia se coloca en el primario un condensador como se muestra en la figura. Si la tensión de alimentación al primario es de 400 V (valor eficaz), la relación de transformación 400/100, Z = 32 + j24 Ω, f = 50 Hz y C = 2 μF, se pide: a) Intensidad que circula por los arrollamientos primario y secundario del transformador. b) Potencia activa y reactiva consumidas por la carga. c) Factor de potencia que presenta el conjunto transformador condensador a la red.

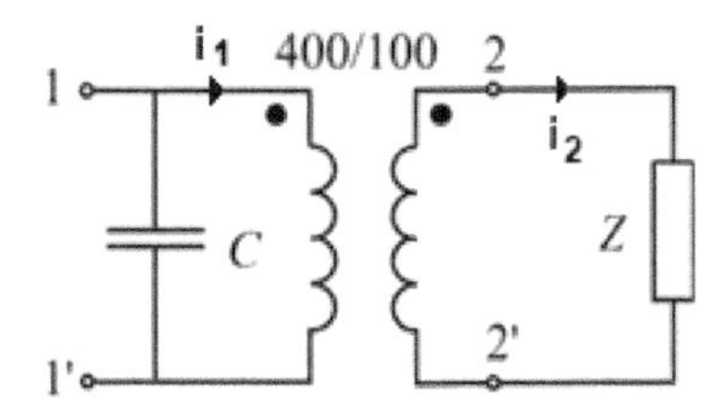

a) Aplicando el concepto de relación de transformación:

$$Z = 32 + j24 = 40(36{,}86^o) \rightarrow I_2 = \frac{U_2}{Z} = \frac{100\,V}{40\Omega} = 2{,}5 \rightarrow I_2' = 2{,}5(-36{,}86^o)A = 2 + j1{,}5$$

Al considerarse ideal el transformador:

$$S_1 = S_2 \rightarrow S_2 = U_2 \cdot I_2' = 100V(2 + j1{,}5) = 200 + j150 = S_1 = 400V \cdot I_1' \rightarrow I_1' = 0{,}625(-36{,}86^o) = 0{,}5 + j0{,}375$$

Teniendo en cuenta también la corriente que circula por el devanado del secundario:

$$m = \frac{I_2}{I_1} = 4 \rightarrow I_1 = \frac{2{,}5}{4} = 0{,}625A \rightarrow I_1 = 0{,}625(-36{,}86^o)$$

b) Por su parte la potencia aparente en la carga será:

$$S_2 = 200 + j150 \rightarrow P_2 = 200w; Q_2 = 150VAR$$

c) El nuevo factor de potencia con el condensador será:

$$C = \frac{P \cdot (tag\varphi - tag\varphi')}{\omega \cdot U^2} \rightarrow 2\times10^{-6}\ F = \frac{200 \cdot (tag36{,}86 - tag\varphi')}{100 \cdot \pi \cdot 400^2}$$

$$tag\varphi' = 0{,}25 \rightarrow \varphi' = arc\,tag\ 0{,}25 = 14{,}03^o \rightarrow \cos\varphi' = 0{,}97$$

16. Un transformador monofásico de relación de transformación 3/1 alimenta una carga de impedancia Z = 30 + j40 Ω a través de una línea de impedancia Z_L = 1,5 Ω. La tensión alterna aplicada al primario del transformador tiene un valor eficaz de 300 V. Supuesto el transformador ideal, se pide: a) Intensidad que circula por el secundario del transformador. b) Intensidad que circula por el primario del transformador. c) Tensión en la carga. d) Potencias activa y reactiva consumidas por la carga.

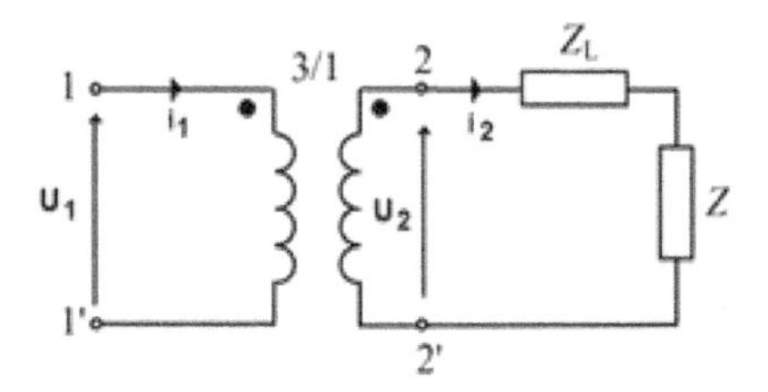

a) Aplicando el concepto de relación de transformación, calculamos la intensidad por el secundario:

$$m = \frac{U_P}{U_S} = \frac{U_1}{U_2} = \frac{3}{1} \rightarrow U_2 = \frac{300\,V}{3} = 100\,V$$

$$Z_2 = 31{,}5 + j40\Omega = 50{,}91(51{,}78^o) \rightarrow i_2 = \frac{U_2}{Z_2} = \frac{100(0^o)}{50{,}91(51{,}78^o)} = 1{,}96(-51{,}78^o)A$$

b) Aplicando igualmente el concepto de relación de transformación:

$$m = \frac{I_S}{I_P} = \frac{i_2}{i_1} = \frac{3}{1} \rightarrow i_1 = \frac{i_2}{3} = 0,655(-51,78^o)A$$

c) La tensión en la carga Z será:

$$Z = 30 + j40\Omega = 50(53,13^o)$$

$$U_Z = i_2 \cdot Z = 1,96(-51,78^o) \cdot 50(53,13^o) = 98,2\ (1,35^o)V$$

d) Finalmente las potencias consumidas por la carga Z serán:

$$S_{ab(Z)} = i_2' \cdot U_Z = 1,96(51,78^o) \cdot 98,2(1,35^o) = 192,86\,(53,13^o)VA = 115,72 + j154,29$$

$$P_{ab(Z)} = 115,72w;\ Q_{ab(Z)} = 154,29VAR$$

17. EL transformador monofásico ideal de la figura, de relación de transformación 3/1, alimenta a una carga Z. Si se aplica al transformador una tensión U_1 = 690 V, este consume una intensidad I_1=1,57 A y una potencia reactiva Q_1 =727,5 VAR. En estas condiciones y tomando como origen de fases la tensión U_1, se pide: a) Tensión e intensidad en el secundario del transformador. b) Valor de la impedancia compleja Z. c) Potencia activa consumida por la carga.

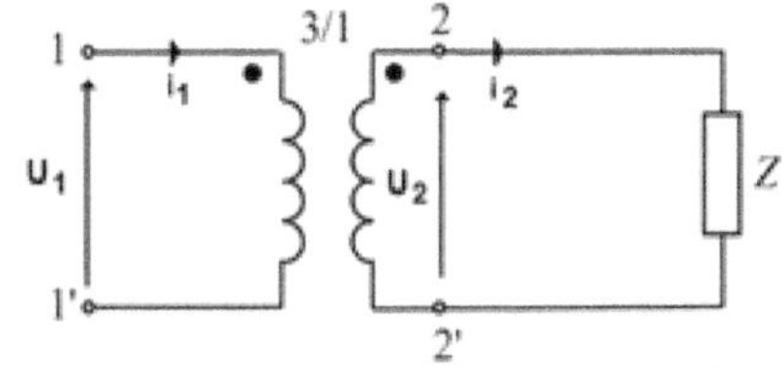

a) Aplicando el concepto de relación de transformación, calculamos la tensión en el secundario:

$$m = \frac{U_1}{U_2} = \frac{3}{1} \rightarrow U_2 = \frac{U_1}{3} = \frac{690\ V}{3} = 230\ V$$

$$Q_1 = U_1 \cdot I_1 \cdot sen\varphi \rightarrow sen\varphi = \frac{727,5VA}{690V \cdot 1,57A} = 0,671 \rightarrow \varphi = arc sen\ 0,671 = 42,18^o \rightarrow I_1' = 1,57(-42,18^o)\ A$$

Teniendo en cuenta ahora que el transformador es ideal (S_1=S_2), calculamos el valor de la corriente por el secundario:

$$U_2 \cdot I_2 = U_1 \cdot I_1 \rightarrow 230 \cdot I_2 = 690 \cdot 1,57 \rightarrow I_2 = 4,71A \rightarrow I_2' = 4,71(-42,18^o)A$$

c) La impedancia Z será:

$$Z = \frac{U_2}{I_2'} = \frac{230(0^o)V}{4,71(-42,18^o)A} = 48,83\,(42,18^o)\Omega$$

d) Por último la potencia aparente de la carga será:

$$S_Z = I_2 \cdot U_2 = 4,71(42,18^o) \cdot 230 = 1083,3(42,18^o) = 802,76 + j727,49$$

$$P_Z = 802,76\ w;\ Q_Z = 727,49VAR$$

18. En la figura se representa un transformador ideal conectado a una impedancia Z = 1 + j4. Se ha aplicado una tensión U_1 de 200 V de valor eficaz y 50 Hz de frecuencia y se obtiene U_2 = 50 V. Se pide: a) Relación de transformación "m". b) Potencia activa y reactiva absorbida por Z e intensidad del primario. c) Condensador que hay que conectar en paralelo con Z para que el factor de potencia del circuito de terminales 1-1' sea 1. d) Intensidad que circula por el devanado primario después de conectar el condensador.

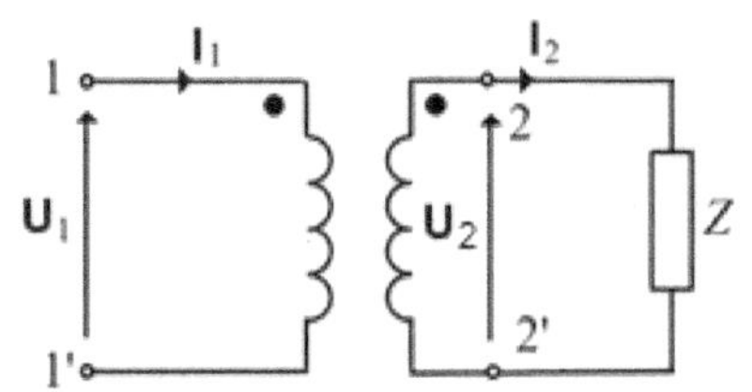

a) La relación de transformación será:

$$m = \frac{U_1}{U_2} = \frac{200\ V}{50\ V} = 4$$

b) Calculamos en primer lugar la intensidad por el secundario:

$$Z = 1 + j4 = \sqrt{17}(75{,}96^\circ) \Rightarrow I_2 = \frac{U_2}{Z} = \frac{50}{\sqrt{17}} = 12{,}13A \Rightarrow I_2' = 12{,}13\ (-75{,}96^\circ)\ A$$

$$P_2 = I_2^2 \cdot R_Z = 12{,}13^2 \cdot 1\Omega = 147{,}13w;\ Q_2 = I_2^2 \cdot X_Z = 12{,}13^2 \cdot 4\Omega = 588{,}2\ VAR$$

$$m = \frac{I_2}{I_1} \rightarrow I_1 = \frac{12{,}13}{4} = 3{,}03A$$

c) El valor del condensador para un cosφ=1 será:

$$C = \frac{Q_2}{\omega \cdot U_2^2} = \frac{588{,}2}{100 \cdot \pi \cdot 50^2} = 7{,}49 \cdot 10^{-4}\ F = 749\mu F$$

d) Finalmente la corriente que circula ahora por el primario será:

$$I_1 = \frac{P_1}{U_1} = \frac{147{,}1\ w}{200\ V} = 0{,}735A$$

19. El transformador de la figura con 408 espiras en el primerio y 100 en el secundario, alimenta una carga Z a través de una línea de impedancia Z_L. Para compensar el factor de potencia de la carga se coloca un condensador. El valor eficaz de la tensión en bornes de la carga es 50 V. Se pide: a) Capacidad del condensador C para que el factor de potencia de la carga más el condensador sea la unidad. b) Intensidad que circula por el primario del transformador. c) Tensión que se debe aplicar en el primario del transformador. d) Potencia activa y reactiva absorbida por el transformador entre los terminales 1-1'. DATOS: Z = 4 + j3 , Z_L = 0,5 + j2 , f = 50 Hz.

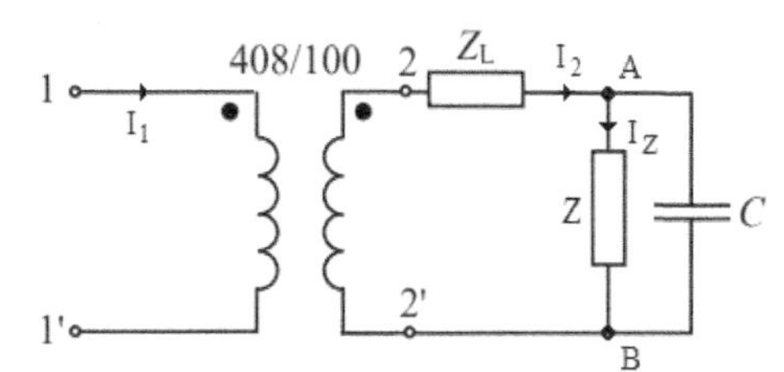

a) En primer lugar calculamos la corriente que circula por la carga "Z":

$$Z = 4 + j3 = 5(36{,}87^\circ) \Rightarrow I_Z = \frac{U_{AB}}{Z} = \frac{50V}{5\Omega} = 10A \Rightarrow Q_Z = I_Z^2 \cdot X_Z = 10^2 \cdot 3 = 300VA$$

$$C = \frac{Q_Z}{\omega \cdot U_{AB}^2} = \frac{300VAR}{100 \cdot \pi \cdot 50^2} = 382\mu F$$

b) Calculamos ahora la nueva impedancia entre los puntos "A" y "B":

$$X_C = \frac{1}{\omega \cdot C} = \frac{1}{100 \cdot \pi \cdot 382 \times 10^{-6}} = 8{,}33\,\Omega \Rightarrow Z_{AB} = \frac{(4+j3)\cdot(-j8{,}33)}{(4+j3)+(-j8{,}33)} = \frac{25 - j33{,}32}{4 - j5{,}33} = 6{,}25(0^\circ)$$

$$I_2 = \frac{U_{AB}}{Z_{AB}} = \frac{50V}{6{,}25\Omega} = 8A \Rightarrow m = \frac{N_1}{N_2} = \frac{I_2}{I_1} = 4{,}08 \Rightarrow I_1 = \frac{8\,A}{4{,}08} = 1{,}96A$$

$$U_2 = I_2 \cdot Z_L + 50 = 8 \cdot (0{,}5 + j2) + 50 = 54 + j16 = 56{,}32(16{,}25^\circ)\ V$$

$$m = \frac{U_1}{U_2} \Rightarrow U_1 = 4{,}08 \cdot 56{,}32(16{,}25^\circ) = 230\ (16{,}5^\circ)\ V$$

c) Finalmente calculamos la potencia activa y reactiva absorbida por el transformador en el primario:

$$S_1 = U_1 \cdot I_1 = 230\ (16{,}5^\circ)\ 1{,}96 = 450{,}8(16{,}5^\circ) = 432{,}2 + j128 = P_1 + jQ_1$$

20. Se aplica al primario del transformador ideal de la figura, de relación 2/1, una tensión de 230 V. En estas condiciones, la impedancia Z_1 absorbe una potencia activa de 400 w y una potencia reactiva de 240 VAR, la impedancia Z_2 absorbe 1000 w y 800 VAR, respectivamente, y el condensador (C) cede 350 VAR. Se pide:
a) Tensión en el secundario del transformador.
b) Intensidad de corriente por el primario y por el secundario y factor de potencia del conjunto transformador-cargas y condensador.
c) Valor eficaz de la intensidad que circula por cada una de las impedancias y por el condensador.

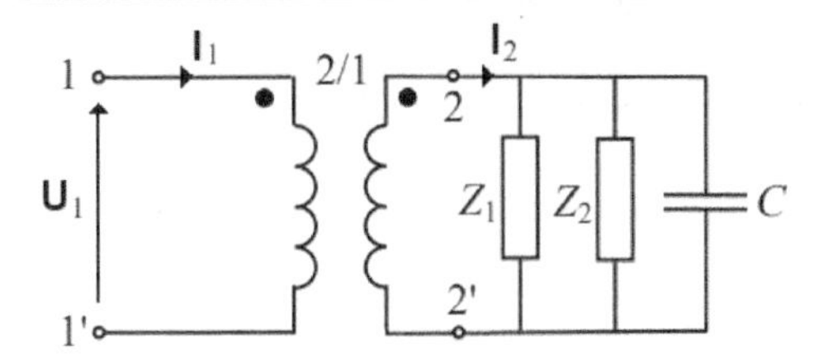

a) Con la relación de transformación, calculamos la tensión en el secundario:

$$m=\frac{U_1}{U_2}=\frac{2}{1}\rightarrow U_2=\frac{230\,V}{3}=115\,V$$

b) Calculamos ahora las intensidades:

$$S_{CONS.(Total)}=S_{Z1}+S_{Z2}+S_C=400+j240+1000+j800-j350=1400+j690=1560{,}8(26{,}23^o)=U_2\cdot I_2'$$

$$I_2'=\frac{1.560{,}8(26{,}23^o)}{115}=13{,}57(-26{,}23^o)\,A$$

Sabemos que el factor de potencia es el coseno del ángulo de desfase entre la tensión y la corriente, por tanto será el ángulo que acompaña al fasor corriente:

$$FP=\cos\varphi=\cos 26{,}23^o=0{,}89\,(inductivo\,)$$

En este caso como el ángulo es negativo, se trata de un factor de potencia inductivo; es decir, la corriente está retrasada con respecto a la tensión. Teniendo en cuenta que el transformador es ideal S_1=S_2:

$$U_2\cdot I_2'=U_1\cdot I_1'\rightarrow I_1'=\frac{115\cdot 13{,}57\,(-26{,}23^o)}{230}=6{,}785\,(-26{,}23^o)\,A$$

c) Las corrientes por las cargas serán:

$$U_2\cdot I_{Z1}'=400+j240\rightarrow I_{Z1}=\frac{400+j240}{115}=\frac{466{,}47(-30{,}95^o)}{115}=4{,}05(-30{,}95^o)\,A$$

$$U_2\cdot I_{Z2}'=1000+j800\rightarrow I_{Z2}=\frac{1000+j800}{115}=\frac{1280{,}62(-38{,}86^o)}{115}=11{,}13(-38{,}66^o)\,A$$

$$U_2\cdot I_C'=-j350\rightarrow I_C=\frac{-j350}{115}=3{,}04\,(90^o)\,A$$

21. Una instalación eléctrica consta de una línea monofásica de 230V/50Hz a la cual se conecta un motor de 2.000 W (cos φ=0,7) y dos lámparas de 250 w cada una en paralelo. Se pide:
a) Potencia total de la instalación.
b) La intensidad total.
c) El factor de potencia de la instalación.

a) Calculamos en primer lugar la potencia activa y reactiva de la instalación:

$$P_T=P_1+P_2=2000\,w+2\times 250\,w=2500\,w$$

$$\varphi_1=arc\cos 0{,}7=45{,}57^o$$

$$Q_1=P_1\cdot tag\,\varphi_1=2000\cdot tag 45{,}57^o=2040{,}2\;VAR$$

$$Q_2=0\,(c\arg a\;resistiva)$$

$$Q_T=Q_1+Q_2=2040{,}2\;VAR$$

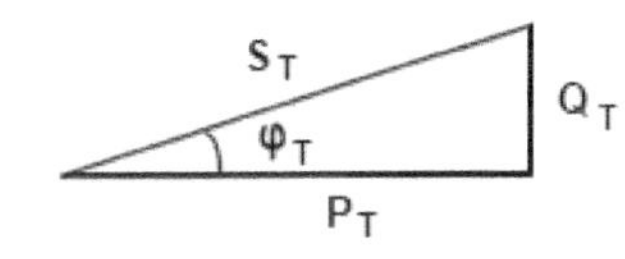

$$S_T=\sqrt{P_T^2+Q_T^2}=3226{,}83VA$$

b) La intensidad total será:

$$I_T=\frac{S_T}{U}=\frac{3.226{,}83VA}{230V}=14\,A$$

c) El nuevo factor de potencia será:

$$\cos\varphi_T = \frac{P_T}{S_T} = \frac{2500\,w}{3226{,}83\,VA} = 0{,}77$$

22. En el circuito de corriente alterna se sabe que la potencia consumida por la resistencia R es de 200 w. DATOS: $U_L=U_C=20V$ y $U_R=100V$ (valores eficaces). NOTA: tomar "I" como origen de fases. Calcula:

a) El valor de la resistencia R y el valor eficaz de la intensidad.

c) Los valores complejos de las tensiones de cada elemeno y del generador.

d) Potencia reactiva absorbida por la bobina y por el condensador y suministrada por el generador.

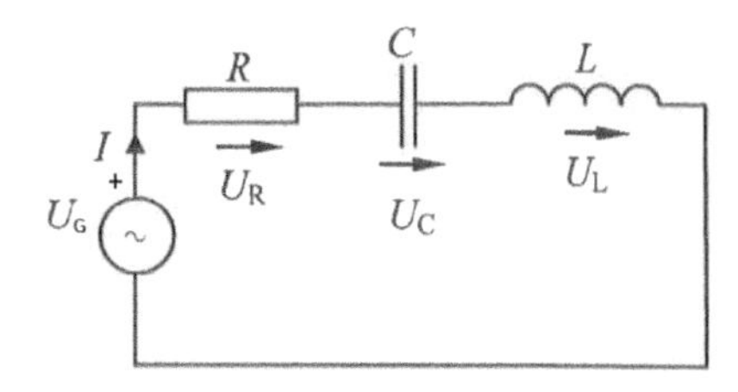

a) Calculamos el valor de la resistencia R y la intensidad:

$$P = \frac{U_R^2}{R} \rightarrow R = \frac{U_R^2}{P} = \frac{100^2\,V}{200\,w} = 50\,\Omega;\ I = \frac{U_R}{R} = \frac{100V}{50\Omega} = 2\,A$$

c) El valor complejo de las tensiones será:

$$U_R = 100(0^o)\,V; U_C = -j20\,V; U_L = j20\,V$$

$$U_G = U_R + U_C + U_L = 100 - j20 + j20 = 100(0^o)\,V$$

d) Finalmente antes de calcular las potencias, calculamos las inductancias:

$$X_C = \frac{U_C}{I} = \frac{20V}{2A} = 10\Omega \qquad Q_C = -X_C \cdot I^2 = -10\Omega \cdot 2^2 A = -40\,VAR$$

$$X_L = \frac{U_L}{I} = \frac{20V}{2A} = 10\Omega \qquad Q_L = X_L \cdot I^2 = 10\Omega \cdot 2^2 A = 40\,VAR$$

$$Q_G = Q_C + Q_L = -40\,VAR + 40\,VAR = 0$$

De donde deducimos que toda la potencia reactiva absorbida por la bobina se compensa por la suministrada por el condensador.

23. Para el siguiente circuito se sabe que U=230V(50Hz), $R_1=10\Omega$, $R_2=20\Omega$, $X_L=30\Omega$ y $X_C=15\Omega$ Determina: a) La impedancia total del circuito y el factor de potencia. b) Las intensidadades del circuito y la tensión U_{AB}. c) El triángulo de potencias.

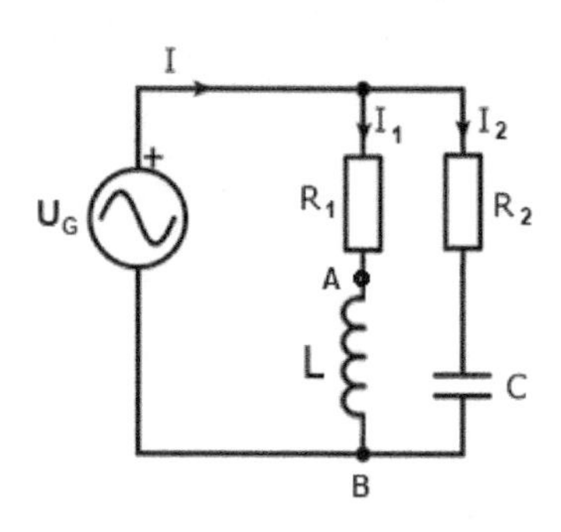

a) La impedancia total será:

$$Z_1 = 10 + j30 = 31{,}62(71{,}56^o); Z_1 = 20 - j15 = 25(-36{,}86^o)$$

$$Z_T = \frac{Z_1 \cdot Z_2}{Z_1 + Z_2} = \frac{(10+j30)\cdot(20-j15)}{(10+j30)+(20-j15)} = \frac{650 - j455}{30 + j15} = \frac{790{,}57(34{,}69^o)}{33{,}54(26.56^o)} = 23{,}57(8{,}13^o) = 23{,}33 + j3{,}33$$

$\cos\varphi = \cos 8{,}13° = 0{,}989$

b) Calculamos las intensidadades :

$$I = \frac{U_G}{Z_T} = \frac{230\,V(0°)}{23{,}57\ (8{,}13°)\Omega} = 9{,}75\ (-8{,}13°)A$$

$$I_1 = \frac{U_G}{Z_1} = \frac{230V(0°)}{31{,}62(71{,}56°)} = 7{,}27\ (-71{,}56°)A$$

$$I_2 = \frac{U_G}{Z_2} = \frac{230V(0°)}{25(-36.86°)} = 9{,}2\ (36{,}86°)A$$

$$U_{AB} = I_1 \cdot X_L = 7{,}27\ (-71{,}56°) \times 30(90°) = 218{,}1(18{,}44°) = 206{,}9 + j68{,}98$$

c) Por último calculamos las potencias para un ángulo de desfase de -8,13º:

$$S = U \cdot I = 230V \cdot 9{,}75A = 2242{,}5VA$$
$$P = S \cdot \cos\varphi = 2242{,}5 \cdot 0{,}989 = 2217{,}8w$$
$$Q = S \cdot sen\varphi = 2242{,}5 \cdot (-0{,}14) = -317{,}13\ VAR$$

24. En el circuito de la figura se sabe que la carga Z_1 absorbe una potencia de 300 w con un factor de potencia igual a uno, mientras que la carga Z_2 también absorbe 300w con un factor de potencia de 0,45 inductivo, siendo la tensión U_{BC}=100V, R=0,5Ω y X_L=4Ω.

Determina: a) La intensidad que proporciona el generador.

b) La tensión en bornes del generador U_G.

c) El factor de potencia entre los puntos B y C.

d) El factor de potencia entre los puntos A y C.

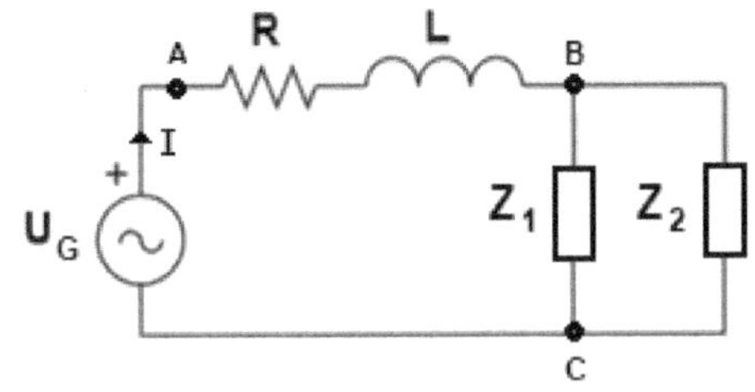

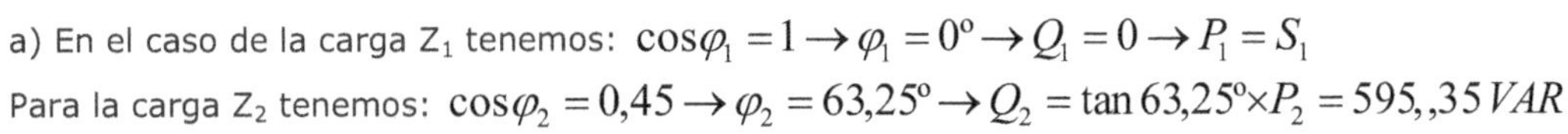

a) En el caso de la carga Z_1 tenemos: $\cos\varphi_1 = 1 \rightarrow \varphi_1 = 0° \rightarrow Q_1 = 0 \rightarrow P_1 = S_1$

Para la carga Z_2 tenemos: $\cos\varphi_2 = 0{,}45 \rightarrow \varphi_2 = 63{,}25° \rightarrow Q_2 = \tan 63{,}25° \times P_2 = 595{,},35\,VAR$

Calculamos ahora las potencias aparentes de cada carga:

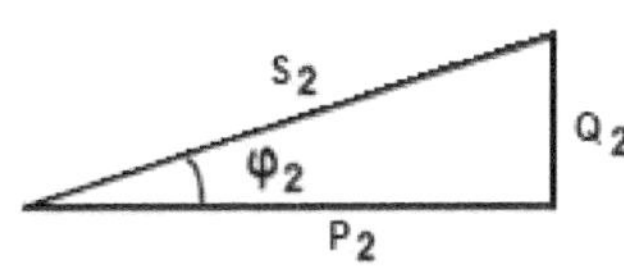

$$S_1 = P_1 + Q_1 j = 300 + j0\ (VA)$$
$$S_2 = P_2 + Q_2 j = 300 + j595{,}35\ (VA)$$

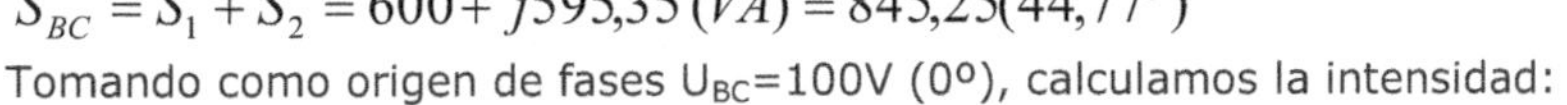

$$S_{BC} = S_1 + S_2 = 600 + j595{,}35\ (VA) = 845{,}25(44{,}77°)$$

Tomando como origen de fases U_{BC}=100V (0º), calculamos la intensidad:

$$I' = \frac{S_{BC}}{U_{BC}} = \frac{600 + j595{,}35}{100} = 6 + j5{,}95 = 8{,}45(44{,}77°)A$$

Al tratarse de una carga inductiva, el desfase en este caso sería negativo y por tanto:

$$I = 6 - j5{,}95 = 8{,}45(-44{,}77°)A$$

b) Calculamos ahora la tensión que proporciona el generador U_G:

$$U_{AB} = I\,(R + jX_L)) = 8{,}45(-44{,}77°) \cdot (0{,}5 + j4)$$
$$U_{AB} = 8{,}45(-44{,}77°) \cdot 4(82{,}87°) = 33{,}81V(38{,}1°) = 26{,}6 + j20{,}86$$
$$U_G = U_{AB} + U_{BC} = 26{,}6 + j20{,}86 + 100 = 126{,}6 + j20{,}86 = 128{,}3V(9{,}35°)$$

c) El factor de potencia entre los puntos B y C será:

$$\tan\varphi_{BC} = \frac{Q_{BC}}{P_{BC}} = \frac{595{,}35}{600} = 0{,}992 \rightarrow \varphi_{BC} = 44{,}77^{o} \approx 45^{o} \rightarrow \cos\varphi_{BC} = 0{,}7$$

d) El factor de potencia de todo el circuito será:

$$P_R = I^2 \cdot R = 8{,}45^2 \cdot 0{,}5 = 35{,}7\,w = P_{AB}$$

$$Q_{XL} = I^2 \cdot X_L = 8{,}45^2 \cdot 4 = 285{,}61\ VAR = Q_{AB}$$

$$P_{AC} = P_{AB} + P_{BC} = 635{,}7\,w$$

$$Q_{AC} = Q_{AB} + Q_{BC} = 880{,}61\ VAR$$

$$\tan\varphi_{AC} = \frac{Q_{AC}}{P_{AC}} = \frac{880{,}61}{635{,}7} = 1{,}38 \rightarrow \varphi_{AC} = 54{,}1^{o} \rightarrow \cos\varphi_{AC} = 0{,}58$$

25. Dado el circuito de corriente alterna de la figura en el dominio del tiempo, se pide:
a) Obtener la impedancia total del circuito.
b) Obtener la expresión de la tensión $U_{AB}(t)$ en el dominio del tiempo.
c) Hallar las potencias activa, reactiva y aparente cedidas por la fuente ideal de tensión.
DATO: $U_G = 60\sqrt{2}\cos(250000t)$ V

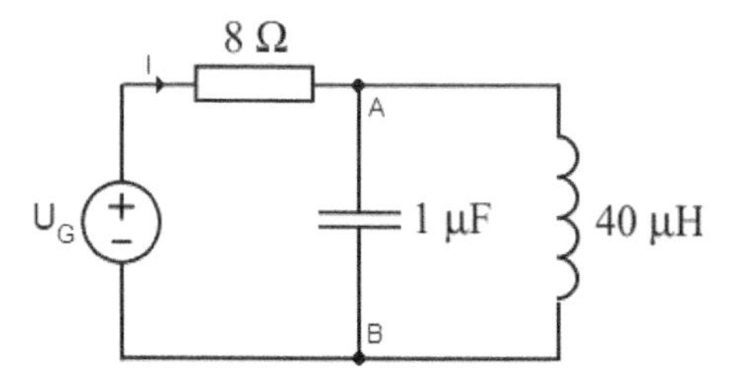

a) Calculamos el valor de la impedancia inductiva y capacitiva:

$$X_C = \frac{1}{\omega \cdot C} = \frac{1}{250000 \cdot 1\times10^{-6}} = 4\,\Omega;\ X_L = \omega \cdot L = 250000 \cdot 40\times10^{-6} = 10\,\Omega$$

$$Z_{AB} = \frac{(-4)\cdot(j10)}{(-4)+(j10)} = \frac{40}{j6} = -j\frac{20}{3} \Rightarrow Z_{eq} = 8 - j\frac{20}{3}$$

b) Calculamos ahora la intensidad que proporciona el generador:

$$I = \frac{U_G}{Z_{eq}} = \frac{60}{8 - j\frac{20}{3}} = \frac{180}{24 - j20} = \frac{45}{6 - j5} = \frac{45\cdot(6 + j5)}{61}$$

$$U_{AB} = Z_{eq} \cdot I = (-j\frac{20}{3}) \cdot \left(\frac{45\cdot(6+j5)}{61}\right) = \frac{300}{61}(5 - j6) = 38{,}41(-50{,}19^{o})V$$

$$U_{AB}(t) = 38{,}41\sqrt{2}\cos\left(250000 \cdot t - 50{,}19\frac{\pi}{180}\right)V$$

c) La potencia cedida por la fuente será:

$$S_{Ced.} = U_G \cdot I' = 60 \cdot \frac{45\cdot(6 - j5)}{61} = 44{,}262\cdot(6 - j5) = 265{,}57 - j221{,}31$$

$$P_{Ced.} = 265{,}57\,w;\ Q_{Ced.} = -221{,}31\,VAR\ (Absorbe\ pot.\ reactiva)$$

$$S = \sqrt{265{,}57^2 + 221{,}31^2} = 345{,}7\ VA$$

26. En el circuito de corriente alterna de la figura se alimenta con 230V y 47,77Hz de frecuencia. Se sabe que R=23 Ω, L=300mH y C=150μF. Calcula: a) Intensidad que circula por cada una de las impedancias. b) Intensidad suministrada por el generador. c) Impedancia total del circuito. d) Potencia activa, reactiva y aparente. e) Capacidad que habrá que colocar en paralelo para que el factor de potencia sea de 0,95.

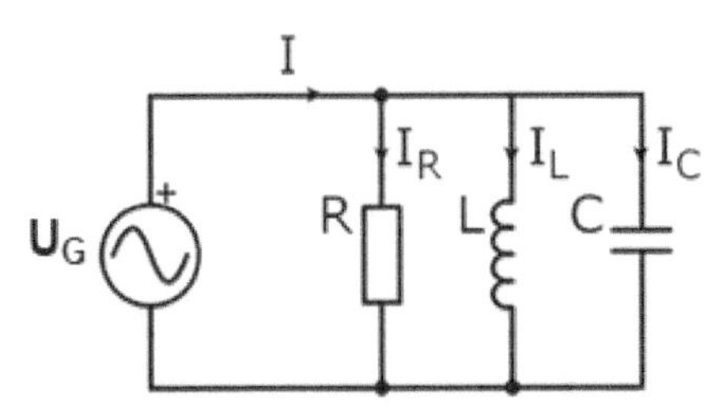

a) Calculamos en primer lugar las impedancias.

$$X_L = \omega \cdot L = 2 \cdot \pi \cdot 47{,}77 \cdot 0{,}3 = 90\Omega$$

$$X_C = \frac{1}{2 \cdot \pi \cdot 47{,}77 \cdot 150 \times 10^{-6}} = 22{,}21\Omega$$

$$I_R = \frac{U_G}{R} = \frac{230V}{23\Omega} = 10\,A$$

$$I_L = \frac{U_G}{X_L} = \frac{230V}{90\Omega} = 2{,}55\,A$$

$$I_C = \frac{U_G}{X_C} = \frac{230V}{22{,}21\Omega} = 10{,}35\,A$$

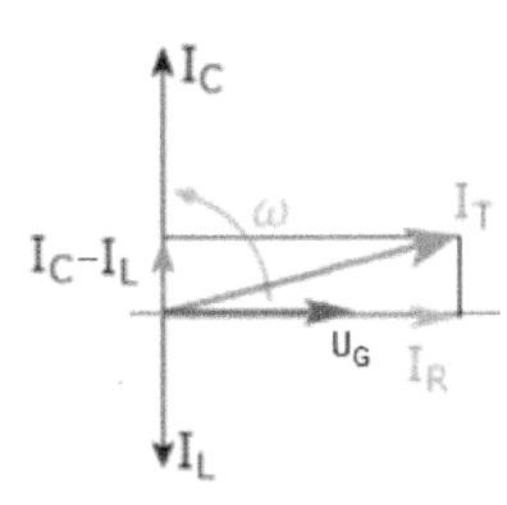

b) La intensidad total será:

$$I = \sqrt{I_R^2 + (I_C - I_L)^2} = \sqrt{10^2 + 7{,}8^2} = 12{,}68A$$

$$\cos\varphi = \frac{10}{12{,}68} = 0{,}79 \rightarrow \varphi = 37{,}81^o \rightarrow sen\varphi = 0{,}61$$

De aquí deducimos que la intensidad total está adelantada 37,81º con respecto a la tensión del generador.

c) La impedancia total será:

$$Z_T = \frac{U_G}{I} = \frac{230V}{12{,}68A} = 18{,}14\Omega$$

d) Calculamos las potencias para un ángulo de desfase de 37,81º:

$$S = U \cdot I = 230V \cdot 12{,}68A = 2916{,}4\,VA$$

$$P = S \cdot \cos\varphi = 2916{,}4 \cdot 0{,}79 = 2304\,w$$

$$Q = S \cdot sen\varphi = 2916{,}4 \cdot (0{,}61) = 1787{,}8\,VAR$$

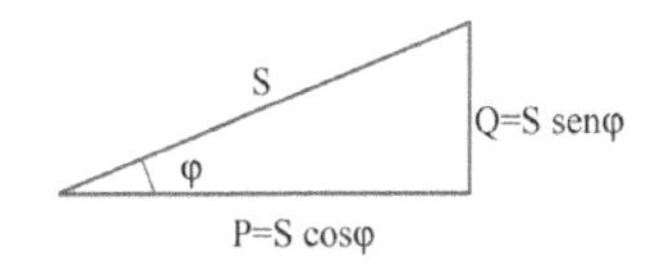

e) Por último la capacidad del condensador será:

$$\cos\varphi' = 0{,}95 \rightarrow \varphi' = arc\cos 0{,}95 = 18{,}19^o \rightarrow tag\varphi' = 0{,}33$$

$$C = \frac{P \cdot (tag\varphi - tag\varphi')}{\omega \cdot U^2} = \frac{230 \cdot (0{,}776 - 0{,}33)}{2 \cdot \pi \cdot 47{,}77 \cdot 230^2} = 6{,}47 \times 10^{-6}\ F = 6{,}47\mu F$$

27. En el circuito de corriente alterna de 50 Hz de la figura se sabe que la potencia reactiva absorbida por la bobina tiene el mismo valor que la cedida por el condensador. Se pide:
a) Valor de la capacidad C del condensador.
b) Valor de las intensidades complejas I_R, I_L e I_C.
c) Potencia reactiva cedida por la fuente de tensión.
d) Factor de potencia del circuito conectado a la fuente de tensión. DATO: Us = j10 V.

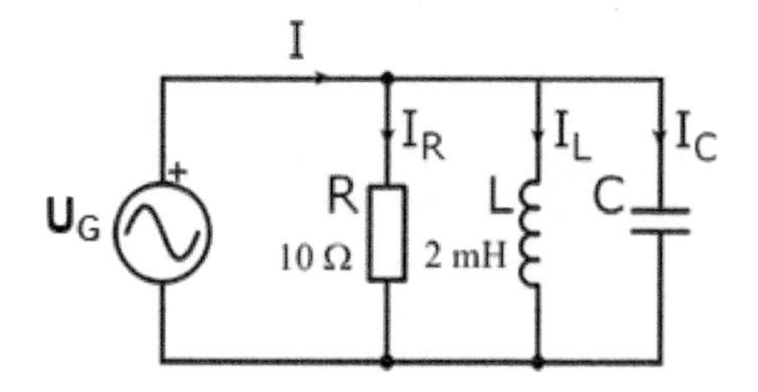

a) Teniendo en cuenta que la potencia reactiva absorbida por la bobina y la cedida por el condensador es la misma:

$$Q_L = Q_C$$

$$Q_L = \frac{U^2}{\omega \cdot L} = \frac{10^2}{100\pi \cdot 0{,}002} = 159{,}154 VAR$$

$$Q_C = U^2 \cdot \omega \cdot C \rightarrow C = \frac{Q_C}{U^2 \cdot \omega} = \frac{159{,}154}{10^2 \cdot 100\pi} = 5{,}07 mF$$

b) Las intensidades serán:

$$I_R = \frac{U_G}{R} = \frac{10V}{10\Omega} = 1A$$

$$X_C = \frac{1}{100\pi \cdot 0{,}005} = 0{,}628\Omega \rightarrow I_C = \frac{U_G}{X_C} = \frac{10V}{0{,}628\Omega} = 15{,}92\,A$$

$$X_L = \omega \cdot L = 100\pi \cdot 0{,}002 = 0{,}628\Omega \rightarrow I_L = \frac{U_G}{X_L} = \frac{10\,V}{0{,}628\Omega} = 15{,}92\,A$$

c) $Q_{ced}=0$ puesto que no hay desfase entre la corriente total y la fuente de tensión ya que la impedancia reactiva es igual a cero.

d) El factor de potencia será: cosφ=cos0º=1

28. En el circuito de corriente alterna de la figura, se sabe que la tensión U_G de la fuente es de 220V eficaces. Tomando U_G como origen de fases, se pide: a) Impedancia Z_{eq} compleja vista por la fuente ideal. b) Corriente compleja que proporciona el generador. c) Tensión compleja entre A y B. d) Corrientes complejas i_1 e i_2.

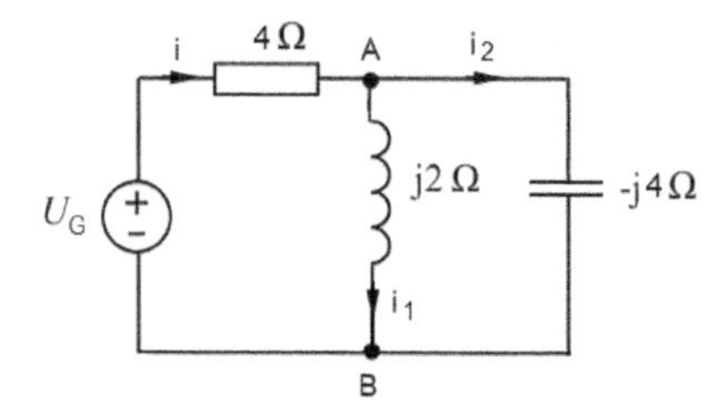

a) La impedancia total o equivalente será:

$$Z_{eq} = 4 + \frac{j2 \cdot (-j4)}{j2 - j4} = 4 + \frac{8}{-j2} = 4 + j4 = 5{,}65(45^o)\,\Omega$$

b) La corriente del generador será:

$$I_G = i = \frac{U_G}{Z_{eq}} = \frac{220(0^o)V}{5{,}65(45^o)\Omega} = 38{,}89\,(-45^o)\,A = 27{,}5 - j27{,}5$$

c) La tensión entre los puntos A y B será:

$$Z_{AB} = \frac{j2 \cdot (-j4)}{j2 - j4} = \frac{8}{-j2} = \frac{j8}{2} = j4$$

$$U_{AB} = i \cdot Z_{AB} = (27{,}5 - j27{,}5) \cdot j4 = 110 + j110 = 155{,}56(45^o)V$$

d) Finalmente calculamos el resto de corrientes:

$$i_1 = \frac{U_{AB}}{j2} = \frac{110 + j110}{j2} = \frac{j110 - 110}{-2} = 55 - j55 = 77{,}78\,(-45^o)\,A$$

$$i_2 = i - i_1 = (27{,}5 - j27{,}5) - (55 - j55) = -27{,}5 + j27{,}5 = 38{,}89(-45^o)\,A$$

29. En el circuito de corriente alterna representado en la figura, se sabe que la resistencia R_3 absorbe una potencia activa de 240 w. Si tomamos la corriente I_2 por dicha resistencia como origen de fases, se pide: a) La tensión compleja U_{AB}. b) La tensión del generador U_G. c) La potencia reactiva absorbida por la bobina. d) La potencia activa absorbida por la resistencia de R_1. e) La potencia compleja entregada por el generador de tensión.

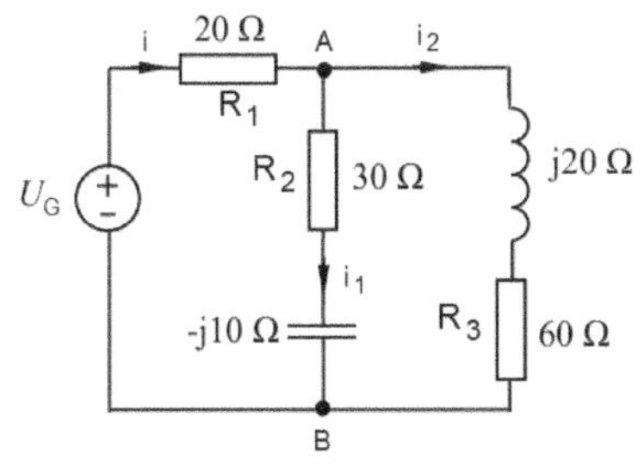

a) Teniendo en cuenta la potencia disipada por la resistencia R_3:

$$Z_1 = 30 - j10;\ Z_2 = 60 + j20$$

$$P_3 = i_2^2 \cdot R_3 \rightarrow i_2 = \sqrt{\frac{240}{60}} = 2A\,(0^o)$$

$$U_{AB} = i_2 \cdot Z_2 = 2A \cdot (60 + j20) = 120 + j40 = 126{,}5(18{,}43^o)\,V$$

b) Calculamos a continuación la corriente que suministra el generador:

$$i_1 = \frac{U_{AB}}{Z_1} = \frac{126{,}5\,(18{,}43^o)}{30 - j10} = \frac{126{,}5\,(18{,}43^o)}{31{,}62(-18{,}43)} = 4(36{,}87^o) \rightarrow i = i_1 + i_2$$

$$i = 2 + 3{,}2 + j2{,}4 = 5{,}2 + j2{,}4 = 5{,}727(24{,}77^o)$$

$$U_G = i \cdot 20\Omega + U_{AB} = 114{,}54(24{,}77^o) + 126{,}5(18{,}43^o) = 240{,}7\,(21{,}44^o)$$

c) La potencia reactiva absorbida por la bobina será:

$$Q_L = i_2^2 \cdot j20 = 4 \cdot j20 = j80 = 80\,VAR$$

d) Por su parte la potencia activa absorbida por la resistencia de R_1 será:

$$P_1 = i^2 \cdot R_1 = 5{,}727^2 \cdot 20\Omega = 655{,}97\,w$$

e) Finalmente la potencia compleja entregada por el generador será:

$$S_G = i' \cdot U_G = 5{,}727(-24{,}77^o) \cdot 240{,}7\,(21{,}44^o) = 1378{,}5\,(-3{,}33^o) = 1376{,}17 - j80$$

30. En el circuito de corriente alterna de 50 Hz de la figura, las lecturas de los dos voltímetros ideales son V_1 = 25 V y V_2 = 50 V (valores eficaces). Teniendo en cuenta que R_1=R_2=10Ω y tomando I_2 como origen de fases, calcula:
a) El valor de la reactancia inductiva X_L.
b) La tensión compleja U_{AB}.
c) Las corrientes complejas I_1, I_2 e I_T.

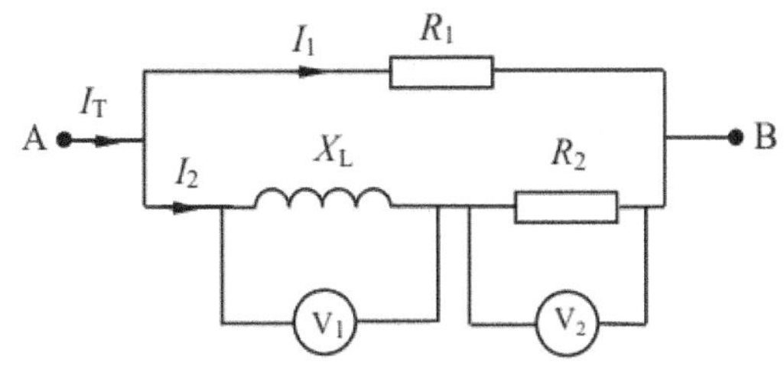

a) Teniendo en cuenta que la corriente que circula por la bobina y por R_2 es la misma y tomando I_2 como origen de fases:

$$I_2 = \frac{U_2}{R_2} = \frac{50V}{10\,\Omega} = 5(0^{\circ})A$$

Calculamos ahora X_L:

$$X_L = \frac{U_1}{I_2} = \frac{25V}{5A} = 5\ \Omega$$

b) Calculamos ahora la tensión compleja U_{AB} :

$$U_{AB} = U_{XL} + U_{R2} = I_2 \cdot Z = 5 \cdot (j5 + 10) = 50 + j25\ V = 55{,}9(26{,}56^{\circ})\ V$$

c) Calculamos finalmente las corrientes complejas:

$$I_1 = \frac{U_{AB}}{R_1} = \frac{55{,}9\,(26{,}56^{\circ})V}{10\Omega} = 5{,}59(26{,}56^{\circ})\,A = (5 + j2{,}5)\,A$$

$$I_2 = 5(0^{\circ})\,A$$

$$I_T = I_1 + I_2 = 10 + j2{,}5 = 10{,}3(14^{\circ})\,A$$

31. El circuito de la figura se encuentra en régimen permanente sinusoidal. Se pide:
a) Hallar la impedancia Z_{AB}.
b) Hallar la intensidad compleja I.
c) Expresar la intensidad i en el dominio del tiempo.
DATOS: $U_G(t) = 20 \cos(100t - \pi/2)$ V, $R_1 = 5\ \Omega$, $R_2 = 3\ \Omega$, $R_3 = 3\ \Omega$, L = 0,04 H, C = (1/400) F.

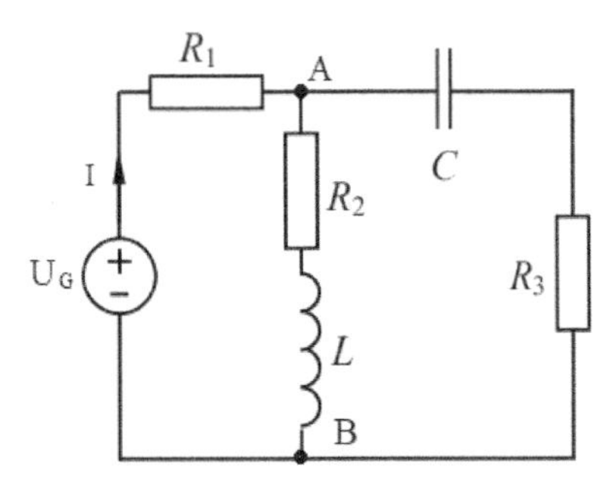

a) Calculamos el valor de la impedancia inductiva y capacitiva:

$$X_C = \frac{1}{\omega \cdot C} = \frac{1}{100 \cdot 2{,}5 \times 10^{-3}} = 4\,\Omega;\ X_L = \omega \cdot L = 100 \cdot 0{,}04 = 4\ \Omega$$

$$Z_{AB} = \frac{(3 + j4) \cdot (3 - j4)}{(3 + j4) + (3 - j4)} = \frac{25}{6}\Omega$$

b) Calculamos ahora la impedancia total o equivalente del circuito:

$$Z_{eq} = 5 + \frac{25}{6} = \frac{55}{6};\ U_G = 20(-\frac{\pi}{2}) = 20(-90^{\circ}) = -j20\,V$$

$$I = \frac{U_G}{Z_{eq}} = \frac{-j20}{\frac{55}{6}} = \frac{-j120}{55} = \frac{-j24}{11} = \frac{24}{11}(-90^{\circ})\,A$$

c) El valor de la intensidad en el dominio del tiempo será:

$$i(t) = 2{,}182 \cdot \cos(100t - \frac{\pi}{2})\ A$$

32. Un sistema trifásico está formado por una red de distribución en baja tensión con una tensión eficaz de línea de 380 V, 50 Hz, en la que se conectan dos cargas trifásicas, de las que conocemos los datos que se indican en la figura. Determina:
a) La potencia activa, reactiva y aparente absorbida por la instalación. b) Módulo y argumento de la corriente suministrada por la red.

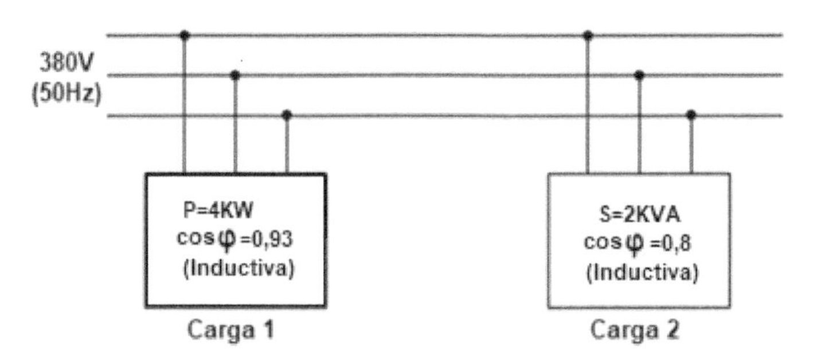

a) Calculamos las potencias de la instalación:

$\varphi_1 = arc\cos 0{,}93 = 21{,}56^o$; $\varphi_2 = arc\cos 0{,}8 = 36{,}86^o$

$P_1 = 4.000\ w;\ Q_1 = tag\varphi_1 \cdot P_1 = 0{,}395 \times 4.000 w = 1.580{,}5\ VAR$

$P_2 = \cos\varphi_2 \cdot S_2 = 0{,}8 \cdot 2.000 VA = 1.600\ w$

$Q_2 = sen\varphi_2 \cdot S_2 = 0{,}6 \cdot 2.000 = 1.200 VAR$

$P_T = P_1 + P_2 = 5.600 w \Rightarrow Q_T = Q_1 + Q_2 = 2.780{,}5 VAR$

$S_T = \sqrt{P_T^2 + Q_T^2} = 6.252{,}3 VA$

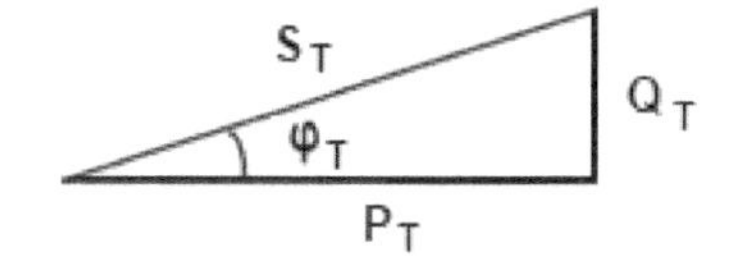

b) La corriente suministrada por la red será:

$$\varphi_T = arc\cos\frac{5.600}{6.252{,}5} = 26{,}4^o$$

$$I_L = \frac{S_T}{\sqrt{3} \cdot U_L} = \frac{6252{,}3}{\sqrt{3} \cdot 380} = 9{,}5 A \Rightarrow I_L = 9{,}5(26{,}4^o)$$

33. Una red monofásica de 230 V (eficaces) y 50 Hz alimenta un motor que consume una potencia activa P = 6kw con un cos φ = 0,8 (inductivo). Determina:
a) La potencia compleja y la potencia aparente absorbida por el motor.
b) La corriente consumida por el motor.
c) La capacidad del condensador conectado en paralelo con el motor que permita mejorar el FP de la instalación hasta un valor 0,9 inductivo.
d) La corriente solicitada por la carga motor-condensador.

a) Calculamos en primer lugar la potencia aparente (Q) consumida por el motor de la red:

$\cos\varphi = 0{,}8 \to \varphi = arc\cos 0{,}8 = 36{,}86^o \to tag\varphi = 0{,}75;\ Q = P \cdot tag\varphi = 6kw \cdot 0{,}75 = 4500 KVAR$

$$S = \frac{P}{\cos\varphi} = \frac{6kw}{0{,}8} = 7{,}5\ KVA \to S = 6000 + j4500$$

b) La corriente solicitada por el motor será:

$$I_1 = \frac{S}{U} = \frac{7500 VA}{230 V} = 32{,}6 A$$

c) Calculamos ahora la capacidad del condensador (C):

$\cos\varphi' = 0{,}9 \to \varphi' = arc\cos 0{,}9 = 25{,}84^o \to tag\varphi' = 0{,}48$

$$C = \frac{P \cdot (tag\varphi - tag\varphi')}{\omega \cdot U^2} = \frac{6000 \cdot (0{,}75 - 0{,}48)}{100 \cdot \pi \cdot 230^2} = 9{,}7 \times 10^{-5}\ F = 97 \mu F$$

d) Por último la corriente solicitada por ambos elementos será:

$$I_C = \omega \cdot C \cdot U = 100 \cdot \pi \cdot 9{,}7 \times 10^{-5} \cdot 230 = 7\ A$$

34. Una habitación posee los siguientes receptores conectados a una red de 220V (50Hz):
- Iluminación: tres lámparas fluorescentes de 220V y 18w con factor de potencia 0,75.
- Ordenador de 220V, 475w y factor de potencia 0,6.
- Mini cadena musical de 220V, 230w factor de potencia 0,8.
- Flexo de luz incandescente de 220V, 60w.

Determina: a) El triángulo de potencias. b) El factor de potencia total y la intensidad de línea.

a) Calculamos las potencias de cada uno de los receptores:

-Receptor A:

$$P_A = 3 \times 18 = 54\ w;\ \cos\varphi_A = 0{,}75 \rightarrow \varphi_A = 41{,}4^o$$

$$Q_A = P_A \times tag\ \varphi_A = 54 \times tag\ 41{,}4^o = 47{,}6\ VAR$$

-Receptor B:

$$P_B = 475\ w;\ \cos\varphi_B = 0{,}6 \rightarrow \varphi_B = 53{,}13^o$$

$$Q_B = P_B \times tag\ \varphi_B = 475 \times tag\ 51{,}13^o = 633{,}3\ VAR$$

-Receptor C:

$$P_C = 230\ w;\ \cos\varphi_C = 0{,}8 \rightarrow \varphi_C = 36{,}87^o$$

$$Q_C = P_C \times tag\ \varphi_C = 230 \times tag\ 36{,}87^o = 172{,}5\ VAR$$

-Receptor D:

$$P_D = 60\ w;\ \cos\varphi_D = 1;\ Q_D = 0 VAR$$

El triángulo de potencias total será:

$$P_T = P_A + P_B + P_C + P_D = 819\ w;\ Q_T = Q_A + Q_B + Q_C + Q_D = 852{,}7\ VAR$$

$$S_T = \sqrt{P_T^2 + Q_T^2} = 1182{,}3 VA$$

b) Calculamos ahora el factor de potencia del conjunto:

$$FP = \cos\varphi_T = \frac{P_T}{S_T} = \frac{819}{1182{,}3} = 0{,}69;\ I_L = \frac{P_T}{U_L \cdot \cos\varphi_T} = \frac{819}{220 \cdot 0{,}69} = 5{,}39 A$$

35. En el circuito de corriente alterna de la figura, la fuente ideal de tensión cede una potencia reactiva de 75 VAR con un factor de potencia 0,8. Sabiendo que el amperímetro A_3 mide 5 A, que R_1 disipa 15 w y que R_3=3Ω, se pide: a) Potencia activa absorbida por el circuito conectado a la fuente. b) Valor de la inductancia X_L. c) Tensión indicada por el voltímetro. d) Valor de la resistencia R_2. e) Intensidad de corriente que indica el amperímetro A_2.

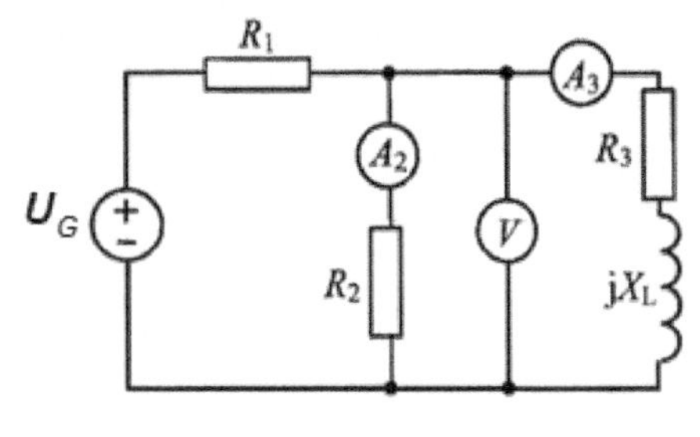

a) Teniendo en cuenta que la potencia absorbida por el circuito es igual a la potencia cedida por el generador o fuente, tenemos:

$$\varphi = arc\cos 0{,}8 = 36{,}86^o \rightarrow tag\varphi = 0{,}75$$

$$P_{ab}(circ) = P_{ced}(fuente) \rightarrow Q_{ced}(fuente) = P_{ab}(circ) \cdot tag\varphi$$

$$P_{ab}(circ) = \frac{Q_{ced}(fuente)}{tag\varphi} = \frac{75 VAR}{0{,}75} = 100\ w$$

b) En vista de que solamente tenemos una inductancia, toda la potencia reactiva cedida por la fuente será absorbida por ésta:

$$Q_{ab}(circ) = X_L \cdot I_3^2 \rightarrow X_L = \frac{75VAR}{25A} = 3\Omega$$

c) La tensión (V) indicada por el voltímetro será:

$$U = Z \cdot I_3 = \sqrt{R_3^2 + X_L^2} \cdot I_3 = \sqrt{3^2 + 3^2} \cdot 5 = 15\sqrt{2}V = 21{,}21V$$

d) Teniendo en cuenta ahora que toda la potencia activa absorbida por el circuito la consumen las tres resistencias:

$$P_{ab}(R_3) = R_3 \cdot I_3^2 = 3 \cdot 5^2 = 75\,w$$

$$P_{ab}(circ) = P_{ab}(R_1) + P_{ab}(R_2) + P_{ab}(R_3) \rightarrow P_{ab}(R_2) = 100w - 15\,w - 75 = 10\,w$$

$$R_2 = \frac{U^2}{P_{ab}(R_2)} = \frac{\left(15\sqrt{2}\right)^2}{10} = 45\Omega$$

e) Por último calculamos el valor de I_2:

$$I_2 = \frac{U}{R_2} = \frac{15\sqrt{2}}{45} = 0{,}47A$$

36. A una red trifásica de 400 V eficaces de tensión de línea y 50 Hz, se conectan en paralelo las siguientes cargas: tres impedancias idénticas conectadas en estrella de valor: Z = 6 + j5 Ω y un motor de inducción trifásico que entrega al eje 10 kw, rendimiento 0,85 y que trabaja con factor de potencia 0,8 (inductivo). Calcula: a) Valor eficaz de la intensidad de línea que consume la carga 1. b) Valor eficaz de la intensidad de línea de la carga 2. c) Corriente eficaz total consumida de la red y el factor de potencia total de la instalación.

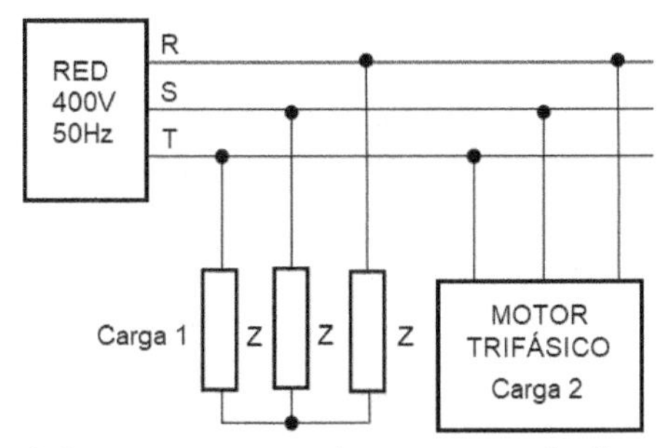

a) Comenzamos por la carga en estrella:

$$Z = 6 + j5 = 7{,}81(39{,}8^o);\ U_F = \frac{U_L}{\sqrt{3}} = \frac{400V}{\sqrt{3}} = 230{,}9V;\ I_{L1} = I_{F1} = \frac{U_F}{Z} = \frac{230{,}9V}{7{,}81\Omega} = 29{,}56A$$

$$P_1 = \sqrt{3} \cdot U_L \cdot I_{L1} \cdot \cos\varphi_1 = \sqrt{3} \cdot 400 \cdot 29{,}56 \cdot 0{,}768 = 15734w;\ Q_1 = P_1 \cdot tag\varphi_1 = 13109VAR$$

b) La potencia eléctrica total consumida por el motor y la corriente que consume éste será:

$$P_2 = P_M = \frac{P_{util}}{\eta} = \frac{10\,kw}{0{,}85} = 11764{,}5\,w;\ Q_2 = P_2 \cdot tag\varphi_2 = 11764{,}5 \cdot tag36{,}86^o = 8820VAR$$

$$I_{L2} = \frac{P_M}{\sqrt{3} \cdot U_L \cdot \cos\varphi} = \frac{11764{,}5\,w}{\sqrt{3} \cdot 400 \cdot 0{,}8} = 21{,}22A$$

c) Calculamos ahora la intensidad consumida por la red:

$$P_T = P_1 + P_2 = 27498{,}5\,w;\ Q_T = Q_1 + Q_2 = 21929VAR;\ S_T = \sqrt{P_T^2 + Q_T^2} = 35172VA$$

$$I_L = \frac{S_T}{\sqrt{3} \cdot U_L} = \frac{35172}{\sqrt{3} \cdot 400} = 50{,}7A;\ FP = \cos\frac{P_T}{S_T} = \frac{27498{,}5}{35172} = 0{,}7818$$

37. Se dispone de tres impedancias idénticas, construidas cada una de ellas por una resistencia de 5Ω en serie con una bobina de 20mH. Conectadas en estrella con un generador trifásico de 50 Hz, se comprueba que la potencia disipada en cada impedancia es de 8kw. Calcula: a) La tensión en bornes de cada impedancia. b) Tensión de línea del generador trifásico al que se conectan. c) Corriente demandada del generador si se conecta en paralelo con las impedancias una batería de condensadores de 312μF por fase en estrella.

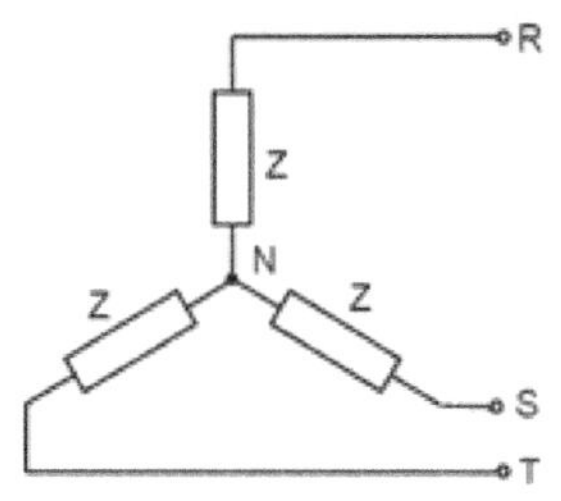

a) Calculamos la tensión de fase en bornes década impedancia:

$$Z = R + jX_L;\ X_L = 2\pi \cdot f \cdot L = 100 \cdot \pi \cdot 0{,}02 = 6{,}28\,\Omega$$

$$P = I^2 \cdot R \rightarrow I = \sqrt{\frac{P}{R}} = \sqrt{\frac{8000}{5}} = 40\ A;\ Z = \sqrt{5^2 + 6{,}28^2} = 8\,\Omega$$

$$U_F = I \cdot Z = 40 \cdot 8\,\Omega = 320V$$

b) Calculamos ahora la tensión de línea:

$$U_L = U_F \cdot \sqrt{3} = 320 \cdot \sqrt{3} = 554V$$

c) La corriente demanda por el generador será:

$$X_C = \frac{1}{\omega \cdot C} = \frac{1}{100\pi \cdot 312 \times 10^{-6} F} = 10{,}2\Omega$$

$$Q_{X_L} = I^2 \cdot X_L = 40^2 \cdot 6{,}28 = 10{,}04\,KVAR;\ Q_{X_C} = \frac{U_F^2}{X_C} = \frac{320^2}{10{,}2} = 10{,}04\,KVAR$$

Por tanto $Q_{XL}=Q_{XC}$, cosφ=1 y P=cte.

$$I = \frac{P}{\sqrt{3} \cdot U_L \cos\varphi} = \frac{3 \cdot 8000}{\sqrt{3} \cdot 554 \cdot 1} = 25A$$

38. Determina el valor del condensador que hace que, desde el sistema eléctrico, la instalación se vea con factor de potencia unidad. Se sabe que la carga B es un elemento pasivo de carácter inductivo y que la tensión de alimentación es senoidal de 400 V a 50 HZ. Los datos de las cargas son: Carga A: $P_{A\ generada}$ = 1000 w, $Q_{A\ consumida}$ = 1000 VAR; Carga B: S_B = 1000 VA, $P_{B\ consumida}$ = 600 w;Carga C: $P_{C\ consumida}$= 2000 w, $Q_{C\ generada}$= 150 VAR.

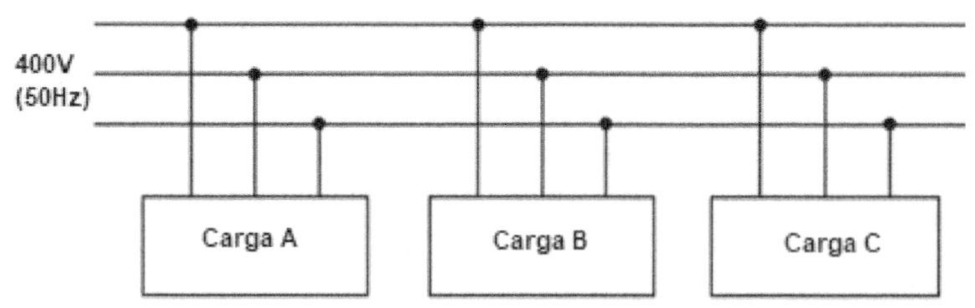

Para hallar la capacidad del condensador necesitamos calcular la potencia activa total del circuito, así como, la potencia reactiva total, para poder obtener el factor de potencia inicial del circuito. En primer lugar calculamos la potencia reactiva de la carga B:

$$S_B^2 = P_B^2 + Q_B^2 \rightarrow Q_B = \sqrt{1000^2 - 600^2} = 800\,VAR\ (Consumidos)$$

La carga B es de carácter inductivo por tanto consume potencia reactiva en este caso. A continuación calculamos las potencias totales del circuito teniendo en cuenta que la carga A no consume potencia activa sino que aporta potencia al circuito, por tanto llevará signo negativo:

$$P_T = P_B + P_C - P_A = 600 + 2000 - 1000 = 1600\,w\,(Consumidos)$$

Calculamos ahora el valor de la potencia reactiva total teniendo en cuenta que la carga C genera potencia reactiva, así que, va con signo negativo:

$$Q_T = Q_A + Q_B - Q_C = 1000 + 800 - 150 = 1650\,VAR\,(Consumidos)$$

Calculamos seguidamente el ángulo de desfase inicial del circuito:

$$\varphi_{inicial} = tag^{-1}\frac{Q_T}{P_T} = tag^{-1}\frac{1650}{1600} = 45{,}88^o$$

Como el factor de potencia deseado es igual a uno, eso significa que: $\cos\varphi'_{final} = 1 \rightarrow \varphi'_{final} = 0^o$

$$C = \frac{P\cdot(tag\varphi - tag\varphi')}{\omega\cdot U^2} = \frac{1600\cdot(tag\,45{,}88^o - tag\,0^o)}{100\cdot\pi\cdot 400^2} = 32{,}83\mu F$$

39. Dos receptores conectados en paralelo consumen energía eléctrica de una red sinusoidal de 230 V a una frecuencia de 50 Hz. El receptor A es una impedancia de 20 Ω en la que la corriente retrasa a la tensión 45º. Por su parte el receptor B consume una potencia aparente de la red de 2,2 kVA, con un factor de potencia capacitivo de valor 0,869. Se pide:
a) Valor de la resistencia y reactancia de cada receptor. Determina también el valor de las posibles inductancias o condensadores que conformen estos receptores.
b) La intensidad de cada receptor tanto en forma compleja como en su valor instantáneo.
c) Las potencias aparente, activa y reactiva del receptor A.
d) Las potencias activa y reactiva absorbidas de la línea por los dos receptores, así como la intensidad de la misma.

a) En el receptor A la corriente está retrasada con respecto a la tensión, por tanto se trata de una carga inductiva (bobina):

$$Z_A = R + jX_L = 20(45^o) = 14{,}14 + j14{,}14\,\Omega$$

$$X_L = \omega L \rightarrow L = \frac{14{,}4\Omega}{100\pi} = 45{,}01\,mH \rightarrow R_A = 14{,}14\Omega$$

Teniendo en cuenta que el receptor B es de carácter capacitivo, calculamos el valor del módulo de la corriente que circula por él:

$$S_B = U\cdot I_B \rightarrow I_B = \frac{2200\,VA}{230\,V} = 9{,}57A;\ \varphi_B = arc\cos 0{,}869 = 29{,}65^o \Rightarrow sen\varphi_B = 0{,}493$$

$$P_B = S_B\cdot\cos\varphi_B = 2200\cdot 0{,}869 = 1911{,}8\,w$$

$$Q_B = S_B\cdot sen\varphi_B = 2200\cdot 0{,}493 = 1088{,}59\,VAR\,(Entregados)$$

$$P_B = I_B^2\cdot R_B \rightarrow R_B = \frac{1911{,}8\,w}{9{,}57^2\,A} = 20{,}87\Omega$$

$$Q_B = I_B^2\cdot X_C \rightarrow X_C = \frac{1088{,}59\,w}{9{,}57^2\,A} = 11{,}89\Omega;\ X_C = \frac{1}{\omega\cdot C} \rightarrow C = \frac{1}{100\cdot\pi\cdot 11{,}89} = 267{,}7\mu F$$

$$Z_B = R_B - jX_C = 20{,}87 - j11{,}89\,\Omega$$

b) La intensidad que circula por cada receptor será:

$$I_A = \frac{U}{Z_A} = \frac{230(0^o)}{14{,}14 + j14{,}14} = \frac{230(0^o)}{20(45^o)} = 11{,}5(-45^o)A$$

$$I_B = \frac{U}{Z_B} = \frac{230(0^o)}{20{,}87 - j11{,}89} = \frac{230(0^o)}{24(-29{,}67)} = 9{,}58(29{,}67^o)A$$

c) Calculamos ahora las potencias del receptor A:

$$P_A = I_A^2\cdot R_A = 1870w\,(Absorbidos)$$

$$Q_A = I_A^2\cdot X_L = 1870VAR\,(Absorbidos)$$

$$S_A = I_A\cdot U = 2645VA$$

d) Aplicado el teorema de Boucherot, obtendremos el valor de las potencias totales del conjunto de las dos cargas, que coincidirán, con las potencias del generador:

$$P_{Generadas} = P_{Absorbidas} \rightarrow P_G = P_A + P_B = 3781{,}82\,w$$

$$Q_{Generadas} = Q_{Absorbidas} \rightarrow Q_G = Q_A - Q_B = 781{,}43\,VAR\ (Absorbidos)$$

$$I_T = I_A + I_B = 16{,}8(-11{,}64^{o})A$$

40. A una línea trifásica de 400 V, 50 Hz se conecta una carga trifásica equilibrada en triángulo formada por una bobina con una resistencia de 6 Ω y una autoinducción de 25,46 mH por fase. Calcula: a) Intensidad de fase y de línea. b) Potencias activa, reactiva y aparente total de la carga. c) Potencia reactiva de la batería de condensadores necesaria para mejorar el factor de potencia a 0,9.

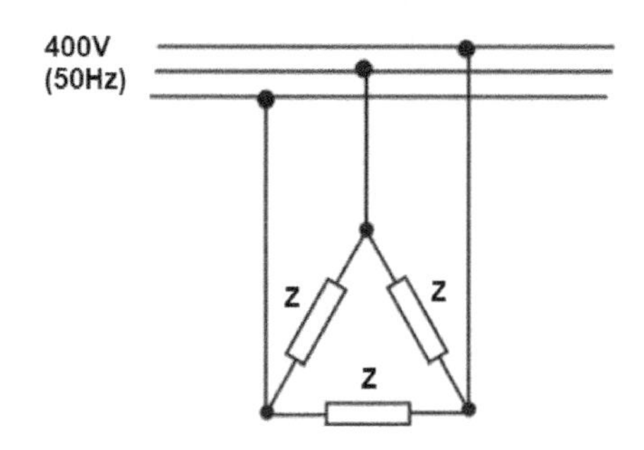

a) Calculamos las intensidades:

$$X_L = \omega \cdot L = 100 \cdot \pi \cdot 0{,}02546 = 8\Omega$$

$$Z = \sqrt{R^2 + X_L^2} = \sqrt{6^2 + 8^2} = 10\Omega$$

$$I_F = \frac{U_F}{Z} = \frac{400V}{10\Omega} = 40A \rightarrow I_L = \sqrt{3} \cdot I_F = 69{,}28A$$

b) Las potencias serán:

Calculamos el factor de potencia de la carga:

$$\cos\varphi = \frac{R}{Z} = \frac{6}{10};\ \varphi = arc\cos 0{,}6 = 53{,}13^{o} \rightarrow tag\varphi = 1{,}33$$

$$S = \sqrt{3} \cdot U_L \cdot I_L = \sqrt{3} \cdot 400 \cdot 69{,}28 = 48000VA$$

$$P = S \cdot \cos\varphi = 48000 \cdot 0{,}6 = 28800w$$

$$Q = S \cdot sen\varphi = 48000 \cdot 0{,}8 = 34800VAR$$

c) Por su parte la capacidad del condensador será:

$$\cos\varphi' = 0{,}9 \rightarrow \varphi' = arc\cos 0{,}9 = 25{,}84^{o} \rightarrow tag\varphi' = 0{,}48$$

$$C = \frac{P \cdot (tag\varphi - tag\varphi')}{\omega \cdot U^2} = \frac{28800 \cdot (1{,}33 - 0{,}48)}{100 \cdot \pi \cdot 400^2} = 4{,}87 \times 10^{-4}\ F = 487\mu F$$

41. En la figura se representa una carga trifásica equilibrada conectada a una red de 380 V / 50 Hz. Si cada impedancia está formada por una resistencia de 50 Ω, una bobina de 125 mH y un condensador de 320 μF en serie. Determina: a) La impedancia de una fase b) Las intensidades de línea y de fase c) El triángulo de potencias y el factor de potencia total.

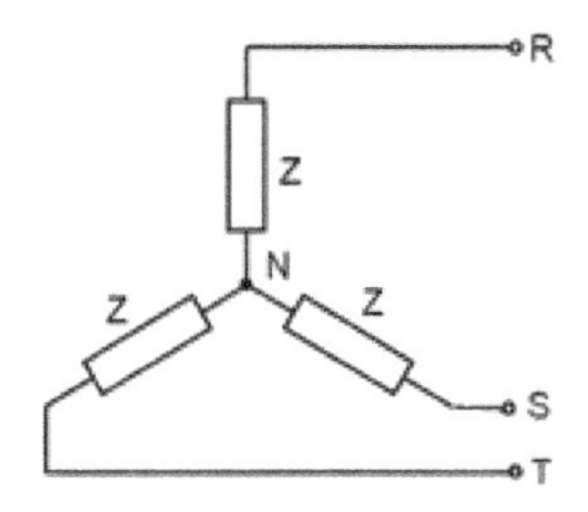

a) La impedancia de cada fase será:

$$X_L = \omega \cdot L = 100 \cdot \pi \cdot 0{,}125 = 39{,}27\ \Omega$$

$$X_C = \frac{1}{\omega \cdot C} = \frac{1}{100\pi \cdot 320 \times 10^{-6} F} = 9{,}95\Omega$$

$$Z = \sqrt{R^2 - (X_L - X_C)^2} = 57{,}96\Omega \rightarrow \varphi = arctag\frac{(X_L - X_C)}{R} = 30{,}4^{\circ} \rightarrow \cos\varphi = 0{,}86$$

b) Las intensidades de línea y de fase son:

$$U_F = \frac{U_L}{\sqrt{3}} = \frac{380}{\sqrt{3}} = 219{,}39V \rightarrow I_F = \frac{U_F}{Z} = \frac{219{,}39V}{57{,}96\Omega} = 3{,}785A = I_L$$

c) Finalmente el triángulo de potencias será:

$$S = \sqrt{3} \cdot U_L \cdot I_L = \sqrt{3} \cdot 380 \cdot 3{,}785 = 2491VA$$

$$P = S \cdot \cos\varphi = 2491 \cdot 0{,}86 = 2142w$$

$$Q = S \cdot sen\varphi = 2491 \cdot 0{,}5 = 1245{,}5\ VAR$$

42. En el circuito trifásico equilibrado de la figura se ha medido la tensión entre los puntos R y N y resulta ser 220 V (valor eficaz). Sabiendo que X_L = 2 Ω y Z = 4 + j1 Ω, se pide: a) Tensión que mediría un voltímetro conectado entre R y S. b) Valor eficaz de la intensidad que circula por cada una de las impedancias Z y factor de potencia a la izquierda de los terminales R, S y T. c) Potencia activa y reactiva del circuito.

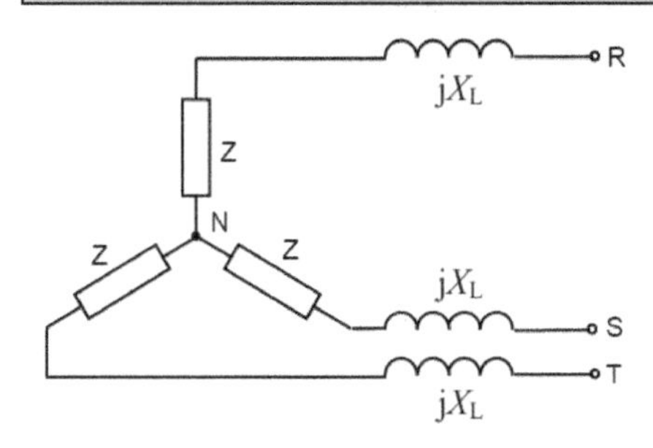

a) La tensión de línea entre los puntos R y N será:

$$U_{RN} = 220V \rightarrow U_{RS} = \sqrt{3} \cdot U_{RN} = 381V$$

b) La impedancia total de cada fase será:

$$Z_T = Z + jX_L = 4 + j1 + j2 = 4 + j3 = 5\,(36{,}86^{\circ});$$

$$Z = \sqrt{4^2 + 3^2} = 5\Omega; \quad \varphi = arctag\left(\frac{3}{4}\right) = 36{,}86^{\circ}$$

$$I_F = I_L = \frac{U_F}{Z_T} = \frac{220V}{5\Omega} = 44A \rightarrow \cos\varphi = \cos(36{,}86^{\circ}) = 0{,}8 \rightarrow sen\varphi = 0{,}6$$

c) Finalmente las potencias serán:

$$S = \sqrt{3} \cdot U_L \cdot I_L = \sqrt{3} \cdot 381 \cdot 44 = 29036VA$$

$$P = S \cdot \cos\varphi = 28960 \cdot 0{,}86 = 23229\,w$$
$$Q = S \cdot sen\varphi = 28960 \cdot 0{,}6 = 17422\,VAR$$

43. El circuito trifásico equilibrado de la figura está conectado a una red trifásica en la que la tensión de línea es 400 V. Se sabe además, que el circuito absorbe una potencia reactiva de 81 VAR, que R_L=2 Ω y Z=(R+j3) Ω. Se pide: a) Tensión que mediría un voltímetro conectado entre los puntos A y N. b) Valor eficaz de la intensidad que circula por cada una de las impedancias Z. c) Valor de la resistencia R.

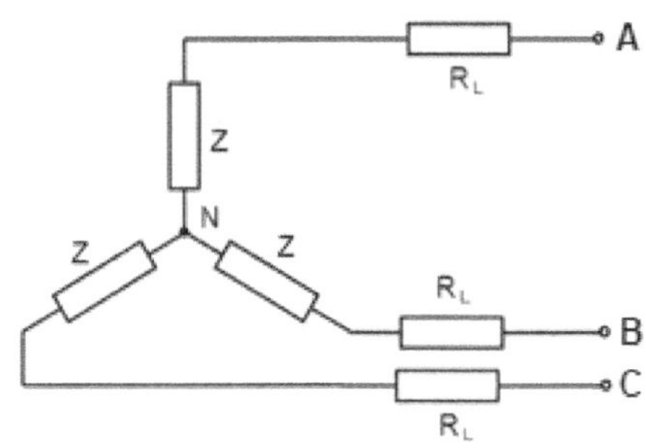

a) En este caso al estar conectado el circuito en estrella, la tensión de línea será:

$$U_{AN} = \frac{U_{AB}}{\sqrt{3}} = \frac{400}{\sqrt{3}} = 231\,V$$

b) Calculamos ahora la intensidad de fase que será la misma que la de línea:

$$Q_{AN}(Fase) = \frac{81}{3} = 3 \cdot I_F^2 \rightarrow I_F^2 = 9 \rightarrow I_F = 3A$$

c) Finalmente calculamos ahora el valor de la resistencia R_L:

$$U_{AN} = Z \cdot I_F = \frac{400}{\sqrt{3}} \rightarrow Z = \frac{U_{AN}}{I_F} = \frac{400}{3\sqrt{3}}$$

$$Z = \sqrt{(2+R)^2 + 3^2} = \frac{400}{3\sqrt{3}} \rightarrow \left(\sqrt{(2+R)^2 + 3^2}\right)^2 = \left(\frac{400}{3\sqrt{3}}\right)^2$$

$$(2+R)^2 + 3^2 = \left(\frac{400}{3\sqrt{3}}\right)^2 \rightarrow R = 74{,}92\Omega$$

44. Una línea como la de la figura alimenta una instalación trifásica de 400 V, 50 Hz, que está constituida por tres cargas trifásicas equilibradas Se pide: a) Potencias activa, reactiva y aparente de la instalación. b) Intensidad de fase en cada una de las cargas trifásicas. c) Capacidad de los condensadores que conectados en triángulo en paralelo con la instalación hace que el conjunto instalación-condensadores tenga factor de potencia unidad.

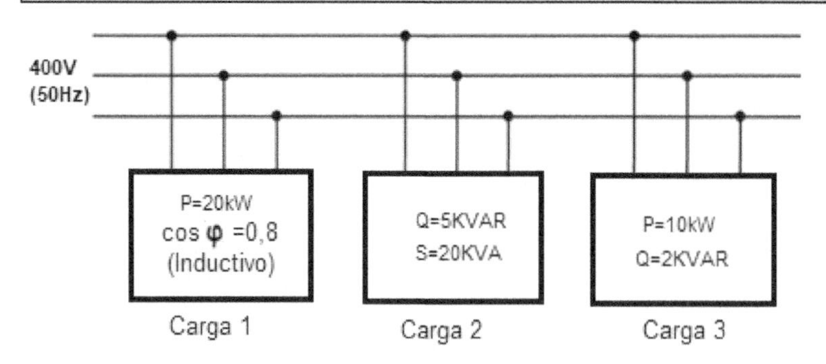

a) Calculamos las potencias de la instalación:

$$P_1 = 20000w;\ P_2 = \sqrt{20000^2 - 5000^2} = 19365\,w;\ P_3 = 10000w$$
$$Q_1 = tag\varphi \cdot P_1 = 0{,}75 \times 20000w = 15000\,w;\ Q_2 = 5000VAR;\ Q_3 = 2000\,VAR$$
$$P_T = P_1 + P_2 + P_3 = 49365\,w;\ Q_T = Q_1 + Q_2 + Q_3 = 22000\,VAR$$

$$S_T = \sqrt{P_T^2 + Q_T^2} = 54045\,VA \rightarrow \cos\varphi_T = \frac{P_T}{S_T} = 0{,}913$$

b) La intensidad que circula por cada una de las cargas será:

$$I_1 = \frac{P_1}{\sqrt{3} \cdot U_L \cdot \cos\varphi_1} = \frac{20000}{\sqrt{3} \cdot 400 \cdot 0{,}8} = 36{,}08A$$

$$\varphi_2 = arcsen\frac{5}{20} = 14{,}47^\circ \rightarrow \cos\varphi_2 = 0{,}968 \rightarrow I_2 = \frac{19365}{\sqrt{3} \cdot 400 \cdot 0{,}968} = 28{,}84A$$

$$\varphi_3 = arctag\frac{2}{10} = 11{,}3^\circ \rightarrow \cos\varphi_3 = 0{,}98 \rightarrow I_3 = \frac{10000}{\sqrt{3} \cdot 400 \cdot 0{,}98} = 14{,}72A$$

c) La capacidad de los condensadores será:

$$C_T = \frac{Q_C}{U_L^2 \cdot \omega} = \frac{22.000}{400^2 \cdot 100\pi} = 437\mu F$$

45. Una línea alimenta una instalación trifásica a 400 V (valor eficaz de la tensión entre fases) y 50 Hz. La instalación está constituida por tres cargas trifásicas: un motor trifásico, que absorbe 10 kVA con cos φ= 0,8 inductivo, un horno trifásico, que absorbe 10 kw, y un sistema de iluminación que constituye una carga trifásica equilibrada que absorbe 3 kw y 1 KVAR. Se pide:
a) La potencia total activa, reactiva y aparente absorbida por la instalación. b) La intensidad de fase en cada una de las cargas que constituyen la instalación. c) El factor de potencia de la instalación. d) La intensidad en la línea de alimentación.

a) Calculamos las potencias de la instalación:

$$P_1 = \cos\varphi_1 \cdot S_1 = 0{,}8 \cdot 10000 = 8000w;\ P_2 = 10000w;\ P_3 = 3000\,w$$

$$P_T = P_1 + P_2 + P_3 = 21000\,w$$

$$Q_1 = sen\varphi_1 \cdot S_1 = 0{,}6 \cdot 10000 = 6000\,w;\ Q_2 = 0;\ Q_3 = 1000\,VAR$$

$$Q_T = Q_1 + Q_2 + Q_3 = 7000\,VAR$$

$$S_T = \sqrt{P_T^2 + Q_T^2} = 22136\,VA$$

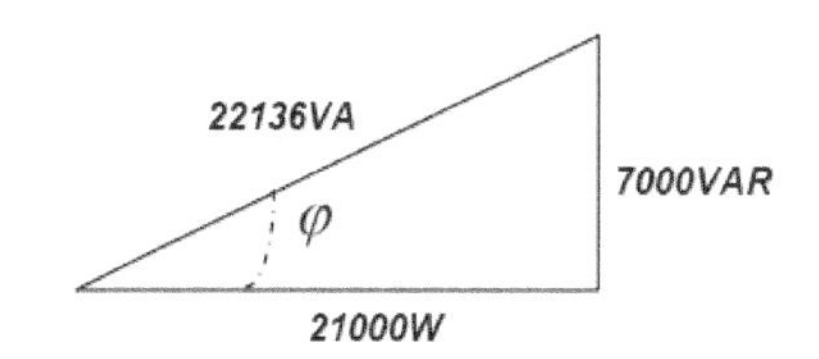

b) La intensidad de fase que circula por cada una de las cargas será:

$$I_1 = \frac{P_1}{\sqrt{3} \cdot U_L \cdot \cos\varphi_1} = \frac{8000}{\sqrt{3} \cdot 400 \cdot 0{,}8} = 14{,}43A$$

$$I_2 = \frac{P_2}{\sqrt{3} \cdot U_L \cdot \cos\varphi_2} = \frac{10000}{\sqrt{3} \cdot 400 \cdot 1} = 14{,}43A$$

$$\varphi_3 = arc\,tag\frac{1000}{3000} = 18{,}43^\circ \rightarrow \cos\varphi_3 = 0{,}948$$

$$I_3 = \frac{P_3}{\sqrt{3} \cdot U_L \cdot \cos\varphi_3} = \frac{3000}{\sqrt{3} \cdot 400 \cdot 0{,}948} = 4{,}56A$$

c) El factor de potencia de la instalación será:

$$\varphi = arc\,tag\frac{7}{21} = 18{,}43^\circ \rightarrow \cos\varphi = 0{,}948$$

d) La intensidad en la línea de alimentación la obtenemos a partir de la potencia aparente total:

$$I_L = \frac{S_T}{\sqrt{3} \cdot U_L} = \frac{22136}{\sqrt{3} \cdot 400} = 31{,}95A$$

46. Una instalación trifásica de 380 V (50Hz) tiene conectadas las siguientes cargas: un motor trifásico que consume 15 kw con cos φ = 0,86, otro motor trifásico con un consumo de 20 kw y cos φ = 0,8 y una carga trifásica equilibrada en triángulo formada por tres bobinas ideales de 5 Ω de impedancia. Calcula: a) Las potencias de la instalación. b) Intensidad total de la instalación. c) Potencia reactiva que debe suministrar la batería de condensadores para que el cos φ aumente hasta 0,9.

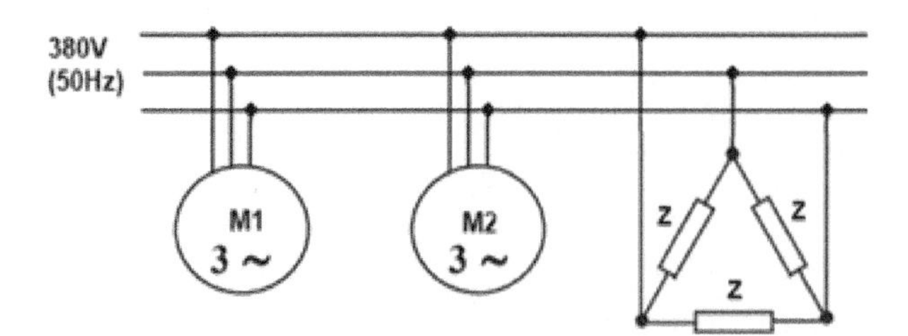

a) Las potencias consumidas por cada una de las tres cargas son:

$$P_1 = 15000w \Rightarrow Q_1 = P_1 \cdot tag\varphi_1 = 15000 \cdot tag30{,}68^o = 8899VAR$$

$$P_2 = 20000w \Rightarrow Q_2 = P_2 \cdot tag\varphi_2 = 20000 \cdot tag30{,}86^o = 14995VAR$$

$$P_3 = 0\,w;\ I_{F3} = \frac{U_F}{Z_3} = \frac{380V}{5\,\Omega} = 76A \Rightarrow I_{L3} = \sqrt{3} \cdot I_{F3} = 131{,}63A$$

$$Q_3 = \sqrt{3} \cdot U_L \cdot I_{L3} \cdot sen\varphi_3 = \sqrt{3} \times 380 \times 131{,}63 \times 1 = 86636VAR$$

$$P_T = P_1 + P_2 + P_3 = 35.000\,w;\ Q_T = Q_1 + Q_2 + Q_3 = 110.530VAR;\ S_T = \sqrt{P_T^{\,2} + Q_T^{\,2}} = 115.939VA$$

b) La intensidad de línea total se obtiene a partir de la potencia aparente de toda la instalación:

$$\cos\varphi = \frac{P_T}{S_T} = \frac{35.000}{115.939} = 0{,}301 \rightarrow \varphi = 72{,}43^o$$

$$I_L = \frac{S_T}{\sqrt{3} \cdot U_L} = \frac{115.939}{\sqrt{3} \cdot 380} = 176{,}15A \Leftrightarrow I_L = \frac{P_T}{\sqrt{3} \cdot U_L \cdot \cos\varphi} = \frac{35000}{\sqrt{3} \cdot 380 \cdot 0{,}301} = 176{,}15A$$

c) La potencia reactiva que tiene que suministrar la batería de condensadores será:

$$\varphi' = arc\cos = 0{,}9 = 25{,}84^o$$

$$Q_C = Q - Q' = P(tag\varphi - tag\varphi') = 35kw(tag72{,}43^o - tag25{,}84^o) = 93.585VAR$$

47. Una carga trifásica está formada por tres impedancias iguales de 20 Ω de resistencia y de 30 mH de coeficiente de autoinducción. Calcule la potencia activa, reactiva y aparente cuando se conecta a una línea trifásica de 400V de tensión con una frecuencia de 50 Hz en los siguientes casos: a) Cuando las impedancias están conectadas en estrella. b) Cuando las impedancias están conectadas en triángulo.

a) Calculamos en primer lugar los valores de las impedancias:

$$X_L = \omega \cdot L = 100 \cdot \pi \cdot 0{,}03 = 9{,}42\,\Omega$$

$$Z = \sqrt{R^2 + X_L^{\,2}} = \sqrt{20^2 + 9{,}42^2} = 22{,}21\,\Omega \rightarrow \varphi = arctag\frac{9{,}42}{20} = arctag\frac{X_L}{R} = 25{,}22^o \rightarrow \cos\varphi = 0{,}9$$

Cuando las impedancias están conectadas en estrella, la corriente de fase es igual a la de línea:

$$I_F = I_L = \frac{U_F}{Z} = \frac{\frac{U_L}{\sqrt{3}}}{Z} = \frac{\frac{400}{\sqrt{3}}}{22{,}21} = 10{,}45A$$

$$S = \sqrt{3} \cdot U_L \cdot I_L = \sqrt{3} \cdot 400 \cdot 10{,}45 = 7240VA$$

$$P = S \cdot \cos\varphi = 7240 \cdot 0{,}9 = 6516w$$

$$Q = S \cdot sen\varphi = 7240 \cdot 0{,}426 = 3085VAR$$

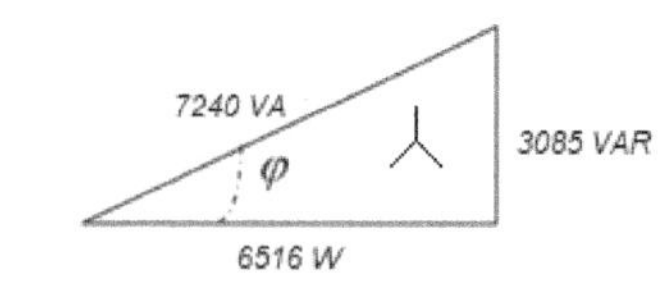

b) Cuando las impedancias están conectadas en triángulo, la tensión de fase es igual a la de línea:

$$I_L = \sqrt{3} \cdot I_F = \sqrt{3} \cdot \frac{U_F}{Z} = \sqrt{3} \cdot \frac{U_L}{Z} = \sqrt{3} \cdot \frac{400}{22{,}21} = 31{,}35A$$

$$S = \sqrt{3} \cdot U_L \cdot I_L = \sqrt{3} \cdot 400 \cdot 31{,}355 = 21720VA$$

$$P = S \cdot \cos\varphi = 21720 \cdot 0{,}9 = 19548w$$

$$Q = S \cdot sen\varphi = 21720 \cdot 0{,}426 = 9255VAR$$

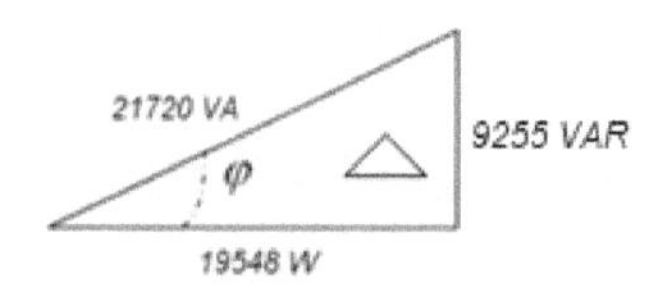

SISTEMAS DE REGULACIÓN Y CONTROL

CONTENIDOS MÍNIMOS

ALGUNOS CONCEPTOS IMPORTANTES SOBRE REGULACIÓN

A continuación vamos a describir aquellos conceptos considerados fundamentales en el estudio de los sistemas automáticos de control:

- **Variables del sistema:** toda magnitud física susceptible de ser sometida a vigilancia y control que define el comportamiento de un sistema (velocidad, temperatura, posición, presión, etc.).
- **Entrada**: cualquier excitación que se aplica a un sistema de control desde un elemento externo, al objeto de generar una respuesta.
- **Salida:** es la respuesta que proporciona el sistema de control al estímulo de la entrada.
- **Perturbación:** son las señales no deseadas que influyen de forma adversa en el funcionamiento del sistema. Pueden ser internas o externas al propio sistema. Por ejemplo al abrir una ventana representa una perturbación (externa) en el sistema de control de temperatura.
- **Planta o proceso:** sistema sobre el que deseamos actuar o realizar el control.
- **Sistema:** conjunto de dispositivos que actúan interrelacionados para realizar el control. Los sistemas de control reciben la información facilitada por los sensores y, tras ser procesada, se utiliza para controlar los actuadores.
- **Entrada de mando:** señal externa al sistema que condiciona su funcionamiento.
- **Señal de referencia:** es una señal de entrada conocida que nos sirve de referencia para calibrar al sistema.
- **Señal activa:** también denominada señal de error o de activación. Representa la diferencia entre la señal de entrada y la señal realimentada.
- **Unidad de control:** controla la salida en función de una señal de activación o de error.
- **Unidad de realimentación:** está formada por uno o varios elementos que captan la variable de Salida (sensor), la acondicionan y trasladan a la unidad de comparación.
- **Accionador:** es un elemento que recibe una orden desde el regulador o controlador y la adapta al nivel adecuado, según la variable de salida necesaria para accionar el actuador (transistor de potencia, un relé, un tiristor, etc.).
- **Actuador:** es un elemento final que realiza la acción sobre la planta o proceso (motor, cilindro neumático, aspersor, resistencia calefactora, etc.).
- **Sensor:** dispositivo que detecta una determinada acción externa o magnitud física (temperatura, presión, humedad, luminosidad,...) la convierte en otra magnitud y la transmite adecuadamente. El sensor o captador es por tanto el elemento que realiza la medida de la magnitud física y se la proporciona posteriormente al transductor.
- **Transductor:** dispositivo que transforma una magnitud física captada por el sensor en otra que es capaz de interpretar el sistema.
- **Amplificador:** proporciona un nivel de señal a la salida que depende de las entradas.
- **Comparador:** compara una señal de entrada variable en el tiempo con otra de referencia, proporcionado una salida u otra en función del nivel de las entradas.
-**Convertidor A/D y D/A:** convierte una señal analógica en digital y viceversa.
- **Señales analógicas y digitales**: en una señal analógica la información pasa de un valor a otro de forma continua por todos los valores intermedios; sin embargo en una señal digital, cambia por saltos o por niveles (0,1), o lo que es lo mismo, pasa de un valor al siguiente sin poder tomar valores intermedios.

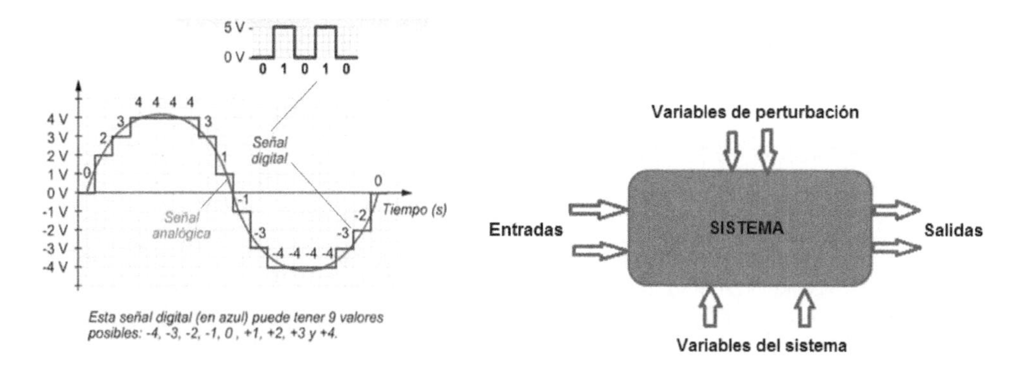

Esta señal digital (en azul) puede tener 9 valores posibles: -4, -3, -2, -1, 0, +1, +2, +3 y +4.

Propiedades de los sensores y transductores:

- **Sensibilidad**: es la relación entre la salida eléctrica y la magnitud física o entrada a medir; es decir, es la pendiente de la curva que relaciona la *salida* eléctrica con la *magnitud* física a medir. Por ejemplo si hablamos de la sensibilidad de un transductor de temperatura, en el caso lo expresaríamos en mV/ºC.

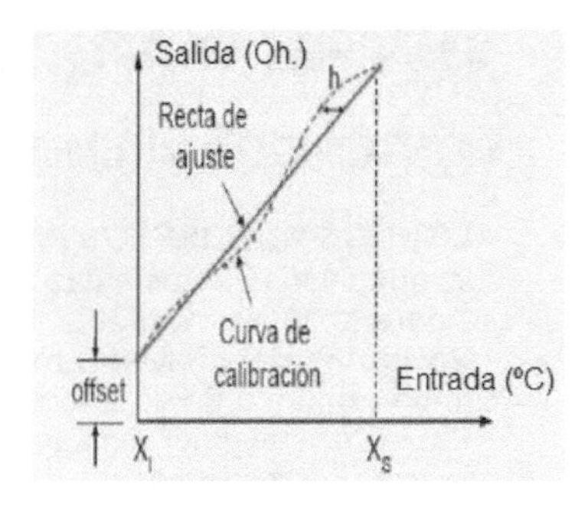

- **Resolución**: es la mínima diferencia que el sensor es capaz de distinguir o de apreciar en la salida, entre dos valores próximos de entrada; dicho de otra forma, es el menor cambio en la magnitud de entrada que se aprecia en la magnitud de salida. Por ejemplo en el caso de un sensor de temperatura lo expresaríamos en ºC/ bit.
- **Histéresis**: en ocasiones la variación de la magnitud física con la señal eléctrica, no sigue el mismo camino en el aumento y en la disminución; dicho de otra forma, diferencia entre los valores de salida correspondientes a la misma entrada, según la trayectoria seguida por el sensor. Por ejemplo para en un termostato que se encuentra regulado a una determinada temperatura, cuando ésta aumenta la temperatura a la que se activa el relé del termostato no es la misma que la temperatura a la que se desactiva cuando disminuye.
- **Rango de medida:** diferencia entre los valores máximos y los mínimos que se necesita medir. También se conoce como fondo de la escala.
- **Exactitud:** cuando el valor real y el valor medido se encuentran muy próximos.
- **Precisión:** capacidad que tiene un transductor de repetir el mismo resultado en mediciones diferentes de la misma magnitud, realizadas en las mismas condiciones.

REPRESENTACIÓN DE LOS SISTEMAS DE CONTROL. DIAGRAMAS DE BLOQUES

Un proceso o **sistema de control** es un conjunto de elementos interrelacionados capaces de realizar una operación dada o de satisfacer una función deseada.
Los sistemas de control se pueden representar en forma de diagramas de bloques, en los que se ofrece una expresión visual y simplificada de las relaciones entre la entrada y la salida de un sistema físico. A cada componente del sistema de control se le denomina elemento, y se representa por medio de un rectángulo. El diagrama de bloques más sencillo es el bloque simple, que consta de una sola entrada y de una sola salida.

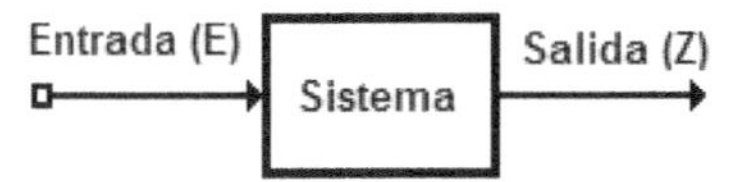

La interacción entre los bloques se representa por medio de flechas que indican el sentido de flujo de la información. En estos diagramas es posible realizar operaciones de adición y de sustracción, que se representan por un pequeño círculo en el que la salida es la suma algebraica de las entradas con sus signos correspondientes. También se pueden representar las operaciones matemáticas de multiplicación y división como se muestra en la siguiente figura, donde "A" representa la relación entre la entrada y la salida, también llamada función de transferencia del sistema:

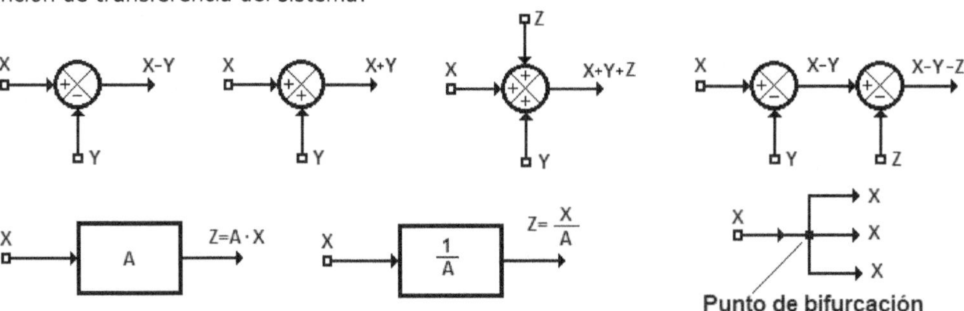

CONCEPTO DE FUNCIÓN DE TRANSFERENCIA

En ocasiones para conocer la respuesta de un sistema en función del tiempo, se aplican en la entrada del elemento señales conocidas y se evalúan la respuesta que aparece en su salida; de este modo se obtiene a la salida la llamada respuesta transitoria.
Sin embargo es mucho más práctico estudiar matemáticamente la respuesta del sistema mediante la llamada función de transferencia. Por medio de la función de transferencia se puede conocer:
- La respuesta del sistema frente a una entrada determinada, generalmente una función escalón.
- La estabilidad del sistema (si la respuesta del sistema se va a mantener dentro de unos límites determinados).
- Qué valores se pueden aplicar al sistema para que permanezca estable.

Se define función de transferencia G(s) de un sistema como la relación entre la señal de salida con respecto a la de entrada o el cociente entre las transformadas de Laplace de las señales de salida y entrada.

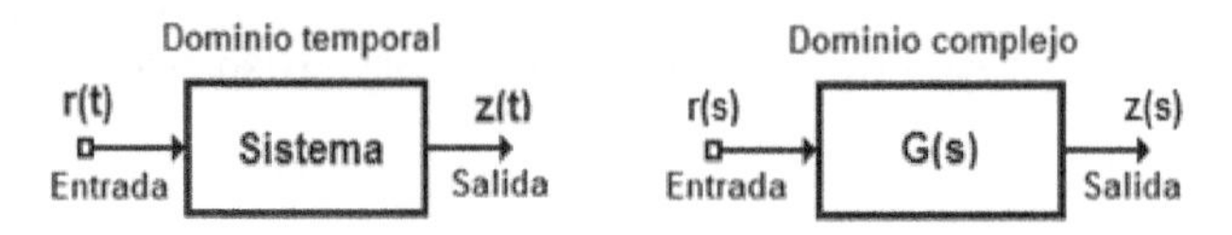

Matemáticamente se representará: $G(s) = \dfrac{z(s)}{r(s)} = \dfrac{L[z(t)]}{L[r(t)]}$

CIRCUITOS DE LOS SISTEMAS DE CONTROL

A continuación se describen algunos circuitos importantes utilizados en este tipo de sistemas, tales como los comparadores o detectores de error, los amplificadores, los restadores, etc. Para su construcción se utilizan generalmente dispositivos electrónicos (amplificadores operacionales).

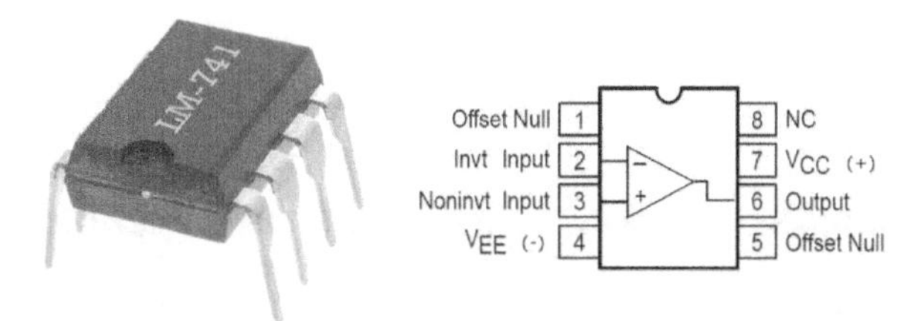

a) Comparador

En este caso compara una señal variable de entrada (U_e) con respecto a una señal fija o de referencia (U_{ref}), proporcionando a la salida (U_0) un nivel de tensión u otro en función de la alimentación del circuito ($\pm U_{CC}$).

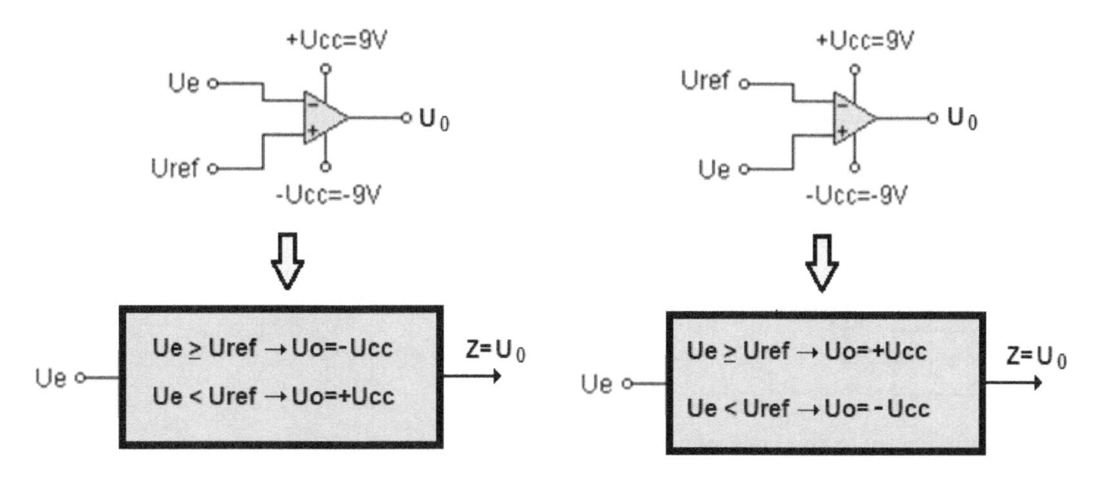

b) Amplificador

Proporciona una señal a la salida (U_0) que depende de la entrada (U_e). Puede ser inversor o no inversor, según la señal de entrada se aplique por la entrada inversora (negativa) o no inversora (positiva).

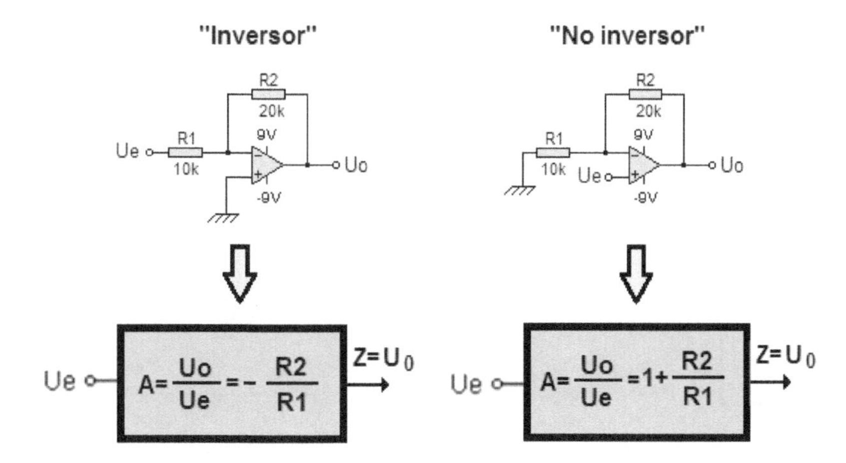

c) Restador

Proporciona una señal de salida (U_0) que es igual a la diferencia de las entradas (U_1 y U_2) multiplicado por una ganancia (A) que depende de las resistencias. En este caso la tensión de salida será igual:

$$U_0 = (U_2 - U_1)\cdot\frac{R_2}{R_1} = (U_2 - U_1)\cdot A$$

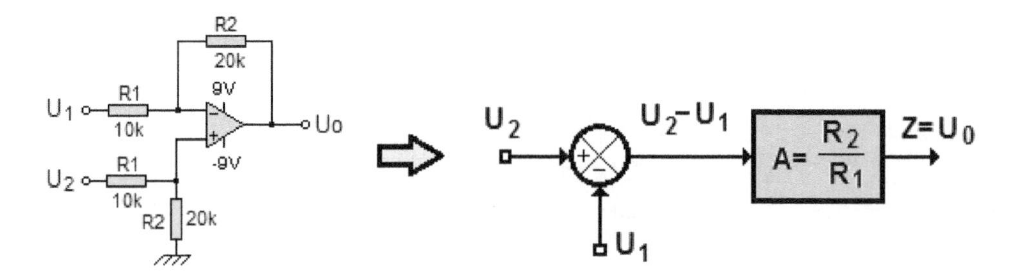

Ni que decir tiene que si las cuatro resistencias son iguales, la ganancia (A) será igual a uno y por tanto se comporta simplemente como un restador o comparador de error.

COMBINACIONES BÁSICAS DE BLOQUES. REGLAS DE SIMPLIFICACIÓN

Sabemos que un bloque es una representación gráfica de la relación causa-efecto existente entre la entrada y la salida de un sistema físico y que representa la operación matemática que se ejecuta sobre la entrada para obtener la salida. A continuación se describen las distintas combinaciones de bloques, en función de las diferentes líneas de actuación o de conexión:

a) Conexión en serie: la función de transferencia del conjunto es igual al producto de las funciones de transferencia de cada bloque.

r(s) → G₁(s) → G₂(s) → z(s) ⟺ r(s) → G(s) → z(s)

$$G(s)=\frac{z(s)}{r(s)}=G_1(s)\cdot G_2(s)$$

b) Conexión en paralelo: la función de transferencia del conjunto es igual a la suma de las funciones de transferencia de cada bloque.

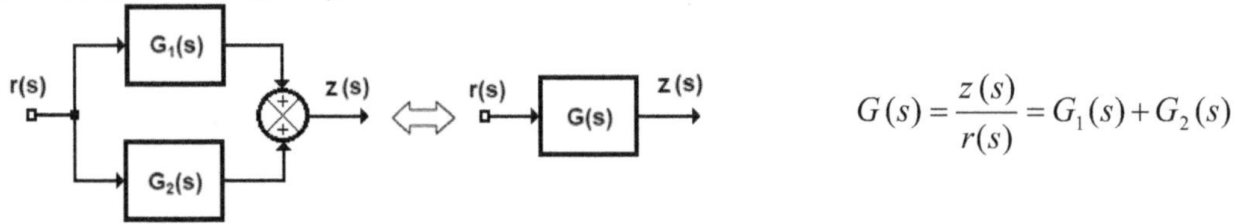

$$G(s)=\frac{z(s)}{r(s)}=G_1(s)+G_2(s)$$

c) Conexión en anillo con realimentación directa: no existe un segundo elemento en la realimentación.

r(s) → e(s) → G₁(s) → z(s) ⟺ r(s) → G(s) → z(s)

$$e(s)=r(s)-z(s)$$
$$z(s)=G_1(s)\cdot e(s)$$

$$z(s)=G_1(s)\cdot e(s)=G_1(s)\cdot[r(s)-z(s)]=G_1(s)\cdot r(s)-G_1(s)\cdot z(s)$$
$$z(s)+G_1(s)\cdot z(s)=G_1(s)\cdot r(s)$$
$$z(s)\cdot[1+G_1(s)]=G_1(s)\cdot r(s)\Rightarrow G(s)=\frac{z(s)}{r(s)}=\frac{G_1(s)}{1+G_1(s)}$$

d) Conexión en anillo con realimentación a través de un segundo elemento: es la conexión típica de los sistemas en bucle cerrado.

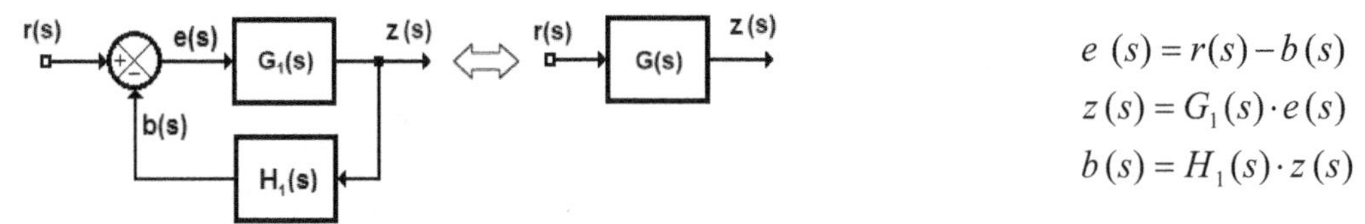

$$e(s)=r(s)-b(s)$$
$$z(s)=G_1(s)\cdot e(s)$$
$$b(s)=H_1(s)\cdot z(s)$$

$$z(s)=G_1(s)\cdot e(s)=G_1(s)\cdot[r(s)-b(s)]=G_1(s)\cdot[r(s)-H_1(s)\cdot z(s)]$$
$$z(s)+H_1(s)\cdot G_1(s)\cdot z(s)=G_1(s)\cdot r(s)$$
$$z(s)\cdot[1+H_1(s)\cdot G_1(s)]=G_1(s)\cdot r(s)\Rightarrow G(s)=\frac{z(s)}{r(s)}=\frac{G_1(s)}{1+G_1(s)\cdot H_1(s)}$$

e) Transposición de puntos de suma: consiste en mover un punto de suma o comparador al otro lado de un bloque con objeto de facilitar la simplificación. Puede ser:

- **De la entrada de un bloque a la salida de éste:**

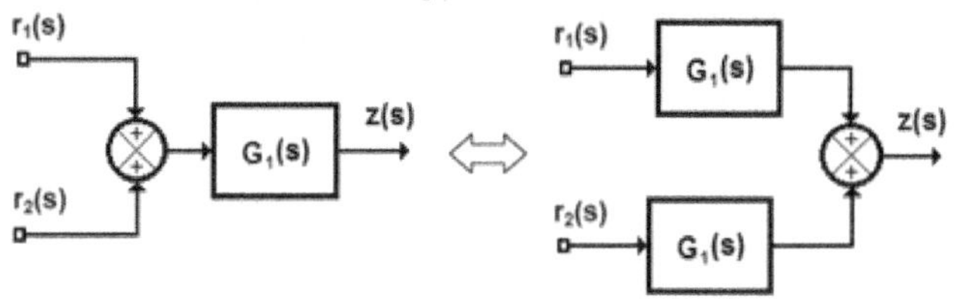

$$z(s)=[r_1(s)+r_2(s)]\cdot G_1(s)$$
$$z(s)=r_1(s)\cdot G_1(s)+r_2(s)\cdot G_1(s)=[r_1(s)+r_2(s)]\cdot G_1(s)$$

- **De la salida de un bloque a la entrada de éste:**

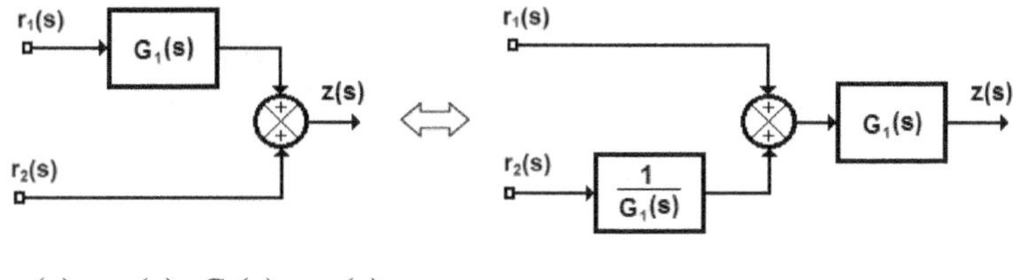

$$z(s)=r_1(s)\cdot G_1(s)+r_2(s)$$
$$z(s)=G_1(s)\cdot[r_1(s)+\frac{1}{G_1(s)}r_2(s)]=r_1(s)\cdot G_1(s)+r_2(s)$$

f) Transposición de puntos de bifurcación: consiste en mover un punto de bifurcación al otro lado de un bloque con objeto de facilitar la simplificación. Puede ser:

- **De la salida de un bloque a la entrada de éste:**

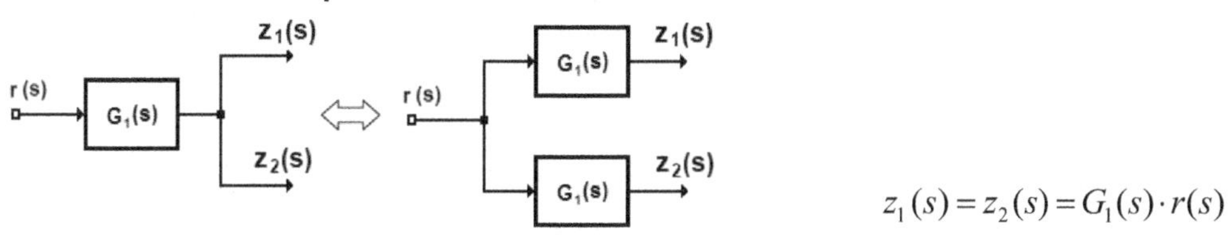

$$z_1(s)=z_2(s)=G_1(s)\cdot r(s)$$

- **De la entrada de un bloque a la salida de éste:**

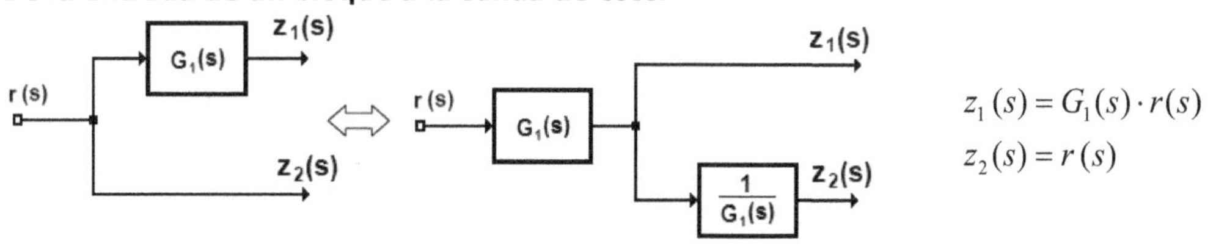

$$z_1(s)=G_1(s)\cdot r(s)$$
$$z_2(s)=r(s)$$

SISTEMAS DE CONTROL EN LAZO ABIERTO

Un sistema de control en lazo abierto es aquél en el que la señal de salida no influye sobre la señal de entrada (no existe realimentación). La exactitud de estos sistemas depende de su calibración, de manera que al calibrarlos se establece una relación entre la entrada y la salida con el fin de obtener del sistema la exactitud deseada.

Estos sistemas se controlan o bien directamente mediante un pulsador o un interruptor, o por medio de un transductor, siendo la función del transductor la de modificar o adaptar la señal de entrada, para que pueda ser procesada convenientemente por los elementos de control (controlador) y posteriormente éstos puedan enviar otra señal de salida sobre los accionadores para que actúen en consecuencia sobre la planta. Ejemplo el control de riego de un jardín o un secador de manos con pulsador. Básicamente el diagrama de bloques típico será el siguiente:

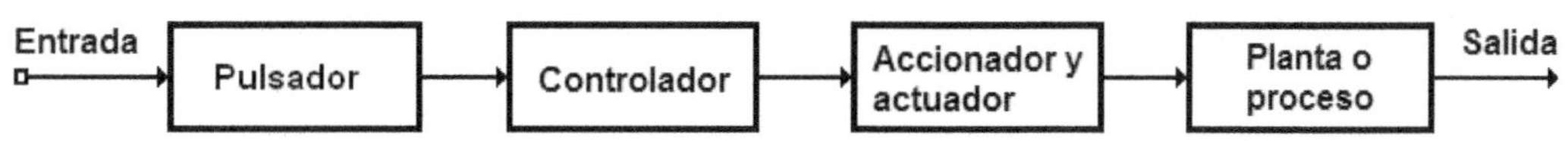

SISTEMAS DE CONTROL EN LAZO CERRADO

Un sistema de control en lazo cerrado es aquél en el que la acción de control es, en cierto modo, dependiente de la salida; es decir recibe información desde la salida para determinar si ésta se ha ejecutado correctamente. Para ello, se establece una realimentación desde la salida hacia la entrada. La realimentación es la propiedad de un sistema de lazo cerrado, según la cual, la salida se compara con la entrada del sistema, de manera que la acción de control se establezca en función de ambas.
El diagrama de bloques correspondiente a un sistema de control en lazo cerrado es:

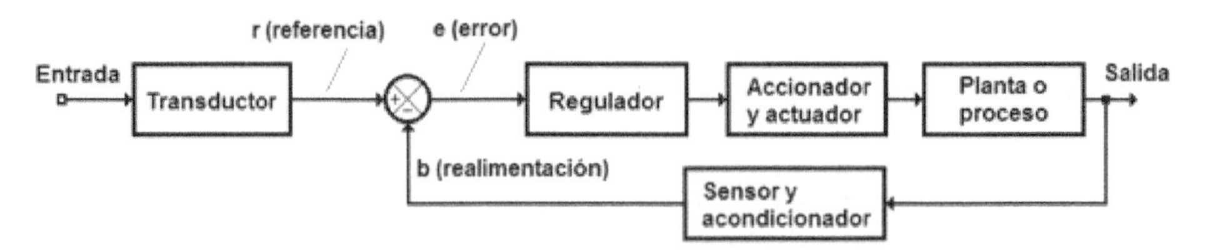

La salida del sistema de regulación se realimenta mediante un sensor y un circuito electrónico que acondiciona la señal, de manera que en el comparador o detector de error, la señal de referencia (salida del transductor) se compara con la señal de salida medida por el transductor, con lo que se genera la siguiente señal de error: e(t) = r(t)-b(t); donde e(t) es la señal de error, r(t) la señal de referencia y b(t) la variable realimentada.
Pueden suceder dos casos:

- Que la señal de error sea nula; en este caso la salida tendrá exactamente el valor previsto en la entrada.
- Que la señal de error no sea nula; en este caso la señal de error actúa sobre el elemento regulador que a su salida proporciona una señal que, a través del elemento accionador, influye en la planta o proceso para que la salida alcance el valor previsto y de esta manera el error se anule.

Un ejemplo de este tipo puede ser el control de temperatura de una habitación, un secador de manos con detector de presencia, el control de velocidad del motor que mueve una cinta transportadora, etc.

CARACTERÍSTICAS DE LA FUNCIÓN DE TRANSFERENCIA

Las características de la función de transferencia dependen únicamente de las propiedades físicas de los componentes del sistema, y no de la señal de entrada aplicada.
La función de transferencia viene dada como el cociente de dos polinomios en la variable compleja "s" de Laplace, uno N(s) (numerador) y otro D(s) (denominador).

$$G(s)=\frac{N(s)}{D(s)}=\frac{b_0\cdot s^m+b_1\cdot s^{m-1}+...+b_{n-1}\cdot s+b_n}{a_0\cdot s^n+a_1\cdot s^{n-1}+...+a_{n-1}\cdot s+a_n}$$

La función de transferencia resulta muy útil para, una vez calculada la transformada de Laplace de la entrada, conocer de forma inmediata la transformada de Laplace de la salida. Calculando la trasformada inversa se obtiene la respuesta en el tiempo del sistema ante esa entrada determinada.

Con respecto a la función de transferencia conviene destacar:

- El grado del denominador de la función de transferencia es el orden del sistema.
- Distintos sistemas pueden compartir la misma función de transferencia, por lo que ésta no proporciona información a cerca de la estructura interna del mismo.
- El polinomio del denominador de la función de transferencia "D(s)" se llama función característica, ya que determina, por medio de los valores de sus coeficientes, las características físicas de los elementos que componen el sistema.
- La función característica igualada a cero se conoce como ecuación característica del sistema:

$$D(s)=a_0\cdot s^n+a_1\cdot s^{n-1}+...+a_{n-1}\cdot s+a_n$$

- Las raíces de la ecuación característica se denominan **polos** del sistema. Las raíces del numerador N(s) reciben el nombre de **ceros** del sistema.

Se puede demostrar que para que un sistema sea físicamente realizable, el número de polos debe ser mayor, o al menos igual, que el número de ceros. Si fuese al contrario, esto implicaría que el sistema responde antes de que se produzca el estímulo, lo cual es físicamente imposible.
Por tanto el orden del sistema dependiendo de su función característica puede ser:

- Sistemas de orden cero: su función de transferencia no tiene ningún polo.
- Sistemas de primer orden: su función de transferencia tiene un polo.
- Sistemas de segundo orden: su función de transferencia tiene dos polos.
- Sistemas de orden superior: su función de transferencia tiene más de dos polos.

ESTUDIO DE LA ESTABILIDAD DE UN SISTEMA. MÉTODO DE ROUTH

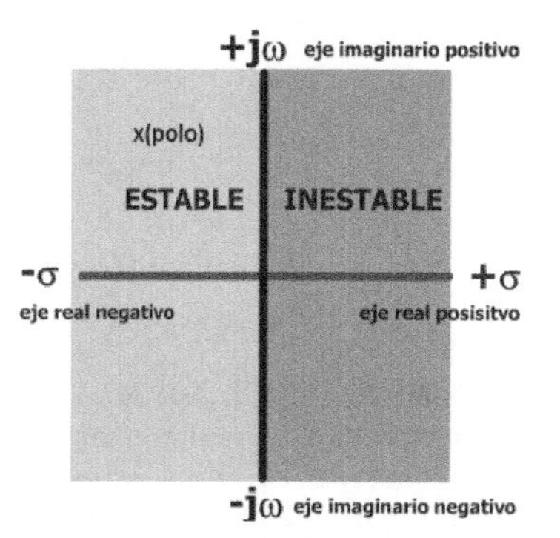

Decimos que un **sistema es estable** cuando permanece en equilibrio en tanto no se excite mediante una fuente externa y, cuando ésta actúa, vuelve a una nueva posición de equilibrio una vez desaparecida la excitación. También podemos decir que un sistema es estable, cuando ante una entrada de un valor limitado, la salida tiende a un valor también limitado dentro de unos límites previamente determinables.
Para que un **sistema sea estable**, las raíces de la ecuación característica o polos deben estar situadas en el **lado izquierdo** del semiplano complejo de Laplace:

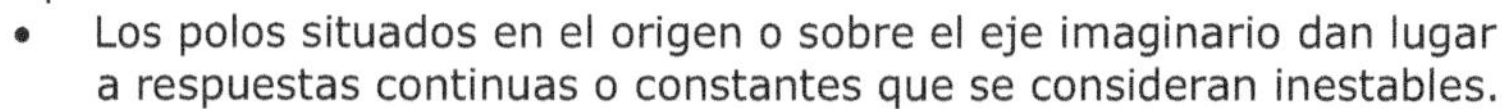

- Los polos situados en el origen o sobre el eje imaginario dan lugar a respuestas continuas o constantes que se consideran inestables.

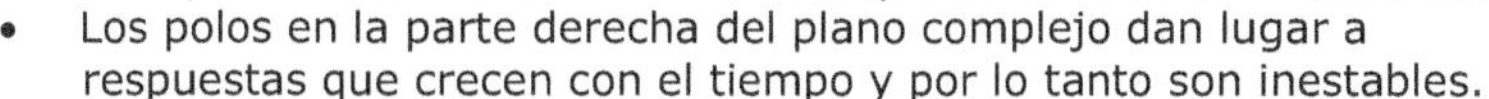

- Los polos en la parte derecha del plano complejo dan lugar a respuestas que crecen con el tiempo y por lo tanto son inestables.

Cuando se produce un cambio en la señal de entrada, o bien cuando actúan perturbaciones sobre un sistema de control, el régimen normal de funcionamiento no se alcanza inmediatamente, sino tras un cierto tiempo, en el que ocurren una serie de fenómenos transitorios. Por tanto, en el estudio de la respuesta de un sistema a lo largo del tiempo hay que considerar dos partes:

- **Respuesta transitoria o dinámica**: es la que ofrece el sistema durante un cierto tiempo tras el cambio en la señal de consigna o tras la acción de las perturbaciones. Se caracteriza por adoptar las variables del sistema valores anormales e inestables. Esta parte de la respuesta tiende a anularse a medida que va transcurriendo el tiempo si el sistema es estable.
- **Respuesta permanente**: es la que ofrece el sistema pasado un cierto tiempo cuando ya sus variables se han estabilizado y presentan un valor normal de funcionamiento.
  Es necesario por tanto que los parámetros de diseño del sistema de control sea el adecuado para que la respuesta transitoria del sistema no sea ni muy brusca ni demasiado lenta. La respuesta transitoria caracteriza la estabilidad del sistema y su rapidez de respuesta. La respuesta en régimen permanente ofrece información sobre la precisión del sistema y de su estado de equilibrio.

Para realizar el estudio del comportamiento de los sistemas de control, unos de los métodos es someterlos a determinadas excitaciones o señales de entrada estandarizadas (impulso, escalón, rampa,....) y observar la respuesta del sistema o señal de salida ante dichas entradas. Las más simple y representativa es la función escalón (variación brusca y mantenida de la señal de entrada), que representa la puesta en marcha de un sistema (como darle al botón de marcha). También se suele utilizar para el análisis además del escalón, una señal estándar, llamada Delta de Dirac $\delta(t)$ unitario.

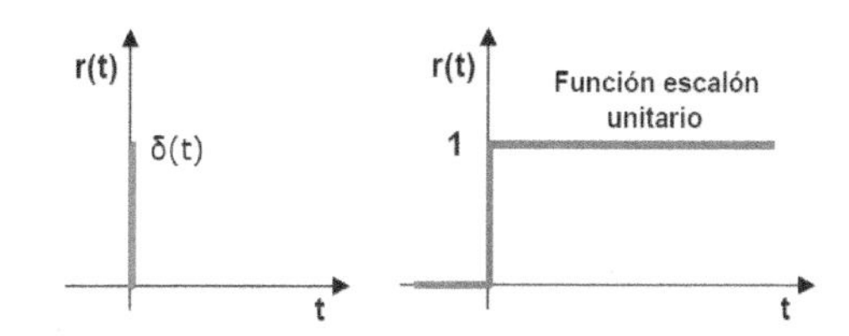

Dependiendo de la naturaleza del sistema pueden producirse diferentes respuestas en la salida ante una entrada escalón:

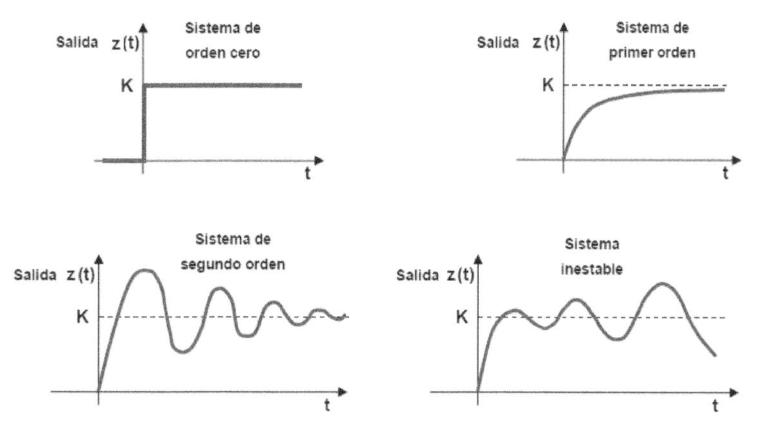

Un sistema de control también es estable cuando al aplicar en su entrada una señal estándar, Delta de Dirac $\delta(t)$, la respuesta en la salida es una señal que decrece con el tiempo, es decir, se hace cero al tender el tiempo a infinito. Por ejemplo las dos respuestas siguientes son estables.

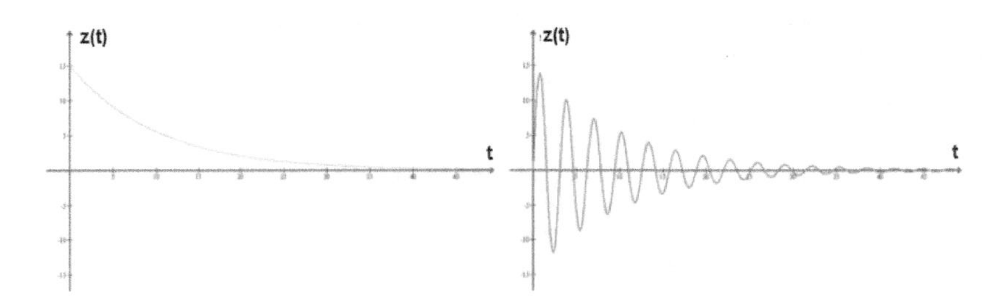

MÉTODO DE ROUTH

Anteriormente hemos visto que al denominador de la función de transferencia se le denomina función característica, y que igualada a cero se conoce con el nombre de ecuación característica del sistema. Se aplica tanto en lazo abierto como en lazo cerrado.

La ecuación característica (polinomio en "s" del denominador) será: $a_0 \cdot s^n + a_1 \cdot s^{n-1} + ... + a_{n-1} \cdot s + a_n$

El criterio de estabilidad de Routh indica si hay o no raíces positivas en una ecuación polinómica del grado que sea, sin tener que resolverla. El procedimiento es el siguiente:

- En primer lugar se escribe el polinomio en "s" ordenado: $D(s) = a_0 \cdot s^n + a_1 \cdot s^{n-1} + ... + a_{n-1} \cdot s + a_n$ (se supone que $a_n \neq 0$)
- En segundo lugar se comprueba que el polinomio está completo y que todos los términos son positivos (condición necesaria pero no suficiente).
- Si todos los coeficientes son positivos, se colocan en filas y columnas como sigue:

	Términos			
s^n	$\mathbf{a_0}$	a_2	a_4	a_6
s^{n-1}	$\mathbf{a_1}$	a_3	a_5	a_7
s^{n-2}	$\mathbf{b_1}$	b_2	b_3	
...	...	...		
...	...	...		
s^2	$\mathbf{e_1}$	e_2		
s^1	$\mathbf{f_1}$			
s^0	$\mathbf{g_1}$			

El resto de coeficientes los calculamos de la siguiente forma:

$$b_1 = \frac{a_1 \cdot a_2 - a_0 \cdot a_3}{a_1} \qquad b_2 = \frac{a_1 \cdot a_4 - a_0 \cdot a_5}{a_1} \qquad b_3 = \frac{a_1 \cdot a_6 - a_0 \cdot a_7}{a_1}$$

Recuerda que una fila completa se puede simplificar dividiendo o multiplicando por un número entero. De la misma forma determinamos las restantes filas c, d, e, f, g,...

- Si en la ecuación característica algún coeficiente distinto de "a_n" es cero, o si hay algún coeficiente negativo, hay varias raíces positivas o raíces imaginarias con parte real positiva, el sistema es inestable.
- El sistema **será estable si en la primera columna no hay cambios de signo**, ya que el número de cambios de signo es igual a las raíces de la ecuación con partes reales positivas.

Además se pueden presentar dos casos especiales:

a) Un término de la primera columna, en cualquier fila, es 0 y los demás no.

- Sustituimos el 0 por un número positivo muy pequeño ε.

- Si los signos de los coeficientes que hay por encima y por debajo del cero son del **mismo signo**, indica que hay dos raíces imaginarias (sistema estable).

- Si los coeficientes que hay por encima y por debajo son de **distinto signo**, indica que hay un cambio de signo en el sistema (sistema inestable).

b) Si todos los coeficientes de la fila son cero, formamos un polinomio auxiliar con los coeficientes del último renglón, lo derivamos y los nuevos coeficientes los ponemos en el renglón siguiente.

Por ejemplo para la siguiente ecuación característica ($s^3+2s^2+s+2=0$), si aplicamos el criterio de Routh observamos que la ecuación está completa y que todos los términos son positivos:

s^3	1	1
s^2	**2**	2
s^1	**0=ε**	b_2
s^0	**2**	

En este caso, en la tercera fila de la primera columna tenemos un cero; como los signos de los coeficientes que hay por encima y por debajo del cero son del mismo signo, entonces tenemos dos raíces imaginarias (sistema estable); sin embargo, si el de arriba y el de abajo de "a_n" fuesen de distinto signo, indicaría que hay un cambio de signo en el sistema (inestable).

EJERCICIOS RESUELTOS DE "SISTEMAS DE REGULACIÓN Y CONTROL"

1. En la figura se muestra una resistencia lineal variable rotatoria (captador angular) de 1kΩ alimentada por una pila de 10V. Entre uno de sus terminales y el cursor se conecta una carga R_L. En el supuesto de que el ángulo de rotación máximo sea θ_{max}=330º, calcula:
a) La tensión de salida (U_0) para un ángulo de rotación θ=82,5º en circuito abierto (sin carga R_L).
b) Siendo ahora θ=165º, calcula la tensión de salida (U_0) para R_L=1kΩ.

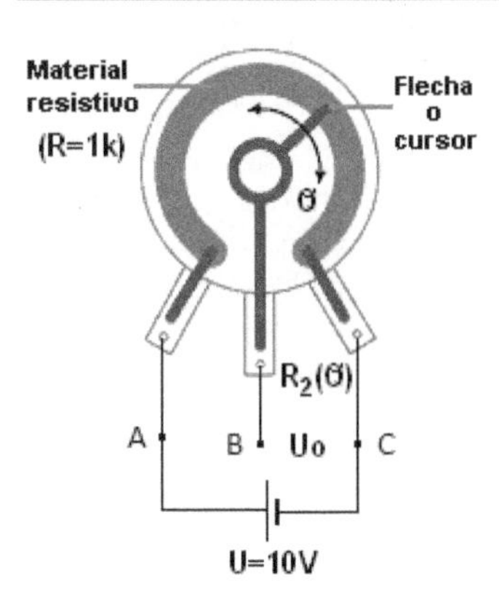

a) La resistencia R_2 y la tensión de salida (U_0) en circuito abierto será:

$$R_2(\theta) = R\frac{\theta}{\theta_{max}} = 1000\Omega \cdot \frac{82{,}5^o}{330^o} = 250\,\Omega$$

$$R = R_1 + R_2 = 1k\,\Omega \Rightarrow R_1 = R - R_2 = 750\,\Omega$$

$$I = \frac{10\,V}{1\,k\Omega} = 0{,}01A$$

$$U_0 = U_{BC} = I \times R_2 = 0{,}01A \times 250\,\Omega = 2{,}5\,V$$

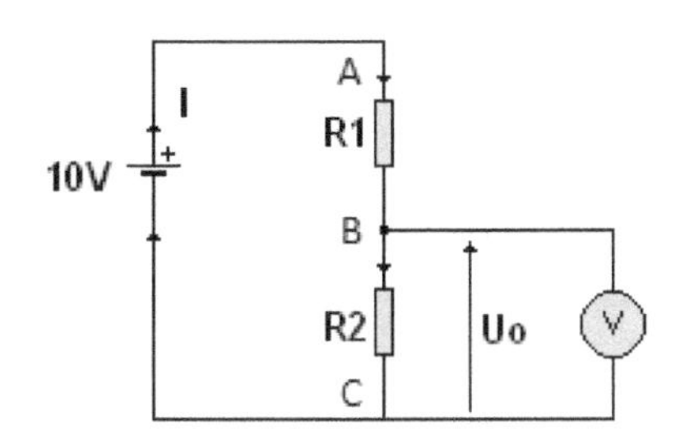

b) Para un ángulo de giro de 165º, la resistencia R_2 será:

$$R_2(\theta) = R\frac{\theta}{\theta_{max}} = 1000\Omega\frac{165^o}{330^o} = 500\,\Omega$$

$$R = R_1 + R_2 = 1k\,\Omega \Rightarrow R_1 = 500\,\Omega$$

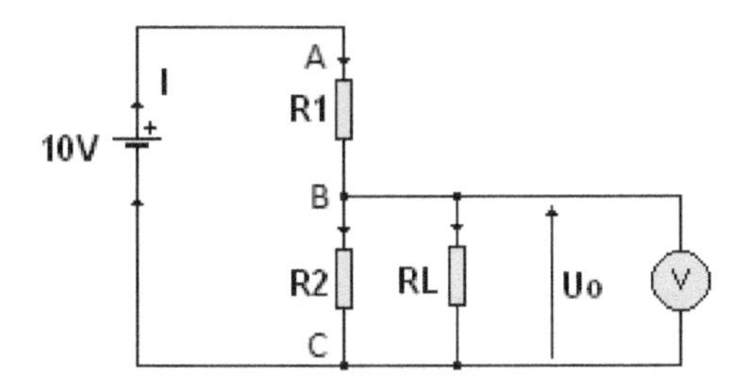

$$R_0 = \frac{R_2 \cdot R_L}{R_2 + R_L} = \frac{500 \cdot 1000}{1500} = 333{,}3\Omega$$

$$I = \frac{10\,V}{500 + 333{,}3\,k\Omega} = 0{,}012A$$

$$U_0 = U_{BC} = I \times R_0 = 0{,}012A \times 333{,}3\,\Omega = 4\,V$$

2. La figura muestra un circuito de termopar tipo K cuya impedancia interna es despreciable y su respuesta entre 0 y 500ºC es prácticamente lineal. Calcula:

a) El valor neto de la fuerza electromotriz generada para T_1=300ºC y T_2=70ºC.
b) El valor neto de la fuerza electromotriz generada para T_1=70ºC y T_2=-100ºC.
c) El coeficiente "α" de temperatura (sensibilidad μV/ºC) entre 0 y 300 ºC.
d) Si la máxima temperatura a medir es de 500ºC, cuál será la ganancia "G" del amplificador a colocar para que la máxima tensión a su salida sea de U_0=5V. Suponer la temperatura de la unión fría ahora de 25ºC.

En la siguiente tabla se muestra la tensión en mV, manteniendo la temperatura de referencia T_2 a cero grados centígrados:

Temperatura T_1(ºC)	Tensión (mV)
300	12,21
70	2,85
25	1,075
-100	-3,55

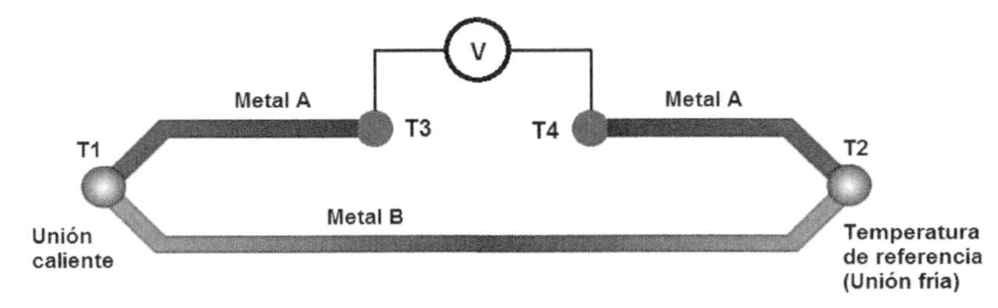

a) Al ser la impedancia de entrada despreciable: $T_{K1}\approx T_{K3}$ y $T_{K2}\approx T_{K4}$; por lo tanto: $U_{K1}\approx U_{K3}$ y $U_{K2}\approx U_{K4}$:

$$U = U_{K1} - U_{K2} = 12{,}21 - 2{,}85 = 9{,}36\ mV$$

b) Al igual que en el apartado anterior:

$$U = U_{K1} - U_{K2} = 2{,}85 - (-3{,}55) = 6{,}4\ mV$$

c) Al ser la respuesta lineal para valores de temperatura positivos, el coeficiente de temperatura "α" será igual:

$$U = \alpha \cdot (T_{K1} - T_{K2}) \Rightarrow 12{,}21\ mV = \alpha \cdot (300 - 0)^{\circ}C \Rightarrow \alpha = \frac{12{,}21\ mV}{300^{\circ}C} = 0{,}0407\frac{mV}{^{\circ}C} = 40{,}7\frac{\mu V}{^{\circ}C}$$

d) La tensión de la unión caliente "U_{K1}"será:

$$U_{K1} = \alpha \cdot T_{K1} = 40{,}7\frac{\mu V}{^{\circ}C} \cdot 500^{\circ}C = 20{,}35 mV$$

$$U = U_{K1} - U_{K2} = 20{,}35 - (1.075) = 19{,}275\ mV$$

$$G = \frac{U_0}{U} = \frac{5\ V}{0{,}019275\ V} = 259{,}4 \approx 260$$

3. El siguiente circuito controla la temperatura de un recinto. Indica en qué situación se encuentran los diodos LED cuando la temperatura es de 20 y 50 ºC respectivamente. Se sabe que el coeficiente de temperatura de la resistencia R(PT2000)= 0,01 ºC^{-1}. Calcula también la temperatura para la cual los diodos LED cambian de posición.

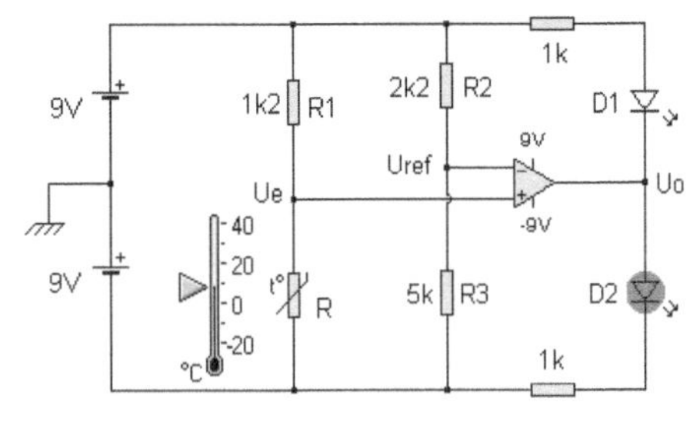

Calculamos en primer lugar la tensión de referencia (U_{ref}):

$$U_{ref} = \frac{18V}{R_2 + R_3} \times R_3 - 9\ V = \frac{18V}{7{,}2\ k\Omega} \times 5\ k\Omega - 9\ V = 3{,}5\ V$$

Cuando la temperatura es de 20 ºC el valor de la resistencia "R" será:

$$R = R_0(1 + \alpha \cdot T) = 2000\Omega \cdot [1 + 0{,}01\frac{1}{^{\circ}C} \cdot 20^{\circ}C] = 2400\Omega$$

La tensión en la entrada "+" del comparador será (U_e):

$$U_e = \frac{18V}{R+R_1} \times R - 9\,V = \frac{18V}{3{,}6\,k\Omega} \times 2{,}4\,k\Omega - 9V = 3V$$

Por tanto, al ser $U_{ref} > U_e$ la salida del comparador estará a nivel bajo (-9V) y se encenderá D_1.
Cuando la temperatura es de 50 ºC el valor de la resistencia "R" será:

$$R = R_0(1+\alpha \cdot T) = 2000\Omega \cdot [1 + 0{,}01\frac{1}{{}^{o}C} \cdot 50^{o}C] = 3000\Omega$$

La tensión en la entrada "+" del comparador será:

$$U_e = \frac{18V}{R+R_1} \times R - 9\,V = \frac{18V}{4{,}2\,k\Omega} \times 3\,k\Omega - 9V = 3{,}85V$$

Por tanto, al ser $U_{ref} < U_e$ la salida del comparador estará a nivel alto (+9V) y se encenderá D_2.
Teniendo en cuenta ahora que el cambio en la tensión de entrada (U_e) se produce para 3,5V, calculamos el valor que toma la resistencia PT:

$$3{,}5V = \frac{18V}{R + 1{,}2\,k\Omega} \times R - 9\,V \Rightarrow 12{,}5V = \frac{18 \times R}{R + 1{,}2\,k\Omega} \Rightarrow R = 2727\Omega$$

Calculamos ahora la temperatura de cambio:

$$2727\Omega = 2000\Omega \cdot [1 + 0{,}01\frac{1}{{}^{o}C} \cdot (T^{o}C)] \Rightarrow T \approx 36^{o}C$$

Por tanto, cuando la temperatura del recinto supera los 36ºC se enciende D_2, en caso contrario se encenderá D_1.

COMPARADOR

E(Ue) → [Ue > 3,5V → D2(ON); Ue ≤ 3,5V → D1(ON)] → Z (Uo)

4. En el diagrama de bloques de la figura, la función de transferencia de ambos comparadores es:
E < 4 → X = 5 ; E ≥ 4 → X = 0
a) Obtenga la función de transferencia Y=f(E).
b) Obtenga la función de transferencia Z=f(E).

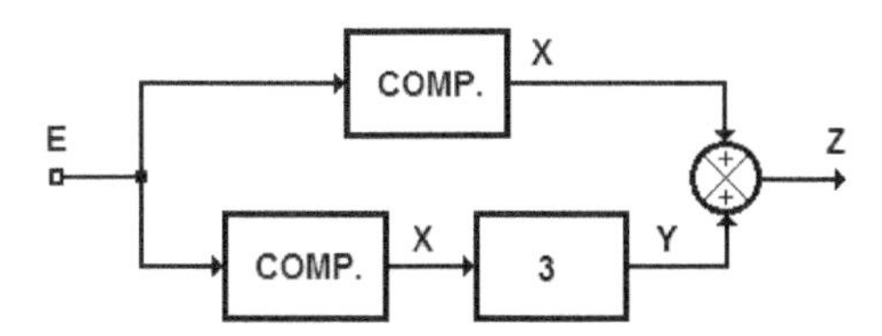

a) A partir del diagrama de bloques inicial y teniendo en cuenta la salida Y:

$$Y = 3 \cdot X \begin{cases} Para\ E < 4 \Rightarrow X = 5; Y = 3 \times 5 = 15 \\ Para\ E \geq 4 \Rightarrow X = 0; Y = 3 \times 0 = 0 \end{cases}$$

b) Teniendo en cuenta ahora la salida del sistema Z:

$$Z = X + 3X = 4X \begin{cases} Para\ E < 4 \Rightarrow X = 5; Y = 4 \times 5 = 20 \\ Para\ E \geq 4 \Rightarrow X = 0; Y = 4 \times 0 = 0 \end{cases}$$

5. En el sistema de la figura se utilizan dos comparadores idénticos con la siguiente función de transferencia:
Comparador: E < 2 → X = 5; E ≥ 2 → X = 0
Obtener la función de transferencia Z=f(E) del sistema.

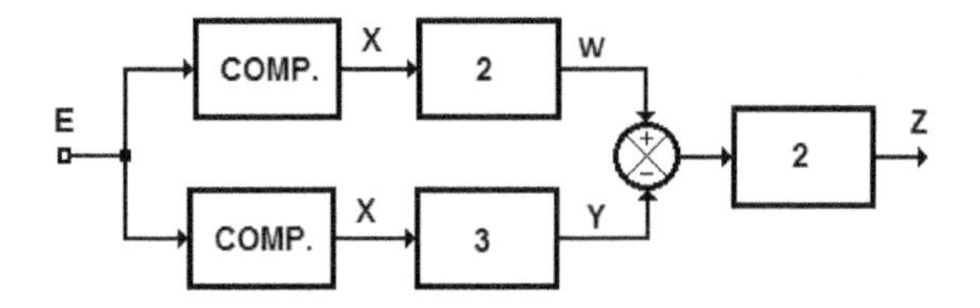

A partir del diagrama de bloques dado, la salida "Z" será igual:

$$Z = 2\cdot(W-Y); W = 2X; Y = 3X \Rightarrow Z = 2\cdot(2X-3X) = 4X-6X = -2X$$

Teniendo en cuenta ahora el funcionamiento de ambos comparadores:

$$Para\ \ E<2 \Rightarrow X = 5 \Rightarrow Z = -2\cdot 5 = -10$$

$$Para\ \ E\geq 2 \Rightarrow X = 0 \Rightarrow Z = -2\cdot 0 = 0$$

6. En la figura se muestra el sistema de control de temperatura de un invernadero, que está formado básicamente por una resistencia PT100 (sensor) que mide la temperatura del recinto, 2 ventiladores, un amplificador de ganancia "G" y 2 comparadores con las siguientes funciones de transferencia:

Comparador 1:	*Comparador 2*:
$E_1 < Y$ (V) → Z_1 (OFF)	$E_2 < 6$ (V) → Z_2 (OFF)
$E_1 \geq Y$ (V) → Z_1 (ON)	$E_2 \geq 6$ (V) → Z_2 (ON)

El funcionamiento del sistema debe ser el siguiente:

· Si la temperatura es inferior a 25ºC ambos ventiladores deben estar desactivados.
· Si la temperatura está comprendida entre 25ºC y 50ºC se debe activar el ventilador 1.
· Si la temperatura es superior a 50ºC, se deben activar ambos ventiladores.

La función de transferencia del transductor es X (voltios) = R(Ω)·0,01 (V/Ω) y la del sensor R(Ω)=100 (Ω) [1+0,01(ºC^{-1})·T(ºC)] mientras que los ventiladores se activan con una señal de 12 voltios.
Se pide:
a) Obtenga el valor de la ganancia "G" para que el ventilador 2 se active con una temperatura igual o superior a 50ºC.
b) Obtenga el umbral (Y) del primer comparador, para que el sistema completo funcione según lo indicado.

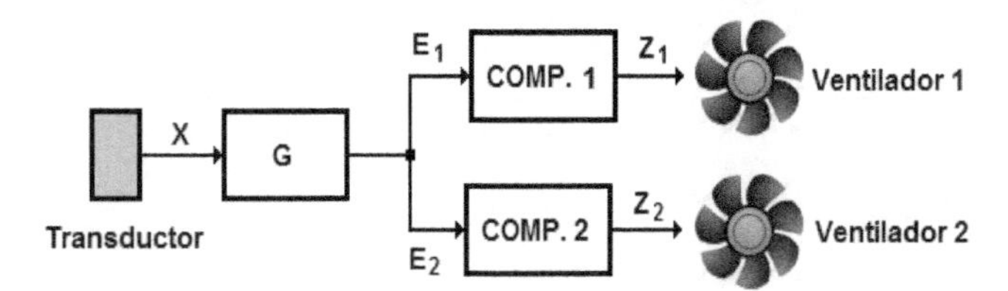

a) Calculamos en primer lugar el valor que toma la salida del transductor para 50ºC:

$$R(\Omega) = 100\,\Omega\cdot[1+0{,}01\frac{1}{^{\circ}C}\cdot 50^{\circ}C] = 150\,\Omega$$

$$X(V) = R(\Omega)\cdot 0{,}01\,(\frac{V}{\Omega}) = 150\,\Omega\cdot 0{,}01\,(\frac{V}{\Omega}) = 1{,}5V$$

Teniendo en cuenta ahora que el ventilador 2 se activa cuando $E_2 \geq 6$:

$$E_1 = E_2 = G\cdot X\,;\, E_2 \geq 6 \Rightarrow G\cdot X \geq 6 \Rightarrow G\cdot 1{,}5 \geq 6 \Rightarrow G \geq \frac{6}{1{,}5} \Rightarrow G \geq 4$$

b) Teniendo en cuenta ahora que el primer comparador se debe activar cuando la temperatura supera los 25ºC, calculamos el valor de la salida del transductor para esa temperatura:

$$R(\Omega) = 100\,\Omega\cdot[1+0{,}01\frac{1}{^{\circ}C}\cdot 25^{\circ}C] = 125\,\Omega$$

$$X(V) = R(\Omega)\cdot 0{,}01\,(\frac{V}{\Omega}) = 125\,\Omega\cdot 0{,}01\,(\frac{V}{\Omega}) = 1{,}25V$$

Calculamos ahora el valor del umbral "Y" para que se ponga en marcha el primer ventilador:

$$E_1 = E_2 = G\cdot X\,;\, E_1 \geq Y \Rightarrow G\cdot X \geq Y \Rightarrow G\cdot 1{,}25 \geq Y \Rightarrow 4\cdot 1{,}25 \geq Y$$

$$5 \geq Y \Rightarrow Y < 5$$

7. Simplifica el siguiente diagrama de bloques y calcula la función de transferencia G=Z/E.

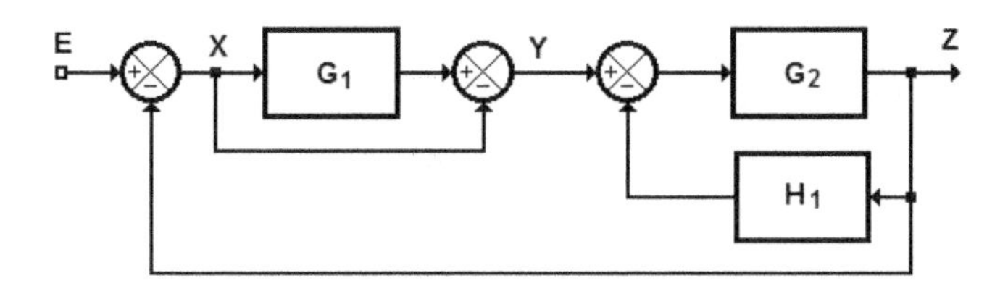

Simplificamos en primer lugar el segundo sumador: $Y = G_1 \cdot X - X = X \cdot (G_1 - 1) \Rightarrow \frac{Y}{X} = G_1 - 1$

A continuación realizamos la realimentación negativa formada por los bloques G_2 y H_1:

$$\frac{Z}{Y} = \frac{G_2}{1 + G_2 \cdot H_1}$$

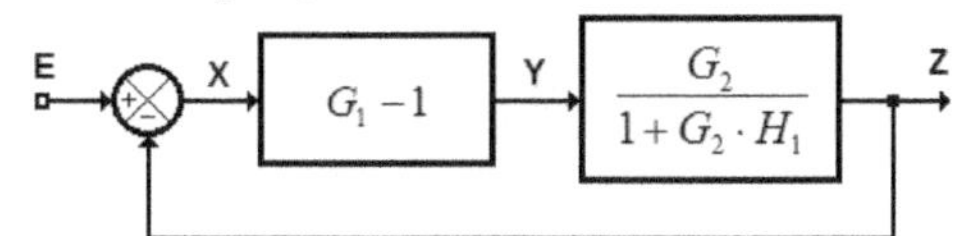

Finalmente agrupamos en serie los dos bloques anteriores y realizamos la realimentación directa negativa:

E X $\frac{(G_1 - 1) \cdot G_2}{1 + G_2 \cdot H_1}$ Z

$$G = \frac{Z}{E} = \frac{\frac{(G_1 - 1) \cdot G_2}{1 + G_2 \cdot H_1}}{1 + \frac{(G_1 - 1) \cdot G_2}{1 + G_2 \cdot H_1}} = \frac{\frac{(G_1 - 1) \cdot G_2}{1 + G_2 \cdot H_1}}{\frac{1 + G_2 \cdot H_1 + (G_1 - 1) \cdot G_2}{1 + G_2 \cdot H_1}} = \frac{(G_1 - 1) \cdot G_2}{1 + G_2 \cdot H_1 + (G_1 - 1) \cdot G_2}$$

8. Simplifica el siguiente diagrama de bloques y calcula la función de transferencia G=Z/E.

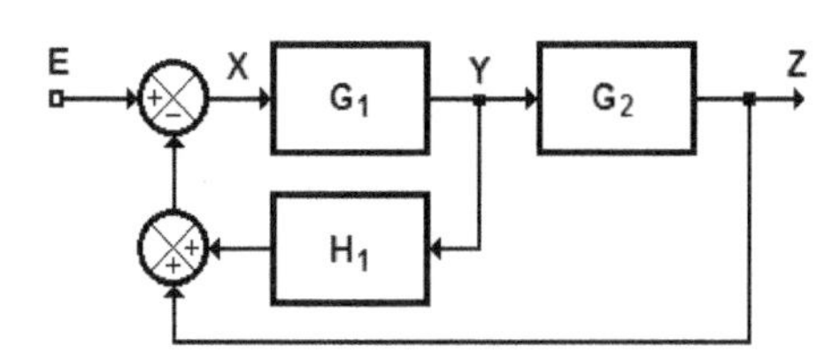

A partir del diagrama de bloques inicial, calculamos el valor de X en función de los dos sumandos:

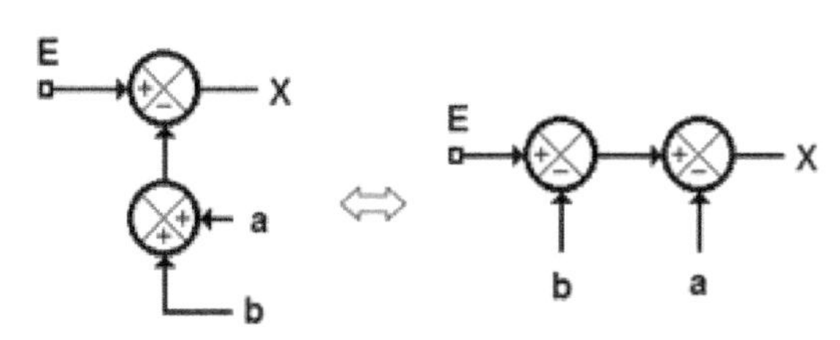

$$X = E - (a + b) = E - a - b$$

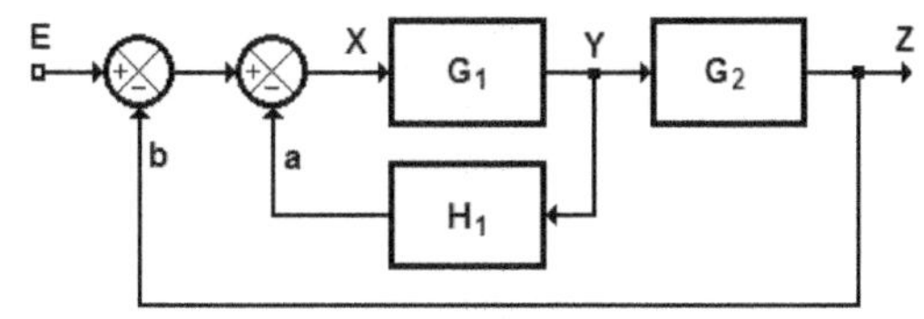

Calculamos ahora la realimentación negativa formada por G_1 y H_1:

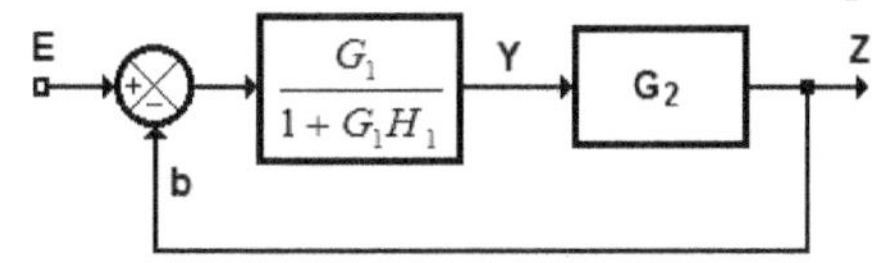

Finalmente agrupamos los dos bloques en serie y calculamos la segunda realimentación negativa:

$$G=\frac{Z}{E}=\frac{\frac{G_1G_2}{1+H_1G_1}}{1+\frac{G_1G_2}{1+H_1G_1}}=\frac{\frac{G_1G_2}{1+H_1G_1}}{\frac{1+H_1G_1+G_1G_2}{1+H_1G_1}}=\frac{G_1G_2}{1+H_1G_1+G_1G_2}$$

9. Simplifica el siguiente diagrama de bloques y calcula la función de transferencia G=Z/E.

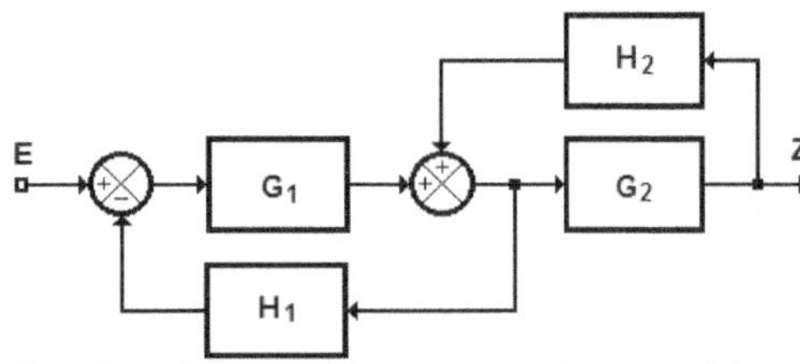

En primer lugar realizamos una transposición del segundo sumador de la salida del bloque G_1 hacia la entrada de éste:

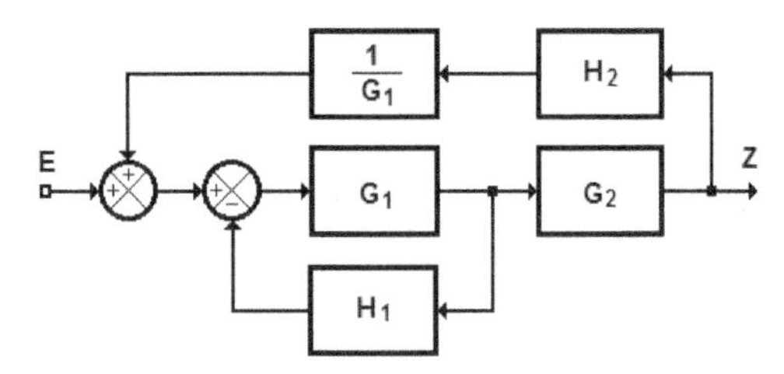

A continuación agrupamos los dos bloques que están en serie y simplificamos el bucle de realimentación negativa formado por G_1 y H_1:

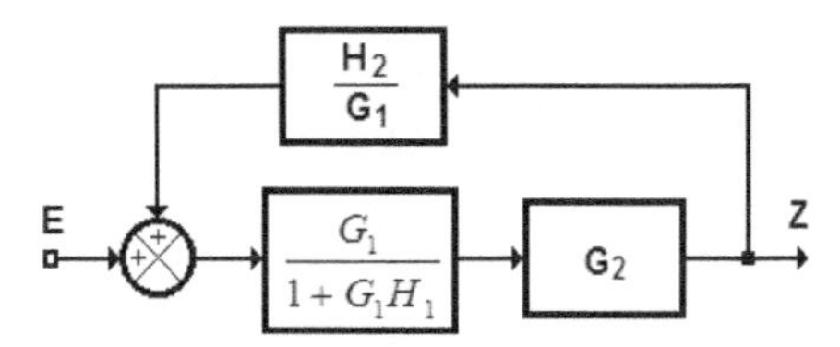

Finalmente agrupamos los dos bloques en serie de la cadena directa y simplificamos el bucle de realimentación positiva:

$$G=\frac{Z}{E}=\frac{\frac{G_1G_2}{1+G_1H_1}}{1-\frac{G_1G_2}{1+G_1H_1}\cdot\frac{H_2}{G_1}}=\frac{\frac{G_1G_2}{1+G_1H_1}}{1-\frac{G_2H_2}{1+G_1H_1}}=\frac{\frac{G_1G_2}{1+G_1H_1}}{\frac{1+G_1H_1-G_2H_2}{1+G_1H_1}}=\frac{G_1G_2}{1+G_1H_1-G_2H_2}$$

10. Simplifica el siguiente diagrama de bloques y calcula la función de transferencia G=Z/E.

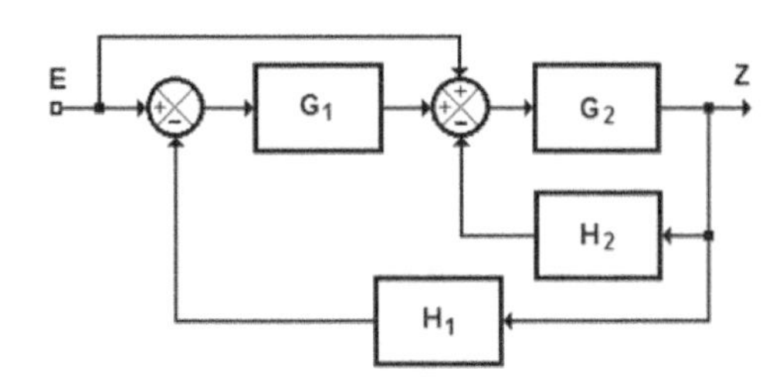

En primer lugar pasamos parte del segundo sumador de la salida del bloque G_1 a la entrada de éste:

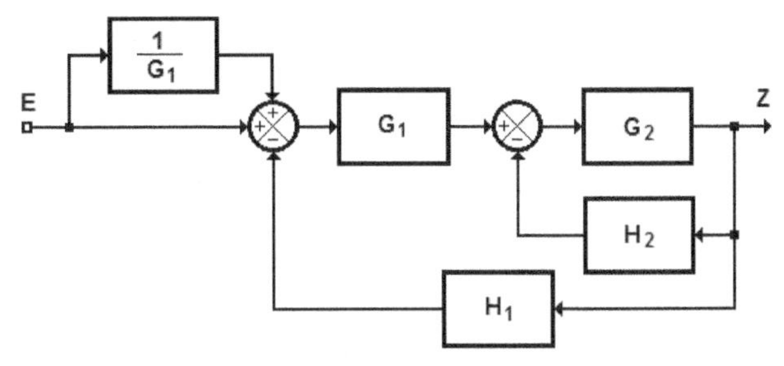

A continuación simplificamos los dos sumandos positivos del primer sumador y el bucle de realimentación negativa:

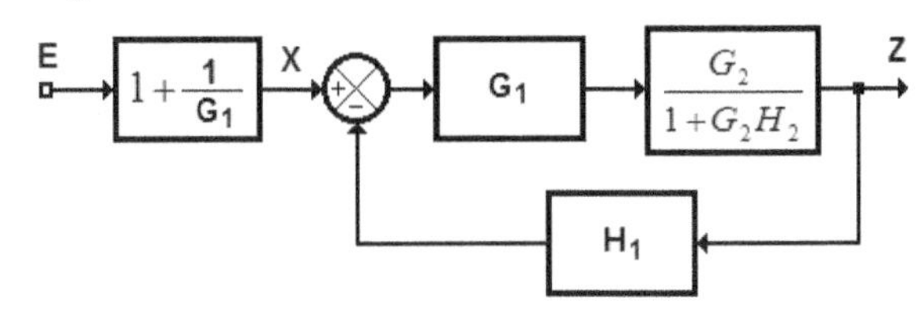

Seguidamente agrupamos los dos bloques en serie y realizamos la segunda realimentación negativa:

$$\frac{Z}{X}=\frac{\dfrac{G_1G_2}{1+G_2H_2}}{1+\dfrac{G_1G_2H_1}{1+G_2H_2}}=\frac{\dfrac{G_1G_2}{1+G_2H_2}}{\dfrac{1+G_2H_2+G_1G_2H_1}{1+G_2H_2}}=\frac{G_1G_2}{1+G_2H_2+G_1G_2H_1}$$

Finalmente agrupamos los dos bloques finales en serie:

$$E \rightarrow \boxed{1+\frac{1}{G_1}} \xrightarrow{X} \boxed{\frac{G_1G_2}{1+G_2H_2+G_1G_2H_1}} \rightarrow Z$$

$$G=\frac{Z}{E}=\left(\frac{G_1+1}{G_1}\right)\frac{G_1G_2}{1+G_2H_2+G_1G_2H_1}=\frac{(G_1+1)G_2}{1+G_2H_2+G_1G_2H_1}$$

11. Dibuja el diagrama de bloques correspondiente a cada una de las siguientes funciones de transferencia:

a) $\dfrac{Z}{E}=G_1+\dfrac{G_2}{1+H_1+G_2}$ b) $\dfrac{Z}{E}=\dfrac{G_1}{(G_2+H_1)\cdot(1+G_1)+G_1H_2}$

Los diagramas de bloques que se corresponde con la función de transferencia dada son los siguientes:

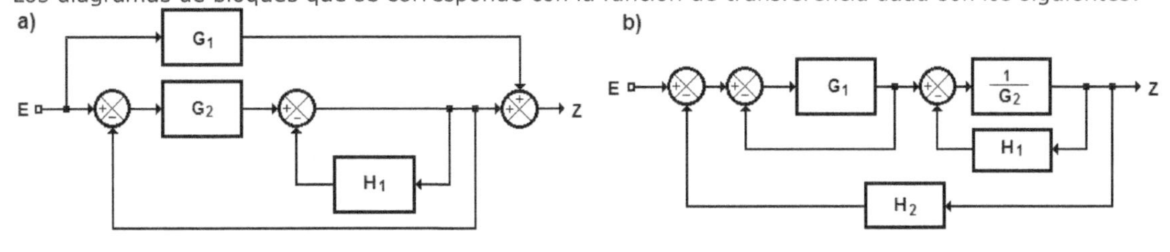

12. Dibuja el diagrama de bloques de un sistema con la siguiente función de transferencia: $\dfrac{Z}{E}=\dfrac{G_2\cdot G_3-G_1}{1+G_3\cdot H_1}$

El diagrama de bloques que se corresponde con la función de transferencia dada es el siguiente:

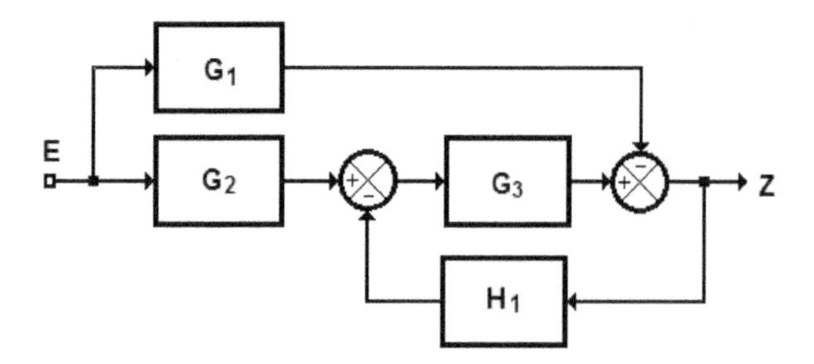

13. Simplifica el siguiente diagrama de bloques y calcula la función de transferencia G=Z/E.

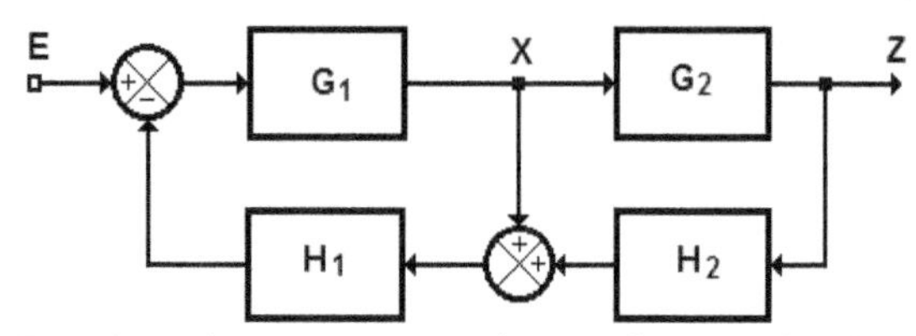

En primer lugar pasamos el segundo sumador de la entrada del bloque H_1 a la salida:

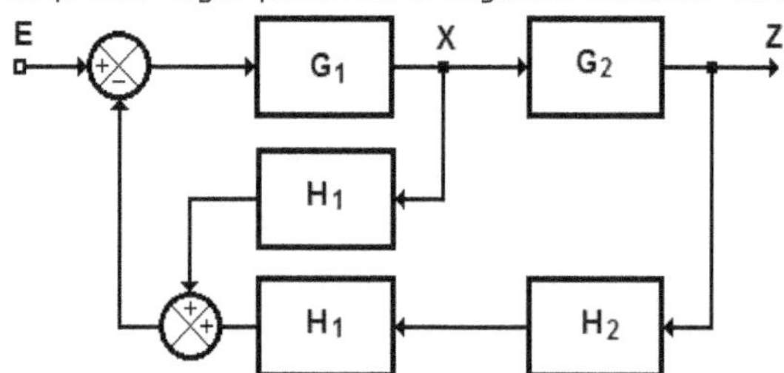

Seguidamente invertimos el orden de los sumandos de los dos sumadores:

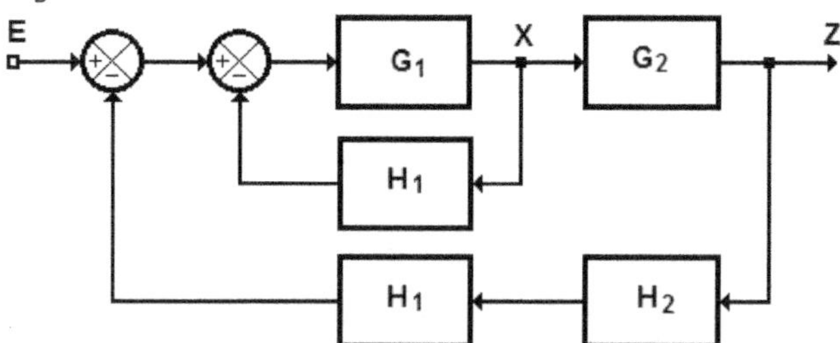

A continuación realizamos la realimentación negativa y la agrupamos en serie con el bloque G_2:

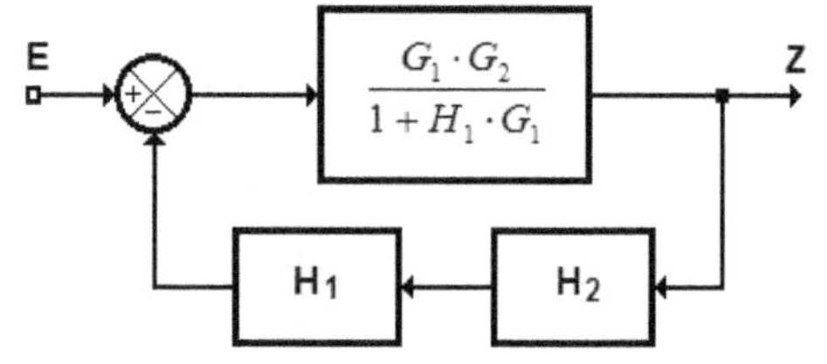

Finalmente realizamos la agrupación en serie de los bloque H_1 y H_2 y realizamos la última realimentación negativa:

$$\frac{Z}{E}=\frac{\dfrac{G_1G_2}{1+H_1\cdot G_1}}{1+\dfrac{G_1G_2H_1H_2}{1+H_1G_1}}=\frac{\dfrac{G_1G_2}{1+H_1\cdot G_1}}{\dfrac{1+H_1G_1+G_1G_2H_1H_2}{1+H_1G_1}}=\frac{G_1G_2}{1+H_1G_1+G_1G_2H_1H_2}$$

14. Dado el diagrama de bloques de la figura:
a) Obtenga la función de transferencia Z=f(X).
b) Obtenga la función de transferencia Z=f(E).

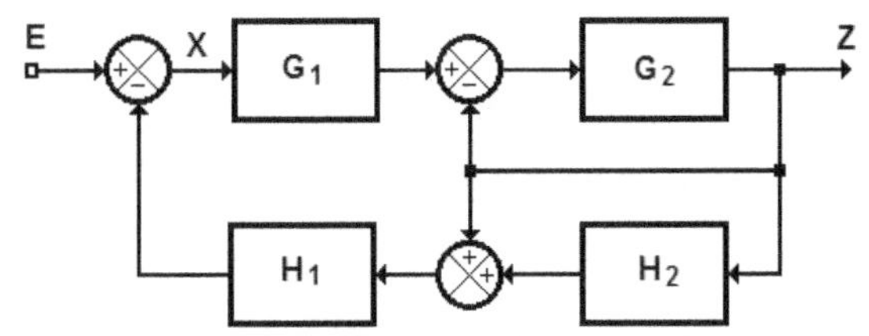

a) A partir del diagrama inicial y teniendo en cuenta el punto de bifurcación Z:

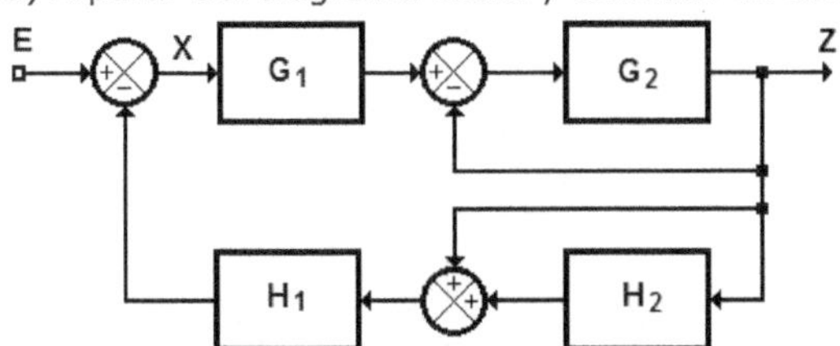

Realizamos ahora la realimentación directa negativa del bloque G_2 y la conexión en paralelo de H_2:

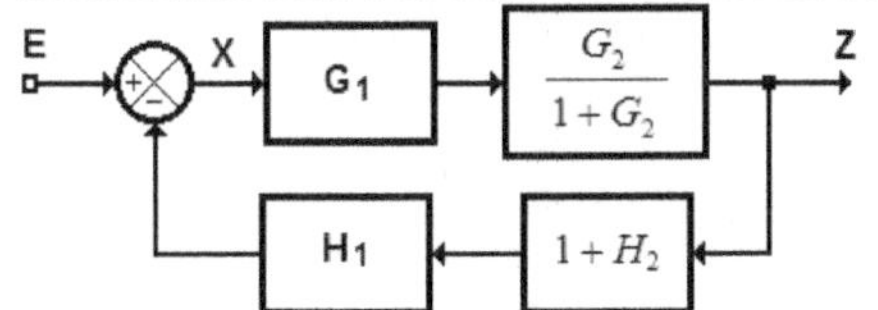

$$\frac{Z}{X}=\frac{G_1 \cdot G_2}{1+G_2}$$

b) Finalmente para calcular la función de transferencia total del sistema, solamente tenemos que agrupar en serie la cadena directa y la cadena de realimentación y resolver finalmente la realimentación negativa:

$$\frac{Z}{E}=\frac{\dfrac{G_1G_2}{1+G_2}}{1+\left(\dfrac{G_1G_2}{1+G_2}\right)\cdot H_1(1+H_2)}=\frac{G_1G_2}{1+G_2+G_1G_2H_1(1+H_2)}$$

15. Dado el diagrama de bloques de la figura:
a) Obtenga la función de transferencia W=f(X).
b) Obtenga la función de transferencia Z=f(E).

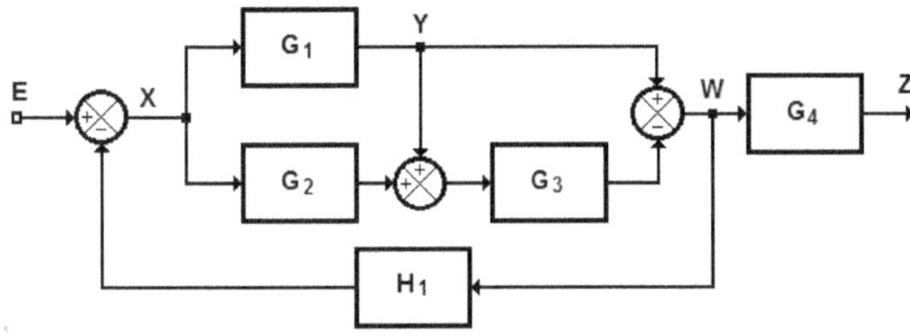

a) A partir del diagrama inicial pasamos el punto de bifurcación "Y" de la salida de G_1 a la entrada de éste, y posteriormente simplificamos las dos cadenas:

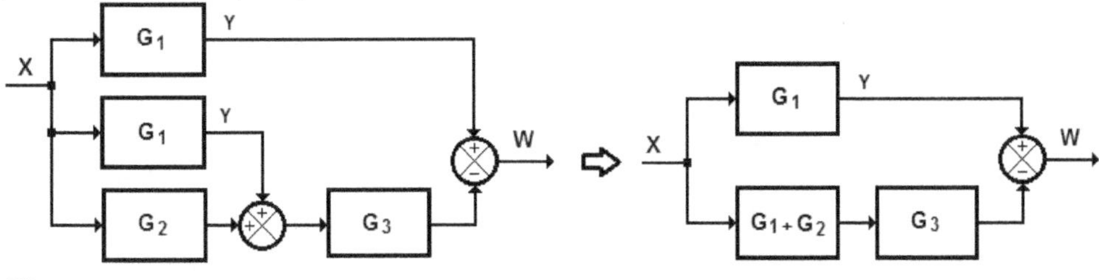

$$\frac{W}{X}=G_1-(G_1+G_2)\cdot G_3$$

b) Completamos ahora el resto del sistema:

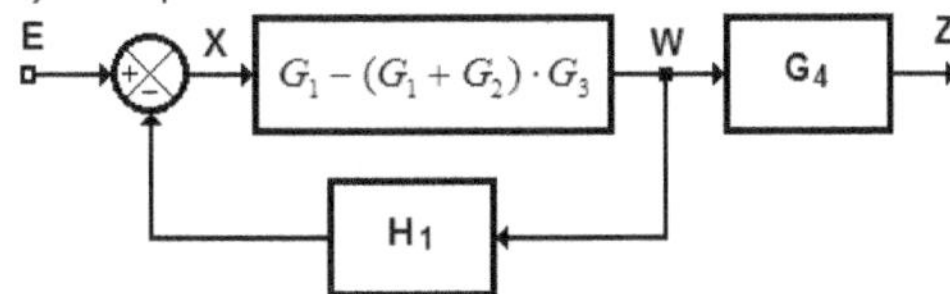

Finalmente resolvemos la realimentación negativa y le agrupamos en serie G_4:

$$\frac{Z}{E}=\frac{[G_1-(G_1+G_2)\cdot G_3]\cdot G_4}{1+[G_1-(G_1+G_2)\cdot G_3]\cdot H_1}$$

16. Para el siguiente diagrama de bloques, se pide:
a) Función de transferencia: Z=f(X)
b) Función de transferencia: Z=f(E)

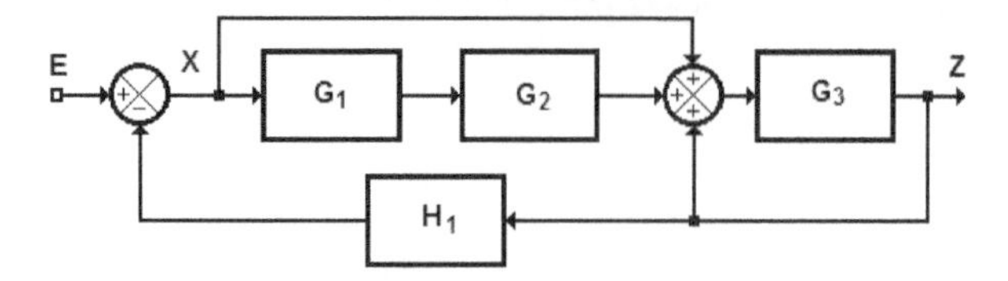

a) A partir del diagrama de bloques inicial, descomponemos el segundo sumador en dos sumadores y la bifurcación de salida Z:

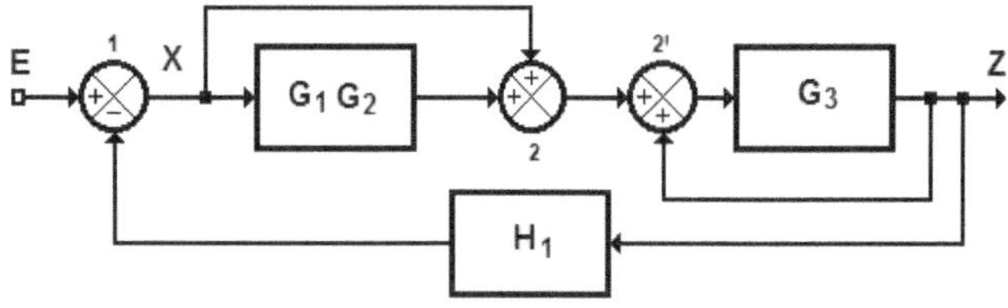

$$\frac{Z}{X}=[1+G_1\cdot G_2]\cdot[\frac{G_3}{1-G_3}]=\frac{G_3+G_1\cdot G_2\cdot G_3}{1-G_3}$$

b) Función de transferencia: Z=f(E)

$$\frac{Z}{E}=\frac{\frac{G_3+G_1\cdot G_2\cdot G_3}{1-G_3}}{1+[\frac{G_3+G_1\cdot G_2\cdot G_3}{1-G_3}]\cdot H_1}=\frac{G_3+G_1\cdot G_2\cdot G_3}{1-G_3+G_3\cdot H_1+G_1\cdot G_2\cdot G_3\cdot H_1}$$

17. Simplifica el siguiente diagrama de bloques y calcula la función de transferencia (Z/E).

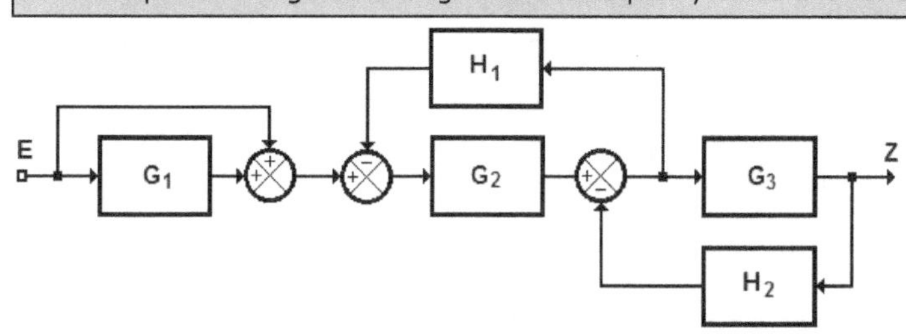

Simplificamos el primer sumador y pasamos el tercer sumador a la izquierda del bloque G_2:

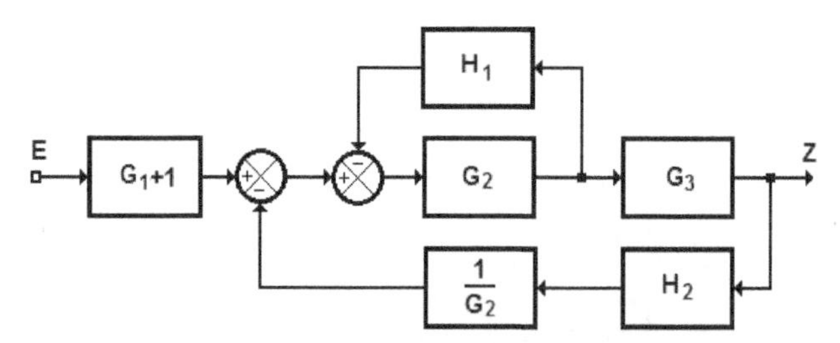

Seguidamente agrupamos los dos bloques que están en serie y simplificamos el bucle de realimentación negativa formado por G_2 y H_2:

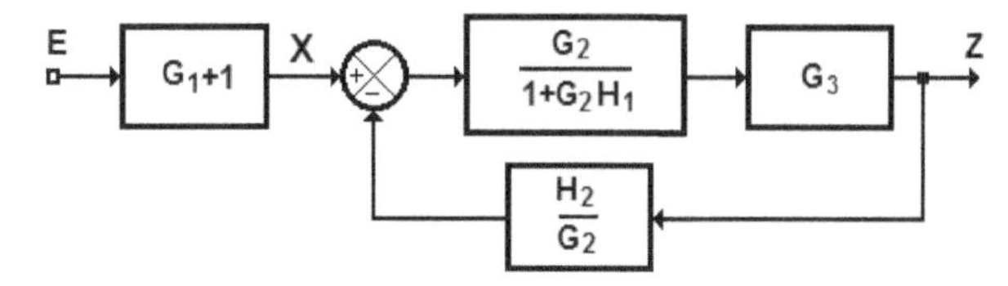

Finalmente agrupamos los dos bloques que están en serie y simplificamos el bucle de realimentación final:

$$\frac{Z}{X}=\frac{\dfrac{G_2G_3}{1+G_2H_1}}{1+\dfrac{G_2G_3}{1+G_2H_1}\cdot\dfrac{H_2}{G_2}}=\frac{\dfrac{G_2G_3}{1+G_2H_1}}{1+\dfrac{G_3H_2}{1+G_2H_1}}=\frac{\dfrac{G_2G_3}{1+G_2H_1}}{\dfrac{1+G_2H_1+G_3H_2}{1+G_2H_1}}=\frac{G_2G_3}{1+G_2H_1+G_3H_2}$$

Finalmente agrupando estos dos últimos bloques en serie nos queda:

$$G=\frac{Z}{E}=\frac{Z}{X}\cdot\frac{X}{E}=\frac{G_2\,G_3}{1+G_2\,H_1+G_3\,H_2}\cdot(G_1+1)=\frac{(G_1+1)\cdot G_2\,G_3}{1+G_2\,H_1+G_3\,H_2}$$

18. En la figura se muestra un sistema de medida de cierta variable física y un sistema de actuación. Está compuesto por un sensor y un transductor de salida X, una red de amplificación, un comparador y el sistema de actuación. La función de transferencia del comparador es:

$Y< 5 \rightarrow Z = 1$

$Y\geq 5 \rightarrow Z = 0$

Y el actuador se activa cuando a su entrada se tiene un nivel alto (Z=1). Se pide:

a) Obtenga la función de transferencia Y = f(X).

b) Obtenga el margen de valores de la variable X que activan el actuador.

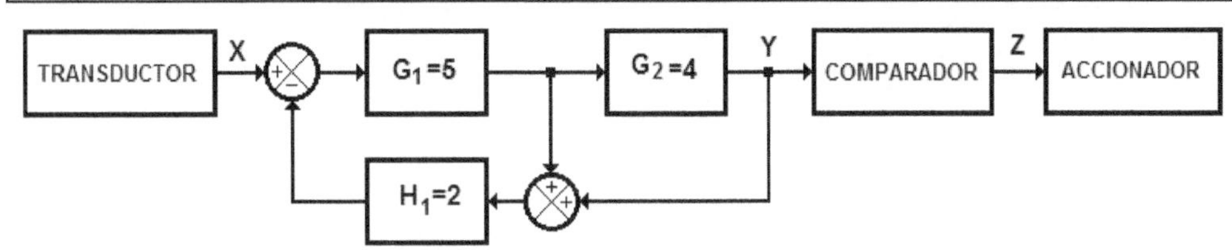

a) A partir del siguiente diagrama de bloques inicial, calculamos en primer lugar la función de transferencia Y=f(X). Para ello en primer lugar pasamos el segundo sumador de la entrada de H_1 a la salida de éste:

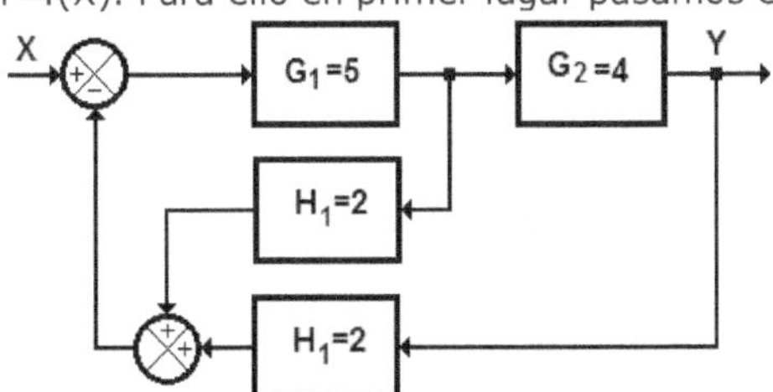

A continuación separamos los sumandos:

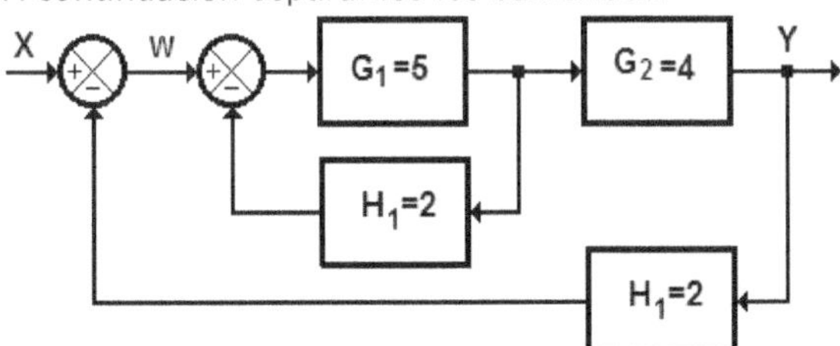

Calculamos ahora la realimentación negativa formada por G_1 y H_1 y la agrupamos en serie con G_2:

$$\frac{Y}{W}=\frac{G_1G_2}{1+G_1H_1}=\frac{5\cdot4}{1+5\cdot2}=\frac{20}{11}$$

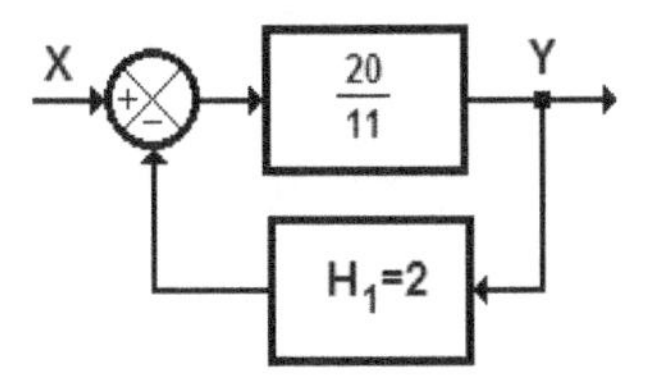

La función de transferencia total será:

$$\frac{Y}{X}=\frac{\dfrac{20}{11}}{1+\dfrac{20}{11}\cdot H_1}=\frac{\dfrac{20}{11}}{1+\dfrac{40}{11}}=\frac{\dfrac{20}{11}}{\dfrac{11+40}{11}}=\frac{20}{51}$$

b) Teniendo en cuenta que el "accionador" se activa cuando a su entrada se tiene un nivel alto (Z=1):

$$Y=\frac{20}{51}\cdot X\Rightarrow\frac{20}{51}\cdot X<5\Rightarrow X<\frac{5\cdot 51}{20}\Rightarrow X<12{,}75$$

19. Simplifica el siguiente diagrama de bloques y calcula la función de transferencia G=Z/E.

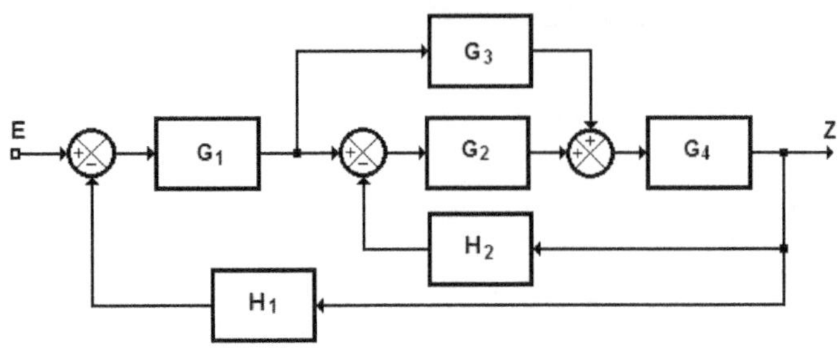

En primer lugar pasamos el segundo sumador de la entrada del bloque G_2 hacia la salida de éste:

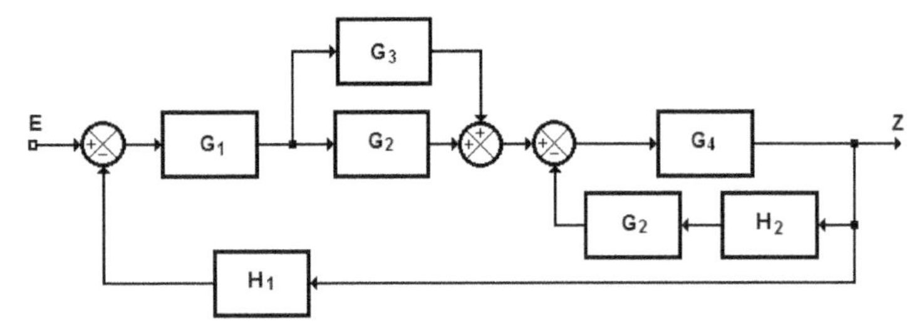

A continuación simplificamos la agrupación en paralelo formada por G_2 y G_3 y el bucle de realimentación negativa formado por G_4, G_2 y H_2.

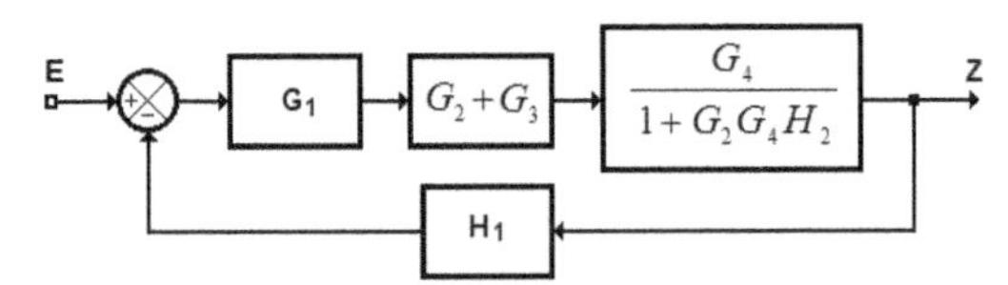

Finalmente agrupamos los tres bloques en serie de la cadena directa y resolvemos la realimentación negativa final:

$$G=\frac{Z}{E}=\frac{\dfrac{G_1G_4(G_2+G_3)}{1+G_2G_4H_2}}{1+\dfrac{G_1G_4(G_2+G_3)H_1}{1+G_2G_4H_2}}=\frac{\dfrac{G_1G_4(G_2+G_3)}{1+G_2G_4H_2}}{\dfrac{1+G_2G_4H_2+G_1G_4(G_2+G_3)H_1}{1+G_2G_4H_2}}=\frac{G_1G_4(G_2+G_3)}{1+G_2G_4H_2+G_1G_4(G_2+G_3)H_1}$$

20. Dado el siguiente diagrama de bloques, se pide:
a) Obtener la función Y/E
b) Obtener la función Z/E

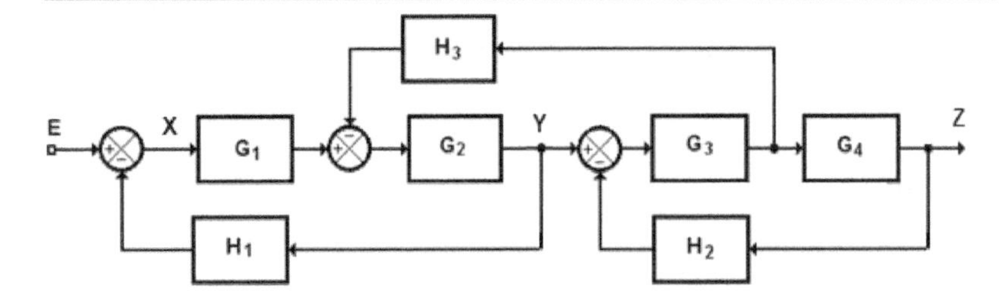

a) En primer lugar pasamos el último punto de bifurcación a la salida de G_4 y el segundo sumador a la entrada de G_1 y posteriormente calculamos Y/E:

$$\frac{Y}{E}=\frac{G_1\cdot G_2}{1+G_1G_2H_2}$$

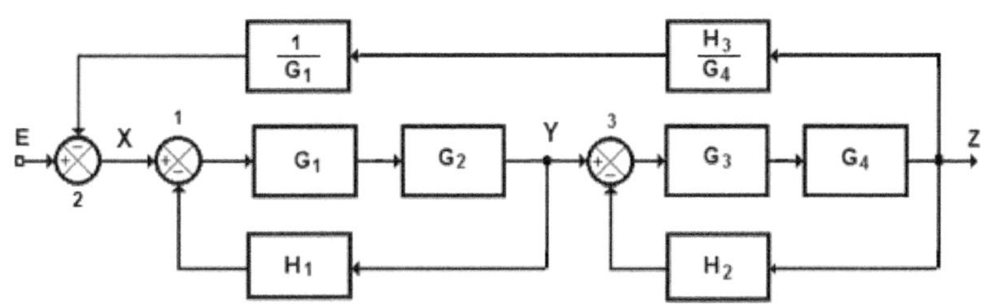

b) Calculamos ahora Z/Y y finalmente calculamos la última realimentación: $\frac{Z}{Y}=\frac{G_3\cdot G_4}{1+G_3G_4H_2}$

$$\frac{Z}{E}=\frac{\frac{G_1\cdot G_2}{1+G_1G_2H_1}\cdot\frac{G_3\cdot G_4}{1+G_3G_4H_2}}{1+\frac{G_1\cdot G_2}{1+G_1G_2H_1}\cdot\frac{G_3\cdot G_4}{1+G_3G_4H_2}\cdot\frac{H_3}{G_1G_4}}=\frac{G_1\cdot G_2\cdot G_3\cdot G_4}{(1+G_1G_2H_1)\cdot(1+G_3G_4H_2)+G_2\cdot G_3\cdot H_3}$$

21. La figura representa un sistema de control del llenado de un depósito. Se muestra gráficamente la función de transferencia del detector de nivel X(voltios)=f(h) y también la función de transferencia de la válvula (accionador): Q(litros/segundo)= f(Y).
Resuelva las siguientes cuestiones:
a) Obtenga la función de transferencia Y = f(X).
b) Calcule el caudal que entra al depósito cuando está vacío y cuando su nivel de llenado es de 30 cm.

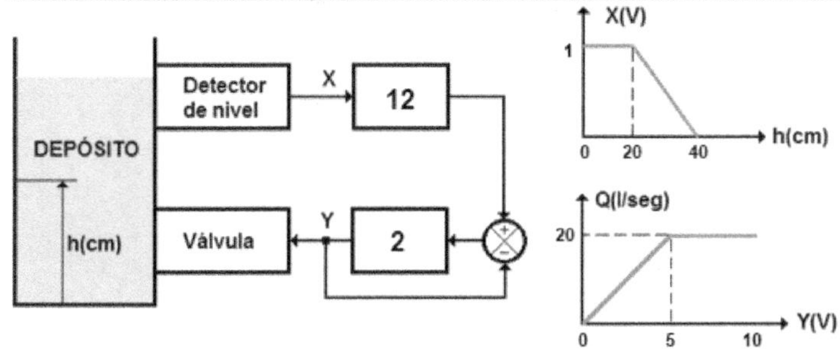

a) Calculamos en primer lugar la función de transferencia Y=f(X):

$$Y=12\cdot\left(\frac{2}{1+2\cdot 1}\right)\cdot X=8\cdot X$$

b) Teniendo en cuenta ahora la función de transferencia del detector de nivel y de la válvula:

- Cuando el depósito está vacío (h=0):

$$Para\ h=0\Rightarrow X=1V\Rightarrow Y=8\cdot X=8\cdot 1=8\,V\Rightarrow Q=20\frac{l}{seg}$$

- Cuando el nivel de llenado está a una altura h=30cm:

$$Para\ h=30\,cm\Rightarrow X=0{,}5V\Rightarrow Y=8\cdot X=4\,V\Rightarrow\frac{5V}{20\frac{l}{seg}}=\frac{4V}{Q}\Rightarrow Q=16\frac{l}{seg}$$

22. La figura representa un sistema de control de un depósito. El detector de volumen entrega una tensión relacionada con la cantidad de líquido almacenada, según la siguiente expresión:
X(voltios) = L/25+ 1,5 (L: litros de líquido en el depósito)
Esta señal es amplificada y se aplica a la válvula que controla la entrada de líquido al depósito. En la figura se indica la función de transferencia de la válvula accionadora, que relaciona el caudal de entrada al depósito (Q:litros/segundo) con la tensión Z (V). Se pide:
a) Obtenga el valor de la constante K, para que cuando el depósito esté vacío, el caudal de entrada al mismo sea máximo (15 litros/segundo).
b) Tomando la K hallada en el apartado anterior, ¿qué volumen de líquido en el depósito provoca el cierre de la válvula (caudal nulo)?.

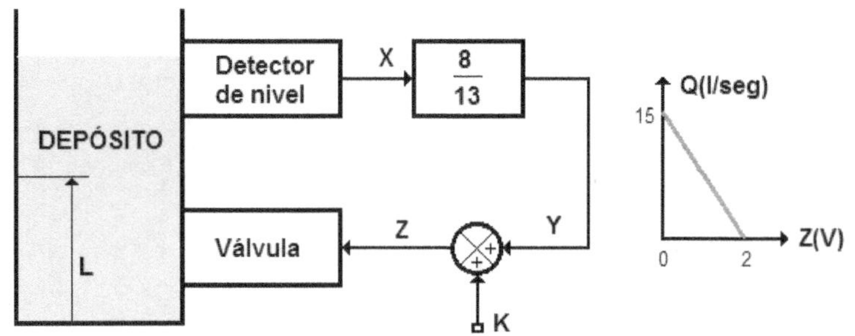

a) En primer lugar calculamos el valor de la salida Z:

$$\left.\begin{aligned} X &= \frac{L}{25} + 1{,}5 \\ Y &= \frac{8}{13}X \end{aligned}\right\} \quad Z = K + Y = K + \frac{8}{13}X$$

Teniendo en cuenta que cuando el depósito está vacío (L=0), el caudal debe ser máximo (15 l/s) y la señal de entrada a la válvula "Z" será igual a 0V:

$$X = \frac{L}{25} + 1{,}5 = 0 + 1{,}5V = \frac{3}{2}V$$

$$Y = \frac{8}{13}X = \frac{8}{13}\cdot\frac{3}{2} = \frac{12}{13}V$$

$$Z = K + Y \Rightarrow 0 = K + Y \Rightarrow K = -Y = -\frac{12}{13}$$

b) Cuando el caudal sea nulo (Q=0) se cerrará la válvula, por tanto en este caso la tensión de la válvula (Z) será igual a 2V, con lo cual:

$$Z = K + Y \Rightarrow 2 = -\frac{12}{13} + Y;\ Y = 2 + \frac{12}{13} = \frac{38}{13}$$

$$X = \frac{13}{8}\cdot Y = \frac{13}{8}\cdot\frac{38}{13} = 4{,}75V$$

$$X = \frac{L}{25} + 1{,}5 \Rightarrow L = (X - 1{,}5)\cdot 25 = (4{,}75 - 1{,}5)\cdot 25 = 81{,}25\ litros$$

23. En la figura siguiente se muestra el sistema de control de temperatura de un horno industrial que funciona entre 0 y 1000 ºC. La función de transferencia del elemento *calefactor* es: T(ºC) = 4(ºC/V)·U_S(V) y la del sensor (*termopar*) de temperatura es: Z=U_T (voltios) = $5\cdot10^{-5}$ (V/ºC) ·T(ºC). Suponiendo que la temperatura del sensor es idéntica a la del calefactor, obtenga:

a) La función de transferencia del horno: Z=f(U_S)
b) La función de transferencia del sistema: Z=f(U_X)
c) Valor de la señal de entrada (U_X) para que la temperatura del horno sea de 750 ºC.
d) La posición del mando deslizante (mm) para que el horno se encuentre a 750 ºC sabiendo que L=100 mm.

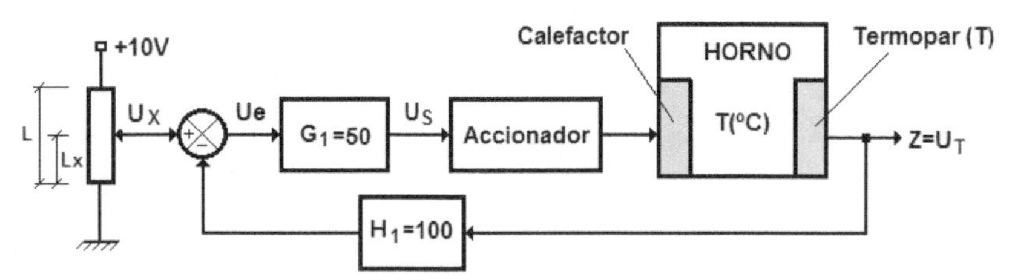

a) La función de transferencia del horno será: Z=f(U_S)

$$\left.\begin{aligned} Z &= 5\cdot10^{-5}[\frac{V}{^{\circ}C}]\cdot T[^{\circ}C] \\ T[^{\circ}C] &= 4[\frac{^{\circ}C}{V}]\cdot U_S[V] \end{aligned}\right\} \quad Z[V] = 5\cdot10^{-5}[\frac{V}{^{\circ}C}]\cdot 4[\frac{^{\circ}C}{V}]\cdot U_S[V] \Rightarrow \frac{Z}{U_S} = 2\cdot10^{-4}$$

b) La función de transferencia del sistema: Z=f(U_X)

$$\frac{Z}{U_X}=\frac{G_1\cdot 2\cdot 10^{-4}}{1+G_1\cdot 2\cdot 10^{-4}\cdot H_1}=\frac{10^{-2}}{1+1}=\frac{1}{200}=0{,}005$$

c) Valor de la señal de entrada (U_X) para que la temperatura del horno sea de 750 ºC.

$$Z=5\cdot 10^{-5}[\frac{V}{^{o}C}]\cdot T[^{o}C]=5\cdot 10^{-5}[\frac{V}{^{o}C}]\cdot 750[^{o}C]=0{,}0375V$$

$$U_X=\frac{Z}{0{,}005}=\frac{0{,}0375}{0{,}005}=7{,}5\,V$$

d) La posición del mando deslizante (mm) para que el horno se encuentre a 750 ºC sabiendo que L=100 mm.

$$U_X=\frac{U}{L}\cdot L_X=\frac{10}{100}\cdot L_X=7{,}5\,V\Rightarrow L_X=75\,mm$$

24. Se desea que la temperatura de un horno se mantenga a 180ºC, y para ello se utiliza el sistema de control mostrado en la figura. La función de transferencia del elemento calefactor es: T(ºC) = 4X (X: voltios) y la del sensor de temperatura es: Z=U_S (voltios) = T/100 (T: ºC).
Suponiendo que la temperatura del sensor es idéntica a la del calefactor, obtenga:
a) La función de transferencia del horno: Z=f(X)
b) La función de transferencia del sistema: Z=f(E)
c) Valor de la señal de entrada (E) para que el horno consiga la temperatura adecuada.
d) La ecuación que relaciona la temperatura (T) con la señal de entrada: T = f(E).

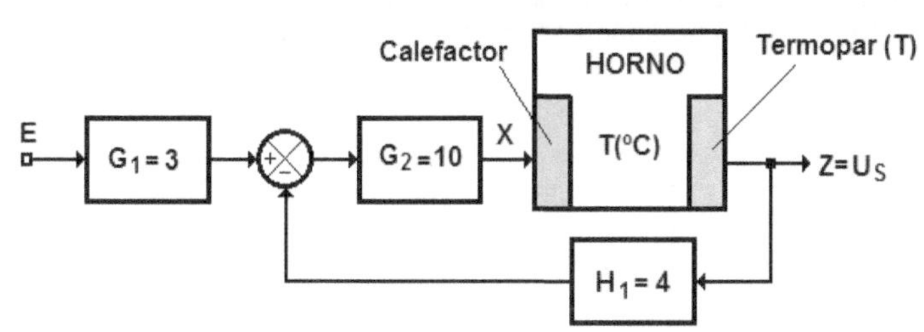

a) A partir del diagrama de bloques inicial la función de transferencia del horno será:

$$\left.\begin{array}{l} Z=\dfrac{T}{100} \\ T=4X \end{array}\right\} Z=\frac{4X}{100}=\frac{X}{25}\Rightarrow\frac{Z}{X}=\frac{1}{25}\Rightarrow Z=\frac{X}{25}$$

b) La función de transferencia del sistema completo será:

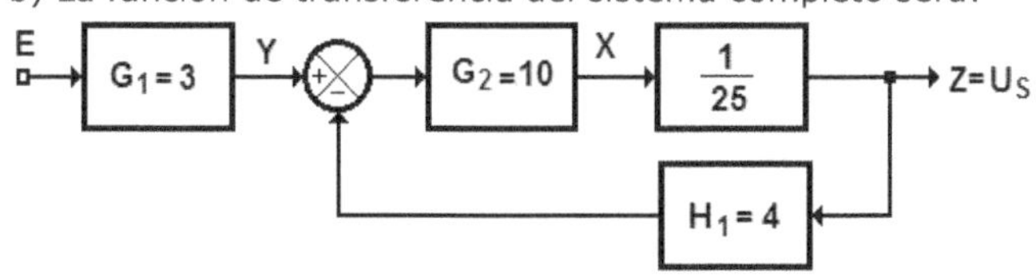

$$\frac{Z}{Y}=\frac{\frac{10}{25}}{1+4\cdot\frac{10}{25}}=\frac{10}{65}$$

$$\frac{Z}{E}=3\cdot\frac{10}{65}=\frac{30}{65}\Rightarrow Z=\frac{6}{13}E$$

c) El valor de la tensión de entrada para que el horno consiga la temperatura de 180ºC:

$$Z=\frac{T}{100}=\frac{180}{100}=1{,}8V$$

$$\frac{Z}{E}=\frac{30}{65}\Rightarrow E=\frac{65\cdot Z}{30}\Rightarrow E=\frac{65\cdot 1{,}8}{30}=3{,}9V$$

d) La ecuación que relaciona la temperatura (T) con la señal de entrada (E) será:

$$\left.\begin{array}{l} Z=\dfrac{T}{100} \\ \dfrac{Z}{E}=\dfrac{30}{65} \end{array}\right\} 65\cdot Z=30\cdot E\Rightarrow 65\cdot\frac{T}{100}=30\cdot E\Rightarrow T=\frac{3000\cdot E}{65}=\frac{600\cdot E}{13}$$

25. El esquema de control de la figura representa un sistema que permite controlar la presión de un fluido, para lo cual se utiliza una electroválvula reguladora de presión (p), que a su vez actúa sobre un obturador (permite aumentar o disminuir el caudal del fluido). Para medir la presión de salida se utiliza un medidor de presión con transductor. Se pide:
a) Dibuja el diagrama de bloques del sistema, explicando e indicando en el mismo los elementos fundamentales.
b) ¿Qué sucede si eliminamos el medidor de presión. Dibuja en este caso también el diagrama de bloques.

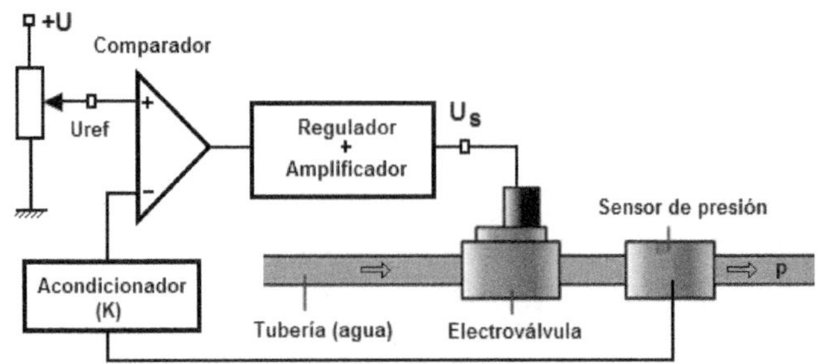

a) Se trata de un sistema de regulación en lazo cerrado en el que la salida (presión actual del fluido) se compara con la entrada (presión deseada) para que el sistema proporcione la señal de salida adecuada (U_S). Además habrá un dispositivo que mida la presión del fluido (sensor de presión) a la salida, para posteriormente acondicionar la señal (K), realimentarla y comparada con la señal de referencia (presión deseada o señal medida), de manera que si existe diferencia entre ambas (o señal de error) el regulador o controlador actuará en consecuencia y corregirá esa desviación en la salida, actuando sobre la electroválvula para aumentar o reducir el caudal según proceda. Recuerda que al aumentar el caudal aumentará también la presión en la salida y viceversa.

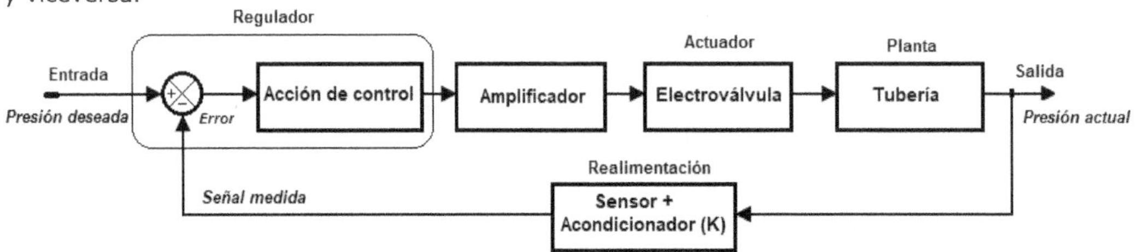

b) En este caso sería un control en lazo abierto, de manera que el control del sistema lo hacemos ahora por medio de un potenciómetro y un circuito electrónico (regulador) y un amplificador que dará un nivel de tensión proporcional a la presión seleccionada con el potenciómetro de entrada. En el momento en que se aumente la señal de entrada, la electroválvula comenzará a abrirse y alcanzará una presión que dependerá del tiempo que se actúe sobre ella; por el contrario, si la señal de entrada disminuye, la electroválvula se irá cerrando. Si por cualquier motivo hay pérdidas de presión en la tubería o éstas aumentan considerablemente debido algún agente externo al sistema, éste no podrá por si mismo compensar para mantener la presión deseada, por lo que debemos actuar sobre el potenciómetro de entrada para mantener la presión al nivel deseado.

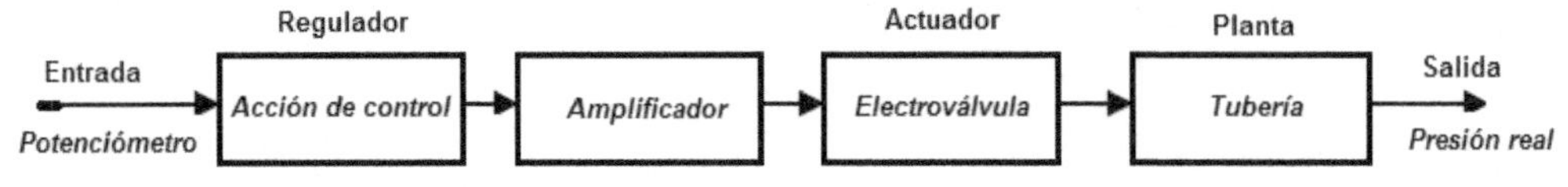

26. El sistema de la figura muestra el control automático de la velocidad de rotación de un eje, movido por un motor (M) de corriente continua que arrastra a una carga (C). Mediante un sistema de engranajes cónicos, una dinamo tacométrica (T) y un divisor de tensión (R), obtenemos una señal continua proporcional a la velocidad de giro del motor. Se sabe que el bucle de realimentación proporciona 8 mV por cada r.p.m. del motor y que el amplificador diferencial+ regulador (A+R) proporciona 500 r.p.m. por cada voltio de incremento de la tensión de entrada (E) o de consigna. Se pide:
a) Diagrama de bloques del sistema y explicación del funcionamiento.
b) Velocidad del motor para una tensión de consigna E=6V. ¿Cuál será la tensión de consigna, cuando la velocidad del motor es de 1000 r.p.m.?.

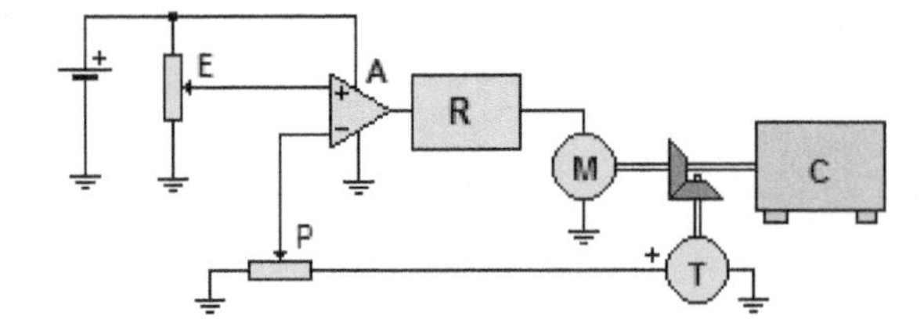

Mediante el potenciómetro de entrada (E) se establece la tensión de consigna que al ser amplificada y controlada posteriormente, aporta la potencia necesaria al motor para su funcionamiento. Inicialmente el motor está parado, por lo que la dinamo (T) no aporta señal; a medida que el motor va cogiendo velocidad la señal de la dinamo va aumentando progresivamente. El amplificador diferencial (A) compara la señal de consigna (E) con la de realimentación (P) procedente de la dinamo, de tal forma que la diferencia de ambas señales (o señal de error) se amplifica y el regulador (R) actuará sobre los bornes del motor.
Si por cualquier motivo la velocidad del motor baja debido a un aumento de la carga que arrastra, la señal de realimentación (P) disminuirá y la diferencia o error (e=E-P) aumentará, por lo que la tensión suministrada al motor también aumentará, contrarrestando así esa pérdida de velocidad.

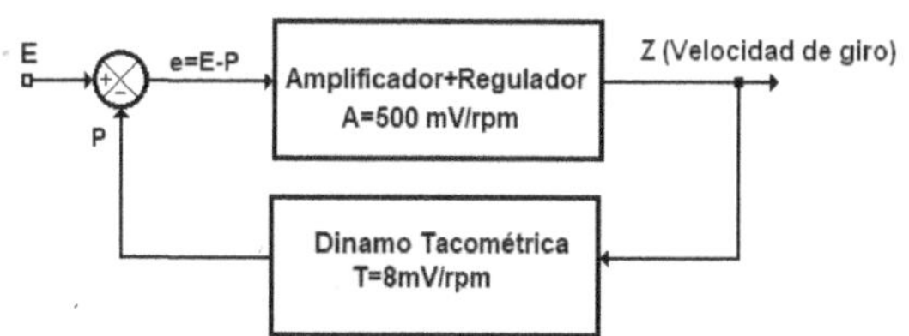

Por el contrario, si la velocidad del motor aumenta, la señal de realimentación (P) también aumentará y la diferencia (E-P) disminuirá, con lo cual la tensión aportada ahora al motor será menor y su velocidad también disminuirá hasta estabilizase de nuevo al valor de consigna prefijada.

b) Calculamos la función de transferencia del sistema en primer lugar:

$$G=\frac{Z}{E}=\frac{A}{1+AT}=\frac{500\frac{rpm}{V}}{1+0{,}008\frac{V}{rpm}\cdot 500\frac{rpm}{V}}=100\frac{rpm}{V}$$

$$Z=G\cdot E=100\frac{rpm}{V}\cdot 6V=600\,r.p.m.$$

$$E=\frac{Z}{G}=\frac{1000\,r.p.m.}{100\frac{rpm}{V}}=10\ V$$

27. A continuación se muestra gráficamente la función de transferencia del elemento G_1: A=f(X).
a) Si la señal de entrada X toma el valor 0, obtenga las señales en los puntos A, B y Z.
b) Si la señal de entrada X toma el valor X=3, obtenga las señales en los puntos A, B y Z
c) Si el valor de la salida es Z=21/5, ¿cuáles son los posibles valores de la entrada X?

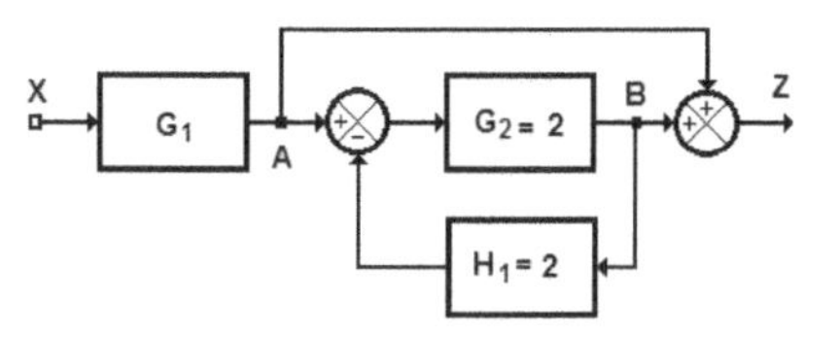

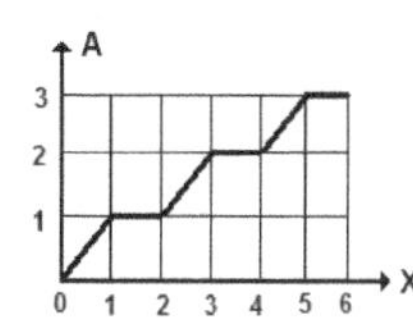

a) A partir del diagrama de bloques inicial:

$$A=G_1\cdot X$$

$$\frac{B}{A}=\frac{G_2}{1+G_2\cdot H_1}=\frac{2}{1+2\cdot 2}=\frac{2}{5}\Rightarrow B=\frac{2}{5}A$$

$$Z=A+B=A+\frac{2}{5}A=\frac{7}{5}A$$

Por tanto si X=0→A=0→B=0→Z=0
b) Según la gráfica, cuando la señal de entrada toma el valor X=3→A=2, por tanto:

$$B=\frac{2}{5}A=\frac{2}{5}\cdot 2=\frac{4}{5}$$

$$Z=A+B=A+\frac{2}{5}A=\frac{7}{5}A=\frac{14}{5}=2{,}8$$

c) Cuando el valor de la salida Z=21/5 tenemos:

$$Z=\frac{7}{5}A\Rightarrow A=\frac{5\cdot Z}{7}=\frac{5}{7}\cdot\frac{21}{5}=3$$

Por tanto según la gráfica: 5≤x≤6

28. A continuación se muestra gráficamente la función de transferencia del elemento G_1: A=f(X). Se pide:
a) Si la señal de entrada X toma el valor 0, obtenga las señales en los puntos A, B y Z.
b) ¿Cuál es el valor de la entrada X, que hace que B=1/6?
c) ¿Cuál es el valor de la entrada X, que hace que C=5/9?

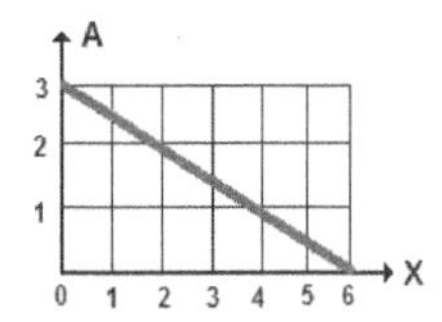

a) Calculamos en primer lugar la función de transferencia Z/A:

$$\frac{Z}{A} = \frac{G_2 - 1}{1 + (G_2 - 1)\cdot H_1} = \frac{4}{1 + 2\cdot 4} = \frac{4}{9} \Rightarrow Z = \frac{4}{9}A$$

Por otra parte tenemos:

$B = A - 2Z; \quad Z = 4B$

Por tanto para X=0; A=3

$$B = A - 2\cdot 4B = 3 - 8B \Rightarrow \quad B = \frac{1}{3}$$

$$Z = \frac{4}{9}A = \frac{4}{9}3 = \frac{12}{9} = \frac{4}{3}$$

b) Para B=1/6

$$Z = 4B = 4\frac{1}{6} = \frac{4}{6} = \frac{2}{3}$$

$$A = B + 2Z = \frac{1}{6} + \frac{4}{3} = \frac{1+8}{6} = \frac{9}{6} = \frac{3}{2} \Rightarrow X = 3$$

c) Para C=5/9

$$B = \frac{C}{5} = \frac{\frac{5}{9}}{5} = \frac{1}{9} \Rightarrow Z = 4B = \frac{4}{9} \Rightarrow A = B + 2Z = \frac{1}{9} + \frac{8}{9} = 1 \Rightarrow X = 4$$

29. Determina si el sistema de control cuya función característica es $s^3+6s^2+11s+6$ es estable.

Como el sistema tiene todos los coeficientes del mismo signo y distintos de cero, es susceptible de ser estable. Para confirmar su estabilidad pasamos a calcular las raíces. Por Ruffini, obtenemos:

	1	6	11	6
-3		-3	-9	-6
	1	3	2	0

Las otras dos raíces las obtenemos al resolver la siguiente ecuación de segundo grado:

$s^2 + 3s + 2 = 0 \Rightarrow s = \dfrac{-3 \pm \sqrt{9 - 4\cdot 2}}{2}$ de donde obtenemos que s_1=-1 y s_2=-2. Por tanto las tres raíces (s_1=-1, s_2=-2 y s_3=-3) son **reales y negativas,** con lo cual ahora si podemos asegurar que el sistema es estable.

30. Determina si los siguientes sistemas de control cuya función característica se indica a continuación son estables:

a) $s^4 + 2s^3 + 4s + 5 = 0$

b) $s^4 + 2s^3 - 3s^2 + 4s + 5 = 0$

c) $s^4 + 2s^3 + 3s^2 + 4s + 5 = 0$

a) Los coeficientes del polinomio son [1, 2, 0, 4, 5] y hay un coeficiente nulo distinto de "a_n", por tanto existe una raíz o raíces imaginarias con parte real positiva, con lo cual el sistema es inestable.

b) Los coeficientes del polinomio ahora son [1, 2, -3, 4, 5] y hay un coeficiente negativo en presencia de coeficientes positivos, por tanto existe una raíz o raíces imaginarias con parte real positiva, con lo cual el sistema también es inestable.

c) En un principio todos los coeficientes [a_0=1; a_1=2: a_2=3; a_3=4; a_5=5] son positivos (condición necesaria pero no suficiente), por lo que para confirmar o no la estabilidad del sistema aplicamos el criterio de Routh:

s^4	1	3	5
s^3	2	4	0
s^2	$\frac{2\cdot 3-4\cdot 1}{2}=1$	$\frac{2\cdot 5-0}{2}=5$	0
s^1	$\frac{1\cdot 4-5\cdot 2}{1}=-6$	0	
s^0	$\frac{-6\cdot 5-0}{-6}=5$		

Observamos que existen dos cambios de signo en la primera columna, de 1 a -6 y de -6 a 5, por tanto el sistema es inestable porque posee existen dos raíces con parte real positiva.

31. La función de transferencia de un sistema de control tiene como expresión:

$$G(s)=\frac{s^2+4s-1}{2s^5+2s^4+s^3+s^2+5s+1}$$

Determinar, aplicando el método de Routh, si el sistema es estable.

Para comprobar la estabilidad del sistema debemos partir de la ecuación característica; es decir, el polinomio del denominador igualado a cero:

$$2s^5+2s^4+s^3+s^2+5s+1=0$$

Aplicando el criterio de Routh:

s^5	2	1	5
s^4	2	1	1
s^3	0	4	
s^2			
s^1			
s^0			

El primer elemento de la fila es cero; por tanto sustituimos el cero por un número positivo muy pequeño "ε" y continuamos construyendo la tabla de Routh:

s^5	2	1	5
s^4	2	1	1
s^3	ε	4	
s^2	(ε-8)/ ε	1	
s^1	4(ε-8)-ε²/(ε-8)		
s^0	1		

Comprobamos el signo del coeficiente de S^2:

$$\lim_{\epsilon\to 0}\frac{(\epsilon-8)}{\epsilon}=-\infty \Longrightarrow signo(-)$$

Comprobamos ahora el signo de S^1:

$$\lim_{\epsilon\to 0}\frac{[4(\epsilon-8)-\epsilon^2]}{(\epsilon-8)}=\frac{-32}{-8}=4\longrightarrow signo(+)$$

Se observa por tanto que hay dos cambios de signo en la primera columna, lo que indica que hay dos polos con parte real positiva, y por tanto el sistema es inestable.

32. Dado el diagrama de bloques de la figura, determina:

a) La función de transferencia G(s)
b) Los valoras de "K" para que el sistema sea estable.

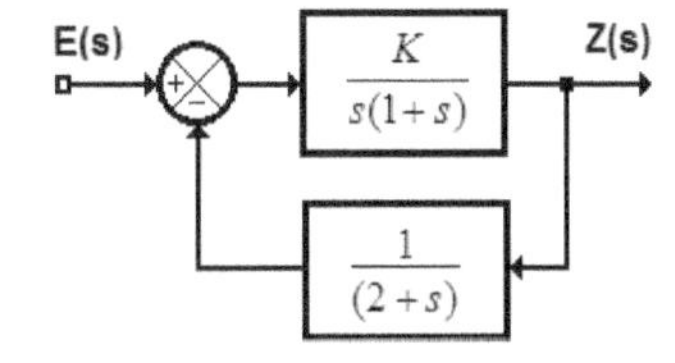

a) Teniendo en cuenta que se trata de un bucle de realimentación negativa, calculamos la función de transferencia:

$$G=\frac{Z(s)}{E(s)}=\frac{\frac{K}{s(1+s)}}{1+\frac{K}{s(1+s)(2+s)}}=\frac{\frac{K}{s(1+s)}}{\frac{s(1+s)(2+s)+K}{s(1+s)(2+s)}}=\frac{K(2+s)}{s(1+s)(2+s)+K}=\frac{K(2+s)}{s^3+3s^2+2s+K}$$

b) Observamos que todos los términos del polinomio del denominador son positivos, por tanto, aplicando el criterio de Routh:

s^3	1	2	0
s^2	3	K	
s^1	$\frac{6-K}{3}$	0	
s^0	K		

Para que el sistema sea estable la primera columna no debe tener ningún cambio de signo, por tanto se debe de cumplir:

$$\left.\begin{array}{l}\frac{6-K}{3}>0 \Rightarrow 6-K>0 \Rightarrow 6>K \\ K>0\end{array}\right\} \quad 0<K<6$$

33. Determina los valores de "K" para los cuales el sistema de la figura es estable:
a) En cadena abierta.
b) En cadena cerrada.

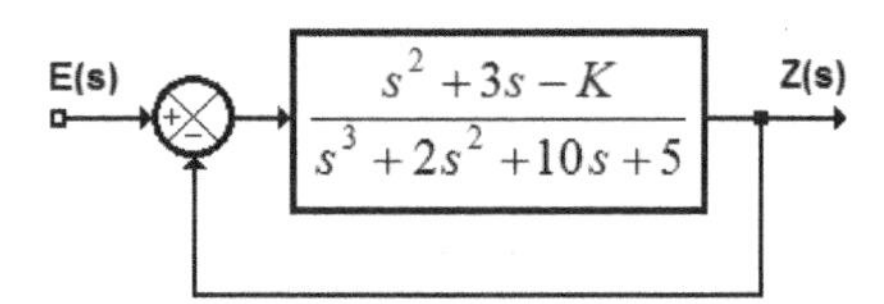

a) En cadena abierta despreciamos el bucle de realimentación. Aplicando el criterio de "Routh":

s^3	1	10	0
s^2	2	5	
s^1	$\frac{20-5}{2}$	0	
s^0	5		

Comprobamos que todos los términos de la primera columna son positivos, por tanto el sistema es estable en cadena abierta. Otra forma de hacerlo más rápida en cadena abierta es comprobando si se cumplen las dos condiciones necesarias: la primera que el polinomio del denominador está completo y que todos los términos tienen el mismo signo.

b) Calculamos la función de transferencia de todo el sistema:

$$G(s)=\frac{\frac{s^2+3s-K}{s^3+2s^2+10s+5}}{1+\frac{s^2+3s-K}{s^3+2s^2+10s+5}}=\frac{\frac{s^2+3s-K}{s^3+2s^2+10s+5}}{\frac{s^3+2s^2+10s+5+s^2+3s-K}{s^3+2s^2+10s+5}}=\frac{s^2+3s-K}{s^3+3s^2+13s+5-K}$$

Aplicando de nuevo el criterio de "Routh"

s^3	1	13	0
s^2	3	$5-K$	
s^1	$\dfrac{34+K}{3}$	0	
s^0	$5-K$		

Para que el sistema sea estable la primera columna no debe tener ningún cambio de signo, por tanto se debe de cumplir:

$$\left.\begin{array}{l} \dfrac{34+K}{3}>0 \Rightarrow 34+K>0 \Rightarrow K>-34 \\ 5-K>0 \Rightarrow 5>K \end{array}\right\} \quad -34<K<5$$

34. Calcula la función de transferencia de del sistema de la figura y calcula si es estable o no.

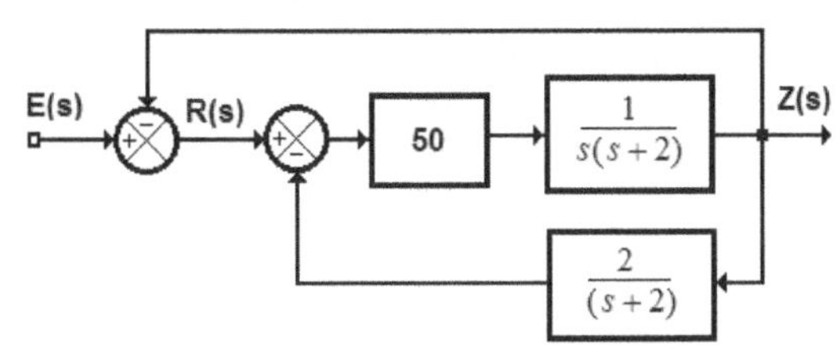

Calculamos en primer lugar la función de transferencia "Z(s)/R(s)" del bucle de realimentación correspondiente al segundo sumador:

$$\frac{Z(s)}{R(s)}=\frac{\dfrac{50}{s(s+2)}}{1+\dfrac{50}{s(s+2)}\dfrac{2}{(s+2)}}=\frac{\dfrac{50}{s(s+2)}}{1+\dfrac{100}{s(s+2)^2}}=\frac{50(s+2)}{100+s(s+2)^2}$$

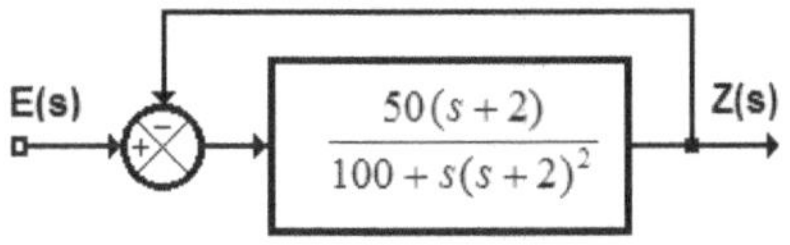

Finalmente calculamos la función de transferencia total "G(s)" del sistema:

$$G(s)=\frac{\dfrac{50(s+2)}{100+s(s+2)^2}}{1+\dfrac{50(s+2)}{100+s(s+2)^2}}=\frac{\dfrac{50(s+2)}{100+s(s+2)^2}}{\dfrac{100+s(s+2)^2+50(s+2)}{100+s(s+2)^2}}=\frac{50(s+2)}{100+s(s+2)^2+50(s+2)} \Rightarrow$$

$$G(s)=\frac{Z(s)}{E(s)}=\frac{50(s+2)}{100+s(s+2)^2+50(s+2)}=\frac{50(s+2)}{s^3+4S^2+54s+200}$$

Observamos que todos los términos del polinomio del denominador son positivos, por tanto, aplicando el criterio de Routh:

s^3	1	54	0
s^2	4	200	
s^1	$\dfrac{216-200}{4}=4$	0	
s^0	200		

No hay ningún cambio de signo en la primera columna y por tanto el sistema es estable.

35. Dado el diagrama de bloques de la figura, determina:
a) La función de transferencia G(s)=Z(s)/E(s).
b) Los valoras de "K" para que el sistema sea estable.

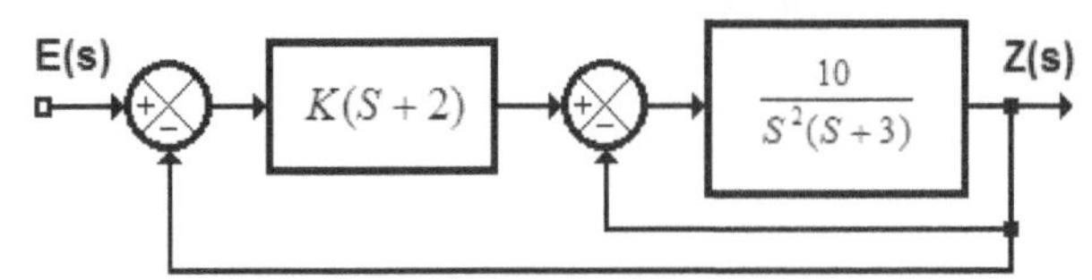

a) Calculamos en primer lugar la función de transferencia (G′) del segundo bucle de realimentación:

$$G'(S)=\frac{Z(S)}{Y(S)}\frac{\frac{10}{S^2(S+3)}}{1+\frac{10}{S^2(S+3)}}=\frac{\frac{10}{S^2(S+3)}}{\frac{S^2(S+3)+10}{S^2(S+3)}}=\frac{10}{S^2(S+3)+10}$$

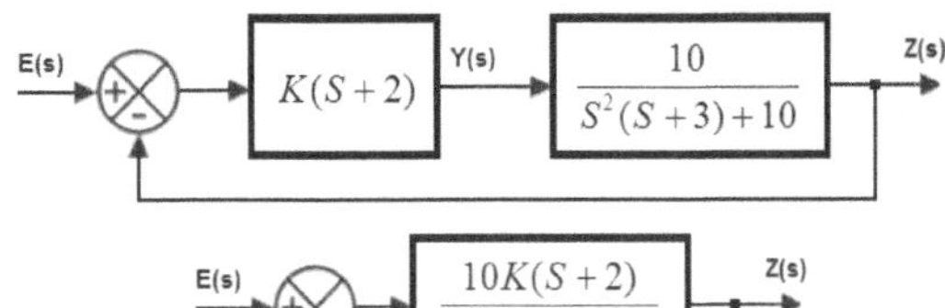

$$G(S)=\frac{\frac{10K(S+2)}{S^2(S+3)+10}}{1+\frac{10K(S+2)}{S^2(S+3)+10}}=\frac{\frac{10K(S+2)}{S^2(S+3)+10}}{\frac{S^2(S+3)+10+10K(S+2)}{S^2(S+3)+10}}=\frac{10K(S+2)}{S^2(S+3)+10+10K(S+2)}$$

$$G(S)=\frac{Z(S)}{E(S)}=\frac{10K(S+2)}{S^3+3S^2+10KS+20K+10}$$

b) Observamos que todos los términos del polinomio del denominador son positivos, por tanto, aplicando el criterio de Routh:

S^3	1	$10K$	0
S^2	3	$20K+10$	
S^1	$\frac{10K-10}{3}$	0	
S^0	$20K+10$		

Para que el sistema sea estable la primera columna no debe tener ningún cambio de signo, por tanto se debe de cumplir:

$$\left.\begin{array}{l}\frac{10K-10}{3}>0 \Rightarrow 10K-10>0 \Rightarrow 10K>10 \Rightarrow K>1 \\ 20K+10>0 \Rightarrow 20K>-10 \Rightarrow K>\frac{-1}{2}\end{array}\right\} \quad K>1$$

36. Un sistema se comporta según la siguiente función de transferencia:

$$G(s)=\frac{1}{(s-1)\cdot(s^2+8s+65/4)}$$

a) Determinar si el sistema es estable en lazo abierto.
b) Determinar para que rango de ganancias el sistema es estable en lazo cerrado.

a) En lazo abierto la ecuación característica será:

$$(s-1)\cdot(s^2+8s+65/4)=0 \Rightarrow s^3+7s^2+\frac{33}{4}s-\frac{65}{4}=0$$

Condiciones necesarias:

- Existen todos los términos: SI
- Todos los términos tienen el mismo signo: NO

Por tanto el sistema es INESTABLE

b) En lazo cerrado tenemos:

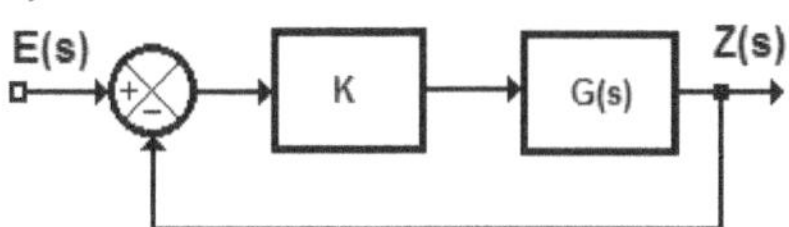

$$G(s)=\frac{Z(s)}{E(s)}=\frac{\dfrac{K}{S^3+7S^2+\frac{33}{4}S-\frac{65}{4}+k}}{1+\dfrac{K}{S^3+7S^2+\frac{33}{4}S-\frac{65}{4}+k}}=\frac{K}{S^3+7S^2+\frac{33}{4}S-\frac{65}{4}+k}$$

b) Observamos que todos los términos del polinomio del denominador son positivos, por tanto, aplicando el criterio de Routh:

S^3	1	$\frac{33}{4}$	0
S^2	7	$K-\frac{65}{4}$	
S^1	$\frac{74-K}{7}$	0	
S^0	$K-\frac{65}{4}$		

Para que el sistema sea estable la primera columna no debe tener ningún cambio de signo, por tanto se debe de cumplir:

$$\left.\begin{array}{l} K->0 \Rightarrow K>\dfrac{65}{4}\Rightarrow K>16{,}25 \\ \dfrac{74-K}{7}>0\Rightarrow 74-K>0\Rightarrow 74>K \end{array}\right\} \quad 16{,}25<K<74$$

37. Dado el siguiente sistema de regulación en lazo cerrado, determina la respuesta en el tiempo ante una señal de entrada escalón E(s)=1/s en el dominio de Laplace para K=2.

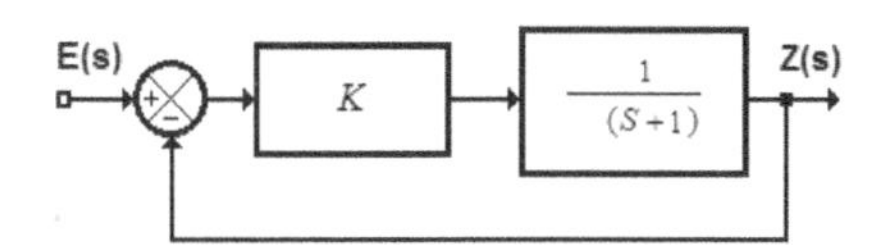

$$G(s)=\frac{Z(S)}{E(S)}\frac{\dfrac{K}{(S+1)}}{1+\dfrac{K}{(S+1)}}=\frac{K}{1+S+K}$$

Para K=2: $G(s)=\dfrac{Z(S)}{E(S)}=\dfrac{2}{S+3}$

$$Z(S)=G(s)\cdot E(s)=\frac{2}{(S+3)}\cdot\frac{1}{S}=\frac{2}{S(S+3)}$$

$$\frac{2}{S(S+3)}=\frac{A}{S}+\frac{B}{S+3}=\frac{A(S+3)+BS}{S(S+3)}=\frac{AS+3A+BS}{S(S+3)}$$

Identificando coeficientes: $\left.\begin{matrix} A+B=0 \\ 3A=2 \end{matrix}\right\} A=\frac{2}{3}; \quad B=-A=-\frac{2}{3}$

$$Z(S)=\left[\frac{A}{S}+\frac{B}{(S+3)}\right]=\left[\frac{\frac{2}{3}}{S}-\frac{\frac{2}{3}}{(S+3)}\right]=\left[\frac{2}{3S}-\frac{2}{3\cdot(S+3)}\right]=\frac{2}{3}\left[\frac{1}{S}-\frac{1}{(S+3)}\right]$$

Aplicando ahora la antitransformada de "Laplace" según tablas, tenemos:

$$Z(t)=\frac{2}{3}\left[1-e^{-3t}\right]=\frac{2}{3}\cdot\left[1-e^{-3t}\right]$$

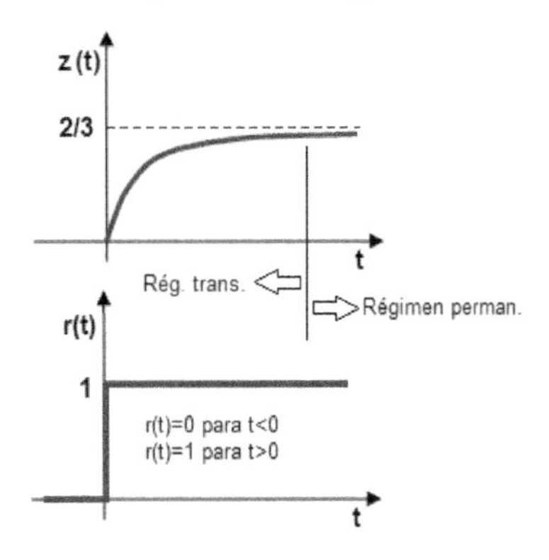

38. Determina la función de transferencia G(s) del siguiente circuito RC:

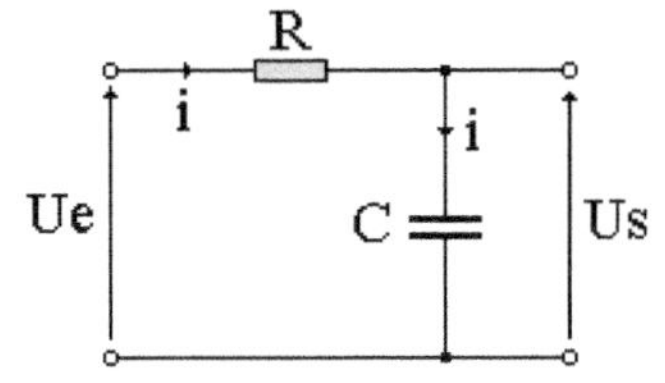

Calculamos en primer lugar el valor de la tensión de entrada (U_e):

$$U_e=U_R+U_C \quad \Rightarrow \quad U_e=R\cdot i+\frac{1}{C}\int i\cdot dt$$

Si pasamos la expresión anterior al dominio de Laplace, tenemos:

$$U_e=R\cdot i(s)+\frac{1}{CS}i(s)=i(s)\cdot\left[R+\frac{1}{CS}\right]$$

Por su parte la tensión de salida (U_s) será:

$$U_S=U_C=\frac{1}{C}\int i\cdot dt \quad \Rightarrow \quad U_S=\frac{1}{CS}\cdot i(s)$$

Aplicando ahora la definición de función de transferencia:

$$G(s)=\frac{U_s(s)}{U_e(s)}=\frac{\frac{1}{CS}\cdot i(s)}{i(s)\cdot\left[R+\frac{1}{CS}\right]}=\frac{\frac{1}{CS}}{\frac{RCS+1}{CS}}=\frac{1}{1+RCS}$$

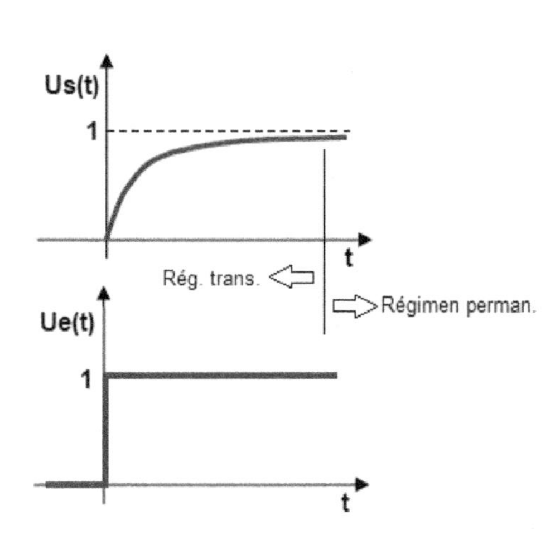

Llamando RC=T, obtenemos:

$$G(s)=\frac{1}{1+TS}=\frac{U_s(s)}{U_e(s)}$$

Si deshacemos los cambios al dominio del tiempo:

$$U_e(s)=U_S(s)[1+RCS]$$

$$U_e(t)=U_S(t)+RC\frac{dU_S(t)}{dt}\Rightarrow U_S(t)=U_e(t)-RC\frac{dU_S(t)}{dt}$$

SIATEMAS NEUMÁTICOS E HIDRÁULICOS

CONTENIDOS MÍNIMOS

EL AIRE COMPRIMIDO. CONCEPTO DE PRESIÓN

El aire atmosférico es un elemento abundante en la naturaleza, limpio, fácilmente almacenable y de fácil transporte, lo que le convierte en un fluido ideal para su utilización como elemento básico en los sistemas neumáticos. Como todo gas, el aire se puede comprimir por medio de una acción mecánica exterior (compresor) hasta alcanzar una presión determinada (superior a la atmosférica).
Supóngase un cilindro de **sección** (S) en cuyo interior existe un gas y sobre el cual, por medio de un vástago (varilla), se ejerce una **fuerza** (F). El cociente entre la magnitud de la fuerza aplicada y el valor de la superficie del cilindro (S) se denomina **presión**; es decir:

$$p = \frac{F}{S} \qquad S = \frac{\pi \cdot D^2}{4}$$

donde:
F = Fuerza aplicada en Newton (N) o en kilopondios (kp).
S = Sección en m^2 o en cm^2.
P= Presión relativa en N/m^2 o en kp/cm^2.

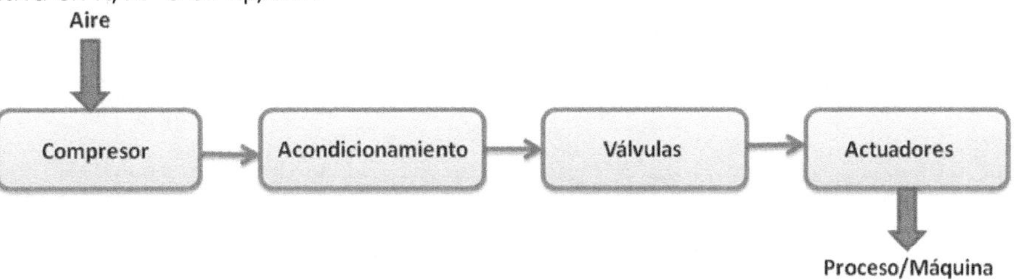

UNIDADES DE PRESIÓN

Las unidades de presión más utilizadas son:
Pascal (Pa), del Sistema Internacional, que representa la presión ejercida por una fuerza de 1 newton (N) sobre una superficie de 1 metro cuadrado. Puesto que el Pascal es una unidad muy pequeña, en su lugar se utiliza el **Bar**, que equivale a 10^5 Pa. **Atmósfera (atm)**, equivalente a la presión atmosférica tomada a nivel del mar.También se utilizan las siguientes unidades:

UNIDADES DE PRESIÓN		
Unidad	**Símbolo**	**Equivalencia**
Atmósfera	atm	1 atm=1,013 bar=1kp/cm²=10,33 m.c.a.
Pascal	Pa	1 Pa=1N/m²
Bar	bar	1 bar=100.000 Pa=10,2 m.c.a.=0,9869 atm
Milímetro de mercurio	mmHg	1 atm=760 mmHg
Metro de columna de agua	m.c.a.	1 m.c.a.=9.806,38 Pa

Debido a que la presión atmosférica varía con la altura, para medir la presión en un circuito neumático se utilizan los **manómetros**, los cuales se encargan de medir la **diferencia de presión** entre aquella a la que realmente está sometida el aire (presión absoluta) y la presión atmosférica; dicha presión se llama **presión relativa** o manométrica. La **presión absoluta** (P) es igual por tanto a la presión relativa (p) más la **presión atmosférica** (Patm):

$$P = p + P_{atm}$$

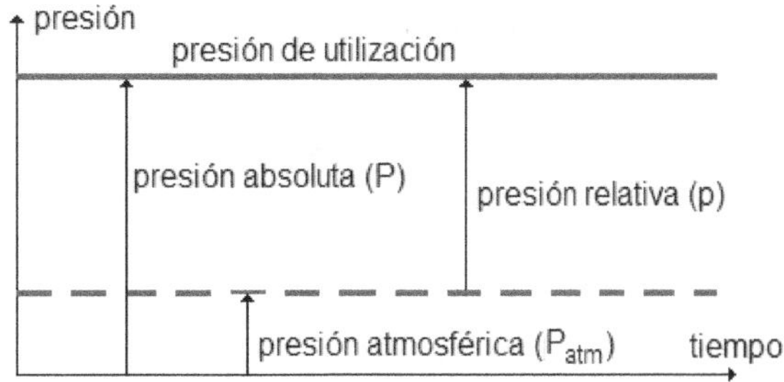

CONCEPTOS FUNDAMENTALES SOBRE FLUIDOS

A continuación vamos a estudiar algunos conceptos importantes en campo de la neumática y de la hidráulica.

- **Caudal (Q)**

Se define como el volumen de fluido que circula por una línea de corriente (o conducto) por unidad de tiempo.

$$Q = \frac{V}{t} = \frac{S \cdot L}{t} = S \cdot v$$

donde:
V= Volumen de fluido que atraviesa la sección de la tubería en (m^3) o en litros (dm^3).
S=Sección de la tubería en (m^2).
L=Longitud de la tubería en (m).
T=Tiempo en (seg) o (min).
V=Velocidad de movimiento del fluido (m/seg).
Puesto que el caudal es el cociente entre unidades de volumen y de tiempo, se puede medir en m^3/h, m^3/min, l/min o l/s.

- **Potencia de un fluido (P)**

Se refiere a la transferencia de energía por el uso de un fluido (aire o aceite a presión) bombeado a una cierta presión y durante un determinado tiempo, para proporcionar fuerza y movimiento en los actuadores neumáticos e hidráulicos.
La potencia (P) de una bomba es la relación entre la energía de flujo proporcionada por la bomba y el tiempo que la misma ha estado en funcionamiento para comunicar dicha energía al fluido. Normalmente esta magnitud se suele expresar como el producto de la presión del fluido por su caudal:

$$P_{útil} = p \cdot Q$$

En el supuesto que la citada bomba deba subir el fluido una altura (h), la potencia será:

$$P_{útil} = \frac{W}{t} = \frac{m \cdot g \cdot h}{t} = \frac{V \cdot \rho \cdot g \cdot h}{t} = Q \cdot \rho \cdot g \cdot h$$

donde:
p= Presión del fluido en (N/m^2).
Q= Caudal en (m^3/seg).
P= Densidad del fluido (kg/m^3).
G= Aceleración de la gravedad (9,81 m/s^2).

En todas las instalaciones siempre se producen pérdidas de potencia, por lo que siempre la potencia de la bomba hidráulica (P_{Bomba}) debe ser mayor que la potencia teórica prevista.

Se define así el rendimiento (η), como el cociente entre la potencia útil ($P_{útil}$) necesaria y la potencia teórica consumida o absorbida (P_{ab}) por la bomba. Este valor siempre será menor que la unidad.

$$\eta = \frac{P_{útil}}{P_{ab}} < 1$$

A la potencia teórica consumida (P_{ab}) habrá que sumar las pérdidas de potencia debidas a la pérdida de carga o de presión (Δp) que se producen en el fluido al circular por una conducción, por lo tanto:

$$P_{Bomba} = P_{ab} + \frac{\Delta p \cdot Q}{\eta}$$

- **Ecuación de continuidad**

Cuando un fluido fluye por un conducto de diámetro variable, su velocidad cambia debido a que la sección transversal varía de una sección del conducto a otra.
En todo fluido incompresible, con flujo estacionario (en régimen laminar), la velocidad de un punto cualquiera de un conducto es inversamente proporcional a la superficie, en ese punto, de la sección transversal de la misma.
La ecuación de continuidad no es más que un caso particular del principio de conservación de la masa. Se basa en que el caudal (Q) del fluido ha de permanecer constante a lo largo de toda la conducción.
Dado que el caudal es el producto de la superficie de una sección del conducto por la velocidad con que fluye el fluido, tendremos que en dos puntos de una misma tubería se debe cumplir que:

$$Q_1 = Q_2 \Rightarrow S_1 \cdot v_1 = S_2 \cdot v_2 \Rightarrow \frac{S_1}{S_2} = \frac{v_2}{v_1}$$

donde:
S_1 y S_2 representa las secciones transversales (m^2) de los puntos 1 y 2 del conducto.
v_1 y v_2 representa las velocidades del fluido (m/seg) en los puntos 1 y 2 del conducto.

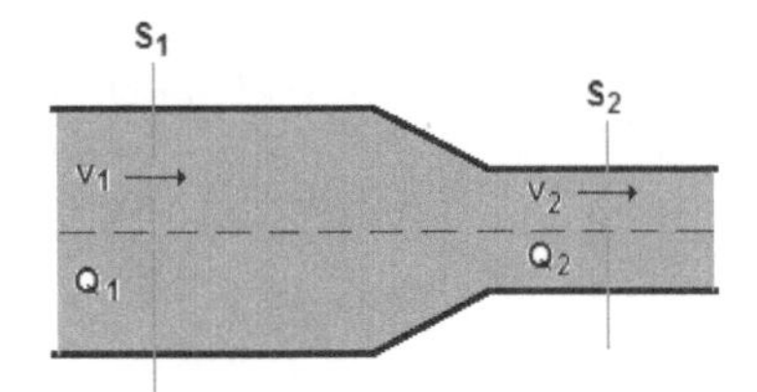

Como conclusión final se puede decir que, puesto que el caudal debe mantenerse constante a lo largo de todo el conducto, cuando la sección disminuye la velocidad del flujo aumenta en la misma proporción y viceversa.

- **Teorema de Bernoulli**

Describe el comportamiento de un fluido moviéndose a lo largo de una línea de corriente y expresa que en un fluido ideal (sin viscosidad ni rozamiento), incomprensible, en régimen de circulación por un conducto cerrado, la energía que posee el fluido permanece constante a lo largo de su recorrido. Recordemos que la energía de un fluido en cualquier momento consta de tres componentes:
- Energía cinética: es la energía debida a la *velocidad* a que se desplace el fluido.
- Energía de flujo: es la energía debida a la *presión* a la que se encuentra el fluido.
- Energía potencial gravitacional: es la energía debido a la *altura* a que se encuentra el fluido.

La energía total del fluido es la suma de las tres; el físico suizo "Bernoulli" demostró que en un fluido la suma de estas tres energías permanece constante a lo largo de un tramo de tubería:

$$\frac{v^2 \cdot \rho}{2} + p + \rho \cdot g \cdot h = cte.$$
$$Q = S \cdot v \Rightarrow S_A \cdot v_A = S_B \cdot v_B$$

donde:
g= Aceleración de la gravedad.
v= Velocidad del fluido (m/seg) en los puntos considerados.
P= presión a lo largo de la línea.
S= Sección en los puntos considerados.
P= Densidad del fluido.
H= Altura en la dirección de la gravedad desde una cota de referencia (altura geométrica).
El teorema de Bernoulli es una aplicación directa del principio de conservación de energía, lo cual quiere decir que si el fluido no intercambia energía con el exterior (por medio de motores, rozamiento, térmica, etc.) ésta ha de permanecer constante.

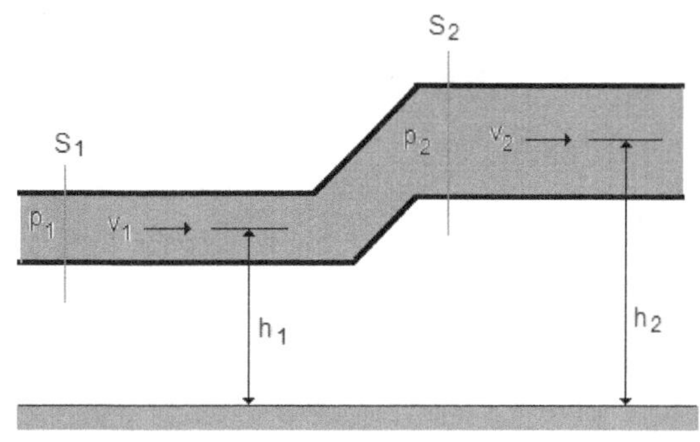

Dividiendo por "ρ·g" el teorema de Bernoulli también se puede escribir de la siguiente forma:

$$\frac{v^2}{2g} + \frac{p}{\rho g} + h = cte.$$

donde "$v^2/2g$" se conoce también como *altura dinámica*, "p/ρg" como *altura piezométrica y "h" altura geométrica*.

CILINDRO DE SIMPLE EFECTO

Realizan el trabajo en una sola carrera ya que sólo tienen una entrada de aire, de manera que cuando reciben aire a presión el émbolo se desplaza y ejerce una fuerza de empuje a través del vástago.

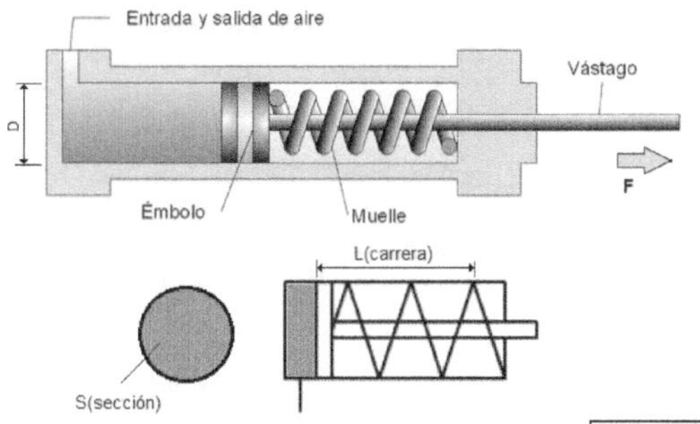

La **fuerza teórica** de avance (F_t) será: $F_t = p \cdot S$

La **fuerza real** (F) de avance: $F = p \cdot S - F_{roz} - F_m$

La **potencia real** (P) de avance: $P = \eta \cdot p \cdot C_O$

Llamaremos **rendimiento** (η) del cilindro a la relación: $\eta = \frac{F}{F_t} = \frac{p \cdot S - F_{roz} - F_m}{p \cdot S}$

donde "p" es la presión relativa del aire (Pa); "D" es el diámetro del cilindro (m); "S" es la sección del émbolo (m^2) , "F_{roz}" es la fuerza de rozamiento del émbolo sobre las paredes del cilindro (N), "F_m" es la fuerza del muelle (N)y "C_O" es el consumo (m^3/seg).

El trabajo (W) y la potencia (P) desarrollada por el cilindro en la carrera será: $W = F \cdot L \Rightarrow P = \frac{W}{t}$

CILINDRO DE DOBLE EFECTO

En este caso al tener dos entradas/salidas de aire realizan el trabajo en las dos carreras, de manera que cuando reciben aire a presión por la cámara posterior el vástago avanza (F_A), mientras que cuando recibe el aire por la cámara anterior, el vástago retrocede (F_R).

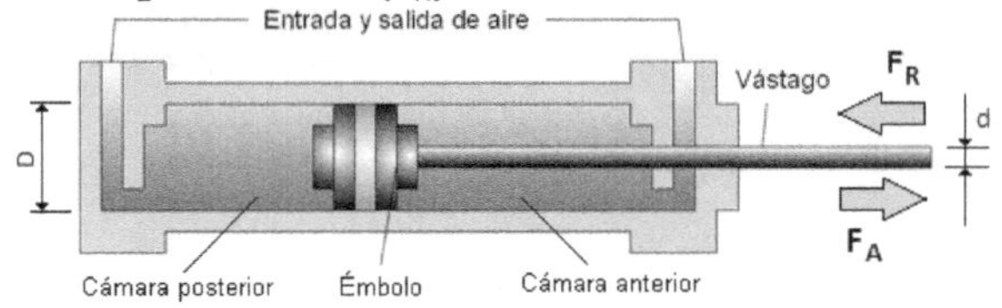

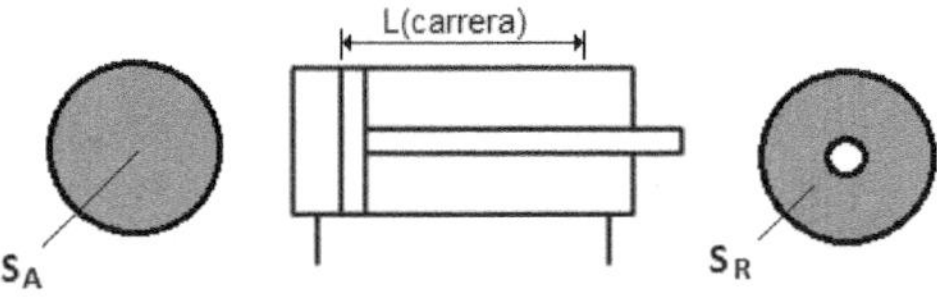

Al ser la sección de avance (S_A) mayor que la de retroceso (S_B), a fuerza teórica de avance (F_{tA}) también será mayor que la de retroceso (F_{tR}): $F_{tA} = p \cdot S_A; \quad F_{tR} = p \cdot S_R$

Llamaremos **fuerza real** de avance (F_A) y de retroceso (F_R): $F_A = p \cdot S_A - F_{roz} \Rightarrow F_R = p \cdot S_R - F_{roz}$

El **rendimiento del cilindro** tanto en el avance (η_A) como en el retroceso (η_R) será: $\eta_A = \eta_R \Rightarrow \frac{F_A}{F_{tA}} = \frac{F_R}{F_{tR}}$

donde "p" es la presión relativa del aire (Pa); "D" es el diámetro del cilindro (m); "d" es el diámetro del vástago (m) y "F_{roz}" es la fuerza de rozamiento del émbolo sobre las paredes del cilindro (N).
El trabajo real (W) y la potencia real (P) desarrollada por el cilindro en cada ciclo será:

$$W = W_A + W_R = F_A \cdot L + F_R \cdot L$$
$$P = \frac{W_A}{t_A} + \frac{W_R}{t_R} = P_A + P_R$$
$$P = \eta \cdot p \cdot C_A + \eta \cdot p \cdot C_R = \eta \cdot p \cdot C_O$$

donde "C_A" y "C_R" es el consumo de aire en el avance y en el retroceso y "P" es la potencia real.
Por su parte el volumen del cilindro en este caso será:

$$V_{cil} = S_A \cdot L + S_R \cdot L = \frac{\pi \cdot L}{4}(2 \cdot D^2 - d^2)$$

CONSUMO DE AIRE

Puesto que el consumo debe estar referido a condiciones normales de funcionamiento, y suponiendo que la temperatura en el interior y en el exterior del cilindro permanece constante (Ley de Boyle-Mariotte):

$$P_{ab} \cdot V_{cil} = P_{atm} \cdot V_{aire}$$

El cálculo del consumo debe estar referido a condiciones normales de funcionamiento, o lo que es los mismo, una presión atmosférica de 1 atm aproximadamente, una temperatura de 20ºC y una humedad relativa del 65%. Teniendo en cuenta la presión absoluta (P_{ab}) del interior del cilindro, el volumen de aire (V_{aire}) por cada ciclo de trabajo será:

$$V_{aire} = \frac{(p+1) \cdot V_{cil}}{P_{atm}}$$

El consumo de aire (C_O) suponiendo que el cilindro realiza "n_C" ciclos por minuto, será:

$$C_o = V_{aire} \cdot n_C$$

La velocidad en el avance (v_A) y en el retroceso (v_R) y la velocidad media (v_m) del cilindro serán:

$$v_A = \frac{C_A}{S_A}\,;\; v_R = \frac{C_R}{S_R} \Rightarrow v_m = \frac{L \cdot n_C}{60}$$

EL COMPRESOR Y SUS TIPOS

Es el encargado de coger el aire atmosférico de su entorno para elevar la presión y alimentar al circuito neumático. Los compresores son movidos generalmente por motores eléctricos o térmicos (gasolina o diesel). Para la producción de aire se utilizan se utilizan por tanto los compresores y estos se pueden clasificar en dos tipos, alternativos y rotativos.

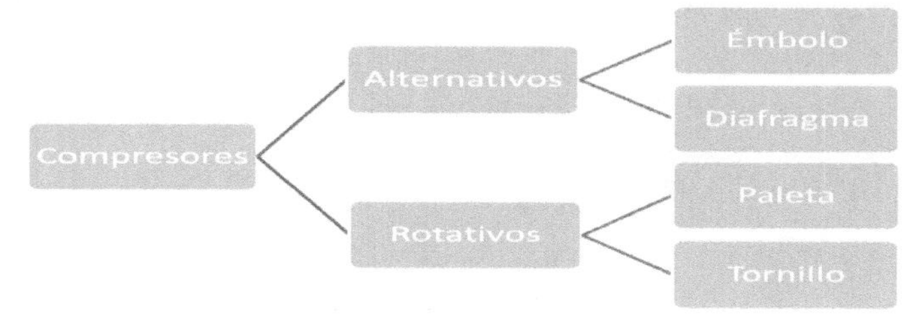

IDENTIFICACIÓN DE CONDUCTOS Y TIPOS DE ACCIONAMIENTOS

Para facilitar el montaje de los circuitos, la identificación de los diferentes conductos de las válvulas se puede hacer por medio de letras mayúsculas o de números, tal y como muestra la siguiente tabla:

ISO	Tipo de vía	CETOP
P	Alimentación de presión	1
A, B, C,...	Conducto de trabajo	2, 4, 6,...
R, S, T,...	Escapes	3, 5, 7,...
L	Fuga	9
Z, X, Y,...	Conductos de pilotaje	12, 14, 16,...

En la siguiente tabla se observa los diferentes accionamientos de las válvulas distribuidoras.

TIPOS DE ACCIONAMIENTOS					
	Por mando manual general		Por pulsador de seta		Por final de carrera (rodillo)
	Por palanca		Por llave		Por rodillo escamoteable
	Por pedal		Por enclavamiento		Pilotaje por presión
	Por leva o palpador		Por muelle		Pilotaje por depresión
	Pilotaje eléctrico		Por electroválvula y pilotaje		Por electroválvula, pilotaje y manual

EJERCICIOS RESUELTOS DE "SISTEMAS NEUMÁTICOS E HIDRÁULICOS"

1. Por un tramo de una tubería de 3 cm de diámetro (interior) se sabe que circula un caudal de aire de 21 litros por minuto. ¿Cuál será la velocidad (m/seg) del fluido en ese tramo?.

Calculamos en primer lugar la sección y posteriormente la velocidad:

$$S = \frac{\pi \cdot D^2}{4} = \frac{\pi \cdot 3^2}{4} = 7\ cm^2 = 0{,}0007\, m^2$$

$$v = \frac{Q}{S} = \frac{21 \frac{l}{\min}}{0{,}0007 m^2} = \frac{0{,}00035 \frac{m}{seg}}{0{,}0007 m^2} = 0{,}5 \frac{m}{seg}$$

2. Por una tubería circula un caudal de 3,768 l/min de aceite a una velocidad de 0,2 m/s. ¿Cuál será la sección (cm^2) y el diámetro de la tubería (mm)?

Calculamos en primer lugar la sección y posteriormente el diámetro:

$$S = \frac{Q}{v} = \frac{3{,}768 \frac{l}{\min}}{0{,}2 \frac{m}{seg}} = \frac{0{,}0628 \frac{dm^3}{seg}}{0{,}2 \frac{m}{seg}} = \frac{6{,}28 \times 10^{-5} \frac{m^3}{seg}}{0{,}2 \frac{m}{seg}} = 3{,}14 \times 10^{-4} m^2 = 3{,}14\, cm^2$$

$$S = \frac{\pi \cdot D^2}{4} \Rightarrow D = \sqrt{\frac{4S}{\pi}} = \sqrt{\frac{4 \times 3{,}14\, cm^2}{\pi}} = 2\ cm = 20\ mm$$

3. Un cilindro de 0,4 m^3 de volumen de aire a una presión relativa de 5 bar, se ve reducido su volumen un 25%, permaneciendo constante su temperatura. Suponiendo que la temperatura permanece constante, calcula:
a) El valor de la nueva presión relativa (p_2).
b) El valor de la fuerza (N) aplicada para reducir el volumen, si la superficie del émbolo es de 10 cm^2.

a) Suponiendo T=cte:

$$V_2 = V_1 - \frac{25}{100} V_1 = 0{,}4\, m^3 - \frac{25}{100} 0{,}4\, m^3 = 0{,}3\, m^3$$

Aplicando ahora la ley de "*Boyle-Mariotte*":

$$P_1 \cdot V_1 = P_2 \cdot V_2 \Rightarrow P_2 = \frac{P_1 \times V_1}{V_2} = \frac{6\, bar \times 0{,}4 m^3}{0{,}3 m^3} = 8\, bar \Rightarrow p_2 = 7\ bar$$

b) Calculamos ahora la fuerza a ejercer:

$$F_2 = p \cdot S = 700000 \frac{N}{m^2} \times 0{,}001 m^2 = 700N$$

4. En una prensa hidráulica cuyos émbolos tienen un diámetro de 10 y 50 cm respectivamente, se aplica una fuerza en el émbolo pequeño de 20 kp. ¿Qué fuerza (N) se obtiene en el émbolo grande?. ¿Cuál será el desplazamiento del émbolo grande si el desplazamiento del pequeño ha sido de 5 cm?.

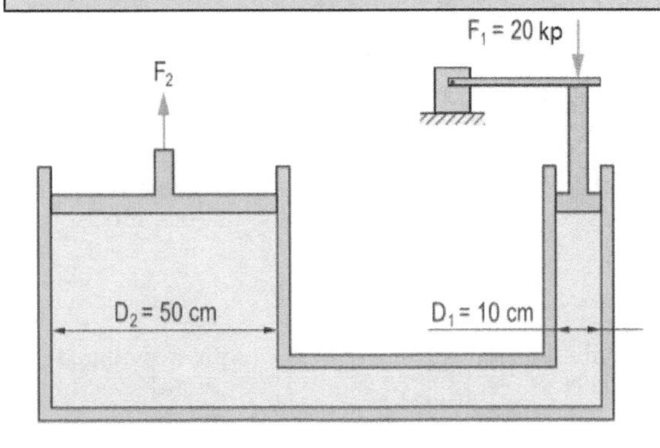

Calculamos la sección de los dos émbolos:

$$S_1 = \frac{\pi \cdot D_1^2}{4} = \frac{\pi \cdot 10^2}{4} = 78{,}54\,cm^2; \quad S_2 = \frac{\pi \cdot D_2^2}{4} = \frac{\pi \cdot 50^2}{4} = 1963{,}5\,cm^2$$

Teniendo en cuenta que la presión en el interior de la prensa se mantiene constante:

$$p_1 = p_2 = \frac{F_1}{S_1} = \frac{20\,kp}{78{,}54 cm^2} = 0{,}25\frac{kp}{cm^2} \Rightarrow F_2 = p \cdot S_2 = 0{,}25\frac{kp}{cm^2} \cdot 1963{,}5\,cm^2 = 490{,}87 kp = 4810{,}56\,N$$

Finalmente tendremos en cuenta que el volumen del líquido será igual en ambos casos:

$$S_1 \cdot L_1 = S_2 \cdot L_2 \Rightarrow L_2 = \frac{78{,}4\,cm^2 \cdot 5\,cm}{1963{,}5\,cm^2} = 0{,}2\,cm$$

5. Una bomba aspirante que está instalada al lado de una acequia a 5 metros sobre el nivel del agua, tiene las siguientes características:
- Diámetro del émbolo 12 cm.
- Carrera del émbolo 20 cm.
- Cadencia: n_c=40 emboladas por minuto.

Calcula:
a) El caudal (l/seg)
b) La potencia teórica de la bomba suponiendo que el rendimiento es del 60%.
c) La potencia real de la bomba (CV) suponiendo que las pérdidas de carga en la conducción son de 0,5 bar.

a) Antes de calcular el caudal (Q), calculamos previamente la sección (S) del émbolo:

$$S = \frac{\pi \cdot D^2}{4} = \frac{\pi \cdot 12^2}{4} = 113\,cm^2 = 1{,}13\,dm^2$$

$$Q = S \cdot L \cdot n_c = 1{,}13\,dm^2 \cdot 2\,dm \cdot 40\frac{ciclos}{\min} = 90{,}4\frac{dm^3}{\min} = 1{,}5\frac{dm^3}{seg} = 1{,}5\frac{l}{seg}$$

b) Para calcular la potencia útil (P_u) tendremos en cuenta la densidad del agua (1kg/dm^3):

$$P_{útil} = Q \cdot \rho \cdot g \cdot h = 1{,}5\frac{dm^3}{seg} \cdot 1\frac{kg}{dm^3} \cdot 9{,}81\frac{m}{seg^2} \cdot 5m = 73{,}575\,w$$

$$P_{ab} = P_{teorica} = \frac{P_{útil}}{\eta} = \frac{73{,}57\,w}{0{,}6} = 122{,}625\,w$$

c) Teniendo en cuenta ahora las pérdidas de carga en la tubería:

$$P_{Bomba} = P_{ab} + \frac{\Delta p \cdot Q}{\eta} = 122{,}625\,w + \frac{0{,}5 \cdot 10^5 \frac{N}{m^2} \times 1{,}5 \cdot 10^{-3}\frac{m^3}{seg}}{0{,}6} = 247{,}65 w = 0{,}33\,CV$$

6. La figura representa una tubería por donde circula aceite (ρ=900 kg/m^3) En el punto 1 el fluido tiene una velocidad inicial de 2 m/s, siendo su presión de 60000 Pa. Determina la velocidad y la presión en el punto 2, sabiendo que la sección se reduce a la mitad.

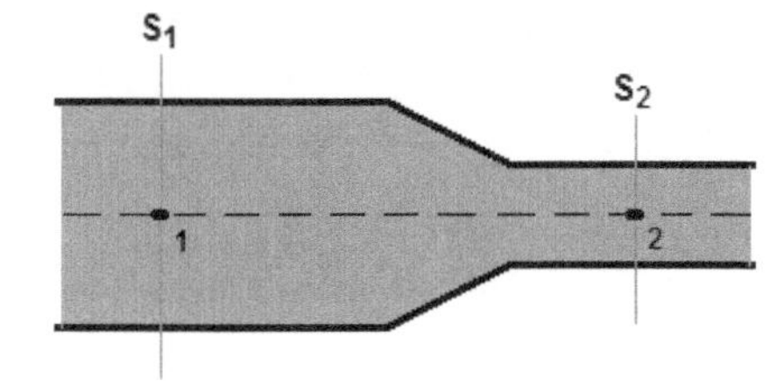

a) Teniendo en cuenta que el caudal se mantiene constante:

$$Q_1 = Q_2 \Rightarrow S_1 \cdot v_1 = S_2 \cdot v_2 \Rightarrow 2 \cdot S_2 \cdot v_1 = v_2 \cdot S_2 \Rightarrow v_2 = 2 \cdot v_1 = 4\frac{m}{seg}$$

b) Teniendo en cuenta que la energía también debe permanecer constante, aplicando "Bernoulli" entre los puntos 1 y 2 y teniendo en cuenta que h_1=h_2=h:

$$\frac{v_1^2}{2g}+h_1+\frac{p_1}{\rho g}=\frac{v_2^2}{2g}+h_2+\frac{p_2}{\rho g}\Rightarrow\frac{p_1-p_2}{\rho g}=\frac{v_2^2-v_1^2}{2g}\Rightarrow\frac{p_1-p_2}{\rho}=\frac{v_2^2-v_1^2}{2}$$

$$\Rightarrow\frac{60000\frac{N}{m^2}-p_2}{900\frac{N}{m^3}}=\frac{(4^2-2^2)\frac{m^2}{s^2}}{2}\Rightarrow p_2=54600\frac{N}{m^2}=0{,}546\,bar$$

7. Por un tubo circular de sección variable fluye agua con un caudal de 0,1 m^3/seg. En un punto A, donde el diámetro de la sección del tubo es de 0,2 m, la presión del agua es de 1,2 bar. Determinar la presión en un punto B situado en una sección del tubo de diámetro 0,1 m, y a 0,5 m por debajo del punto A. Dato: Densidad del agua = 1000 kg/m^3.

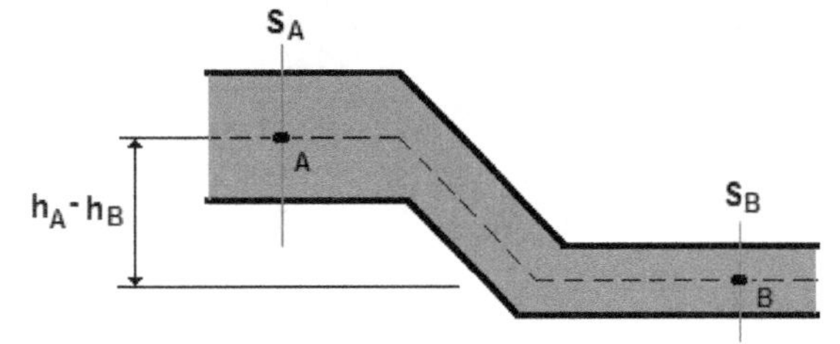

Aplicando "Bernoulli" entre los puntos A y B y teniendo en cuenta que h_A-h_B=0,5m:

$$\frac{v_A^2\cdot\rho}{2}+p_A+\rho\cdot g\cdot h_A=\frac{v_B^2\cdot\rho}{2}+p_B+\rho\cdot g\cdot h_B$$

$$\rho\cdot g\cdot(h_A-h_B)+p_A=\frac{\rho}{2}(v_B^2-v_A^2)+p_B$$

Teniendo en cuenta que el caudal es constante ($Q=Q_A=Q_B$), calculamos ahora las velocidades del fluido en los puntos A y B:

$$S_A=\frac{\pi\cdot 0{,}2^2}{4}=0{,}0314m^2;\quad S_B=\frac{\pi\cdot 0{,}1^2}{4}=0{,}00785m^2$$

$$v_A=\frac{Q_A}{S_A}=\frac{0{,}1\frac{m^3}{s}}{0{,}0314m^2}=3{,}18\frac{m}{s};\quad v_B=\frac{Q_B}{S_B}=\frac{0{,}1\frac{m^3}{s}}{0{,}00785m^2}=12{,}73\frac{m}{s}$$

Sustituyendo obtenemos el valor de la presión de salida:

$$1000\frac{kg}{m^3}9{,}8\frac{m}{s^2}(0{,}5m)+120000\frac{N}{m^2}=500\frac{kg}{m^3}(12{,}73^2-3{,}18^2)\frac{m^2}{s^2}+p_B\Rightarrow p_B=0{,}49\,bar$$

8. El agua de un depósito elevado provisto de una tubería de salida se utiliza para el abastecimiento de una industria de lavado de un mineral. Es capaz de suministrar 15 m^3 en 20 minutos y además se sabe que el área de la sección de la tubería (S_1) es el doble que la de la sección del chorro a la salida (S_2). La superficie del depósito es mucho mayor que la sección del chorro de salida en 2. Considérese que el agua se comporta como un fluido ideal y que todas las pérdidas de energía son despreciables y que la densidad del agua es de 1020 kg/m^3. Teniendo en cuenta los datos y consideraciones anteriores, calcule:

a) El caudal que circula por la tubería de desagüe (litros/seg).

b) La velocidad en 2 (m/seg) y la sección 2 (m^2).

c) La velocidad y la presión en 1, en m/s y en Pa, respectivamente.

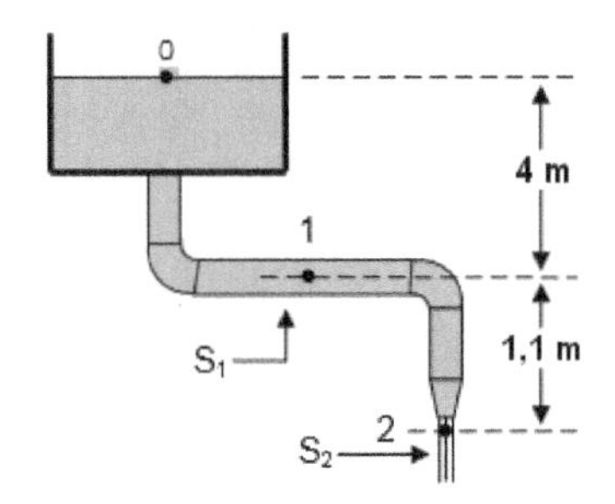

a) El caudal de agua que circula por la salida 2 será:

$$Q_2 = \frac{V_2}{t} = \frac{15\,m^3}{1200\,seg} = 0{,}0125\frac{m^3}{seg} = 12{,}5\frac{l}{seg}$$

b) Teniendo en cuenta que la sección 1 es el doble que la 2:

$$Q_1 = Q_2 \Rightarrow 2\cdot S_2\cdot v_1 = S_2\cdot v_2 \Rightarrow 2\frac{\pi\cdot D_2^2}{4}\cdot v_1 = \frac{\pi\cdot D_2^2}{4}\cdot v_2 \Rightarrow 2\cdot v_1 = v_2 \Rightarrow v_2 = 2\cdot v_1$$

Considerando ahora que $p_2=p_0=1bar$ y que $v_0=0$, tomamos la línea de corriente 0→2:

$$\frac{v_0^2}{2g} + h_0 + \frac{p_0}{\rho g} = \frac{v_2^2}{2g} + h_2 + \frac{p_2}{\rho g} \Rightarrow 0 + 5{,}1 = \frac{v_2^2}{2g} + 0$$

$$v_2^2 = 5{,}1m\cdot(19{,}62\frac{m}{seg^2}) = 98{,}1\frac{m^2}{seg^2} \Rightarrow v_2 = 10\frac{m}{seg} \Rightarrow v_1 = \frac{v_2}{2} = 5\frac{m}{seg}$$

c) Considerando ahora la línea de corriente 1→2:

$$\frac{5^2}{19{,}62} + 1{,}1 + \frac{p_1}{10006{,}2} = \frac{10^2}{19{,}62} + 0 + \frac{10^5}{10006{,}2} \Rightarrow p_1 = 127\,234{,}87\frac{N}{m^2} = 1{,}272\,bar$$

9. De un cilindro de simple efecto se sabe que la sección de avance es de 50 cm², la carrera de 20 cm, la presión de trabajo de 6 bar y el rendimiento del 85%. Se pide:
a) La fuerza real en el avance (N) y el trabajo (J).
b) El consumo de aire (m³/seg) si realiza diez ciclos por minuto.
c) La velocidad del vástago en el avance (m/seg) y la potencia desarrollada en el avance.

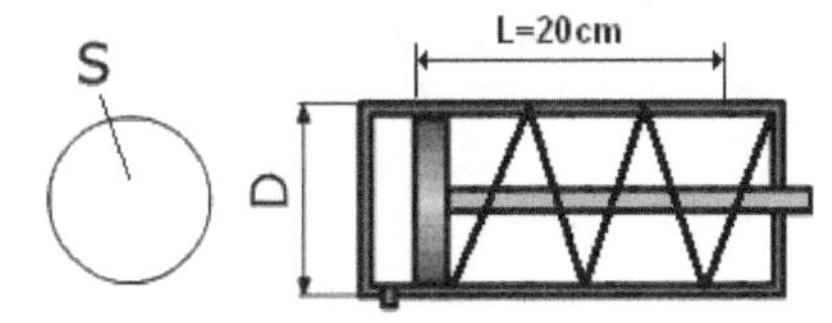

a) Teniendo en cuanta el rendimiento calculamos la fuerza real (F) en el avance:

$$F = 0{,}85\cdot p\cdot S = 0{,}85\times 6\cdot 10^5\frac{N}{m^2}\times 50\cdot 10^{-4}m^2 = 2550\,N$$

$$W = F\cdot L = 2550\,N\cdot 0{,}2\,m = 510\,J$$

b) El volumen del cilindro y de aire por cada ciclo de trabajo serán:

$$V_{cil} = S\cdot L = 50cm^2\cdot 20cm = 1000cm^3 = 1dm^3 = 1l$$

$$V_{aire} = \frac{P_{ab}\cdot V_{cil}}{P_{atm}} = \frac{(6bar + 1bar)\cdot 1l}{1bar} = 7l/ciclo$$

$$C_O = V_{aire}\cdot n_C = 7\frac{l}{ciclo}\cdot 10\frac{ciclos}{\min} = 70\frac{l}{\min} = 11{,}66\times 10^{-4}\frac{m^3}{seg}$$

c) Finalmente la velocidad de avance (v_A) del vástago y la potencia (P) serán:

$$v_A = \frac{C_o}{S} = \frac{11{,}66\times 10^{-4}\frac{m^3}{seg}}{0{,}005\,m^2} = 0{,}2332\frac{m}{seg} \Rightarrow t = \frac{L}{v_A} = \frac{0{,}2\,m}{0{,}2332\frac{m}{seg}} = 0{,}857seg$$

$$P = \frac{W}{t} = \eta\cdot p\cdot C_O = \frac{510J}{0{,}857seg} = 595w$$

10. Se dispone de un cilindro de simple efecto que utiliza en su funcionamiento un volumen de aire por cada ciclo de trabajo de 5892 cm³ y una presión de 5 bar, siendo su carrera de 25 cm. Calcula:
a) El consumo (l/min) de aire si efectúa 10 ciclos por minuto.
b) El diámetro del cilindro (cm).
c) La fuerza real de avance (N) considerando la fuerza del muelle y de rozamiento del 10 y 6% respectivamente de la fuerza teórica aplicada.
d) La potencia desarrollada en cada ciclo de trabajo.

a) El consumo de aire será:

$$C_O = V_{aire} \cdot n_C = 5{,}892l \cdot 10\frac{ciclos}{\min} = 58{,}92\frac{l}{\min} = 9{,}82 \cdot 10^{-4}\frac{m^3}{seg}$$

b) Para saber el diámetro del cilindro (D) debemos calcular previamente el volumen del cilindro por cada ciclo:

$$V_{cil} = \frac{V_{aire} \cdot P_{atm}}{P_{ab}} = \frac{5.892\,cm^3 \cdot 1\,bar}{6\,bar} = 982cm^3$$

$$V_{cil} = \frac{\pi \cdot D^2 L}{4} \Rightarrow D = \sqrt{\frac{4 \cdot V_{cil}}{\pi \cdot L}} = \sqrt{\frac{4 \cdot 982}{\pi \cdot 25}} = 7\,cm$$

c) Calculamos la sección del cilindro (S) y posteriormente la fuerza (F) de avance:

$$S = \frac{\pi \cdot D^2}{4} = \frac{\pi \cdot 7^2}{4} = 38{,}48cm^2$$

$$F = 0{,}84 \cdot p \cdot S = 0{,}84 \times 5 \cdot 10^5 \frac{N}{m^2} 38{,}48 \cdot 10^{-4}\,m^2 = 1616N$$

d) Finalmente la potencia será:

$$P = \eta \cdot p \cdot C_O = 0{,}84 \cdot 5 \times 10^5 \frac{N}{m^2} \cdot 9{,}82 \cdot 10^{-4}\frac{m^3}{seg} = 412\frac{w}{ciclo}$$

11. Calcula la fuerza de avance y de retroceso de un cilindro de doble efecto de 8 cm de diámetro, sabiendo que la presión de trabajo es de 7 bar y el diámetro del vástago de 2 cm. Considera la fuerza de rozamiento el 10 % de la fuerza teórica aplicada. ¿Cuál será el consumo de aire del cilindro (l/min), si tiene una carrera de 20 cm y efectúa 6 ciclos por minuto?. Considerar: 1 atm=1 bar.

Calculamos en primer lugar las dos secciones del cilindro y las dos fuerzas (avance y retroceso):

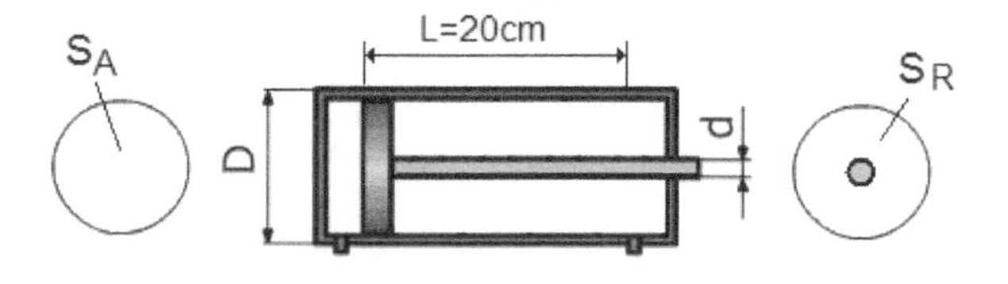

$$S_A = \frac{\pi \cdot D^2}{4} = \frac{\pi \cdot 8^2}{4} = 50{,}26cm^2$$

$$S_R = \frac{\pi}{4}(D^2 - d^2) = \frac{\pi}{4}(8^2 - 2^2) = 47{,}12cm^2$$

$$F_A = 0{,}9 \cdot p \cdot S_A = 0{,}9 \times 7 \cdot 10^5 \frac{N}{m^2} \cdot 50{,}26 \cdot 10^{-4} m^2 = 3166N$$

$$F_R = 0{,}9 \cdot p \cdot S_R = 0{,}9 \times 7 \cdot 10^5 \frac{N}{m^2} \cdot 47{,}12 \cdot 10^{-4} m^2 = 2968N$$

Considerando la temperatura constante en el interior del cilindro y teniendo en cuenta la ley de "Boyle-Mariotte" tenemos:

$$V_{cil} = (S_A + S_R) \cdot L = (50{,}26 + 47{,}12) \cdot 20 = 1947{,}6cm^3 = 1{,}95l$$

$$P_{ab} = P_{atm} + p = 1 + 7 = 8atm$$

$$V_{aire} = \frac{P_{ab} \cdot V_{cil}}{P_{atm}} = \frac{8bar \cdot 1{,}95l}{1bar} = 15{,}6\frac{l}{ciclo}$$

$$C_O = V_{aire} \cdot n_C = 15{,}6\frac{l}{ciclo} \cdot 6\frac{ciclos}{\min} = 93{,}6\frac{l}{\min}$$

12. Disponemos de un cilindro de doble efecto cuyas secciones del émbolo son de 60 y 50 cm^2 respectivamente, alimentado con una presión de 5 bar y con una fuerza de rozamiento del 10% de la fuerza teórica. Se pide:
a) La fuerza real (N) de avance y de retroceso del vástago.
b) El trabajo (J) realizado por ciclo si la carrera del cilindro es de 25 cm.
c) El consumo de aire total (avance+retroceso) si realiza 10 ciclos por minuto.
d) La potencia (w) y la velocidad del vástago en el avance (m/seg).

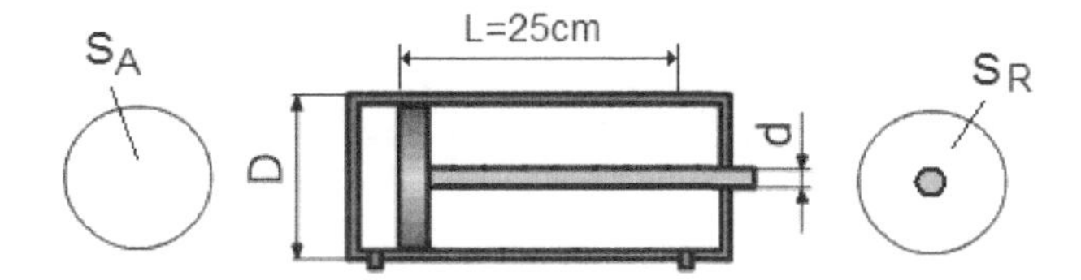

a) Calculamos la fuerza de avance y de retroceso:

$$F_A = 0{,}9 \cdot p \cdot S_A = 0{,}9 \cdot 5\times10^5 \frac{N}{m^2} \cdot 60\times10^{-4}\, m^2 = 2700N = 275\, kp$$

$$F_R = 0{,}9 \cdot p \cdot S_R = 0{,}9 \cdot 5\times10^5 \frac{N}{m^2} \cdot 50\times10^{-4}\, m^2 = 2250N = 229\, kp$$

b) El trabajo realizado en el ciclo será la suma de ambos:

$$W_A = F_A \cdot L = 2700N \cdot 0{,}25\, m = 675J$$

$$W_R = F_R \cdot L = 2250N \cdot 0{,}25\, m = 562{,}5J$$

$$W = W_A + W_R = 1237{,}5J$$

c) Calculamos ahora el consumo de aire por cada ciclo de trabajo:

$$V_{cil} = (S_A + S_R) \cdot L = 110cm^2 \cdot 25cm = 2750\, cm^3 = 2{,}75 \frac{l}{ciclo}$$

$$V_{aire} = \frac{P_{ab} \cdot V_{cil}}{P_{atm}} = \frac{6\times10^5 \frac{N}{m^2} \cdot 2{,}75 \frac{l}{ciclo}}{10^5 \frac{N}{m^2}} = 16{,}5 \frac{l}{ciclo}$$

$$C_O = V_{aire} \cdot n_C = 16{,}5 \frac{l}{ciclo} \cdot 10 \frac{ciclos}{\min} = 165 \frac{l}{\min} = 0{,}00275 \frac{m^3}{seg}$$

d) Para saber la potencia en el avance debemos calcular previamente el consumo de aire en el avance:

$$\frac{S_A + S_R}{C_O} = \frac{S_A}{C_A} \Rightarrow \frac{110\, cm^2}{165 \frac{l}{\min}} = \frac{60\, cm^2}{C_A}$$

$$C_A = 90 \frac{l}{\min} = 0{,}0015 \frac{m^3}{seg} \Rightarrow P_A = \eta \cdot C_A \cdot p = 0{,}9 \cdot 0{,}0015 \frac{m^3}{seg} \cdot 5\times10^5 \frac{N}{m^2} = 675w$$

$$t_A = \frac{W_A}{P_A} = \frac{675\, J}{675\, w} = 1\, seg \Rightarrow v_A = \frac{L}{t_A} = \frac{C_A}{S_A} = \frac{0{,}25\, m}{1\, seg} = 0{,}25 \frac{m}{seg}$$

13. Disponemos de un cilindro de doble efecto con doble vástago de 100 cm^2 de sección, alimentado con una presión de 5 bar y con una fuerza de rozamiento del 10% de la fuerza teórica. Se pide:
a) La fuerza (N) de avance o de retroceso del vástago y el trabajo (J) realizado.
b) El consumo de aire (m^3/seg.) si la carrera del cilindro es de 20 cm y realiza 15 ciclos por minuto.
c) La potencia (w) desarrollada en cada ciclo de trabajo.
d) La velocidad (m/seg) del vástago en el avance o en el retroceso y el tiempo empleado (seg).

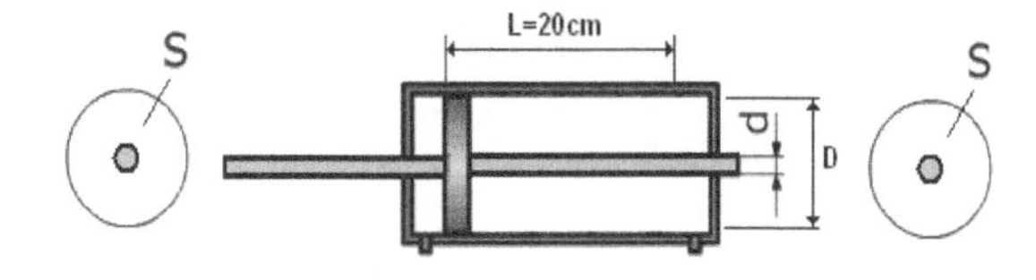

a) Calculamos la fuerza de avance y de retroceso que en este caso serán idénticas así como el trabajo realizado:

$$F_A = F_R = 0{,}9 \cdot p \cdot S = 0{,}9 \cdot 5 \times 10^5 \frac{N}{m^2} \cdot 100 \times 10^{-4}\, m^2 = 4500\, N$$

$$W_A = W_R = F_A \cdot L = 4500 N \cdot 0{,}2 m = 900 J \Rightarrow W = 1800\, J$$

b) Calculamos ahora el consumo de aire comprimido por cada ciclo de trabajo:

$$V_{cil} = (2 \cdot S) \cdot L = (100 + 100) \cdot 20 = 4000\, cm^3 = 4\, l / cico$$

$$V_{aire} = \frac{P_{ab} \cdot V_{cil}}{P_{atm}} = \frac{6 \times 10^5 \frac{N}{m^2} \cdot 4 \frac{l}{ciclo}}{10^5 \frac{N}{m^2}} = 24 \frac{l}{ciclo}$$

$$C_O = V_{aire} \cdot n_C = 24 \frac{l}{ciclo} \cdot 15 \frac{ciclos}{\min} = 360 \frac{l}{\min} = 0{,}006 \frac{m^3}{seg}$$

c) La potencia real desarrollada por el cilindro en cada ciclo será:

$$P_{real} = \eta \cdot p \cdot C_O = 0{,}9 \cdot 5 \times 10^5 \frac{N}{m^2} \cdot 0{,}006 \frac{m^3}{seg} = 2700 \frac{w}{ciclo}$$

d) La velocidad de avance (v_A) que en este caso será la misma que la de retroceso será:

$$C_A = 180 \frac{l}{\min} = 0{,}003 \frac{m^3}{seg} \Rightarrow P_A = \eta \cdot C_A \cdot p = 0{,}9 \cdot 0{,}003 \frac{m^3}{seg} \cdot 5 \times 10^5 \frac{N}{m^2} = 1350\, w$$

$$t_A = \frac{W_A}{P_A} = \frac{900\, J}{1350\, w} = 0{,}66\, seg \Rightarrow v_A = \frac{L}{t_A} = \frac{C_A}{S_A} = \frac{0{,}2\, m}{0{,}66\, seg} = 0{,}3 \frac{m}{seg}$$

14. Indica qué diferencia existe entre una válvula reguladora de presión con escape, una válvula limitadora de presión y una válvula de secuencia. Dibuja sus símbolos e indica cuando se utilizan.

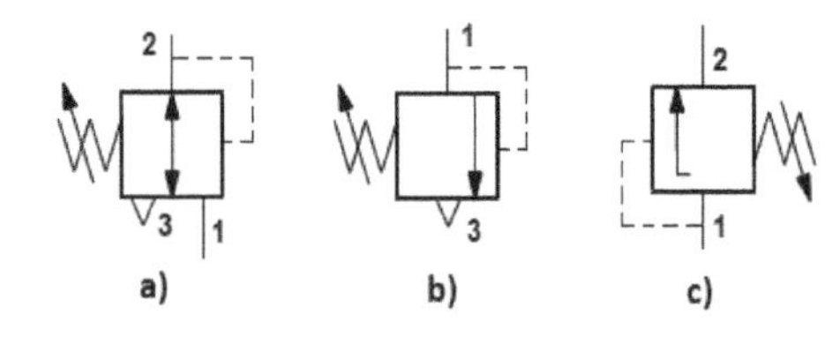

a) La válvula reguladora regula la presión a la salida (2) a un valor inferior o igual al de entrada (1) y el resto lo libera por el escape (3). Se utiliza para proteger los elementos neumáticos.
b) La válvula limitadora como su propio nombre indica limita la presión a un determinado valor, y en el momento que se sobrepasa dicho límite tarado, el resto lo libera fuera a escape (3). Se utiliza por seguridad por ejemplo para limitar la presión de un depósito acumulador.
c) La válvula de secuencia comunica la entrada (1) con la salida (2) si la presión de entrada se hace mayor al valor tarado, en caso contrario permanece cerrada. Se utiliza cuando un elemento neumático necesita una mínima presión para funcionar, por ejemplo un motor neumático. Ambos símbolos son muy similares, pero si nos fijamos bien la válvula limitadora lleva escape (3) y una entada de presión (1), mientras que la de secuencia lleva la entrada de presión (1) y la utilización (2). Las tres se pueden regular (muelle).

15. Para circuito con mando indirecto, se pide:
a) ¿Cómo se encuentra inicialmente el cilindro?.
b) ¿Qué sucede si inicialmente accionamos un instante P1?.
c) ¿Qué sucede si pasado un tiempo pulsamos a continuación otro instante P2?
d) ¿Qué sucede si ahora accionamos P2 durante tres segundos?
e) Dibuja el diagrama espacio-fase. Considerar el tiempo de avance o retroceso libre del cilindro de medio segundo.

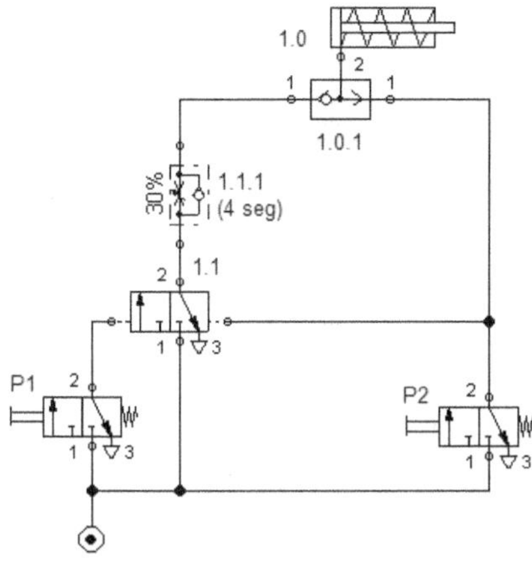

a) Inicialmente el cilindro se encuentra en posición de retroceso.
b) Al accionar un instante P1, la válvula biestable 1.1 cambia a la posición de la izquierda y el cilindro avanza lentamente debido al regulador 1.1.1 (30%).
c) El cilindro retrocede libremente ya que la válvula 1.1 cambia de estado.
d) El cilindro avanza libremente y continúa en avance mientras se mantenga accionado P2.
e) El diagrama espacio-fase es el siguiente:

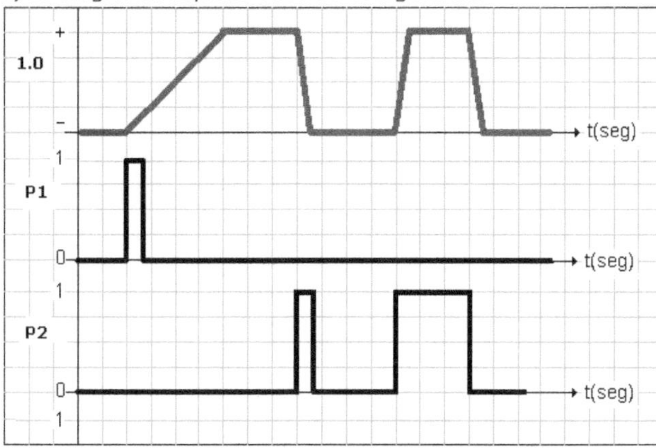

16. Contesta a las siguientes preguntas relativas al siguiente circuito neumático:
a) ¿En qué situación se encuentran inicialmente el cilindro?. ¿Qué sucede si accionamos manualmente en un principio el final de carrera 1.2?
b) Explica el funcionamiento y dibuja el diagrama espacio-fase. Suponer el tiempo de cada cuadro de 1 segundo y el avance libre del cilindro también de 1 segundo.
c) ¿Qué sucede si mantenemos accionado el pulsador de marcha (PM) durante un tiempo indefinido?

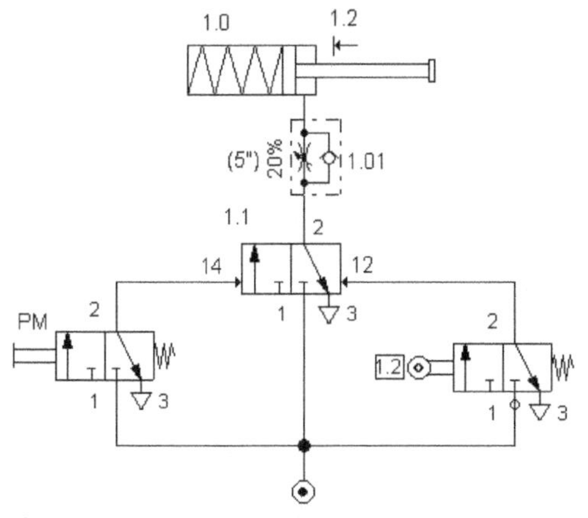

a) Inicialmente el cilindro A se encuentra en posición de avance. Si accionamos manualmente el final de carrera 1.2, el cilindro permanece en avance.
b) Al accionar el pulsador PM la válvula biestable 1.1 cambia a la posición de la izquierda y el cilindro retrocede lentamente (5"). Al llegar al final de su recorrido acciona el final de carrera 1.2, con lo cual el cilindro ahora avanzará libremente por el efecto del muelle. Al volver a pulsar PM se volverá a repetir el ciclo.

c) Si mantenemos accionado el pulsador PM indefinidamente, el cilindro retrocede pero no avanza a pesar de estar activado también el final de carrera 1.2 hasta no dejar de pulsar PM.

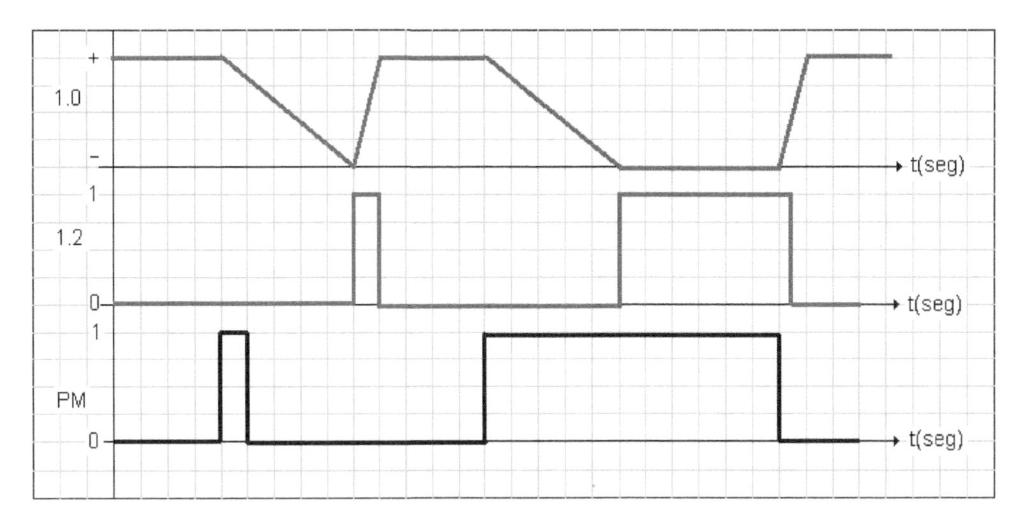

17. Para el siguiente circuito, se pide:
a) ¿Cómo se encuentra inicialmente el cilindro?. ¿Qué sucede si a continuación accionamos un instante S1?.
b) ¿Qué sucede si accionamos ahora un instante P_1?.
c) ¿Qué misión tiene la válvula 1.3 y qué nombre recibe?.
d) Explica el funcionamiento del citado circuito.

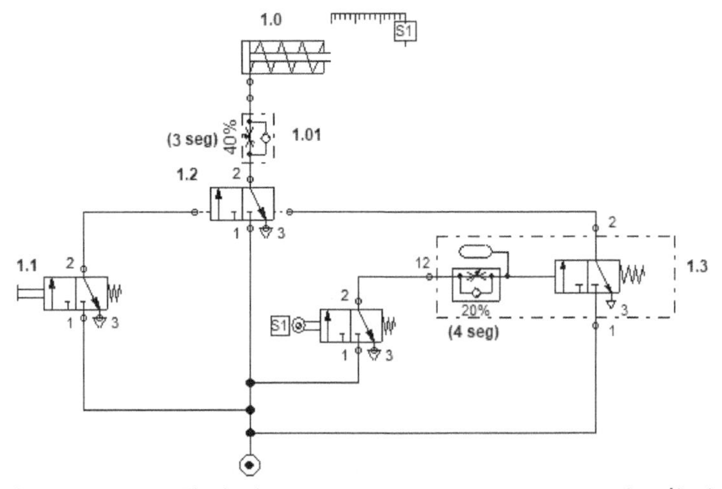

a) En retroceso. El cilindro permanece en retroceso ya que la válvula 1.2 no cambia de posición.
b) El cilindro avanza lentamente (40%) durante tres segundos.
c) Retardar el retroceso del cilindro durante cuatro segundos una vez que ha llegado al final del avance. Temporizador NC.
d) Al accionar 1.1 la válvula biestable 1.1 cambia a la posición izquierda y el cilindro avanza lentamente (40%); una vez que llega al final del recorrido de avance, activa mecánicamente el final de carrera S1 y pasados 4 segundos, el temporizador se abre y hace que la válvula 1.2 cambie de nuevo a la posición derecha, con lo cual el cilindro retrocederá líbremente.

18. Sobre el siguiente automatismo neumático:
a) Indica el nombre de cada uno de los componentes del circuito.
b) Explica el funcionamiento del sistema automático.
c) Indica en qué dirección se desplazará más rápido el elemento 1.0 y por qué.

a) Componentes:
- 1.0: Cilindro de doble efecto.
- 1.01: Válvula estranguladora unidireccional.
- 1.1: Válvula 5/2 biestable accionada por neumáticamente (por presión).
- 1.2 y 1.4: Válvula 3/2 NC monoestable accionada mediante pulsador general.
- 1.3: Válvula 3/2 NC monoestable accionada mediante rodillo (final de carrera).

- 1.6: Válvula de simultaneidad.
- 0.1: Unidad de mantenimiento.

b) Inicialmente el cilindro se encuentra en retroceso. Al accionar simultáneamente los dos pulsadores (1.2 y 1.4), el cilindro avanza lentamente (50%), hasta que llega al final de su recorrido que accionará el final de carrera (1.3) y retrocede libremente hasta volver accionar los dos pulsadores a la vez.
c) Se desplazará más rápidamente en el retroceso puesto que no le afecta el regulador 1.01.

19. Se desea que accionando un pulsador "P_1" comience el avance del cilindro doble efecto, pero en cuanto se suelte éste, el cilindro se quede bloqueado. Lo mismo para el retroceso pero con un pulsador "P_2". Utilizar una válvula distribuidora 4/3 pilotada por ambas partes neumáticamente, dos válvulas 3/2 NC y dos reguladores unidireccionales (30%).

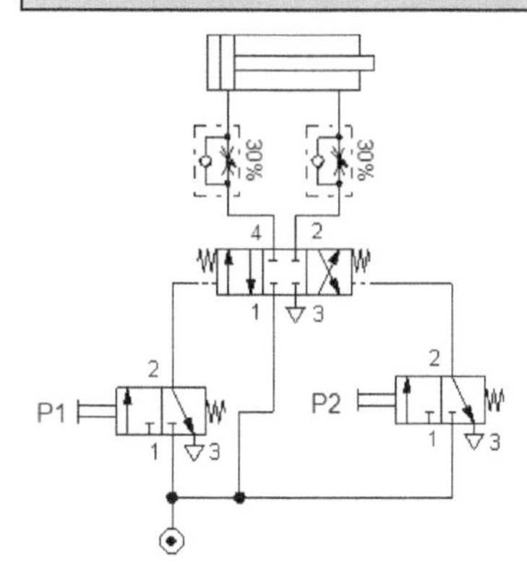

20. Para el siguiente circuito neumático, describe los elementos que lo componen y explica brevemente su funcionamiento. ¿Qué función tiene la válvula 1.0.1?.

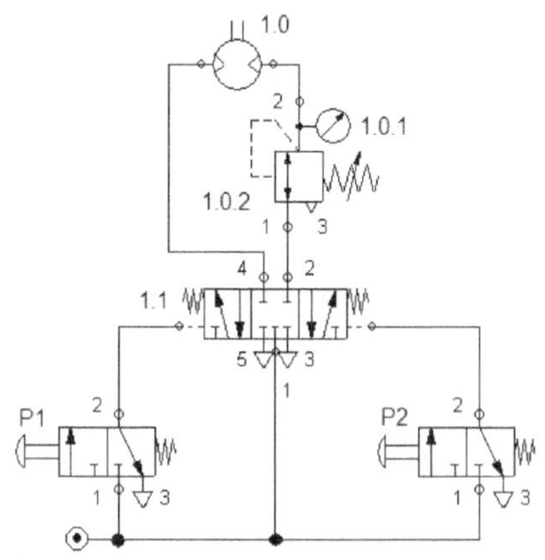

Elementos del sistema:

-1.0: Motor neumático.
-1.0.1: Manómetro.
-1.0.2: Válvula reguladora de presión con escape.
-1.1: Válvula 5/3 biestable pilotada neumáticamente, con centro cerrado y retorno a posición central por muelle.
-P1 y P2: Válvula 3/2 monoestable NC con pulsador de seta.

FUNCIONAMIENTO: Inicialmente la válvula 1.1 se encuentra en la posición central, con lo cual el motor 1.0 estará parado. Al accionar P1, la válvula 5/3 pasará a la posición de la izquierda, con lo cual el motor girará a derechas, de manera que al dejar de accionar P1 la válvula 1.1 pasará a la posición central y se parará. Por el contrario al accionar P2, la válvula 5/3 pasará a la posición de la derecha y el motor girará ahora en sentido contrario (a izquierdas) hasta dejar de accionar de nuevo P2 que se parará. Variando a válvula reguladora 1.0.2 podemos variar la velocidad del motor en ambos sentidos.

21. Contesta a las siguientes preguntas relativas al siguiente circuito neumático:
a) ¿En qué situación se encuentran inicialmente el cilindro?¿Qué sucede si accionamos un segundo el pulsador 1.2?
b) Explica el funcionamiento y dibuja el diagrama espacio-fase. Suponer el tiempo de cada cuadro de 1 segundo.
c) ¿Qué sucede si mantenemos accionado el pulsador 1.2 durante un tiempo indefinido?. Dibuja el diagrama espacio-fase.

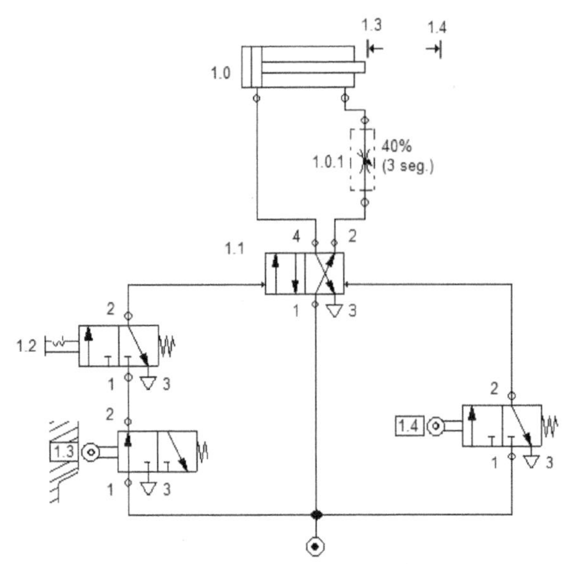

a) El cilindro A se encuentra en posición de retroceso. El cilindro sale y vuelve una sola vez.

b) Funcionamiento: inicialmente el cilindro se encuentra en posición de retroceso con la válvula 1.3 activada. En el momento de accionar el pulsador 1.2, la válvula distribuidora 1.1 cambia de posición de la izquierda y el cilindro avanza lentamente (3seg) debido al estrangulador 1.0.1; cuando llega al final de su recorrido de avance acciona el final de carrera 1.4 y vuelve a cambiar la válvula distribuidora a la posición de la derecha, con lo cual vuelve a retroceder lentamente (3seg) y así estará mientras se mantenga accionada la válvula 1.2.

c) El cilindro no para de avanzar y retroceder. El diagrama espacio-fase es el siguiente:

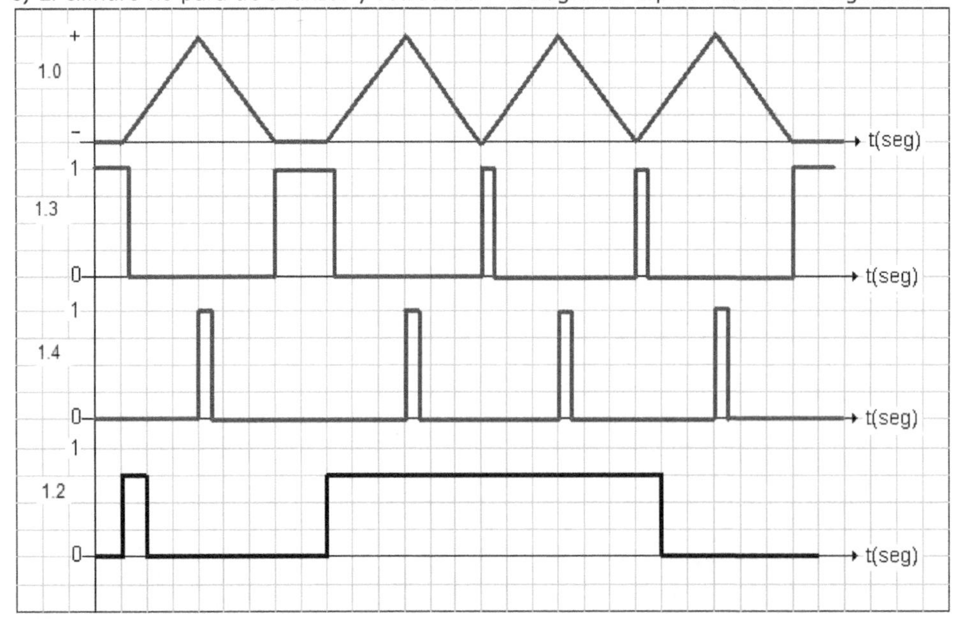

22. La puerta de un canal que transporta agua está controlada por un cilindro de doble efecto. Con el objeto de diseñar el circuito disponemos de los siguientes componentes:
- Cilindro de doble efecto.
- Válvulas 5/2, biestable, de doble mando neumático por presión.
- Válvulas 3/2, NC (accionamiento por pulsador y retorno por muelle).
- Válvulas de simultaneidad (función "Y").
- Válvulas selectoras de circuito (función "O").

a) Realizar el esquema neumático del mando indirecto del cilindro de doble efecto, el cual se pilotará neumáticamente mediante la válvula 5/2. La puerta se cerrará activando una de las dos válvulas de pulsador situadas una a cada lado del canal, válvulas A y B (se cierra la puerta al "avanzar" el vástago del cilindro). La puerta debe abrirse al activar simultáneamente las válvulas C y D situadas en la cabina de control del canal (se abre la puerta al "retroceder" el vástago).

b) ¿Qué elementos se necesitan y cómo se conectan en el circuito si queremos que el cilindro avance lentamente y retroceda rápidamente?.

a) El esquema sería el siguiente:

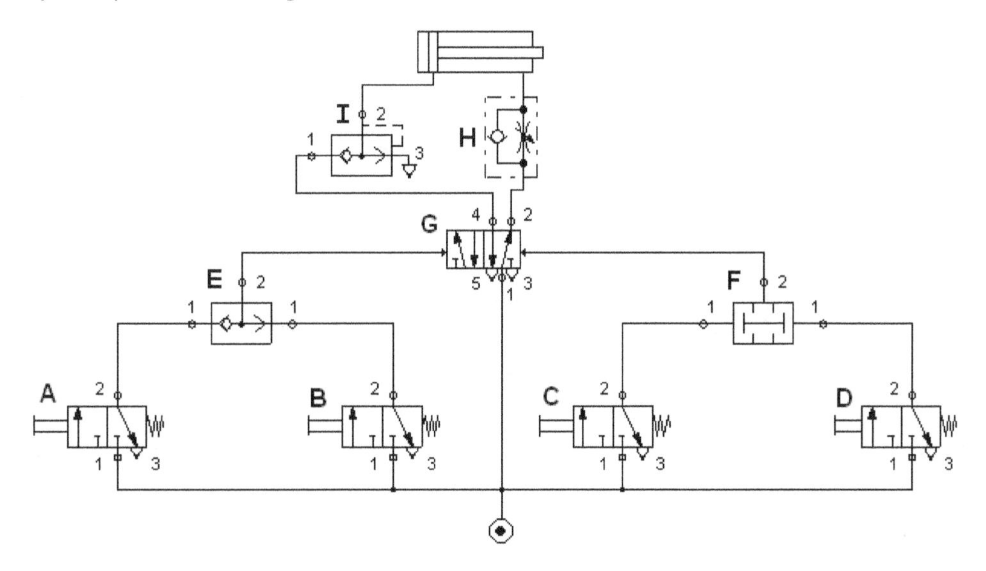

b) Necesitamos un estrangulador unidireccional (H) y una válvula de escape rápido I. Ver esquema.

23. En relación con el circuito de la figura, contesta a las siguientes preguntas:
a) ¿En qué situación se encuentran inicialmente los cilindros A y B?.
b) ¿Qué sucede cuando accionamos un instante el pulsador P_1?.
c) ¿Qué sucede si pasados seis segundos después de accionar P_1, accionamos un instante el pulsados P_2?.
d) Explica el funcionamiento y dibuja el diagrama espacio-fase. Suponer el tiempo de cada cuadro de 1 segundo y que el desplazamiento libre de los cilindros es de 1 segundo.
e) Dibuja el mismo circuito utilizando una sola válvula 4/2.

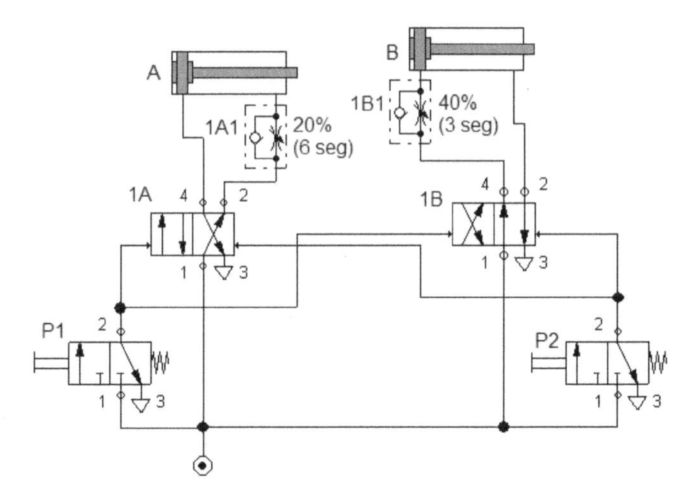

a) El cilindro A se encuentra en posición de retroceso y el B de avance.
b) Al accionar un instante el pulsador P1, el cilindro A sale lentamente durante 6 segundos debido al regulador 1A1, mientras que el B retrocede también lentamente durante 3 segundos debido al regulador 1B1.
c) Si pasados 6 segundos accionamos el pulsador P_2, el cilindro A retrocede libremente, mientras que el B avanza también libremente.
d) Ver diagrama espacio-fase.

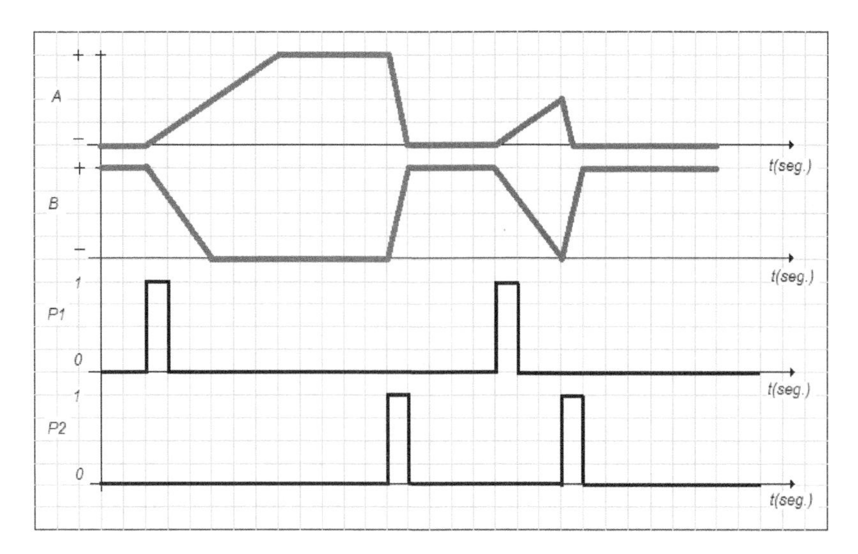

e) Ver esquema adjunto.

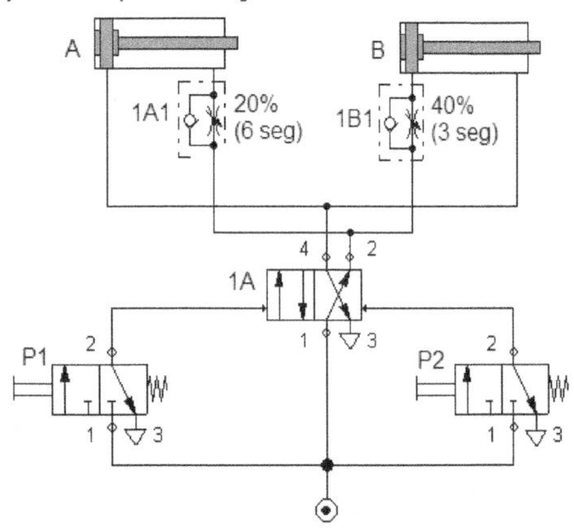

24. Sobre el siguiente automatismo neumático:
a) Indica el nombre de cada uno de los componentes del circuito.
b) Explica el funcionamiento del sistema automático.
c) Indica qué ocurre si el elemento 1.2 se mantiene activado durante un tiempo prolongado.

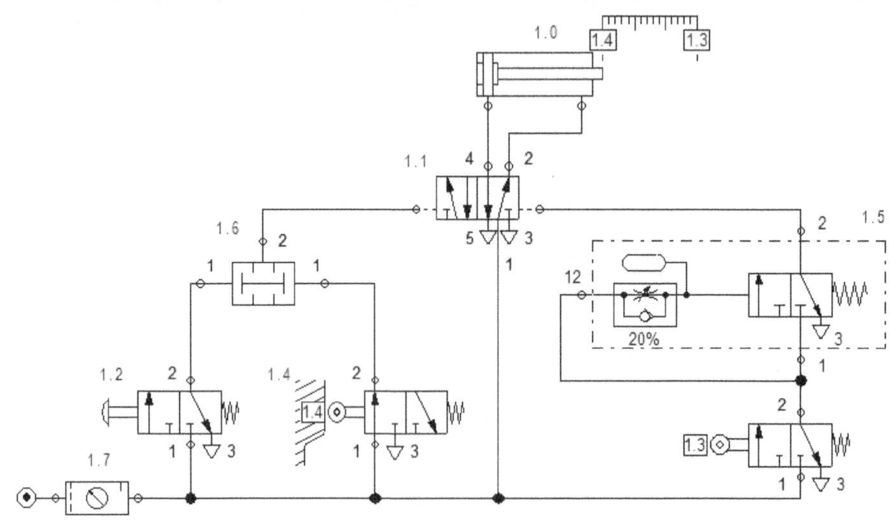

a) Componentes:
- 1.0: Cilindro de doble efecto.
- 1.1: Válvula 5/2 biestable accionada por neumáticamente (por presión).
- 1.2: Válvula 3/2 NC monoestable accionada mediante pulsador general.

- 1.3 y 1,4: Válvula 3/2 NC monoestable accionada mediante rodillo (final de carrera).
- 1.5: Temporizador NC.
- 1.6: Válvula de simultaneidad.
- 1.7: Unidad de mantenimiento.

b) Inicialmente el cilindro se encuentra en retroceso y con el final de carrera 1.4 accionado. Al accionar también el pulsador 1.2, el cilindro avanza libremente hasta que llegue al final de su recorrido que accionará el final de carrera (1.3) y pasados unos segundos (1.5) retrocederá libremente y volverá a salir mientras se mantenga pulsado 1.2

c) Que el cilindro avanza y retrocede libremente de forma indefinida permaneciendo unos segundos parado en una vez que llega al final del recorrido de avance.

25. Para el circuito neumático que se indica a continuación, se pide:
a) Indica el nombre de cada uno de los componentes del circuito.
b) Indica cómo se encuentran inicialmente ambos cilindros.
c) ¿Que sucede si accionamos el pulsador P?.
d) ¿Que sucede si a continuación volvemos a pulsar P y éste se queda abierto de nuevo?.

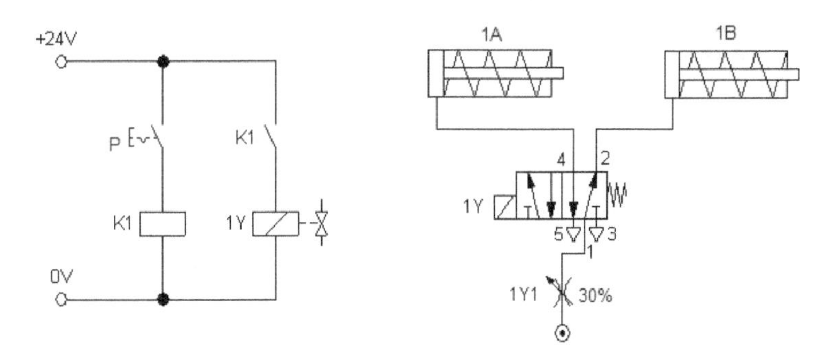

a) Componentes:
- 1A y 1B: Cilindro de simple efecto.
- 1Y: Electroválvula 5/2 monoestable.
- 1Y1: Válvula estranguladora bidireccional.

b) Inicialmente el cilindro 1A1 está en retroceso y 1A2 en avance.
c) El cilindro 1A1 avanza lentamente (libremente y el 1A2 retrocede libremente
d) Los cilindros vuelven a la posición inicial de reposo.

26. Para el siguiente circuito electro-neumático, se pide:
a) Describe los elementos que lo componen.
b) Explica cómo funciona el siguiente.

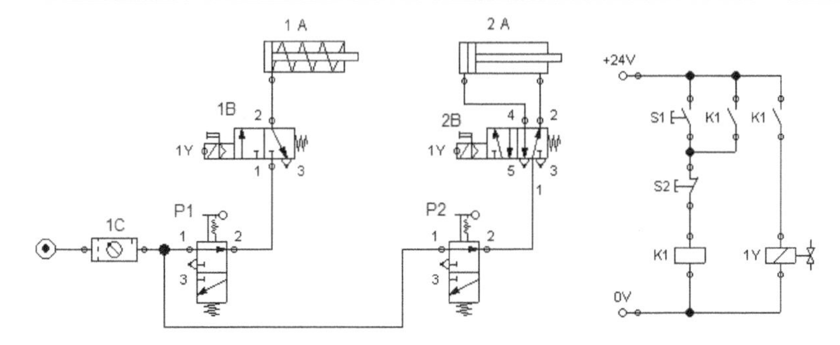

a) Descripción:
- 1A y 2A: Cilindro de simple y doble efecto.
- 1B y 2B: Electroválvula 3/2 NC monoestable servopilotada y electroválvula 5/2 monoestable servopilotada.
- P1 y P2: Válvula 3/2 NC monoestable accionada por palanca.
- 1C: Unidad de mantenimiento.

b) Funcionamiento: al accionar el pulsador "S1" se activa el relé "K1" y con él las dos electroválvulas "1Y", con lo cual avanzan libremente los dos cilindros (1A y 2A) ya que el relé "K1" se queda enclavado a través del contacto que está en paralelo con el pulsador "S1". Accionado "S2" se desactiva "K1" y las dos electroválvulas (monoestables) vuelven a su posición de reposo, con lo cual los cilindros retroceden a su posición inicial. Las dos electroválvulas también se pueden accionar manualmente mediante el pulsador que llevan incorporado.

27. En el circuito de la figura, la bomba suministra un caudal de 0,5 l/min y está diseñada para soportar una presión de 1000 N/cm^2.La válvula de seguridad se encuentra tarada a una presión de 700 N/cm^2. El cilindro, que tiene un diámetro de 40 mm, con un vástago de 20 mm de diámetro y en la carrera de avance debe vencer una resistencia de 7500 N, desplazándose con una velocidad de 0,2 m/min. Despreciando todo tipo de rozamientos, calcular:
a) Presión (N/cm^2) que soportará la bomba, cuando la válvula distribuidora se encuentra en la posición central.
b) Calcula la presión (N/cm^2) que existirá en la cámara sin vástago y en la cámara con vástago durante la carrera de avance del cilindro, así como la fuerza de retroceso del cilindro (N/cm^2).
c) Calcula el caudal (l/min) que se necesita para mover el cilindro en la carrera de avance, de acuerdo con las condiciones impuestas.
d) ¿Qué sucede con el resto del caudal, que suministra la bomba y que no se necesita para el avance del cilindro?

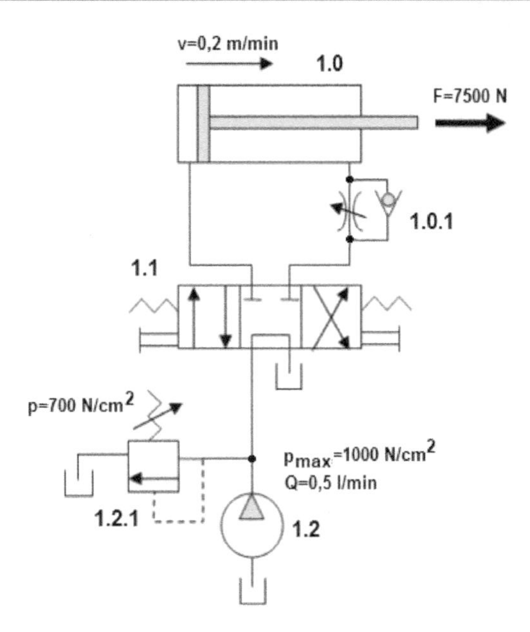

a) Dado que la bomba está trabajando en vacío y que la diferencia de presión entre la entrada y la salida es nula, la presión (p) que soportará la bomba será la mínima para vencer la viscosidad del aceite y prácticamente igual a la atmosférica. Por tanto p≈ 1atm=1bar=10^{5}N/m^2=1daN/cm^2.

b) Calculamos en primer lugar las secciones de las dos cámaras:

$$S_1 = \frac{\pi \cdot 0{,}04^2}{4} = 0{,}00125 m^2$$

$$S_2 = 0{,}00125 m^2 - \frac{\pi \cdot 0{,}02^2}{4} = 0{,}000936 m^2$$

$$p = \frac{F_1}{S_1} = \frac{7500 N}{0{,}00125 m^2} = 6000 kPa = 600 \frac{N}{cm^2}$$

$$F_2 = p \cdot S_2 = 6 \times 10^6 \frac{N}{m^2} \cdot 0{,}000936 m^2 = 5616 N$$

Por su parte la presión en la cámara con vástago durante el avance será aproximadamente igual a la atmosférica: 1bar=1ata=10^{5}N/m^2=10 N/cm^2.

c) Teniendo en cuenta la velocidad de avance y la sección:

$$Q_A = S_1 \cdot v_A = 0{,}00125 m^2 \cdot 0{,}2 \frac{m}{\min} = 2{,}5 \times 10^{-4} \frac{m^3}{\min} = 0{,}25 \frac{l}{\min}$$

d) Se quedará en el depósito

28. En la cinta transportadora de una fábrica se implementa el sistema neumático cuyo esquema aparece en la figura y en el que un sistema opto-electrónico pilota la electroválvula (1.2) con el fin de empujar las cajas que son detectadas hacia un contenedor mediante la acción de un cilindro (1.0). En base a ello:
a) Calcule la fuerza (N) de avance del pistón teniendo en cuenta que la presión del regulador está tarada a 4 bar y que el diámetro del pistón es 5,1 cm. Considerar las pérdidas del cilindro del 10%.
b) Calcule la velocidad de avance si el consumo de aire en el avance es de 2,4 l/min.
c) Explique el funcionamiento del sistema teniendo en cuenta que la presión de alimentación es de 6 bar. ¿Qué función cumplen 1.0.4 y 1.0.2?.

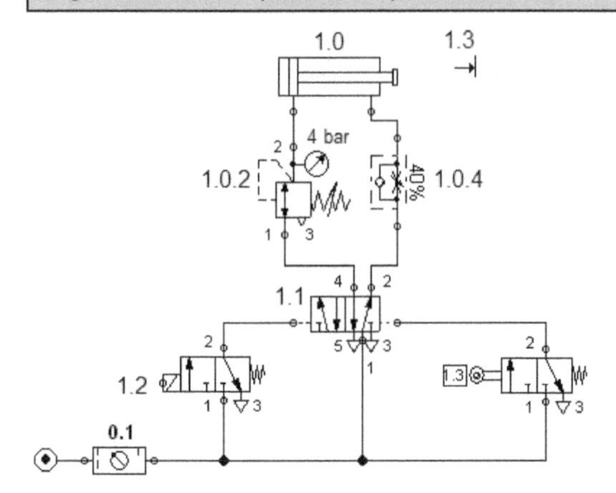

a) La fuerza de avance será:

$$S = \frac{\pi \cdot 0{,}051^2}{4} = 0{,}002 m^2$$

$$F = \eta \cdot p \cdot S = 0{,}9 \cdot 4 \times 10^5 \frac{N}{m^2} \cdot 0{,}002 m^2 = 720 N$$

b) Teniendo en cuenta que el consumo en el avance es de 2,4 l/min=4×10^{-5}m^3/seg:

$$C_A = S_A \cdot v_A \Rightarrow v_A = \frac{C_A}{S_A} = \frac{4\times10^{-5}\frac{m^3}{seg}}{0{,}002 m^2} = 0{,}02\frac{m}{seg}$$

c) Funcionamiento: inicialmente el cilindro está en retroceso. Al activarse el sistema opto-electrónico se activa también la electroválvula 1.2 con lo cual la válvula distribuidora 1.1 cambia de posición (izquierda) y el cilindro avanza lentamente (40%) debido al regulador unidireccional 1.0.4 y a la presión de 4 bar controlada por la válvula reguladora de presión 1.0.2. Cuando llega al final de su recorrido de avance se activa el final de carrera 1.3 y la válvula 1.1 vuelve a la posición inicial con lo cual el cilindro retrocede libremente.

29. Para el siguiente circuito neumático, se pide:
a) ¿En qué situación se encuentran inicialmente los cilindros?.
b) ¿Qué sucede si se acciona el pulsador de marcha "PM" durante un tiempo indefinido?.
c) ¿Qué sucede si se acciona el pulsador de marcha "PM" durante un segundo solamente?.
d) Dibuja en este último caso el diagrama espacio fase. Suponer que cada cuadro equivale a un segundo y que el tiempo de avance y de retroceso libre de los cilindros es de un segundo.

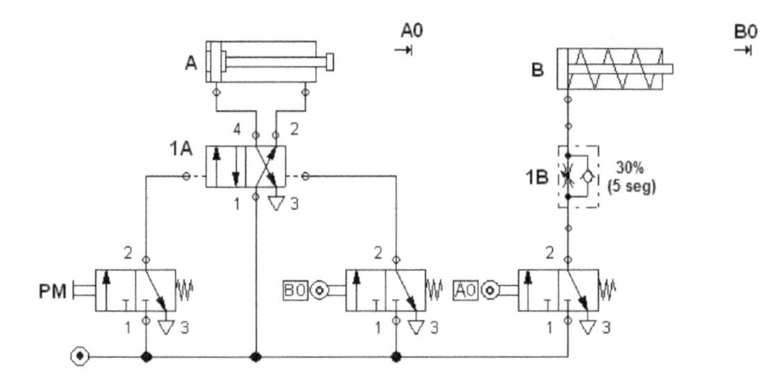

a) Ambos cilindros se encuentran en posición de retroceso.
b) El cilindro A avanza libremente, acciona el final de carrera A0, con lo cual el cilindro B avanza lentamente (30%) y acciona también el final B0, manteniéndose en esa posición mientras se mantenga accionado el

pulsador de marcha (PM) ya que la válvula 1A no cambia de posición hasta no dejar de pulsar PM. En el momento que se deja de pulsar PM retornan los dos.
c) El cilindro A avanza libremente, a continuación el cilindro B avanza lentamente durante cinco segundos (30%), seguidamente el cilindro A retrocede libremente al igual que el cilindro B.

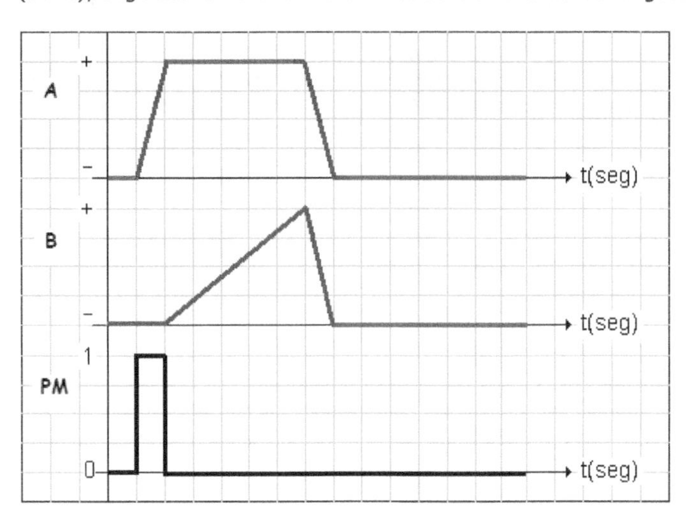

30. Un cilindro hidráulico de de simple efecto, cuya sección es de 20 cm^2, debe elevar una masa de 367 kg hasta una altura de 20 cm durante 10 segundos. Se pide:
a) Identifica los componentes de que consta y explica su funcionamiento. ¿Qué sentido tiene el disponer de dos válvulas de seguridad?
b) ¿Cuál será la presión (Pa) mínima de la instalación y el trabajo (J) que debe realizar el cilindro?.
c) ¿Cuál será la potencia desarrollada por el cilindro en cada ciclo y la mínima potencia de la electrobomba si su rendimiento es del 25%?.

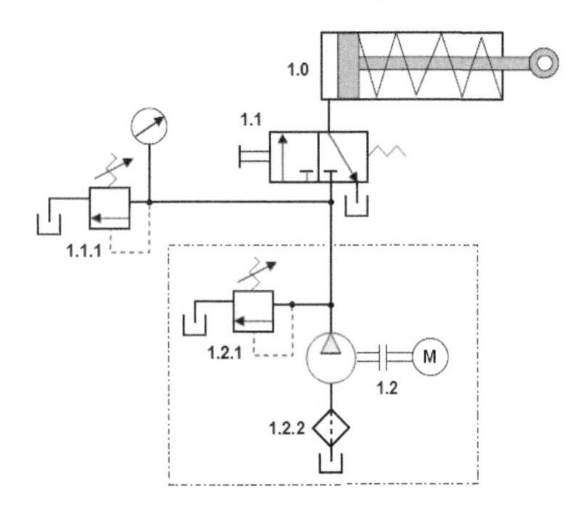

a) Componentes del sistema:
- 1.0: Cilindro hidráulico de simple efecto
- 1.1: Válvula 3/2 monoestable con accionamiento manual
- 1.1.1 y 1.2.1: Válvula de seguridad
- 1.2.2: Filtro de aceite
- 1.2: Grupo motor y bomba de aceite.

La válvula 1.2.1 es una válvula de seguridad que viene de serie con el propio equipo hidráulico, mientras la válvula 1.1.1 es también una válvula limitadora de presión para el circuito, que en este caso se pone por seguridad por si falla la anterior.
b) La presión mínima y el trabajo a realizar serán:

$$p = \frac{F}{S} = \frac{367kp \cdot 9{,}81\frac{N}{kp}}{20\,cm^2} = 180\frac{N}{cm^2} = 1800000\frac{N}{m^2} = 18bar$$

$$W = F \cdot L = 367kp \cdot 9{,}81\frac{N}{kp} \cdot 0{,}2m = 720J$$

c) La potencia desarrollada por el cilindro y la potencia de la motobomba serán:

$$P = \frac{W}{t} = \frac{720\,J}{10\,seg} = 72\,w$$

$$\eta = \frac{P}{P_B} \Rightarrow P_B = \frac{P}{\eta} = \frac{72\,w}{0{,}25} = 288\,w$$

31. Para el siguiente circuito neumático, se pide:
a) ¿En qué situación se encuentran inicialmente los cilindros?.
b) ¿Qué sucede si se acciona el pulsador de marcha "PM" durante un tiempo indefinido?.
c) ¿Qué sucede si se acciona el pulsador de marcha durante un segundo y se desactiva a continuación?. Dibuja en este último caso el diagrama espacio fase. Suponer que cada cuadro equivale a un segundo.

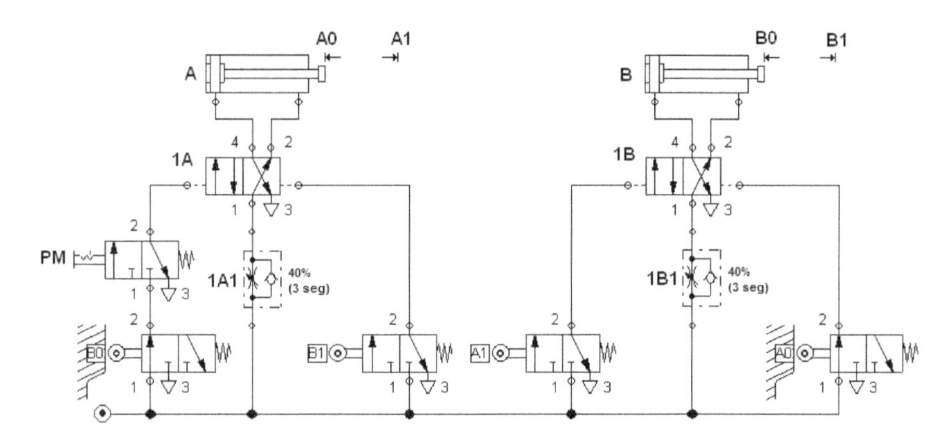

a) Ambos cilindros se encuentran en posición de retroceso, por tanto estarán accionados los finales de carrera A0 y B0.
b) El cilindro A avanza lentamente (30%) y desactiva el final de carrera A0, seguidamente activa el final de carrera A1, con lo cual el cilindro B sale también lentamente (30%) y desactiva el final de carrera B0, seguidamente activa el final de carrera B1, con lo cual el cilindro A retrocede lentamente (30%) y finalmente activa A0 con lo cual el cilindro B retrocede lentamente activando de nuevo B0 y repitiéndose la secuencia del ciclo nuevamente (A+, B+, A-, B-, ...)
b) En este caso el ciclo se repetirá solamente una vez.

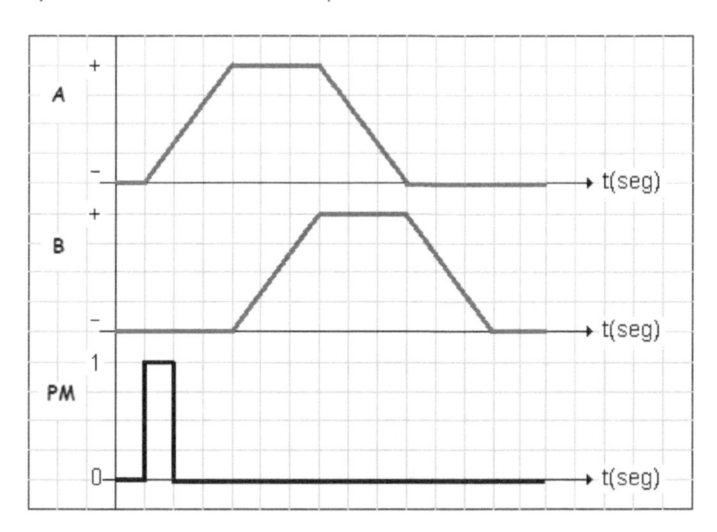

32. Para el siguiente circuito neumático, se pide:
a) ¿En qué situación se encuentran inicialmente el cilindro?.
b) ¿Qué sucede si se acciona un instante el pulsador 1.3?.
c) ¿Qué sucede si se deja enclavado el pulsador 1.4?.
d) Dibuja el diagrama espacio fase. Suponer que cada cuadro equivale a un segundo.

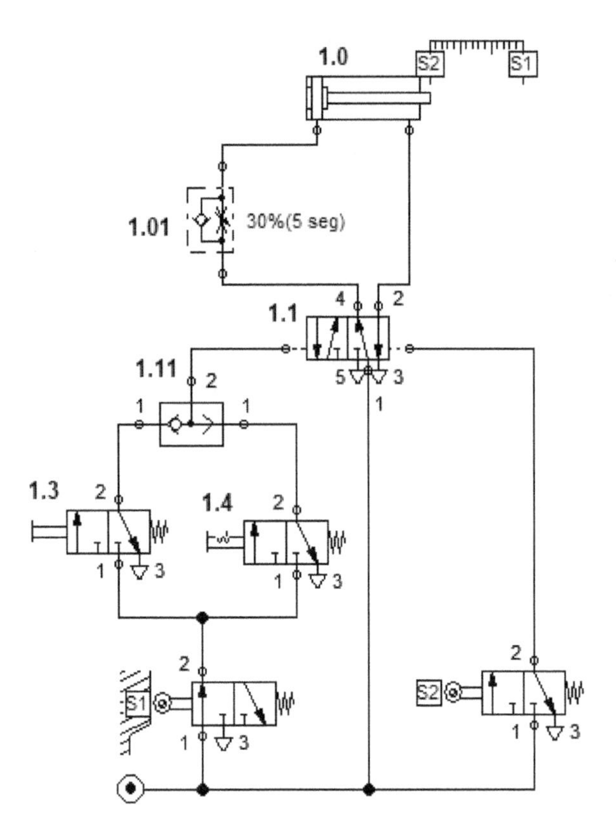

a) Inicialmente el cilindro se encuentra en posición de avance con el final de carrera S1 activado.
b) El cilindro retrocede lentamente (30%), activa el final de carrera S2 y a continuación avanza líbremente, permaneciendo en esa posición hasta no accionar de nuevo 1.3 o 1.4.
c) En este caso mientras se mantenga accionado 1.4, el cilindro retrocederá lentamente y avanzará líbremente de forma ininterrumpida.
d) El diagrama espacio fase es el siguiente:

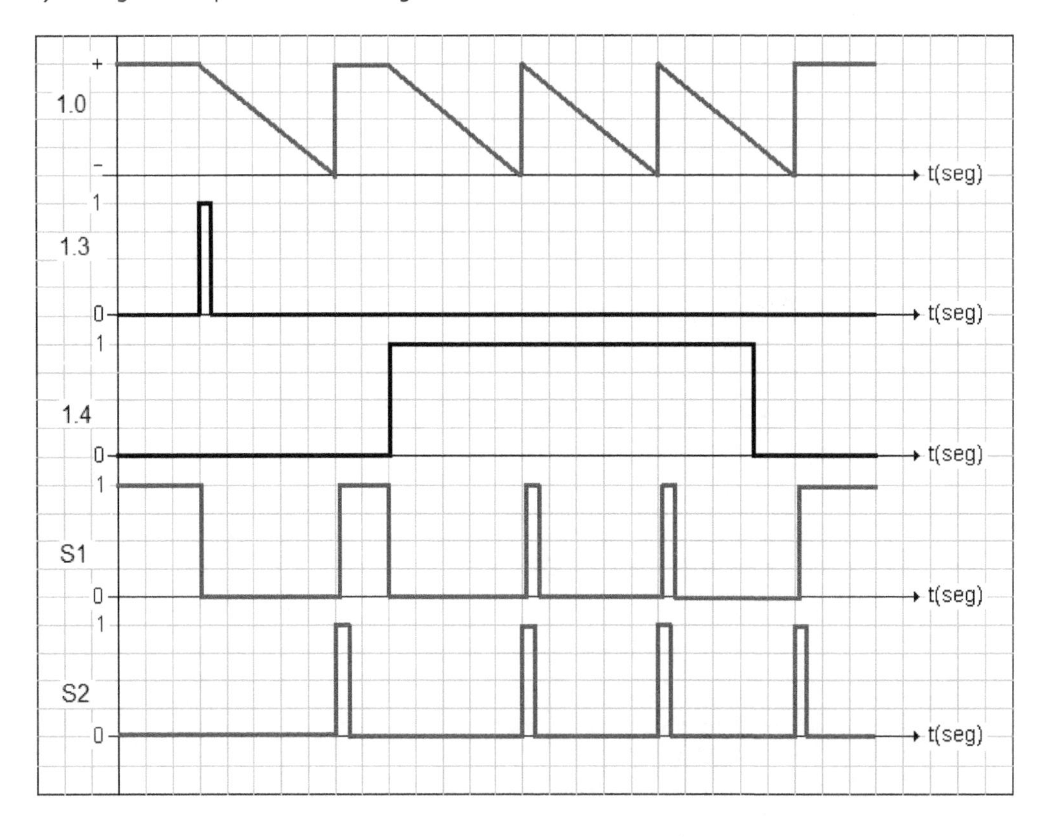

Printed in France by Amazon
Brétigny-sur-Orge, FR